普通高等教育"十三五"规划教材

高等数学学习指导和训练

张保才　陈庆辉　王永亮　范瑞琴　左大伟　编

中国铁道出版社有限公司
CHINA RAILWAY PUBLISHING HOUSE CO., LTD.

内 容 简 介

《高等数学学习指导和训练》根据本科数学教学大纲及最新研究生考试数学一和数学二的基本内容与要求,由教学经验丰富的教师结合教学体会编写完成。全书共 8 章,主要讲解了微积分基础知识、一元函数微分学、一元函数积分学、多元函数微分学及其应用、重积分、曲线积分与曲面积分、无穷级数和常微分方程。每章内容包括基本要求、知识要点、典型例题和自测题;附录包括 10 套模拟试卷。

本书旨在帮助学生强化基本概念,扩大课程信息量,延伸运算与证明问题的处理技巧,增强数学科学能力的培养,为深入学习并参加考研的同学提供一本系统精练的复习指导书。

本书适合作为普通高等学校工科各专业的课程结业指导书,也可作为本科学生考研复习指导书。

图书在版编目(CIP)数据

高等数学学习指导和训练/张保才等编. —北京:中国铁道出版社,2017.9(2020.10 重印)
普通高等教育"十三五"规划教材
ISBN 978-7-113-23784-4

Ⅰ.①高⋯ Ⅱ.①张⋯ Ⅲ.①高等数学-高等学校-教学参考资料 Ⅳ.①O13

中国版本图书馆 CIP 数据核字(2017)第 221815 号

书　　名:高等数学学习指导和训练
作　　者:张保才　陈庆辉　王永亮　范瑞琴　左大伟

策　　划:李小军　　　　　　　　　　　　编辑部电话:(010)63549508
责任编辑:张文静　徐盼欣
封面设计:付　巍
封面制作:刘　颖
责任校对:张玉华
责任印制:樊启鹏

出版发行:中国铁道出版社有限公司(100054,北京市西城区右安门西街 8 号)
网　　址:http://www.tdpress.com/51eds/
印　　刷:国铁印务有限公司
版　　次:2017 年 9 月第 1 版　　　　　2020 年 10 月第 5 次印刷
开　　本:787 mm×1092 mm　1/16　印张:17.75　字数:400 千
书　　号:ISBN 978-7-113-23784-4
定　　价:39.00 元

前　言

　　《高等数学学习指导和训练》是根据普通高等学校本科数学教学大纲以及最新研究生考试数学一和数学二的基本内容与要求，由教学经验丰富的教师结合教学体会编写完成的。其宗旨是使在校工科大学生能较快、较好地掌握"高等数学"这门课程，顺利地通过课程考试。本书能够帮助学生强化基本概念，扩大课程信息量，延伸运算与证明问题的处理技巧，增强数学思维能力，对想深入学习并参加考研的学生而言是一本系统精练的复习指导书。

　　本书每章的内容包括四部分：第一部分是根据本科和考研内容要求给出的基本要求；第二部分是课程的知识要点，它是对课程的重点、难点、要点的小结和补充，起着画龙点睛的作用；第三部分为典型例题，根据不同的知识点选出有较强概念、运算或证明价值的例题，通过对这些例题的学习，学生能够较快地掌握知识点，完成课程学习；第四部分为自测题，着重测试对本章基本概念、定理和方法的掌握情况，建议学习完本章内容后再使用。

　　另外，附录部分给出了模拟试卷，学生可从中分析出考试的形式和重点，从而顺利地通过课程考试。建议使用这 10 套模拟试卷时一定要计时（每套试卷时间 120 分钟）。建议使用自测题和模拟试卷时，不要边做题边对照答案，而是要等到答题结束再核对，这样才能充分利用这部分内容。

　　考虑到这是一本本科课程结业和考研复习两用的指导书，因此在内容上比本科教科书有所加深和拓展，书中带"＊"号的内容对本科不作要求，但对准备考研的同学来说是简捷、必要的参考材料。

　　由于编者经验和水平所限，书中难免存在疏漏及不足，恳请读者批评指正。

编　者

2017 年 7 月

目　　录

第1章　微积分基础知识

1.1　基本要求

1. 理解函数的概念,掌握函数的表示法,会建立简单应用问题的函数关系式.

2. 了解函数的有界性、单调性、周期性和奇偶性.

3. 理解复合函数及分段函数的概念,了解反函数及隐函数的概念.

4. 掌握基本初等函数的性质及其图形,了解初等函数的概念.

5. 理解极限的概念,理解函数左极限与右极限的概念,以及函数极限存在与左、右极限之间的关系.

6. 掌握极限的性质及四则运算法则.

7. 掌握极限存在的两个准则,并会利用它们求极限,掌握利用两个重要极限求极限的方法.

8. 理解无穷小、无穷大的概念,掌握无穷小的比较方法,会用等价无穷小求极限.

9. 理解函数连续性的概念(左连续与右连续),会判别函数间断点的类型.

10. 了解连续函数的性质和初等函数的连续性,理解闭区间上连续函数的性质.

1.2　知识要点

1.2.1　集合、函数与初等函数

1. 集合

集合　具有某种特定性质的对象的总体.组成这个集合的对象称为该集合的元素.

区间　开区间 $\{x|a<x<b\}\triangleq(a,b)$,闭区间 $\{x|a\leqslant x\leqslant b\}\triangleq[a,b]$,$b-a$ 称为区间长度;无限区间 $[a,+\infty)=\{x|a\leqslant x\}$,$(-\infty,b)=\{x|x<b\}$,$(-\infty,+\infty)=\mathbf{R}$.

邻域　设 a 为任意实数,δ 是一个正实数.称 $U(a,\delta)\triangleq\{x||x-a|<\delta\}=(a-\delta,a+\delta)$ 为点 a 的 δ 邻域.$U(a,\delta)$ 是到点 a 的距离小于 δ 的所有点 x 的集合.点 a 的 δ 去心邻域为 $\mathring{U}(a,\delta)\triangleq\{x|0<|x-a|<\delta\}=(a-\delta,a)\bigcup(a,a+\delta)$.

2. 函数的概念

函数　设 $A,B\subset\mathbf{R}$ 是两个非空数集,若对于每个数 $x\in A$,按照某个确定的法则 f,有

唯一的数 $y \in B$ 与之相对应,则称 f 为 A 到 B 的函数,记为 $y = f(x)$,或 $y = y(x)$. x 称为自变量,y 称为因变量.当 x 取数值 $x_0 \in A$ 时,与 x_0 对应的 y 的数值称为函数 $y = y(x)$ 在点 x_0 处的函数值,记作 $f(x_0)$.当 x 取遍 A 的各个数值时,对应函数值的全体所构成的数集 $f(A) = \{y \mid y = f(x), x \in A\}$ 称为函数的值域.

定义域的约定　在实际问题中,函数的定义域是根据问题的实际意义确定的.而在纯数学问题中,函数的定义域就是自变量所能取的使算式有意义的一切实数.

单值函数与多值函数　根据映射或函数的定义,当自变量在定义域内任取一个数值时,对应的函数值总有一个,这种函数叫做单值函数,否则叫做多值函数.

注意　以后凡是没有特别说明时,函数都是指单值函数.

反函数　设函数 $y = f(x)$ 的定义域为 I,值域为 J. 如果 $f: I \rightarrow J$ 是单射,则称逆映射 $f^{-1}: J \rightarrow I$ 为函数 f 的反函数,记作 $x = f^{-1}(y)$. 如果仍用 x 表示自变量,用 y 表示因变量,则函数 $y = f(x)$ 的反函数记作 $y = f^{-1}(x)$.

注意　①函数 $y = f(x)$ 有反函数的充分必要条件为 f 是单射.②单调函数(是单射)一定有反函数,但不是单调的函数也可能有反函数.对于连续函数,只有单调函数才有反函数.

复合函数　设函数 $y = f(u)$ 的定义域为 D_1,函数 $u = \varphi(x)$ 的定义域为 D_2,而 $\varphi(D_2) \subset D_1$,称 $y = f(\varphi(x))$ 是由 $y = f(u)$ 和 $u = \varphi(x)$ 复合而成的复合函数.

3. 函数的几种特性

(1)**函数的奇偶性**　若 $f(-x) = -f(x)$ ($\forall x \in D$),定义域 D 关于原点对称,则称 $f(x)$ 为奇函数.若 $f(-x) = f(x)$ ($\forall x \in D$),定义域 D 关于原点对称,则称 $f(x)$ 为偶函数.

(2)**函数的有界性**　函数 $f(x)$ 在集合 $X(X \subset f(A))$ 上有界是指集合 $f(X)$ 是有界集,即存在 $M > 0$,使得 $|f(x)| \leqslant M$ ($\forall x \in X$).如果 $f(X)$ 是无界集,则称函数 $f(x)$ 在 X 上无界.

(3)**函数的周期性**　设函数 $f(x)$ 的定义域为 D,如果存在正数 l,使得 $f(x+l) = f(x)$ ($\forall x \in D$),则称 $f(x)$ 是以 l 为周期的周期函数.

(4)**函数的单调性**　设函数 $f(x)$ 的定义域为 D,区间 $I \subset D$.如果对于区间 I 上任意两点 x_1 及 x_2,当 $x_1 < x_2$ 时,恒有 $f(x_1) \leqslant f(x_2)$,则称函数 $f(x)$ 在区间 I 上是单调增加;如果对于区间 I 上任意两点 x_1 及 x_2,当 $x_1 < x_2$ 时,恒有 $f(x_1) \geqslant f(x_2)$,则称函数 $f(x)$ 在区间 I 上是单调减少.单调增加和单调减少的函数统称为单调函数.

4. 初等函数

以下 5 类函数称为**基本初等函数**:

(1)**幂函数**　$y = x^{\mu}$(μ 是常数)称为幂函数.$\mu = 1, 2, 3, \dfrac{1}{2}, -1$ 是最常见的几个幂函数.

(2)**指数函数**　$y = a^x$($a > 0, a \neq 1$)称为指数函数.$y = e^x$ 是常用的指数函数,常用 $\exp(x)$ 来表示 e^x.

(3)**对数函数** $y = \log_a x (a>0, a \neq 1)$ 称为对数函数,它是指数函数 $y = a^x$ 的反函数. $y = \ln x (\ln x = \log_e x,\ e = 2.718\ 28\cdots)$ 是常用的对数函数.

(4)**三角函数** 正弦函数 $y = \sin x$,余弦函数 $y = \cos x$,正切函数 $y = \tan x$,余切函数 $y = \cot x$,正割函数 $y = \sec x$,余割函数 $y = \csc x$,所有这些函数统称为三角函数.

(5)**反三角函数** 反正弦函数 $y = \arcsin x$,反余弦函数 $y = \arccos x$,反正切函数 $y = \arctan x$,反余切函数 $y = \text{arccot}\ x$.反三角函数是三角函数的反函数.

初等函数 由常数和基本初等函数经过有限次的四则运算和(或)有限次的复合运算所构成并可用一个式子表示的函数称为初等函数.

注意 由于分段函数一般不能用一个式子表示,所以分段函数一般不是初等函数.

5. 几个常见分段函数

(1)符号函数 $\text{sgn}(x)$ (2)取整函数 $\text{int}(x)$ (3)狄利克雷函数 $D(x)$

$$\text{sgn}(x) = \begin{cases} 1 & \text{当 } x>0 \\ 0 & \text{当 } x=0; \\ -1 & \text{当 } x<0 \end{cases} \quad \text{int}(x) = [x]; \quad D(x) = \begin{cases} 1 & \text{当 } x \in \mathbf{Q} \\ 0 & \text{当 } x \in \mathbf{R} \backslash \mathbf{Q} \end{cases};$$

(4)函数连续和可导性问题常用反例函数

$$f(x) = \begin{cases} x^a \sin \dfrac{1}{x} & \text{当 } x \neq 0 \\ 0 & \text{当 } x = 0 \end{cases},$$

通常取 $\alpha = 0, 1, 2, 3$ 四种情形.

1.2.2 数列的极限

1. 数列极限的定义

数列极限的**直观定义** $\lim\limits_{n \to \infty} x_n = a \Leftrightarrow$ 当 n 无限增大 $(n \to \infty)$ 时,一般项 x_n 无限地趋于数 $a (x_n \to a)$. 例如,当 $n \to \infty$ 时,$\dfrac{1}{n} \to 0$,所以 $\lim\limits_{n \to \infty} \dfrac{1}{n} = 0$.

数列极限的**严格定义** $\lim\limits_{n \to \infty} x_n = a \Leftrightarrow$ 对于任意给定的正数 ε,总存在正整数 N,使得当 $n > N$ 时,不等式 $|x_n - a| < \varepsilon$ 都成立.

用数学符号描述为 $\lim\limits_{n \to \infty} x_n = a \Leftrightarrow \forall \varepsilon > 0, \exists N, \forall n > N \Rightarrow |x_n - a| < \varepsilon$.

若 $\lim\limits_{n \to \infty} x_n = a$,则称数列 $\{x_n\}$ **收敛**,且以 a 为极限;若 $\lim\limits_{n \to \infty} x_n$ 不存在,则称数列 $\{x_n\}$ **发散**.

2. 收敛数列的性质

唯一性 若数列 $\{x_n\}$ 收敛,则其极限是唯一的.

有界性 若数列 $\{x_n\}$ 收敛,则 $\{x_n\}$ 是有界数列.

推论 若数列 $\{x_n\}$ 无界,则 $\{x_n\}$ 发散.

注意 有界数列不一定收敛,如 $\{(-1)^n\}$ 有界,但它不收敛.

保号性　若 $\lim\limits_{n\to\infty}x_n=a>0$（或 $a<0$），则存在 N，使得当 $n>N$ 时，有 $x_n>0$（或 $x_n<0$）.

保序性　设 $\lim\limits_{n\to\infty}x_n=a$，$\lim\limits_{n\to\infty}y_n=b$，若存在 N，当 $n>N$ 时，$x_n\leqslant y_n$，则 $a\leqslant b$.

注意　即使 $x_n<y_n$，也不保证有 $a<b$. 例如 $\left\{\dfrac{1}{n}\right\}$ 和 $\left\{\dfrac{1}{n+1}\right\}$.

3. 数列与子数列的敛散性关系

命题 1　数列 $\{x_n\}$ 收敛于 a 的充要条件是 $\{x_n\}$ 的任何子数列 $\{x_{n_k}\}$ 都收敛于 a.

> **推论 1**　若数列 $\{x_n\}$ 有一个发散的子数列 $\{x_{n_k}\}$，则 $\{x_n\}$ 必发散.

> **推论 2**　若数列 $\{x_n\}$ 有两个子数列收敛于不同的极限，则 $\{x_n\}$ 必发散.

> **推论 3**　若 $\{x_n\}$ 单调，它的某一子列 $x_{n_k}\to a(k\to\infty)$，则 $x_n\to a(n\to\infty)$.

> **推论 4**　若 $x_n\to\infty$，则它的任一子列 $x_{n_k}\to\infty(k\to\infty)$.

> **推论 5**　若 $\{x_n\}$ 无界，则必存在一个子列 $x_{n_k}\to\infty(k\to\infty)$.

命题 2　数列 $\{x_n\}$ 收敛于 a 的充要条件是子数列 $\{x_{2n-1}\}$ 和 $\{x_{2n}\}$ 都收敛于 a.

4. 数列极限的运算法则

设 $\lim\limits_{n\to\infty}a_n=a$，$\lim\limits_{n\to\infty}b_n=b$，则

(1) $\lim\limits_{n\to\infty}(a_n\pm b_n)=a\pm b$；　　(2) $\lim\limits_{n\to\infty}(a_nb_n)=ab$；

(3) $\lim\limits_{n\to\infty}\dfrac{a_n}{b_n}=\dfrac{a}{b}$　$(b\neq 0)$；　　(4) $\lim\limits_{n\to\infty}ca_n=ca$　（c 为常数）.

除了以上这些关于数列的敛散性，还有下面这些会经常用到：

(1) 若 $\{x_n\}$ 收敛，$\{y_n\}$ 发散，则 $\{x_n+y_n\}$ 必发散.

(2) 即使 $\{x_n\}$ 和 $\{y_n\}$ 都发散，$\{x_n+y_n\}$ 也不一定发散. 例如，$\{(-1)^n\}$ 和 $\{(-1)^{n+1}\}$ 都发散，但 $\{(-1)^n+(-1)^{n+1}\}$ 收敛.

(3) 即使 $\{x_n\}$ 和 $\{y_n\}$ 至少有一个发散，$\{x_ny_n\}$ 也不一定发散. 例如，$\{(-1)^n\}$ 和 $\{(-1)^{n+1}\}$ 都发散，但 $\{(-1)^n\cdot(-1)^{n+1}\}$ 收敛. 又如，$\{(-1)^n\}$ 发散，$\left\{\dfrac{1}{n}\right\}$ 收敛，但 $\left\{(-1)^n\dfrac{1}{n}\right\}$ 收敛.

(4) 若 $c\neq 0$，则 $\{x_n\}$ 和 $\{cx_n\}$ 同时收敛同时发散.

5. 数列收敛的两个准则

夹逼准则　若 $y_n\leqslant x_n\leqslant z_n(n>N)$，且 $\lim\limits_{n\to\infty}y_n=a$，$\lim\limits_{n\to\infty}z_n=a$，则 $\lim\limits_{n\to\infty}x_n=a$.

夹逼准则的用法：当极限 $\lim\limits_{n\to\infty}x_n$ 很难计算时，可将 x_n 适当缩放成 y_n 和 z_n（即 $y_n\leqslant x_n\leqslant z_n(n>N)$），使得 $\lim\limits_{n\to\infty}y_n=\lim\limits_{n\to\infty}z_n=a$，则 $\lim\limits_{n\to\infty}x_n=a$.

单调有界准则 单调有界数列必有极限.

单调有界准则的用法:如果能判定数列 $\{x_n\}$ 单调增加(或单调减少),且能判定 $\{x_n\}$ 有上界(或下界),则 $\{x_n\}$ 收敛.

1.2.3 函数的极限

1. 函数极限的概念

(1)**自变量 x 无限趋大时 $(x \to \infty)$ 函数的极限**

$\lim\limits_{x \to \infty} f(x) = A$ 的**直观定义** $\lim\limits_{x \to \infty} f(x) = A \Leftrightarrow$ 当自变量 x 的绝对值无限增大 $(x \to \infty)$ 时,相应的函数值 $f(x)$ 无限地趋于数 $A(f(x) \to A)$,即 $|x| \to +\infty \Rightarrow |f(x) - A| \to 0$.

$\lim\limits_{x \to \infty} f(x) = A$ 的**严格定义** $\lim\limits_{x \to \infty} f(x) = A \Leftrightarrow$ 对任意给定的正数 ε,总存在正数 X,使得当 x 满足不等式 $|x| > X$ 时,都有 $|f(x) - A| < \varepsilon$.

类似地,可得到单侧(向)极限 $\lim\limits_{x \to -\infty} f(x)$ 和 $\lim\limits_{x \to +\infty} f(x)$ 的定义.

> **定理 1** $\lim\limits_{x \to \infty} f(x)$ 存在的充分必要条件是 $\lim\limits_{x \to -\infty} f(x)$ 和 $\lim\limits_{x \to +\infty} f(x)$ 都存在并且相等.即 $\lim\limits_{x \to \infty} f(x) = A \Leftrightarrow \lim\limits_{x \to -\infty} f(x) = \lim\limits_{x \to +\infty} f(x) = A$.

> **推论** 若 $\lim\limits_{x \to -\infty} f(x) \neq \lim\limits_{x \to +\infty} f(x)$,则极限 $\lim\limits_{x \to \infty} f(x)$ 不存在.

(2)**自变量 x 趋于有限值时 $(x \to x_0)$ 函数的极限**

$\lim\limits_{x \to x_0} f(x) = A$ 的**直观定义** $\lim\limits_{x \to x_0} f(x) = A \Leftrightarrow$ 当自变量 x 无限地趋于 $x_0(x \to x_0)$ 时,相应的函数值 $f(x)$ 无限地趋于数 A.

$\lim\limits_{x \to x_0} f(x) = A$ 的**严格定义** $\lim\limits_{x \to x_0} f(x) = A \Leftrightarrow$ 对于任意给定的正数 ε,总存在正数 δ,使得当 x 满足不等式 $0 < |x - x_0| < \delta$ 时,就有 $|f(x) - A| < \varepsilon$.

注意 极限 $\lim\limits_{x \to x_0} f(x)$ 与函数值 $f(x_0)$ 无关.

类似地,可得到单侧极限:左极限 $f(x_0 - 0) \triangleq \lim\limits_{x \to x_0^-} f(x)$ 和右极限 $f(x_0 + 0) \triangleq \lim\limits_{x \to x_0^+} f(x)$ 的定义.

> **定理 2** $\lim\limits_{x \to x_0} f(x)$ 存在的充分必要条件是 $\lim\limits_{x \to x_0^-} f(x)$ 和 $\lim\limits_{x \to x_0^+} f(x)$ 都存在并且相等,即 $\lim\limits_{x \to x_0} f(x) = A \Leftrightarrow \lim\limits_{x \to x_0^-} f(x) = \lim\limits_{x \to x_0^+} f(x) = A$.

> **推论** 若 $\lim\limits_{x \to x_0^-} f(x) \neq \lim\limits_{x \to x_0^+} f(x)$,则极限 $\lim\limits_{x \to x_0} f(x)$ 不存在.

函数极限与数列极限具有这样的关系:

命题 $\lim\limits_{x \to x_0} f(x) = A$ 的充分必要条件是对任何数列 $x_k \to x_0(k \to \infty)$,有 $\lim\limits_{k \to \infty} f(x_k) = A$.

函数极限具有与数列极限相应的一些性质和运算法则,如唯一性、局部有界性、局部保号性、局部保序性、四则运算法则和夹逼原理等.

2. 无穷小量与无穷大量

无穷小量　当 $x \to x_0 (x \to \infty)$ 时,以零为极限的函数 $\alpha(x)$ 称为当 $x \to x_0 (x \to \infty)$ 时的无穷小量,简称为无穷小.

> **定理 3**　$\lim\limits_{x \to x_0} f(x) = A$(或 $\lim\limits_{x \to \infty} f(x) = A$)的充分必要条件是 $f(x) = A + \alpha(x)$,其中 $\alpha(x)$ 是当 $x \to x_0$(或 $x \to \infty$)时的无穷小量.

无穷小量的运算性质

(1)有限个无穷小量的代数和是无穷小量;

(2)有限个无穷小量的乘积是无穷小量;

(3)无穷小量与有界函数的乘积是无穷小量.

无穷大量　如果对于任意给定的 $M > 0$,总存在 $\delta > 0$(或 $X > 0$),使得对于适合不等式 $0 < |x - x_0| < \delta$(或 $|x| > X$)的一切 x,所对应的函数值 $f(x)$ 都满足不等式 $|f(x)| > M$,则称函数 $f(x)$ 在 $x \to x_0 (x \to \infty)$ 时为无穷大量,简称为无穷大,记作 $\lim\limits_{x \to x_0} f(x) = \infty$($\lim\limits_{x \to \infty} f(x) = \infty$).

无穷大量的运算性质:

(1)两个无穷大的乘积仍是无穷大;

(2)无穷大与有界函数的和是无穷大;

注意　①两个无穷大的和不一定是无穷大;

②两个正无穷大(或负无穷大)的和是正无穷大(或负无穷大);

③无穷大与一个具有非零极限的函数之积是无穷大.

> **定理 4(无穷小量与无穷大量的关系)**　在自变量的同一变化过程中,如果 $f(x)$ 为无穷大,则 $\dfrac{1}{f(x)}$ 为无穷小;反之,如果 $f(x)$ 为无穷小,且 $f(x) \neq 0$,则 $\dfrac{1}{f(x)}$ 为无穷大.

无穷大与无界函数的关系　无穷大必无界,但无界不一定无穷大.例如,$y = x \sin x$ 在 $(0, +\infty)$ 内无界,但 $\lim\limits_{x \to +\infty} x \sin x \neq \infty$(因为易见 $x = n\pi$ 时 $x \sin x = 0$).

3. 两个重要极限

(1)$\lim\limits_{x \to 0} \dfrac{\sin x}{x} = 1$　或　$\lim\limits_{x \to \infty} x \sin \dfrac{1}{x} = 1$

有关极限:$\lim\limits_{x \to 0} \dfrac{\tan x}{x} = 1, \lim\limits_{x \to 0} \dfrac{\arcsin x}{x} = 1, \lim\limits_{x \to 0} \dfrac{\arctan x}{x} = 1, \lim\limits_{x \to 0} \dfrac{1 - \cos x}{\dfrac{x^2}{2}} = 1,$

$\lim\limits_{x \to 0} \dfrac{\sin \alpha x}{\sin \beta x} = \dfrac{\alpha}{\beta}, \lim\limits_{n \to \infty} n \sin \dfrac{x}{n} = x.$

(2)$\lim\limits_{x \to \infty} \left(1 + \dfrac{1}{x}\right)^x = e$　或　$\lim\limits_{x \to 0} (1 + x)^{\frac{1}{x}} = e$

有关极限：$\lim\limits_{x\to\infty}\left(1-\dfrac{1}{x}\right)^x=\mathrm{e}^{-1}$，$\lim\limits_{x\to0}(1-x)^{\frac{1}{x}}=\mathrm{e}^{-1}$，$\lim\limits_{n\to\infty}\left(1+\dfrac{1}{n}\right)^{n+1}=\mathrm{e}$，$\lim\limits_{n\to\infty}\left(1+\dfrac{1}{n+1}\right)^n=\mathrm{e}$，

$$\lim\limits_{x\to\infty}\left(1+\dfrac{k}{x}\right)^{lx}=\mathrm{e}^{kl}，\lim\limits_{x\to\infty}\left(\dfrac{x+a}{x+b}\right)^x=\dfrac{\mathrm{e}^a}{\mathrm{e}^b}=\mathrm{e}^{a-b}，\lim\limits_{x\to\infty}\left(1+\dfrac{1}{x}\right)^{x+c}=\mathrm{e}.$$

其他重要极限：$\lim\limits_{x\to0}\dfrac{\mathrm{e}^x-1}{x}=1$，$\lim\limits_{x\to0}\dfrac{\ln(1+x)}{x}=1$，$\lim\limits_{x\to0}\dfrac{\sqrt{1+x}-1}{x}=\dfrac{1}{2}$，$\lim\limits_{x\to0}\dfrac{\sqrt[n]{1+x}-1}{x}=\dfrac{1}{n}$，

$$\lim\limits_{x\to0}\dfrac{a^x-1}{x}=\ln a，\lim\limits_{x\to0}\dfrac{\log_a(1+x)}{x}=\dfrac{1}{\ln a}，\lim\limits_{x\to0}\dfrac{(1+x)^\mu-1}{x}=\mu.$$

4. 无穷小的比较

设 $\alpha(x)$ 与 $\beta(x)$ 是同一个自变量变化过程中的无穷小，且 $\beta(x)\neq0$，而 $\lim\dfrac{\alpha(x)}{\beta(x)}$ 在这个变化过程中的极限存在.

(1)若 $\lim\dfrac{\alpha(x)}{\beta(x)}=0$，则称 $\alpha(x)$ 是比 $\beta(x)$ **高阶的无穷小**，记作 $\alpha(x)=o(\beta(x))$；

(2)若 $\lim\dfrac{\alpha(x)}{\beta(x)}=C\neq0$，则称 $\alpha(x)$ 与 $\beta(x)$ 是**同阶无穷小**；

(3)若 $\lim\dfrac{\alpha(x)}{\beta(x)}=1$，则称 $\alpha(x)$ 与 $\beta(x)$ 是**等价无穷小**，记作 $\alpha(x)\sim\beta(x)$；

(4)若 $\lim\dfrac{\alpha(x)}{[\beta(x)]^k}=C(C\neq0,k\in\mathbf{N})$，则称 $\alpha(x)$ 是关于 $\beta(x)$ 的 k **阶无穷小**. 特别地，

取 $\beta(x)=x-x_0$，若 $\lim\limits_{x\to x_0}\dfrac{\alpha(x)}{(x-x_0)^k}=C$，则称 $\alpha(x)$ 是当 $x\to x_0$ 时的 k **阶无穷小**.

定理 5　设 $\alpha(x),\beta(x),\widetilde{\alpha}(x),\widetilde{\beta}(x)$ 都是同一个极限过程的无穷小，若 $\alpha(x)\sim\widetilde{\alpha}(x)$，$\beta(x)\sim\widetilde{\beta}(x)$，并且 $\lim\dfrac{\widetilde{\alpha}(x)}{\widetilde{\beta}(x)}$ 存在，则 $\lim\dfrac{\alpha(x)}{\beta(x)}$ 也存在，并且 $\lim\dfrac{\alpha(x)}{\beta(x)}=\lim\dfrac{\widetilde{\alpha}(x)}{\widetilde{\beta}(x)}$.

当 $x\to0$ 时，常用的等价无穷小有

$$\sin x\sim x，\tan x\sim x，1-\cos x\sim\dfrac{x^2}{2}，\mathrm{e}^x-1\sim x，\ln(1+x)\sim x，\sqrt[n]{1+x}-1\sim\dfrac{x}{n}，$$

$$\arcsin x\sim x，\arctan x\sim x，a^x-1\sim x\ln a，\log_a(1+x)\sim\dfrac{x}{\ln a}，(1+x)^\mu-1\sim\mu x.$$

1.2.4　连续函数

1. 连续函数的概念与基本性质

连续函数的定义　设函数 $y=f(x)$ 在点 x_0 的某一邻域内有定义，如果函数 $f(x)$ 当 $x\to x_0$ 时的极限存在，且等于它在点 x_0 处的函数值 $f(x_0)$，即 $\lim\limits_{x\to x_0}f(x)=f(x_0)$，则称函数 $f(x)$ 在点 x_0 连续.

单侧连续的定义　若 $\lim\limits_{x\to x_0^-}f(x)$ 存在且等于 $f(x_0)$，即 $\lim\limits_{x\to x_0^-}f(x)=f(x_0)$，则称函数 $f(x)$ 在点 x_0 左连续. 若 $\lim\limits_{x\to x_0^+}f(x)$ 存在且等于 $f(x_0)$，即 $\lim\limits_{x\to x_0^+}f(x)=f(x_0)$，则称函数 $f(x)$ 在点 x_0 右连续.

函数间断点及其分类 使函数 $f(x)$ 不连续的点 x_0 称为 $f(x)$ 的间断点. 通常将函数的间断点分为两类: 一类是左右极限都存在的间断点, 称为第一类间断点; 不是第一类的间断点称为第二类间断点. 有时也根据间断点的特点分别称为可去间断点、跳跃间断点、无穷间断点、振荡间断点.

定理 6(连续函数的四则运算) 设函数 $f(x)$ 和 $g(x)$ 在点 x 处连续, 则 $f(x) \pm g(x), f(x)g(x), \dfrac{f(x)}{g(x)}(g(x) \neq 0)$ 也在 x 处连续.

定理 7(反函数的连续性) 设函数 $y = f(x)$ 在区间 I 上单调且连续, 则反函数 $x = f^{-1}(y)$ 在对应区间 $J = f(I)$ 上也单调且连续.

定理 8(复合函数的连续性) 设 $y = f(u)$ 和 $u = \varphi(x)$ 都是连续函数, 则复合函数 $y = f(\varphi(x))$ 也是连续函数.

定理 9(连续函数与极限的交换性) 设极限 $\lim\limits_{x \to x_0} \varphi(x) = u_0$ 且 $y = f(u)$ 在 u_0 处连续, 则 $\lim\limits_{x \to x_0} f(\varphi(x)) = f(\lim\limits_{x \to x_0} \varphi(x)) = f(u_0)$, 这说明极限运算与连续函数运算可以交换.

注意 (1)基本初等函数在其**定义域内**连续;

(2)一切初等函数在其**定义区间内**都是连续的(如初等函数 $y = \sqrt{\cos x - 1}$ 在定义域内就不是连续函数, 因为它的定义域是离散的点集).

2. 闭区间上连续函数的性质

定理 10(最大值与最小值定理) 在闭区间上的连续函数一定能在该区间上取到最大的函数值和最小的函数值.

定理 11(有界性定理) 在闭区间上连续的函数在该区间上有界.

定理 12(介值定理) 设函数 $f(x)$ 在闭区间 $[a,b]$ 上连续, m 和 M 是 $f(x)$ 在 $[a,b]$ 上的最小值和最大值, 则对任何 $\mu \in [m,M]$, 都至少存在一点 $\xi \in [a,b]$, 使得 $f(\xi) = \mu$.

定理 13(零点定理) 设函数 $f(x)$ 在闭区间 $[a,b]$ 上连续, 且 $f(a)f(b) < 0$, 则至少存在一点 $\xi \in (a,b)$, 使得 $f(\xi) = 0$.

1.3　典型例题

1. 函数

例 1.1　设 $f\left(\sin\dfrac{x}{2}\right)=1+\cos x$，求 $f(\cos x)$.

解　令 $\sin\dfrac{x}{2}=t$，则 $\cos x=1-2\sin^2\dfrac{x}{2}=1-2t^2$，所以 $f(t)=1+1-2t^2=2-2t^2$，故 $f(\cos x)=2-2\cos^2 x=2\sin^2 x$.

例 1.2　设 $f(x)=\begin{cases}\ln x & \text{当 } x>0\\ x & \text{当 } x\leqslant 0\end{cases}$，$g(x)=\begin{cases}x^2 & \text{当 } x\leqslant 1\\ x^3 & \text{当 } x>1\end{cases}$，求 $f(g(x))$.

解　$f(g(x))=\begin{cases}\ln g(x) & \text{当 } g(x)>0\\ g(x) & \text{当 } g(x)\leqslant 0\end{cases}$.

①当 $g(x)>0$ 时，有两种情况，或者 $x\leqslant 1$ 且 $x\neq 0$，此时 $g(x)=x^2$，则 $f(g(x))=\ln g(x)=\ln x^2=2\ln|x|$；或者 $x>1$，此时 $f(g(x))=\ln g(x)=\ln x^3=3\ln x$.

②当 $g(x)\leqslant 0$ 时，只有 $x=0$，此时 $g(x)=0$，则 $f(g(x))=f(0)=0$.

综上，$f(g(x))=\begin{cases}2\ln|x| & \text{当 } x\leqslant 1, x\neq 0\\ 0 & \text{当 } x=0\\ 3\ln x & \text{当 } x>1\end{cases}$.

评注　本题主要考察分段函数的复合，首先要注意分段函数的取值，再对应求复合函数的值.

例 1.3　若 $x\neq 0$ 时，$f(x)$ 适合 $af(x)+bf\left(\dfrac{1}{x}\right)=mx+\dfrac{n}{x}$，$|a|\neq|b|$，求 $f(x)$.

解　由 $\begin{cases}af(x)+bf\left(\dfrac{1}{x}\right)=mx+\dfrac{n}{x}\\ af\left(\dfrac{1}{x}\right)+bf(x)=\dfrac{m}{x}+nx\end{cases}$，解得　$(a^2-b^2)f(x)=amx+a\dfrac{n}{x}-$

$\left(b\dfrac{n}{x}+bnx\right)$，故 $f(x)=\dfrac{am-bn}{a^2-b^2}x+\dfrac{an-bn}{a^2-b^2}\dfrac{1}{x}$　$(x\neq 0)$.

例 1.4*　若 $f(x)$ 满足 $f\left(\dfrac{x-3}{x+1}\right)+f\left(\dfrac{-x-3}{x-1}\right)=\alpha(x)$，其中 $\alpha(x)$ 为已知函数，求 $f(x)$.

解　令 $\varphi(x)=\dfrac{x-3}{x+1}$，则 $\varphi^{-1}(x)=\dfrac{-x-3}{x-1}$，且 $\varphi(\varphi^{-1}(x))=\varphi^{-1}(\varphi(x))=x$，

$\varphi(\varphi(x))=\varphi^{-1}(x)$，$\varphi^{-1}(\varphi^{-1}(x))=\varphi(x)$，所以由 $\alpha(x)=f\left(\dfrac{x-3}{x+1}\right)+f\left(\dfrac{-x-3}{x-1}\right)$，得

$$\alpha(x)=f(\varphi(x))+f(\varphi^{-1}(x)), \tag{1}$$

$$\alpha(\varphi(x))=f(\varphi(\varphi(x)))+f(\varphi^{-1}(\varphi(x)))=f(\varphi^{-1}(x))+f(x), \tag{2}$$

$$\alpha(\varphi^{-1}(x))=f(\varphi(\varphi^{-1}(x)))+f(\varphi^{-1}(\varphi^{-1}(x)))=f(x)+f(\varphi(x)), \tag{3}$$

式 (1)，(2)，(3) 联立得 $f(x)=\dfrac{1}{2}\left[-\alpha(x)+\alpha(\varphi(x))+\alpha(\varphi^{-1}(x))\right]$，即

$$f(x)=\frac{1}{2}\left[-\alpha(x)+\alpha\left(\frac{x-3}{x+1}\right)+\alpha\left(\frac{-x-3}{x-1}\right)\right].$$

评注 本题也可参考上题的解法.

令 $u=\frac{x-3}{x+1}\Rightarrow x=\frac{-u-3}{u-1}$, $\quad\frac{-x-3}{x-1}=\frac{u-3}{u+1}\Rightarrow f(u)+f\left(\frac{u-3}{u+1}\right)=\alpha\left(\frac{-u-3}{u-1}\right)$.

令 $u=\frac{-x-3}{x-1}\Rightarrow x=\frac{u-3}{u+1}$, $\quad\frac{x-3}{x+1}=\frac{-u-3}{u-1}\Rightarrow f\left(\frac{-u-3}{u-1}\right)+f(u)=\alpha\left(\frac{u-3}{u+1}\right)$.

又 $f\left(\frac{u-3}{u+1}\right)+f\left(\frac{-u-3}{u-1}\right)=\alpha(u)$,易得所需结论.

该解法告诉我们:数学不是"看出来"的,是"算出来"的.

2. 数列极限

例 1.5 $\lim\limits_{n\to\infty}\left[\sqrt{1+2+\cdots n}-\sqrt{1+2+\cdots+(n-1)}\right]=($ $)$.

解 $\frac{\sqrt{2}}{2}$.

$$原式=\lim_{n\to\infty}\left[\sqrt{\frac{n(n+1)}{2}}-\sqrt{\frac{n(n-1)}{2}}\right]=\lim_{n\to\infty}\frac{\sqrt{2}}{2}\cdot\frac{2n}{\sqrt{n(n+1)}+\sqrt{n(n-1)}}=\frac{\sqrt{2}}{2}.$$

评注 这是"$\infty-\infty$"型的极限问题,一般要转化为"$\frac{\infty}{\infty}$"型的极限问题.

例 1.6 $\lim\limits_{n\to\infty}\left(\frac{1}{4}+\frac{1}{28}+\frac{1}{70}+\cdots+\frac{1}{9n^2-3n-2}\right)=($ $)$.

解 $\frac{1}{3}$.

$$原式=\lim_{n\to\infty}\left[\frac{1}{1\times4}+\frac{1}{4\times7}+\frac{1}{7\times10}+\cdots+\frac{1}{(3n-2)(3n+1)}\right]$$
$$=\frac{1}{3}\lim_{n\to\infty}\left[\left(1-\frac{1}{4}\right)+\left(\frac{1}{4}-\frac{1}{7}\right)+\left(\frac{1}{7}-\frac{1}{10}\right)+\cdots+\left(\frac{1}{3n-2}-\frac{1}{3n+1}\right)\right]$$
$$=\frac{1}{3}\lim_{n\to\infty}\left(1-\frac{1}{3n+1}\right)=\frac{1}{3}.$$

例 1.7 设 $x_n=\left(1-\frac{1}{2}\right)\left(1-\frac{1}{3}\right)\cdots\left(1-\frac{1}{n}\right)$,求 $\lim\limits_{n\to\infty}x_n$.

解 $x_n=\left(\frac{2-1}{2}\right)\left(\frac{3-1}{3}\right)\cdots\left(\frac{n-1}{n}\right)=\frac{1}{2}\cdot\frac{2}{3}\cdot\cdots\cdot\frac{n-2}{n-1}\cdot\frac{n-1}{n}=\frac{1}{n}$,所以 $\lim\limits_{n\to\infty}x_n=$
$\lim\limits_{n\to\infty}\frac{1}{n}=0$.

评注 以上两题是利用拆(合)项方法将无限项变为有限项求极限.做这类题目要仔细观察表达式的特点.

例 1.8 $\lim\limits_{n\to\infty}\left(\frac{1}{n^2+n+1}+\frac{2}{n^2+n+2}+\cdots+\frac{n}{n^2+n+n}\right)=($ $)$.

解 $\frac{1}{2}$.

因为 $\dfrac{n(n+1)}{2(n^2+n+n)}\leqslant\dfrac{1}{n^2+n+1}+\dfrac{2}{n^2+n+2}+\cdots+\dfrac{n}{n^2+n+n}\leqslant\dfrac{n(n+1)}{2(n^2+n+1)}$，而

$\lim\limits_{n\to\infty}\dfrac{n(n+1)}{2(n^2+n+n)}=\lim\limits_{n\to\infty}\dfrac{n(n+1)}{2(n^2+n+1)}=\dfrac{1}{2}$，根据夹逼准则，得到答案 $\dfrac{1}{2}$.

评注　有的同学认为，由于 $\lim\limits_{n\to\infty}\dfrac{1}{n^2+n+1}=0,\lim\limits_{n\to\infty}\dfrac{2}{n^2+n+2}=0,\cdots,\lim\limits_{n\to\infty}\dfrac{n}{n^2+n+n}=0$，由四则运算得结果应该为 0，请问错在哪里？

例 1.9　求极限 $\lim\limits_{n\to\infty}\dfrac{n}{a^n}$　$(a>1)$.

解　令 $x_n=\dfrac{n}{a^n}$，则 $x_{n+1}=\dfrac{n+1}{n}\cdot\dfrac{1}{a}x_n$. 由于 $a>1,(n+1)/n\to1(n\to\infty)$，所以 n 充分大以后 $\dfrac{n+1}{n}\cdot\dfrac{1}{a}<1$，即 $\{x_n\}$ 从某项以后单减，又 $x_n>0(n=1,2,3\ldots)$，故 $\{x_n\}$ 有下界，从而 $\{x_n\}$ 收敛. 由极限运算法则得 $\lim\limits_{n\to\infty}x_{n+1}=\dfrac{1}{a}\lim\limits_{n\to\infty}x_n\lim\limits_{n\to\infty}\dfrac{n+1}{n}=\dfrac{1}{a}\lim\limits_{n\to\infty}x_n$，故 $\lim\limits_{n\to\infty}\dfrac{n}{a^n}=\lim\limits_{n\to\infty}x_n=0$.

例 1.10　讨论数列 $\{x_n\}=\left\{\sin\dfrac{n\pi}{4}\right\}$ 的收敛性.

解　因为 $x_{4k}=\sin k\pi=0$　　所以 $\lim\limits_{k\to\infty}x_{4k}=0$，又 $x_{8k+2}=\sin\left(2k+\dfrac{1}{2}\right)\pi=1$，所以 $\lim\limits_{k\to\infty}x_{8k+2}=1$，根据"数列的两子列收敛值不同，则此数列发散"，从而推断出 $\{x_n\}$ 发散.

评注　关于三角函数的求极限问题，要考虑不同路径是否可以产生不同的收敛值.

例 1.11　设 $\{a_n\},\{b_n\},\{c_n\}$ 均为非负数列，且 $\lim\limits_{n\to\infty}a_n=0,\lim\limits_{n\to\infty}b_n=1,\lim\limits_{n\to\infty}c_n=\infty$，则必有（　　）.

A. $a_n<b_n$ 对任意 n 成立　　　　　　B. $b_n<c_n$ 对任意 n 成立

C. 极限 $\lim\limits_{n\to\infty}a_nc_n$ 不存在　　　　　D. 极限 $\lim\limits_{n\to\infty}b_nc_n$ 不存在

解　D.

A、B 显然不对，因为由数列极限的不等式性质只能得出数列"当 n 充分大时"的情况，不可能得出"对任意 n 成立的性质". C 也明显不对，因为"无穷小、无穷大"是未定型，极限可能存在也可能不存在. D 项成立是明显的，由反证法易得. 一般地可证：当 $\lim\limits_{n\to\infty}b_n=b\neq0,\lim\limits_{n\to\infty}c_n=\infty$ 时，$\lim\limits_{n\to\infty}b_nc_n=\infty$.

关于 A、B、C 均可举出反例. A 的反例可取 $a_n=\dfrac{2}{n},b_n=\dfrac{n-1}{n}$，当 $n=1$ 时，$a_1=2>0=b_1$. B 的反例可取 $b_n=\dfrac{n+1}{n},c_n=n$，当 $n=1$ 时，$b_1=2>1=c_1$. C 的反例可取 $a_n=\dfrac{1}{n},c_n=n,a_nc_n=1\to1$.

例 1.12*　设 $x_0=0,x_n=1+\sin(x_{n-1}-1)(n=1,2,\cdots)$，求 $\lim\limits_{n\to\infty}x_n$.

解　设 $y_n=x_n-1$，则 $y_n=\sin y_{n-1}(n=1,2,\cdots)$，因为 $-1\leqslant\sin x\leqslant1$，且 $y_0=-1$，所以 $-1\leqslant y_n=\sin y_{n-1}<0,y_{n-1}\leqslant\sin y_{n-1}=y_n(n=1,2,\cdots)$，故 $\{y_n\}$ 单调增加且有上界，所以收敛. 因而 $\lim\limits_{n\to\infty}y_n=\lim\limits_{n\to\infty}\sin y_{n-1}=\sin(\lim\limits_{n\to\infty}y_{n-1})$，所以 $\lim\limits_{n\to\infty}y_n=0,\lim\limits_{n\to\infty}x_n=\lim\limits_{n\to\infty}(y_n+1)=1$.

例 1.13* 设 $x_1=10, x_{n+1}=\sqrt{6+x_n}$ $(n=1,2,\cdots)$,试证数列 $\{x_n\}$ 极限存在,并求此极限.

证 显然有 $x_n>0$,所以 $\{x_n\}$ 有下界.下面证明 $\{x_n\}$ 单调减少.

用归纳法. $x_2=\sqrt{6+x_1}=\sqrt{6+10}=4<x_1$,设 $x_n<x_{n-1}$,则 $x_{n+1}=\sqrt{6+x_n}<\sqrt{6+x_{n-1}}=x_n$.

由此,$\{x_n\}$ 单调减.由单调有界准则,$\lim\limits_{n\to\infty}x_n$ 存在.

设 $\lim\limits_{n\to\infty}x_n=a$,求 a:在恒等式 $x_{n+1}=\sqrt{6+x_n}$ 两边取极限,得 $a=\sqrt{6+a}$,解得 $a=3$ ($a=-2$ 舍去,因为 $x_n>0, a\geq 0$).

评注 类似例 1.12~1.13 的利用单调有界原理求极限的内容在教学大纲和考试大纲里的要求是了解,同学们不必在此花费太多精力.

3. 函数极限

例 1.14 求下列极限:

(1) $\lim\limits_{x\to 1}\dfrac{x^2-4x+3}{x^4-4x^2+3}$;   (2) $\lim\limits_{x\to\infty}\dfrac{x^2-x+6}{x^3-x-1}$.

解 (1) 原式 $=\lim\limits_{x\to 1}\dfrac{(x-3)(x-1)}{(x^2-3)(x-1)(x+1)}=\lim\limits_{x\to 1}\dfrac{x-3}{(x^2-3)(x+1)}=\dfrac{1-3}{(1-3)(1+1)}=\dfrac{1}{2}$;

(2) 原式 $=\lim\limits_{x\to\infty}\dfrac{\dfrac{1}{x}-\dfrac{1}{x^2}+\dfrac{6}{x^3}}{1-\dfrac{1}{x^2}-\dfrac{1}{x^3}}=\dfrac{0-0+0}{1-0-0}=0$.

评注 这两个题形式类似,但解题方法不同,关键是看 x 的变化趋势.

例 1.15 $\lim\limits_{x\to 0}(1+3x)^{\frac{2}{\sin x}}=($ $)$.

解 e^6.

法 1 原式 $=\exp\left[\lim\limits_{x\to 0}\dfrac{2\ln(1+3x)}{\sin x}\right]=\exp\left(\lim\limits_{x\to 0}\dfrac{6x}{x}\right)=e^6$.

法 2 原式 $=\lim\limits_{x\to 0}\left[(1+3x)^{\frac{1}{3x}}\right]^{\frac{6x}{\sin x}}=e^6$.

注 (1)前面已经提到,$\exp(x)$ 表示函数 e^x;(2)法 1 中使用了等价无穷小替换;(3)法 2 用到了教材上没有但正确的结论:若 $\lim f(x)=a>0$ $\lim g(x)=b$,则 $\lim f(x)^{g(x)}=a^b$,极限趋势既可以是有限也可以是无限.目前不建议学生使用该结论.

例 1.16 设 $\lim\limits_{x\to\infty}\left(\dfrac{x+2a}{x-a}\right)^x=8$,则 $a=($ $)$.

解 $\ln 2$.

$$8=\lim\limits_{x\to\infty}\left(\dfrac{x+2a}{x-a}\right)^x=\lim\limits_{x\to\infty}\dfrac{\left(1+\dfrac{2a}{x}\right)^{\frac{x}{2a}\cdot 2a}}{\left(1-\dfrac{a}{x}\right)^{-\frac{x}{a}\cdot(-a)}}=\dfrac{e^{2a}}{e^{-a}}=e^{3a}\Rightarrow 3a=\ln 8\Rightarrow a=\ln 2;$$

或 $$\lim\limits_{x\to\infty}\left(\dfrac{x+2a}{x-a}\right)^x=\lim\limits_{x\to\infty}\left[\left(1+\dfrac{3a}{x-a}\right)^{\frac{x-a}{3a}}\right]^{3a}\left(1+\dfrac{3a}{x-a}\right)^a=e^{3a}=8 \Rightarrow a=\ln 2.$$

评注 (1) 利用重要极限 $\lim\limits_{x\to 0}(1+x)^{\frac{1}{x}}=\lim\limits_{x\to\infty}\left(1+\dfrac{1}{x}\right)^{x}=\mathrm{e}$，注意解题过程中的变形方法.

(2) 用你目前学到的知识能解释极限 $\lim\limits_{x\to\infty}\left[\left(1+\dfrac{3a}{x-a}\right)^{\frac{x-a}{3a}}\right]^{3a}=\mathrm{e}^{3a}$ 吗?

例 1.17 $\lim\limits_{x\to 0}\dfrac{\mathrm{e}^{x^2}-\cos x}{\ln\cos x}=(\qquad)$.

解 -3.

$$原式=\lim_{x\to 0}\frac{\mathrm{e}^{x^2}-1}{\ln\left[1+(\cos x-1)\right]}+\lim_{x\to 0}\frac{1-\cos x}{\ln\left[1+(\cos x-1)\right]}$$

$$=\lim_{x\to 0}\frac{\mathrm{e}^{x^2}-1}{\ln\left[1+(\cos x-1)\right]}+\lim_{x\to 0}\frac{1-\cos x}{\ln\left[1+(\cos x-1)\right]}=\lim_{x\to 0}\frac{x^2}{\cos x-1}+\lim_{x\to 0}\frac{1-\cos x}{\cos x-1}=-3.$$

评注 熟练掌握等价无穷小替换求极限的方法;本题利用了当 $x\to 0$ 时的等价无穷小.

$$\mathrm{e}^{x}-1\sim x,\quad \ln(1+x)\sim x,\quad 1-\cos x\sim\frac{x^2}{2}.$$

例 1.18 已知 $\lim\limits_{x\to\infty}\left(\dfrac{x^2}{x+1}-ax-b\right)=0$，其中 a,b 是常数，则 $(a,b)=(\qquad)$.

解 $(1,-1)$.

由已知 $\lim\limits_{x\to\infty}x\cdot\left(\dfrac{x}{x+1}-a-\dfrac{b}{x}\right)=0$，故 $\lim\limits_{x\to\infty}\left(\dfrac{x}{x+1}-a-\dfrac{b}{x}\right)=0\Rightarrow a=\lim\limits_{x\to\infty}\left(\dfrac{x}{x+1}-\dfrac{b}{x}\right)=1$，

所以 $b=\lim\limits_{x\to\infty}\left(\dfrac{x^2}{x+1}-ax\right)=\lim\limits_{x\to\infty}\left(\dfrac{x^2}{x+1}-x\right)=\lim\limits_{x\to\infty}\dfrac{-x}{x+1}=-1.$

或由题意得 $\lim\limits_{x\to\infty}\left(\dfrac{x^2}{x+1}-ax\right)=b$，即 $\lim\limits_{x\to\infty}\left(\dfrac{x^2}{x+1}-ax\right)=\lim\limits_{x\to\infty}\dfrac{(1-a)x^2-ax}{x+1}=\lim\limits_{x\to\infty}\dfrac{(1-a)x-a}{1+\dfrac{1}{x}}$

存在，所以 $1-a=0$(反证法)，得 $a=1$. 故 $b=\lim\limits_{x\to\infty}\left(\dfrac{x^2}{x+1}-ax\right)=\lim\limits_{x\to\infty}\left(\dfrac{x^2}{x+1}-x\right)=-1.$

评注 称直线 $y=ax+b(a\neq 0)$ 是曲线 $f(x)=\dfrac{x^2}{x+1}$ 的斜渐近线.

例 1.19 求极限 $\lim\limits_{x\to\frac{\pi}{2}}\dfrac{\cos x}{x-\dfrac{\pi}{2}}$.

解 令 $t=x-\dfrac{\pi}{2}$，则 $\cos x=\cos\left(t+\dfrac{\pi}{2}\right)=-\sin t$，当 $x\to\dfrac{\pi}{2}$ 时，$t\to 0$，

$$原式=\lim_{t\to 0}\frac{-\sin t}{t}=-1.$$

评注 通过观察发现函数形式像重要极限 $\lim\limits_{x\to 0}\dfrac{\sin x}{x}=1$，因此进行变量替换，换成需要的

形式再求解;当然，本题也可直接凑成重要极限的形式求解，原式 $=\lim\limits_{x\to\frac{\pi}{2}}\dfrac{-\sin\left(x-\dfrac{\pi}{2}\right)}{x-\dfrac{\pi}{2}}=-1.$

例 1.20* 求极限 $\lim\limits_{x\to+\infty}(\sin\sqrt{x+1}-\sin\sqrt{x})$.

解　$\left|\sin \sqrt{x+1}-\sin \sqrt{x}\right|=2\left|\cos \dfrac{\sqrt{x+1}+\sqrt{x}}{2}\sin \dfrac{\sqrt{x+1}-\sqrt{x}}{2}\right|\leqslant 2\left|\sin \dfrac{\sqrt{x+1}-\sqrt{x}}{2}\right|$,

而　　　　　　　　　$\lim\limits_{x\to +\infty}\sin \dfrac{\sqrt{x+1}-\sqrt{x}}{2}=\lim\limits_{x\to +\infty}\sin \dfrac{1}{2(\sqrt{x+1}+\sqrt{x})}=0$,

所以　　　　　　　　　$\lim\limits_{x\to +\infty}(\sin \sqrt{x+1}-\sin \sqrt{x})=0$.

例 1.21　求下列极限:

(1) $\lim\limits_{x\to 0}(\cos 2x)^{1/x^2}$;　　　　(2) $\lim\limits_{x\to 0}(1+\mathrm{e}^x\sin^2 x)^{\frac{1}{1-\cos x}}$.

解　(1) 原式$=\exp\left\{\lim\limits_{x\to 0}\dfrac{\ln[1+(\cos 2x-1)]}{x^2}\right\}=\exp\left(\lim\limits_{x\to 0}\dfrac{\cos 2x-1}{x^2}\right)=\mathrm{e}^{-2}$.

(2) 原式$=\exp\left[\lim\limits_{x\to 0}\dfrac{\ln(1+\mathrm{e}^x\sin^2 x)}{1-\cos x}\right]=\exp\left(\lim\limits_{x\to 0}\dfrac{\mathrm{e}^x\sin^2 x}{1-\cos x}\right)=\exp\left(\lim\limits_{x\to 0}\mathrm{e}^x\cdot\dfrac{x^2}{\dfrac{x^2}{2}}\right)=\mathrm{e}^2$.

例 1.22　当 $x\to 1$ 时,函数 $\dfrac{x^2-1}{x-1}\mathrm{e}^{\frac{1}{x-1}}$ 的极限(　　).

A. 等于 2　　　　　　　　　　　B. 等于 0

C. 为 ∞　　　　　　　　　　　D. 不存在但不为 ∞

解　D.

由 $\lim\limits_{x\to 1^-}\mathrm{e}^{\frac{1}{x-1}}=\lim\limits_{t\to -\infty}\mathrm{e}^t=0$, $\lim\limits_{x\to 1^+}\mathrm{e}^{\frac{1}{x-1}}=\lim\limits_{t\to +\infty}\mathrm{e}^t=+\infty\left(\text{其中令 }t=\dfrac{1}{x-1}\right)$,得 $\lim\limits_{x\to 1^-}\dfrac{x^2-1}{x-1}\mathrm{e}^{\frac{1}{x-1}}=$

$\lim\limits_{x\to 1^-}(x+1)\cdot\mathrm{e}^{\frac{1}{x-1}}=2\times 0=0$, $\lim\limits_{x\to 1^+}\dfrac{x^2-1}{x-1}\mathrm{e}^{\frac{1}{x-1}}=\lim\limits_{x\to 1^+}(x+1)\mathrm{e}^{\frac{1}{x-1}}=\infty$,

所以当 $x\to 1$ 时函数没有极限,也不是 ∞. 故应选 D.

评注　对这一类题目,一般是考察函数的左、右极限,因为左、右极限都存在并且相等是函数极限存在的充要条件. 本题的函数由两个因式相乘而得,其中 $\lim\limits_{x\to 1}\dfrac{x^2-1}{x-1}=2$,故因式 $\mathrm{e}^{\frac{1}{x-1}}$ 是关键部分. 解题中善于抓住关键部分,才能提高效率.

例 1.23　求 $\lim\limits_{x\to 0}\left(\dfrac{2+\mathrm{e}^{\frac{1}{x}}}{1+\mathrm{e}^{\frac{4}{x}}}+\dfrac{\sin x}{|x|}\right)$.

解　由于式中有 $\mathrm{e}^{\frac{1}{x}}$ 与 $|x|$,故应分左、右极限考虑.

$$\lim\limits_{x\to 0^+}\left(\dfrac{2+\mathrm{e}^{\frac{1}{x}}}{1+\mathrm{e}^{\frac{4}{x}}}+\dfrac{\sin x}{|x|}\right)=\lim\limits_{x\to 0^+}\left(\dfrac{2\mathrm{e}^{\frac{-4}{x}}+\mathrm{e}^{\frac{-3}{x}}}{\mathrm{e}^{\frac{-4}{x}}+1}+\dfrac{\sin x}{x}\right)=\dfrac{0+0}{0+1}+1=1;$$

$$\lim\limits_{x\to 0^-}\left(\dfrac{2+\mathrm{e}^{\frac{1}{x}}}{1+\mathrm{e}^{\frac{4}{x}}}+\dfrac{\sin x}{|x|}\right)=\lim\limits_{x\to 0^-}\left(\dfrac{2+\mathrm{e}^{\frac{1}{x}}}{1+\mathrm{e}^{\frac{4}{x}}}-\dfrac{\sin x}{x}\right)=\dfrac{2+0}{1+0}-1=1,$$

故原式$=1$.

评注　典型错误是将 $\lim\limits_{x\to 0}\left(\dfrac{2+\mathrm{e}^{\frac{1}{x}}}{1+\mathrm{e}^{\frac{4}{x}}}+\dfrac{\sin x}{|x|}\right)$ 分成两个极限 $\lim\limits_{x\to 0}\dfrac{2+\mathrm{e}^{\frac{1}{x}}}{1+\mathrm{e}^{\frac{4}{x}}}$ 和 $\lim\limits_{x\to 0}\dfrac{\sin x}{|x|}$ 去讨论,而这两个极限都不存在,故得出极限不存在的错误结论. 要注意,$\lim\limits_{x\to a}f(x)$ 与 $\lim\limits_{x\to a}g(x)$ 均不

存在,但 $\lim\limits_{x\to a}[f(x)+g(x)]$ 可能存在.

例 1.24　求下列极限:

(1)$\lim\limits_{x\to 0}\dfrac{\tan x-\sin x}{x}$;　　　(2)$\lim\limits_{x\to 0}\dfrac{\tan x-\sin x}{x^3}$.

解　(1)$\lim\limits_{x\to 0}\dfrac{\tan x-\sin x}{x}=\lim\limits_{x\to 0}\dfrac{\tan x(1-\cos x)}{x}=\lim\limits_{x\to 0}\dfrac{x\cdot\dfrac{x^2}{2}}{x}=0$;

(2)$\lim\limits_{x\to 0}\dfrac{\tan x-\sin x}{x^3}=\lim\limits_{x\to 0}\dfrac{\tan x(1-\cos x)}{x^3}=\lim\limits_{x\to 0}\dfrac{x\cdot\dfrac{x^2}{2}}{x^3}=\dfrac{1}{2}$.

评注　无穷小替换法只能对分子、分母中的无穷小因子进行,不能对其中的加减项进行,第(1)小题如果直接加减时替换,结果正确,但对第(2)个小题就出错了,由此说明加减项替换有时正确有时错误,故解题时杜绝使用.事实上,等价无穷小不代表相等,利用 Taylor 公式可以证明当 $x\to 0$ 时 $\tan x-\sin x$ 是 x^3 的同阶无穷小(当然是 x 的高阶无穷小),因此第(1)小题恰好碰对了,但第(2)小题就没有那么幸运了.

例 1.25* 　求 $\lim\limits_{x\to 0^+}(\cos\sqrt{x})^{\pi/x}$.

解　原式 $=\exp\left(\lim\limits_{x\to 0^+}\dfrac{\pi\ln\cos\sqrt{x}}{x}\right)=\exp\left(\lim\limits_{x\to 0^+}\pi\dfrac{\cos\sqrt{x}-1}{x}\right)=\exp\left(-\dfrac{\pi}{2}\right)=\mathrm{e}^{-\frac{\pi}{2}}$.

例 1.26* 　求 $\lim\limits_{x\to\infty}\left(\sin\dfrac{2}{x}+\cos\dfrac{1}{x}\right)^x$.

解　原式 $=\exp\left[\lim\limits_{x\to\infty}x\ln\left(\sin\dfrac{2}{x}+\cos\dfrac{1}{x}\right)\right]=\exp\left[\lim\limits_{t\to 0}\dfrac{\ln(\sin 2t+\cos t)}{t}\right]$

$=\exp\left(\lim\limits_{t\to 0}\dfrac{\sin 2t+\cos t-1}{t}\right)=\exp\left[\lim\limits_{t\to 0}\left(\dfrac{\sin 2t}{t}-\dfrac{1-\cos t}{t}\right)\right]=\exp(2-0)=\mathrm{e}^2$.

评注　形如 $f(x)^{g(x)}$ 的函数称为幂指函数,通常将其转化为指数函数 $\mathrm{e}^{g(x)\ln f(x)}=\exp[g(x)\ln f(x)]$ 来处理,如例 1.15 和 1.21,注意其中都用到了函数连续性(否则极限符号和函数符号不能随便交换顺序).

例 1.27* 　设 $\lim\limits_{x\to 0}\dfrac{a\tan x+b(1-\cos x)}{c\ln(1-2x)+d(1-\mathrm{e}^{-x^2})}=2$,其中 $a^2+c^2\neq 0$,则必有(　　).

A.$b=4d$　　　　　B. $b=-4d$　　　　　C. $a=4c$　　　　　D. $a=-4c$

解　D.

由于 $x\to 0$ 时 $a\tan x+b(1-\cos x)\sim ax(a\neq 0)$,$c\ln(1-2x)+d(1-\mathrm{e}^{-x^2})\sim -2cx$ $(c\neq 0)$,(因为 $1-\cos x\sim\dfrac{1}{2}x^2$,$1-\mathrm{e}^{-x^2}\sim x^2$),因此 $\lim\limits_{x\to 0}\dfrac{a\tan x+b(1-\cos x)}{c\ln(1-2x)+d(1-\mathrm{e}^{-x^2})}=$ $\lim\limits_{x\to 0}\dfrac{ax}{-2cx}=\dfrac{a}{-2c}=2$,从而 $a=-4c$.

例 1.28　已知当 $x\to 0$ 时,$(1+ax^2)^{\frac{1}{3}}-1$ 与 $\cos x-1$ 是等价无穷小,则 $a=($　　$)$.

解　$-\dfrac{3}{2}$.

由 $x\to 0$ 时 $(1+ax^2)^{\frac{1}{3}}-1\sim\frac{1}{3}ax^2$，$\cos x-1\sim-\frac{1}{2}x^2$，以及

$$1=\lim_{x\to 0}\frac{(1+ax^2)^{\frac{1}{3}}-1}{\cos x-1}=\lim_{x\to 0}\frac{\frac{1}{3}ax^2}{-\frac{1}{2}x^2}=-\frac{2}{3}a,$$

可得 $a=-\frac{3}{2}$.

4. 函数连续

例 1.29 已知 $f(x)=\begin{cases}(\cos x)^{1/x^2} & \text{当 } x\neq 0 \\ a & \text{当 } x=0\end{cases}$ 在 $x=0$ 处连续，则 $a=(\qquad)$.

解 $e^{-\frac{1}{2}}$.

因为 $\lim_{x\to 0}f(x)=\lim_{x\to 0}e^{(\ln\cos x)/x^2}=\lim_{x\to 0}e^{(\cos x-1)/x^2}=e^{-\frac{1}{2}}$，而 $f(0)=a$，所以 $a=e^{-\frac{1}{2}}$.

例 1.30 求 $f(x)=\dfrac{\ln|x|}{x^2-3x+2}$ 的间断点，并指出类型.

解 由 $\ln|x|$ 的定义域知 $x\neq 0$. 又由 $x^2-3x+2=0$，得 $x_1=1,x_2=2$. 而 $f(x)$ 在 $(-\infty,0),(0,1),(1,2),(2,+\infty)$ 上是初等函数，所以连续，故 $f(x)$ 的间断点是 $0,1,2$.

$\lim_{x\to 0}\ln|x|=-\infty$，$\lim_{x\to 0}(x^2-3x+2)=2$，所以 $\lim_{x\to 0}f(x)=-\infty$，故 $x=0$ 是 $f(x)$ 的无穷间断点，属第二类间断点；又 $\lim_{x\to 1}f(x)=-1$，故 $x=1$ 是 $f(x)$ 的可去间断点，属第一类间断点；而 $\lim_{x\to 2}f(x)=\infty$，故 $x=2$ 是 $f(x)$ 的无穷间断点，属第二类间断点.

例 1.31* 证明方程 $x^3-3x^2-9x+1=0$ 在 $(0,1)$ 内有唯一实根.

证 令 $f(x)=x^3-3x^2-9x+1$，因为 $f(0)=1>0,f(1)=-10<0$，又 $f(x)$ 在 $[0,1]$ 上连续，所以存在 $x_1\in(0,1)$，使 $f(x_1)=0$. 若另有 $x_2\in(0,1)$，使 $f(x_2)=0$，则 $f(x_2)-f(x_1)=0$，即 $(x_2-x_1)[(x_1^2+x_1x_2+x_2^2)-3(x_2-x_1)-9]=0$，而 $(x_1^2+x_1x_2+x_2^2)-3(x_2-x_1)-9<0$，所以只能 $x_2=x_1$，故方程 $x^3-3x-9x+1=0$ 在 $(0,1)$ 内有唯一实根.

例 1.32* 设 $f(x)$ 在 (a,b) 内连续，且 $\lim_{x\to a^+}f(x)=-\infty$，$\lim_{x\to b^-}f(x)=-\infty$，证明 $f(x)$ 在 (a,b) 内有最大值.

证 因为 $\lim_{x\to a^+}f(x)=-\infty$，$\lim_{x\to b^-}f(x)=-\infty$. 由极限定义知，对于 $M=f\left(\frac{a+b}{2}\right)$，存在 $c,d\left(a<c<\frac{a+b}{2}<d<b\right)$，当 $a<x\leqslant c$ 或 $d\leqslant x<b$ 时，都有 $f(x)<M$. 又 $f(x)$ 在 (a,b) 内连续，所以 $f(x)$ 在 $[c,d]\subset(a,b)$ 上连续，由最大值定理知，存在 $\xi\in[c,d]$，使 $f(\xi)\geqslant f(x),\forall x\in[c,d]$，特别有 $f(\xi)\geqslant f\left(\frac{a+b}{2}\right)$. 下面证 $f(\xi)$ 即为 (a,b) 内的最大值，$\forall x\in(a,b)$. ①若 $x\in(a,c)$ 或 $x\in[d,b)$，有 $f(x)<f\left(\frac{a+b}{2}\right)\leqslant f(\xi)$；②若 $x\in[c,d]$，有 $f(x)\leqslant f(\xi)$. 综上所述，$f(x)$ 在 (a,b) 内有最大值.

例 1.33* 设 $f(x)$ 在 $[a,b]$ 上连续，且 $a<c<d<b$，证明：在 $[a,b]$ 上至少存在一点 ζ，

使得 $pf(c)+qf(d)=(p+q)f(\zeta)$，其中，$p,q$ 为任意正常数.

法 1　令 $F(x)=(p+q)f(x)-pf(c)-qf(d)$，可知 $F(x)$ 在 $[c,d]$ 上连续，注意到

$$F(c)=(p+q)f(c)-pf(c)-qf(d)=q[f(c)-f(d)],$$

$$F(d)=(p+q)f(d)-pf(c)-qf(d)=p[f(d)-f(c)],$$

则当 $f(c)-f(d)=0$ 时，可将 c,d 均取作 ζ；而当 $f(c)-f(d)\neq 0$ 时，又 $p>0,q>0$，于是有 $F(c)F(d)=-pq[f(c)-f(d)]^2<0$，由介值定理的推论可知，至少存在一点 $\zeta\in(c,d)\subset[a,b]$，使得 $F(\zeta)=0$，即 $pf(c)+qf(d)=(p+q)f(\zeta)$.

评注　本题的关键是由题意构造 $F(x)$，使其满足定理内容.

法 2　因为 $f(x)$ 在 $[a,b]$ 上连续，故 $f(x)$ 在 $[a,b]$ 上有最大值 M 和最小值 m，且有 $m\leqslant f(x)\leqslant M$，由于 $c,d\in[a,b]$，也有 $pm\leqslant pf(c)\leqslant pM$，$qm\leqslant qf(d)\leqslant qM$，两式相加得 $(p+q)m\leqslant pf(c)+qf(d)\leqslant(p+q)M$，即 $m\leqslant\dfrac{pf(c)+qf(d)}{p+q}\leqslant M$，由介值定理知，在 $[a,b]$ 内至少存在一点 ζ，使得 $\dfrac{pf(c)+qf(d)}{p+q}=f(\zeta)$，即 $pf(c)+qf(d)=(p+q)f(\zeta)$.

1.4　自　测　题

自　测　题　1

一、选择题

1. 函数 $y=\dfrac{\sqrt{9-x^2}}{\ln(x+2)}$ 的定义域是（　　）.

A. $(-2,3)$ 　　　　　　　　　　　B. $(-2,-1)\cup(-1,3]$

C. $[-3,3]$ 　　　　　　　　　　　D. $(-2,1)\cup(1,3]$

2. 函数 $y=x^2\sin x$ 的图形（　　）.

A. 关于 x 轴对称 　　　　　　　　B. 关于 y 轴对称

C. 关于原点对称 　　　　　　　　　D. 关于直线 $y=x$ 对称

3. 函数 $f(x)$ 的定义域是 $[1,5]$，则 $f(1+x^2)$ 的定义域为（　　）.

A. $[1,5]$ 　　　　B. $[0,2]$ 　　　　C. $[0,4]$ 　　　　D. $[-2,2]$

4. 设 $g(x)=1+x$，且当 $x\neq 0$ 时 $f(g(x))=\dfrac{1-x}{x}$，则 $f\left(\dfrac{1}{2}\right)$ 等于（　　）.
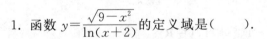

A. 0 　　　　　　B. 1 　　　　　　C. 3 　　　　　　D. -3

5. 函数 $y=\sin\dfrac{1}{x}$ 是其定义域内的（　　）.

A. 周期函数 　　　　　　　　　　　B. 单调函数

C. 有界函数 　　　　　　　　　　　D. 无界函数

6. 下列函数中相同的是（　　）.

A. $f(x)=|x|$ 与 $g(x)=\sqrt{x^2}$ B. $f(x)=\sqrt{1-\cos^2 x}$ 与 $g(x)=\sin x$

C. $f(x)=\ln x^2$ 与 $g(x)=2\ln x$ D. $f(x)=\dfrac{x}{x}$ 与 $g(x)\equiv 1$

7. 设 $f(x)$ 定义域是 $[0,1]$,则函数 $g(x)=f\left(x+\dfrac{1}{4}\right)+f\left(x-\dfrac{1}{4}\right)$ 定义域是(   ).

A. $[0,1]$ B. $\left[-\dfrac{1}{4},\dfrac{5}{4}\right]$

C. $\left[-\dfrac{1}{4},\dfrac{1}{4}\right]$ D. $\left[\dfrac{1}{4},\dfrac{3}{4}\right]$

8. 函数 $y=\ln(x+\sqrt{x^2+a^2})-\ln a\,(a>0)$ 是(   ).

A. 偶函数   B. 奇函数

C. 非奇非偶函数   D. 奇偶性取决于 a 的值

9. 设 $f(x)$ 在 $(-\infty,+\infty)$ 内有定义,下列函数中为奇函数的是(   ).

A. $|f(x)|$ B. $-|f(x)|$ C. $x^2|f(x)|$ D. $xf(x^2)$

10. 函数 $f(x)=\sqrt{\cos x-1}$ 的定义域和周期分别为(   ).

A. $x=2k\pi+\dfrac{\pi}{2},k\in \mathbf{Z},T=2\pi$ B. $x=2k\pi,k\in \mathbf{Z},T=2\pi$

C. $x=k\pi,k\in \mathbf{Z},T=\pi$ D. $x=k\pi+\dfrac{\pi}{2},k\in \mathbf{Z},T=\pi$

二、完成下列各题

*1. 已知 A 与 B 为下列两个给定的集,在平面直角坐标系内画出 $A\times B$:

(1)$A=\{x\,|\,1\leqslant x\leqslant 2,x\in \mathbf{R}\}\cup\{x\,|\,5\leqslant x\leqslant 6,x\in \mathbf{R}\}$,

    $B=\{y\,|\,0\leqslant y\leqslant 3,y\in \mathbf{R}\}$;

(2)$A=\{x\,|\,-\infty<x<+\infty\}$,$B=\{y\,|\,-1\leqslant y\leqslant 1,y\in \mathbf{R}\}$.

2. 下列各题中,函数 $f(x)$ 和 $g(x)$ 是否相同? 为什么?

(1)$f(x)=\lg x^2$,$g(x)=2\lg x$;

(2)$f(x)=x$,$g(x)=\sqrt{x^2}$;

(3)$f(x)=\sqrt[3]{x^4-x^3}$,$g(x)=x\sqrt[3]{x-1}$.

3. 设 $\varphi(x)=\begin{cases}|\sin x| & 当 |x|<\dfrac{\pi}{3} \\ 0 & 当 |x|\geqslant\dfrac{\pi}{3}\end{cases}$. 求 $\varphi\left(\dfrac{\pi}{6}\right),\varphi\left(\dfrac{\pi}{4}\right),\varphi\left(\dfrac{\pi}{2}\right)$,并画出函数的图像.

4. 判定下列函数的奇偶性:

(1)$y=e^x-e^{-x}$;   (2)$y=\dfrac{|x+x^3|}{x^2+2}$.

5. 设函数 $f(x)$ 定义在关于原点对称的集合 D 上,

$$\varphi(x)=\frac{1}{2}[f(x)+f(-x)],\quad \psi(x)=\frac{1}{2}[f(x)-f(-x)].$$

请指出 $\varphi(x)$ 与 $\psi(x)$ 中哪个是偶函数,哪个是奇函数.并证明:在 D 上有

$$f(x)=\varphi(x)+\psi(x).$$

即关于原点对称集合上的任意函数,都可以表示为一个偶函数与一个奇函数之和.

6. 某物流对货物从甲地运到乙地的收费规定如下:当重量不超过 50kg 时,按每千克0.15元收取基本运费;当超过 50kg 时,超重部分按每千克 0.25 元收费. 试求收费 y(元)与重量 x(kg)之间的函数关系式,并画出这个函数的图像.

自 测 题 2

1. 设 $x_n=\dfrac{\cos\dfrac{n\pi}{2}}{n}$,求 $\lim\limits_{n\to\infty}x_n$. 对于正数 ε,求出一个适当的正整数 N,使当 $n>N$ 时,x_n 与其极限之差的绝对值小于正数 ε.

2. 根据数列极限的定义证明:

(1) $\lim\limits_{n\to\infty}\dfrac{1}{n^2}=0$;　　　　　　　　(2) $\lim\limits_{n\to\infty}\dfrac{2n+1}{3n+1}=\dfrac{2}{3}$.

3. 下列结论是否正确? 若正确,请给出证明;若不正确,请举出反例.

(1) 若 $\lim\limits_{n\to\infty}a_n=A$,则 $\lim\limits_{n\to\infty}|a_n|=|A|$;

(2) 若 $\lim\limits_{n\to\infty}|a_n|=0$,则 $\lim\limits_{n\to\infty}a_n=0$;

(3) 若 $\lim\limits_{n\to\infty}|a_n|=|A|$,则 $\lim\limits_{n\to\infty}a_n=A\,(A\neq0)$;

(4) 若 $\lim\limits_{n\to\infty}a_n=A$,则 $\lim\limits_{n\to\infty}a_{n+1}=A$,并且 $\lim\limits_{n\to\infty}\dfrac{a_{n+1}}{a_n}=1$.

4. 求下列数列的极限:

(1) $\lim\limits_{n\to\infty}\dfrac{3^n+(-2)^n}{3^{n+1}+(-2)^{n+1}}$;　　　　(2) $\lim\limits_{n\to\infty}\left(\dfrac{1+2+\cdots+n}{n+2}-\dfrac{n}{2}\right)$;

(3) $\lim\limits_{n\to\infty}\sqrt{n}\,(\sqrt{n+4}-\sqrt{n})$;　　　　(4) $\lim\limits_{n\to\infty}\left(1-\dfrac{1}{n}\right)^n$;

(5) $\lim\limits_{n\to\infty}\left(1+\dfrac{1}{n-4}\right)^{n+4}$;　　　　(6) $\lim\limits_{n\to\infty}\left(\sqrt{n^2+3n-1}-\sqrt{n^2-5n+2}\right)$.

5. 数列 $\{x_n\}$ 单调有界是 $\{x_n\}$ 收敛的_____条件.(充分必要,充分非必要,必要非充分)

6. 计算:

(1) $\lim\limits_{n\to\infty}\left[\dfrac{1}{1\cdot2}+\dfrac{1}{2\cdot3}+\dfrac{1}{3\cdot4}+\cdots+\dfrac{1}{n(n+1)}\right]$;

(2) $\lim\limits_{n\to\infty}\left(\dfrac{1}{4}+\dfrac{1}{28}+\dfrac{1}{70}+\cdots+\dfrac{1}{9n^2-3n-2}\right)$.

7. 利用极限存在准则(即夹逼定理)求下列数列的极限:

(1) $x_n=\dfrac{1}{n^2+\pi}+\dfrac{1}{n^2+2\pi}+\cdots+\dfrac{1}{n^2+n\pi}$;

(2) $y_n=\dfrac{1}{n^2+1}+\dfrac{2}{n^2+2}+\cdots+\dfrac{n}{n^2+n}$;

(3) $z_n=\sqrt[n]{1+2^n+3^n}$.

自 测 题 3

一、选择题

1. $\lim\limits_{x \to +\infty} \dfrac{(x+1)\arctan x}{x+2} = ($ $)$.

A. $-\dfrac{\pi}{2}$ 　　　　 B. 0 　　　　 C. $\dfrac{\pi}{2}$ 　　　　 D. 1

2. 曲线 $y = \dfrac{2x^2+3x+1}{x^2-1}$ 的渐近线有( ).

A. 0 条 　　　　 B. 1 条 　　　　 C. 2 条 　　　　 D. 3 条

二、完成下列各题

1. 根据函数极限的定义证明：$\lim\limits_{x \to 1}(3x-2)=1$.

2. 当 $x \to 2$ 时，$y=x^2 \to 4$；当 $|x-2|<\delta$ 时，$|y-4|<0.001$ 求 δ 的值.

3. 下列命题是否正确？若正确，请给出证明；若不正确，请举出反例：

　　$\lim\limits_{x \to x_0} f(x)=a$ 的充要条件是 $\lim\limits_{x \to x_0} |f(x)|=|a|$.

4. 根据定义证明：$y=\dfrac{x-2}{x}$ 当 $x \to 2$ 时是无穷小.

5. 求下列极限：

(1) $\lim\limits_{x \to 0} \dfrac{4x^3-2x^2+x}{3x^2+2x}$;

(2) $\lim\limits_{h \to 0} \dfrac{(x+h)^3-x^3}{h}$;

(3) $\lim\limits_{x \to 1}\left(\dfrac{1}{1-x}-\dfrac{3}{1-x^3}\right)$;

(4) $\lim\limits_{x \to 0} x^2 \sin \dfrac{1}{x}$;

(5) $\lim\limits_{x \to \infty}(2x^3-x+1)$;

(6) $\lim\limits_{x \to 0} \dfrac{\sqrt{x+1}-1}{x}$.

6. 讨论极限 $\lim\limits_{x \to +\infty} \dfrac{1+\mathrm{e}^x}{2+\mathrm{e}^{x-1}}$ 的存在性.

7. 讨论极限 $\lim\limits_{x \to 0} \mathrm{e}^{\frac{1}{x}}$ 的存在性.

8. 讨论极限 $\lim\limits_{x \to 1} \mathrm{e}^{\frac{1}{1-\frac{x}{x-1}}}$ 的存在性.

自 测 题 4

一、选择题

1. 极限 $\lim\limits_{x \to \infty}\left(1+\dfrac{a}{x}\right)^{bx+d}$ 等于( ).

A. e 　　　　 B. e^b 　　　　 C. e^{ab} 　　　　 D. e^{ab+d}

2. 当 $x \to 0$ 时，下列函数为无穷小量的是( ).

A. $\dfrac{\sin x}{x}$ 　　　　 B. $x^2+\sin x$ 　　　　 C. $\dfrac{1}{x}\ln(1+x)$ 　　　　 D. $2x-1$

3. 极限 $\lim\limits_{x \to 0}\left(\dfrac{1-x}{1+x}\right)^{\frac{1}{x}}$ 的值等于(　　).

A. e^2　　　　　　B. e^{-2}　　　　　　C. 1　　　　　　D. ∞

4. $f(x) = \left(1 - \dfrac{2}{x}\right)^x$,则当 $x \to +\infty$ 时,$f(x)$ 的极限为(　　).

A. 1　　　　　　B. e　　　　　　C. e^2　　　　　　D. e^{-2}

5. 设 $f(x) = e^x + 2^x - 2$,则当 $x \to 0$ 时,$f(x)$ 是(　　).

A. 与 x 等价的无穷小量　　　　　　B. 与 x 同阶非等价的无穷小量

C. 比 x 高价的无穷小量　　　　　　D. 比 x 低阶的无穷小量

6. 当 $n \to \infty$ 时,$\sin\dfrac{2}{n^2+1}$(　　).

A. 是与 $\dfrac{2}{n^2+1}$ 等价无穷小　　　　　　B. 是与 $\dfrac{2}{n^2+1}$ 同阶但非等价无穷小

C. 是比 $\dfrac{2}{n^2+1}$ 高阶的无穷小　　　　　　D. 不是无穷小

二、完成下列各题

1. 利用两个重要极限求下列极限:

(1) $\lim\limits_{x \to 0}\dfrac{\tan x - \sin x}{x^3}$;

(2) $\lim\limits_{x \to n\pi}\dfrac{\sin x}{x - n\pi}$ $(n \in \mathbf{N})$;

(3) $\lim\limits_{x \to 0}\dfrac{1 - \cos 2x}{x \sin x}$;

(4) $\lim\limits_{n \to \infty} 2^n \sin\dfrac{x}{2^n}$;

(5) $\lim\limits_{x \to 0}(1 - 2x)^{\frac{1}{x}}$;

(6) $\lim\limits_{n \to \infty}\left(1 + \dfrac{2}{3^n}\right)^{3^n}$;

(7) $\lim\limits_{x \to \infty}\left(\dfrac{x+2}{x-1}\right)^{2x}$.

2. 当 $x \to 0$ 时,$2x - x^2$ 与 $x^2 - x^3$ 相比,哪个是高阶无穷小?为什么?

3. 当 $x \to 1$ 时,无穷小 $1 - x$ 和(1)$1 - x^3$,(2)$\dfrac{1}{2}(1 - x^2)$ 是否同阶?是否等价?

4. 证明:当 $x \to 0$ 时,下列各无穷小是等价的.

(1) $1 - \cos x \sim \dfrac{x^2}{2}$;

(2) $\sqrt{1 + \tan x} - \sqrt{1 + \sin x} \sim \dfrac{1}{4}x^3$.

5. 确定 a, b 值,使等式 $\lim\limits_{x \to +\infty}\left(\sqrt{x^2 - x + 1} - ax + b\right) = 0$ 成立.

6. 计算下列极限:

(1) $\lim\limits_{x \to 0}\dfrac{3 - \sqrt{9 - x^2}}{\sin^2 x}$;

(2) $\lim\limits_{x \to 1^-}\dfrac{1}{1 - e^{\frac{x}{x-1}}}$.

自 测 题 5

一、选择题

1. 若 $\lim\limits_{x \to 2}\dfrac{x^2 + ax + b}{x - 2} = 5$,则(　　).

A. $a=1,b=6$ B. $a=-1,b=-6$ C. $a=1,b=-6$ D. $a=-1,b=6$

2. 极限 $\lim\limits_{x\to0}\dfrac{x^2\sin\dfrac{2}{x}}{\tan x}$ 的值等于(   ).

A. 1   B. 2   C. 0   D. 不存在

3. 极限 $\lim\limits_{x\to0}\dfrac{a^x-1}{x}$ $(a>0)$ 的值等于(   ).

A. 1   B. $\ln a$ C. $\dfrac{1}{\ln a}$ D. 0

4. 函数 $f(x)=\dfrac{e^x-1}{e^x+1}\ln\dfrac{1-x}{1+x}$ $(-1<x<1)$ 的奇偶性是(   ).

A. 奇函数   B. 偶函数

C. 非奇非偶函数   D. 既是奇函数又是偶函数

二、完成下列各题

1. 求解下列各题：

(1) $\lim\limits_{x\to0}\dfrac{\tan^2 3x}{x\sin 2x}$；

(2) $\lim\limits_{n\to\infty}\dfrac{\sqrt{2^n}+\sqrt{3^n}}{\sqrt{2^n}-\sqrt{3^n}}$；

(3) $\lim\limits_{n\to\infty}\left(1-\dfrac{1}{2^2}\right)\left(1-\dfrac{1}{3^2}\right)\cdots\left(1-\dfrac{1}{n^2}\right)$；

(4) $\lim\limits_{n\to\infty}\left(\dfrac{1}{n}+e^{\frac{1}{n}}\right)^n$；

(5) $\lim\limits_{x\to0}\dfrac{\sqrt{1+x\sin x}-\sqrt{\cos x}}{x\tan x}$；

(6) $\lim\limits_{x\to1}(1-x)\tan\dfrac{\pi}{2}x$；

(7) $\lim\limits_{x\to0}(\cos^2 x)^{\frac{1}{\sin^2 x}}$；

(8) $\lim\limits_{x\to1}x^{\frac{1}{x-1}}$；

(9) $\lim\limits_{n\to\infty}(1+x)(1+x^2)\cdots(1+x^{2^n})$.

2. 设 $f(x)=a^x$，求 $\lim\limits_{n\to\infty}\dfrac{1}{n^2}\ln[f(1)f(2)\cdots f(n)]$.

3. 求 $\lim\limits_{n\to\infty}\dfrac{a^n}{1+a^n}$ $(a\geqslant0)$.

4. 求 $\lim\limits_{n\to\infty}\sum\limits_{k=1}^n\dfrac{1}{1+2+\cdots+k}$.

5. 计算 $\lim\limits_{x\to\infty}\dfrac{a^x}{1+a^{2x}}$ $(a>0,a\neq1)$.

6. 讨论 $\lim\limits_{x\to\infty}\dfrac{1+\cos^2 x}{1-e^x}$ 的存在性.

7. $\lim\limits_{x\to0}x\left[\dfrac{1}{x}\right]$ 是否存在？若存在，它的值为多少？

8. 设 $x_0=1,x_{n+1}=\sqrt{2x_n}$，$n=0,1,2,\cdots$，求极限 $\lim\limits_{n\to\infty}x_n$.

9. 设 $\lim\limits_{x\to\infty}\left(\dfrac{x+c}{x-c}\right)^x=4$，求 c 的值.

10. 计算 $\lim\limits_{x\to+\infty}\arccos(\sqrt{x^2+x}-x)$.

自 测 题 6

一、填空题

1. 设 $f(x)=\begin{cases}\dfrac{\tan kx^2}{x^2} & \text{当 } x<0 \\ 1 & \text{当 } x=0 \\ x^{100}+b & \text{当 } x>0\end{cases}$ 且 $f(x)$ 在 $x=0$ 点连续,则(　　).

A. $k=b=1$ B. $b=1,k=2$ C. $k=0,b=0$ D. $k=1,b=0$

2. 设 $y=\dfrac{\sqrt[3]{x}-1}{x-1}$,则 $x=1$ 为 y 的(　　).

A. 连续点 B. 可去间断点 C. 无穷间断点 D. 跳跃间断点

3. 函数 $f(x)=\begin{cases}\mathrm{e}^x & \text{当 } x<0 \\ a+x & \text{当 } x\geqslant 0\end{cases}$ 在 $(-\infty,+\infty)$ 上连续,则 $a=$(　　).

A. 4 B. 3 C. 2 D. 1

4. 设 $f(x)=\dfrac{1-\cos^2 x}{x^2}$,当 $x\neq 0$ 时,$F(x)=f(x)$. 若 $F(x)$ 在 $x=0$ 处连续,则 $F(0)$ 的值等于(　　).

A. -1 B. 0 C. 1 D. 2

二、完成下列各题

1. 讨论下列函数的连续性,若有间断点,说明间断点的类型:

(1) $f(x)=\dfrac{x^2-1}{x^2-3x+2}$;　　　　(2) $f(x)=\begin{cases}x\sin\dfrac{1}{x} & \text{当 } x\neq 0 \\ 1 & \text{当 } x=0\end{cases}$.

2. 确定常数 a,b,使下列函数在 $x=0$ 处连续:

(1) $f(x)=\begin{cases}a+x & \text{当 } x\leqslant 0, \\ \sin x & \text{当 } x>0\end{cases}$;　　(2) $f(x)=\begin{cases}\dfrac{\sin ax}{x} & \text{当 } x>0 \\ 2 & \text{当 } x=0. \\ \dfrac{1}{bx}\ln(1-3x) & x<0\end{cases}$

3. 讨论函数 $f(x)=\lim\limits_{n\to\infty}\dfrac{1-x^{2n}}{1+x^{2n}}x$ 的连续性,若有间断点,判别其类型,并画出图像.

4. 计算下列极限:

(1) $\lim\limits_{n\to\infty}\sin^2(\pi\sqrt{n^2+1})$;　　(2) $\lim\limits_{x\to+\infty}\arcsin(\sqrt{x^2+1}-x)$;　　(3) $\lim\limits_{x\to 0}\sqrt[x]{1-2x}$.

5. 设 $a>0,b>0$,证明方程 $x=a\sin x+b$ 至少有一个正根,并且它不超过 $a+b$.

6. 判断函数 $f(x)=\dfrac{x-x^3}{|x|(x^3-1)}$ 的间断点类型.

7. 设 $f(x)$ 在 $[a,b]$ 上连续,且无零点,则 $f(x)$ 在 $[a,b]$ 上恒为正或恒为负.

8. 设 $f(x)$ 在 $[0,2a]$ 上连续,且 $f(0)=f(2a)$,证明方程 $f(x)=f(x+a)$ 在 $[0,a]$ 上至少有一个根.

9. 设 $f(x)$ 在 $[a,b]$ 上连续,则存在 $\xi\in[a,b]$,使得 $2f(\xi)=f(a)+f(b)$.

第 2 章　一元函数微分学

2.1　基本要求

1. 理解导数和微分的概念,理解导数与微分的关系,理解导数的几何意义,会求平面曲线的切线方程和法线方程,了解导数的物理意义,会用导数描述一些物理量,理解函数的可导性与连续性之间的关系.

2. 掌握导数的四则运算法则和复合函数的求导法则,掌握基本初等函数的导数公式,了解微分的四则运算法则和一阶微分形式的不变性,会求函数的微分.

3. 了解高阶导数的概念,会求某些简单函数的 n 阶导数.

4. 会求分段函数的导数.

5. 会求隐函数和由参数方程确定的函数的一阶、二阶导数,会求反函数的导数.

6. 理解并会用罗尔定理、拉格朗日中值定理,了解并会用柯西中值定理.

7. 理解函数的极值概念,掌握用导数判断函数的单调性和求函数极值的方法,掌握函数最大值和最小值的求法及其简单应用.

8. 会用导数判断函数图形的凹凸性,会求函数图形的拐点以及水平、垂直和斜渐近线,会描绘函数的图形.

9. 掌握用洛必达(L'Hospital)法则求未定式极限的方法.

10. 了解曲率和曲率半径的概念,会计算曲率和曲率半径.

2.2　知 识 要 点

2.2.1　导数的概念

1. 导数的定义

设函数 $y=f(x)$ 在点 x_0 的某个邻域内有定义,若极限 $\lim\limits_{\Delta x \to 0}\dfrac{\Delta y}{\Delta x}=\lim\limits_{\Delta x \to 0}\dfrac{f(x_0+\Delta x)-f(x_0)}{\Delta x}$ 存在,则称函数 $y=f(x)$ 在点 x_0 可导,并称该极限值为 $y=f(x)$ 在点 x_0 处的导数,记为 $f'(x_0)$,即

$$f'(x_0)=\lim_{\Delta x \to 0}\frac{\Delta y}{\Delta x}=\lim_{\Delta x \to 0}\frac{f(x_0+\Delta x)-f(x_0)}{\Delta x}.$$

也可记为 $y'\big|_{x=x_0}$,$\dfrac{\mathrm{d}y}{\mathrm{d}x}\Big|_{x=x_0}$,$\dfrac{\mathrm{d}f(x)}{\mathrm{d}x}\Big|_{x=x_0}$ 或 $\dfrac{\mathrm{d}}{\mathrm{d}x}f(x)\Big|_{x=x_0}$.

若上面的极限不存在,则称函数 $f(x)$ 在点 x_0 处不可导.

若上面的极限不存在但为无穷大,则称函数 $f(x)$ 在点 x_0 处的导数为无穷大.

2. 左、右导数定义

函数 $f(x)$ 在点 x_0 处的左导数,记为 $f'_-(x_0)$,即(利用左极限定义)

$$f'_-(x_0)=\lim_{\Delta x\to 0^-}\frac{\Delta y}{\Delta x}=\lim_{\Delta x\to 0^-}\frac{f(x_0+\Delta x)-f(x_0)}{\Delta x}.$$

函数 $f(x)$ 在点 x_0 处的右导数,记为 $f'_+(x_0)$,即(利用右极限定义)

$$f'_+(x_0)=\lim_{\Delta x\to 0^+}\frac{\Delta y}{\Delta x}=\lim_{\Delta x\to 0^+}\frac{f(x_0+\Delta x)-f(x_0)}{\Delta x}.$$

结论: $f'(x_0)=A \iff f'_-(x_0)=f'_+(x_0)=A.$

3. 区间 I 内可导

$f(x)$ 在开区间 (a,b) 内可导是指在 (a,b) 内的每一点均可导;$f(x)$ 在闭区间 $[a,b]$ 上可导指在开区间 (a,b) 内可导,在左端点 a 点右可导,在右端点 b 点左可导.

4. 可导与连续的关系

函数 $y=f(x)$ 在 x_0 处可导,则该函数必在 x_0 处连续;反之不一定成立,如函数 $y=|x|$ 在 $x=0$ 点连续但不可导.

5. 导数的几何意义

曲线上点 (x_0,y_0) 处切线的斜率为 $k=\tan\alpha=f'(x_0)$.

切线方程为 $y-y_0=f'(x_0)(x-x_0)$.

法线方程为 $y-y_0=-\dfrac{1}{f'(x_0)}(x-x_0)$ $(f'(x_0)\neq 0)$.

如果函数在 x_0 处连续,且导数为无穷大,则它的图像在点 (x_0,y_0) 的切线的倾斜角 $\alpha=\dfrac{\pi}{2}$,此时,切线垂直于 x 轴,切线方程为 $x=x_0$.

2.2.2　导数的运算

1. 函数的和、差、积、商求导法则

设 $u=u(x),v=v(x)$ 在点 x 处可导,则

$$(u\pm v)'=u'\pm v';$$
$$(uv)'=u'v+uv';$$
$$\left(\frac{u}{v}\right)'=\frac{u'v-uv'}{v^2}\ (v(x)\neq 0).$$

2. 复合函数的求导法则

设 $u=\varphi(x)$ 在 x 处可导,$y=f(u)$ 在对应的 u 处可导,则

$$\frac{\mathrm{d}y}{\mathrm{d}x}=\frac{\mathrm{d}y}{\mathrm{d}u}\cdot\frac{\mathrm{d}u}{\mathrm{d}x}=f'(u)\varphi'(x).$$

3. 反函数的求导法则

设 $y=f(x)$ 在某区间 I_x 内单调、可导且 $f'(x)\neq 0$,则它的反函数 $x=f^{-1}(y)$ 在对应

区间 I_y 内可导,且

$$(f^{-1}(y))' = \frac{1}{f'(x)}.$$

4. 初等函数的求导问题

熟记基本初等函数的导数和求导法则,其中复合函数求导法则是最基本、最重要的法则,要熟练而准确地掌握.下列为常用函数的导数公式,应熟记在心.

(1) $(C)' = 0$;

(2) $(x^a)' = \alpha x^{a-1}$;

(3) $(e^x)' = e^x$;

(4) $(\ln x)' = \frac{1}{x}$;

(5) $(\sin x)' = \cos x$;

(6) $(\cos x)' = -\sin x$;

(7) $(\tan x)' = \frac{1}{\cos^2 x} = \sec^2 x$;

(8) $(\cot x)' = -\frac{1}{\sin^2 x} = -\csc^2 x$;

(9) $\left(\frac{1}{x}\right)' = \frac{-1}{x^2}$;

(10) $(\arcsin x)' = \frac{1}{\sqrt{1-x^2}}$;

(11) $(\arccos x)' = \frac{-1}{\sqrt{1-x^2}}$;

(12) $(\arctan x)' = \frac{1}{1+x^2}$;

(13) $(\text{arccot } x)' = \frac{-1}{1+x^2}$;

(14) $(a^x)' = a^x \ln a$;

(15) $(\log_a x)' = \frac{1}{x \ln a}$;

(16) $(\csc x)' = \left(\frac{1}{\sin x}\right)' = -\csc x \cot x$;

(17) $(\sec x)' = \left(\frac{1}{\cos x}\right)' = \sec x \tan x$.

5. 高阶导数

设 $u = u(x)$, $v = v(x)$ 均具有 n 阶导数,则:

(1)线性性质 $(\alpha u + \beta v)^{(n)} = \alpha u^{(n)} + \beta v^{(n)}$,其中 α, β 为常数;

(2)莱布尼茨公式

$$(uv)^{(n)} = \sum_{k=0}^{n} C_n^k u^{(n-k)} v^{(k)}$$

$$= u^{(n)}v + nu^{(n-1)}v' + \frac{n(n-1)}{2!}u^{(n-2)}v'' + \cdots + \frac{n(n-1)\cdots(n-k+1)}{k!}u^{(n-k)}v^{(k)} + \cdots + uv^{(n)}.$$

6. 隐函数求导法(详见典型例题)

7. 由参数方程确定的函数的导数 (详见典型例题)

设 $\begin{cases} x = \varphi(t) \\ y = \psi(t) \end{cases}$,且 $\varphi(t)$, $\psi(t)$ 可导,$\varphi'(t) \neq 0$,则 $\frac{dy}{dx} = \frac{\psi'(t)}{\varphi'(t)}$,求 $\frac{d^2 y}{dx^2}$ 时用推导法.

2.2.3 微分

1. 微分的定义

若 $y = f(x)$ 在 x 的某邻域内有定义,$x + \Delta x$ 也在这个邻域内,如果 $\Delta y = A\Delta x +$

$o(\Delta x)$，其中 A 只与 x 有关而与 Δx 无关，则称 $f(x)$ 在 x 处可微，称 $A\Delta x$ 为 $f(x)$ 在 x 处的微分，记为 dy，即 $dy = A\Delta x$，通常记 $dx = \Delta x$，所以 $dy = Adx$.

$y = f(x)$ 在 x 处可导 $\Leftrightarrow f(x)$ 在 x 处可微，且 $dy = f'(x)dx$.

2. 微分的运算法则

按微分公式计算（与导数公式类似）.

四则运算 $d(u \pm v) = du \pm dv, d(uv) = vdu + udv, d\left(\dfrac{u}{v}\right) = \dfrac{vdu - udv}{v^2} (v(x) \neq 0)$.

3. 一阶微分形式不变性

设 $y = f(u), u = \varphi(x)$，则 $dy = f'(u)\varphi'(x)dx = f'(u)d\varphi(x) = f'(u)du$，即
$$dy = f'(u)du.$$

这就是一阶微分形式不变性（无论 u 是自变量还是中间变量，微分公式一样）

2.2.4　微分中值定理

1. 罗尔（Rolle）定理

若函数 $f(x)$ 满足以下三个条件：

（1）在 $[a,b]$ 上连续；

（2）在 (a,b) 内可导；

（3）$f(a) = f(b)$.

则至少存在一点 $\xi \in (a,b)$，使得 $f'(\xi) = 0$.

几何意义：闭区间上端点处函数值相等的光滑曲线上至少存在一条水平切线.

2. 拉格朗日（Lagrange）定理

若函数 $f(x)$ 满足以下两个条件：

（1）在 $[a,b]$ 上连续；

（2）在 (a,b) 内可导.

则至少存在一点 $\xi \in (a,b)$，使得
$$f(b) - f(a) = f'(\xi)(b-a) \quad \text{或} \quad \frac{f(b) - f(a)}{b - a} = f'(\xi).$$

几何意义：光滑曲线弧 $\overset{\frown}{AB}$ 上至少存在一条平行于弦 AB 的切线.

3. 柯西（Cauchy）定理

若函数 $f(x), g(x)$ 满足以下三个条件：

（1）在 $[a,b]$ 上连续；

（2）在 (a,b) 内可导；

（3）$g'(x) \neq 0, x \in (a,b)$.

则至少存在一点 $\xi \in (a,b)$，使得
$$\frac{f(b) - f(a)}{g(b) - g(a)} = \frac{f'(\xi)}{g'(\xi)}.$$

2.2.5 洛必达(L'Hospital)法则

定理 1 $\left(\dfrac{0}{0}$ 未定型$\right)$ 设函数 $f(x)$ 和 $g(x)$ 在 x_0 的某邻域内满足下列条件：

(1) $\lim\limits_{x \to x_0} f(x) = \lim\limits_{x \to x_0} g(x) = 0$；

(2) 在 x_0 的邻域内 $f(x)$ 和 $g(x)$ 均可导，且 $g'(x) \neq 0$（x_0 点可除外）；

(3) $\lim\limits_{x \to x_0} \dfrac{f'(x)}{g'(x)} = A$（$A$ 为有限实数或无穷大）；

则
$$\lim_{x \to x_0} \frac{f(x)}{g(x)} = A.$$

定理 2 $\left(\dfrac{\infty}{\infty}$ 未定型$\right)$ 设函数 $f(x)$ 和 $g(x)$ 在 x_0 的某邻域内满足下列条件：

(1) 当 $x \to x_0$ 时 $f(x)$ 和 $g(x)$ 都趋于无穷大；

(2) 在 x_0 的某邻域内 $f(x)$ 和 $g(x)$ 均可导，且 $g'(x) \neq 0$（x_0 点可除外）；

(3) $\lim\limits_{x \to x_0} \dfrac{f'(x)}{g'(x)} = A$（$A$ 为有限实数或无穷大）；

则
$$\lim_{x \to x_0} \frac{f(x)}{g(x)} = A.$$

注 定理 1 和定理 2 在 $x \to \infty$ 情形也成立.

2.2.6 泰勒(Taylor)定理

称多项式 $P_n(x) = f(x_0) + f'(x_0)(x - x_0) + \dfrac{f''(x_0)}{2!}(x - x_0)^2 + \cdots + \dfrac{f^{(n)}(x_0)}{n!}$

$(x - x_0)^n$ 为函数 $f(x)$ 在 x_0 处的 n 阶泰勒多项式，其中 $a_k = \dfrac{f^{(k)}(x_0)}{k!}, k = 0, 1, 2, \cdots, n$ 称

为泰勒系数.

定理 3 设 $f(x)$ 在 x_0 处有 n 阶导数，则在 x_0 的某邻域内
$$f(x) = P_n(x) + o((x - x_0)^n),$$
称上式为 $f(x)$ 在 x_0 某邻域内带皮亚诺余项的 n 阶泰勒公式.

定理 4(泰勒定理) 设 $f(x)$ 在含 x_0 的某个开区间 (a, b) 内有直到 $n+1$ 阶的导数，则有
$$f(x) = P_n(x) + R_n(x), \quad x \in (a, b)$$
其中，$P_n(x)$ 为 n 阶泰勒多项式，$R_n(x) = \dfrac{f^{(n+1)}(\xi)}{(n+1)!}(x - x_0)^{n+1}$，$\xi$ 介于 x_0 与 x 之间，通常称为拉格朗日型余项. 称上式为 $f(x)$ 在 x_0 的邻域内带拉格朗日型余项的 n 阶泰勒公式.

特别地, 当 $x_0 = 0$ 时, 得到**麦克劳林(Maclaurin)公式**

$$f(x) = f(0) + f'(0)x + \frac{f''(0)}{2!}x^2 + \cdots + \frac{f^{(n)}(0)}{n!}x^n + R_n(x),$$

其中, $R_n(x) = \frac{f^{(n+1)}(\theta x)}{(n+1)!}x^{n+1} (0 < \theta < 1)$.

五个常用的麦克劳林公式:

(1) $e^x = 1 + x + \frac{x^2}{2!} + \cdots + \frac{x^n}{n!} + \frac{e^{\theta x}}{(n+1)!}x^{n+1}$　$(0 < \theta < 1)$;

(2) $\sin x = x - \frac{x^3}{3!} + \frac{x^5}{5!} - \cdots + (-1)^{m-1}\frac{x^{2m-1}}{(2m-1)!} + \frac{\sin\left[\theta x + (2m+1)\frac{\pi}{2}\right]}{(2m+1)!}x^{2m+1}$　$(0 < \theta < 1)$;

(3) $\cos x = 1 - \frac{x^2}{2!} + \frac{x^4}{4!} - \cdots + (-1)^m\frac{x^{2m}}{(2m)!} + \frac{\cos\left[\theta x + (2m+2)\frac{\pi}{2}\right]}{(2m+2)!}x^{2m+2}$　$(0 < \theta < 1)$;

(4) $\ln(1+x) = x - \frac{x^2}{2} + \frac{x^3}{3} - \frac{x^4}{4} + \cdots + (-1)^{n-1}\frac{x^n}{n} + \frac{(-1)^n}{(n+1)(1+\theta x)^{n+1}}x^{n+1}$　$(0 < \theta < 1)$;

(5) $(1+x)^\alpha = 1 + \alpha x + \frac{\alpha(\alpha-1)}{2!}x^2 + \cdots + \frac{\alpha(\alpha-1)\cdots(\alpha-n+1)}{n!}x^n +$

$$\frac{\alpha(\alpha-1)\cdots(\alpha-n)(1+\theta x)^{\alpha-n-1}}{(n+1)!}x^{n+1}\quad(0 < \theta < 1).$$

特别地, $\frac{1}{1+x} = 1 - x + x^2 - x^3 + \cdots + (-1)^n x^n + \frac{(-1)^{n+1}}{(1+\theta x)^{n+2}}x^{n+1}$　$(0 < \theta < 1)$.

2.2.7　函数性态的研究

1. 函数的单调性

> **定理 5**　设 $f(x)$ 在 $[a,b]$ 上连续, 在 (a,b) 内可导, 则:
>
> (1) 在 (a,b) 内 $f'(x) \geqslant 0 (\leqslant 0)$ 的充分必要条件是在 $[a,b]$ 上 $f(x)$ 单调增加 (减少);
>
> (2) 若在 (a,b) 内 $f'(x) > 0 (<0)$, 则在 $[a,b]$ 上 $f(x)$ 严格单调增加 (减少).

注　即使 $f(x)$ 严格单调增加, 也不一定有 $f'(x) > 0$, 如 $f(x) = x^3$.

2. 函数的极值及其求法

费马(Fermat)引理　若 $f(x)$ 在 x_0 处可导, 且取得极值, 则 $f'(x_0) = 0$. 称使 $f'(x) = 0$ 的点 x_0 为驻点.

> **定理 6(第一充分条件)**　设 $f(x)$ 在 x_0 的某邻域内可导, 且 $f'(x_0) = 0$.
> (1) 若在 x_0 左侧邻近 $f'(x) > 0$, 在 x_0 右侧邻近 $f'(x) < 0$, 则 $f(x_0)$ 为极大值;
> (2) 若在 x_0 左侧邻近 $f'(x) < 0$, 在 x_0 右侧邻近 $f'(x) > 0$, 则 $f(x_0)$ 为极小值;
> (3) 若在 x_0 左右两侧邻近 $f'(x)$ 不变号, 则 $f(x_0)$ 在 x_0 处不取得极值.

注　该结论在"$f(x)$ 在 x_0 点不可导, 但在 x_0 的某去心邻域内可导"条件时也成立,

考察函数 $f(x)=|x|$ 在 $x_0=0$ 点的取值情况.

> **定理 7(第二充分条件)** 设 $f(x)$ 在 x_0 处二阶可导,且 $f'(x_0)=0$,则:
> (1)当 $f''(x_0)<0$ 时,$f(x_0)$ 为极大值;
> (2)当 $f''(x_0)>0$ 时,$f(x_0)$ 为极小值.

注 $f''(x_0)=0$ 时 $f(x_0)$ 不一定为极值,考察函数 $f(x)=x^3$ 和 $f(x)=x^4$ 即可.

3. 曲线的凹凸性及拐点

几何上:如果曲线上任意两点连线的直线段都在该两点之间的曲线的下侧,则称该段曲线(或图形)是凸的;如果曲线上任意两点连线的直线段都在该两点之间的曲线的上侧,则称该段曲线(或图形)是凹的. 例如,抛物线 $y=\dfrac{1}{x}$ 在 $(-\infty,0)$ 是凹的,在 $(0,+\infty)$ 是凸的.

> **定理 8** 设函数 $f(x)$ 在 $[a,b]$ 上连续,在 (a,b) 内具有二阶导数,则:
> (1)若在 (a,b) 内 $f''(x)>0$,则曲线 $y=f(x)$ 在 $[a,b]$ 上是凹的;
> (2)若在 (a,b) 内 $f''(x)<0$,则函数 $y=f(x)$ 在 $[a,b]$ 上的图形是上凸的.
> **拐点** $(x_0,f(x_0))$:曲线 $y=f(x)$ 上凹凸性改变的分界点.

> **定理 9** 若 $(x_0,f(x_0))$ 是拐点且 $f(x)$ 二阶可导,则 $f''(x_0)=0$.

注 (1)$f''(x_0)=0$ 时,$(x_0,f(x_0))$ 不一定是拐点. 例如,$f(x)=x^4$ 在原点.

(2)极值点和驻点都是自变量取值的点,是数轴上的点,而拐点是曲线上的点,要表示成平面点坐标!

4. 函数图像的描绘

描绘函数图像的步骤:
(1)求定义域,考察奇偶性与周期性;
(2)求驻点、间断点、导数不存在点,求二阶导数等于零的点;
(3)分割定义域为子区间,讨论单调性、极值、凹凸性;
(4)渐近线(水平、垂直、斜);
(5)补充一些辅助点使图像描绘得更加准确;
(6)将上述讨论结果列表,作图.

2.2.8 弧长的微分 曲率 曲率半径

1. 弧长的微分

$$\mathrm{d}s=\sqrt{(\mathrm{d}x)^2+(\mathrm{d}y)^2}.$$

(1)当 $y=f(x)$ 时,$\mathrm{d}s=\sqrt{1+(y')^2}\,\mathrm{d}x$;

(2)当 $\begin{cases}x=\varphi(t)\\y=\psi(t)\end{cases}$ 时,$\mathrm{d}s=\sqrt{[\varphi'(t)]^2+[\psi'(t)]^2}\,\mathrm{d}t$;

（3）当 $r=r(\theta)$ 时，$\mathrm{d}s=\sqrt{r^2(\theta)+[r'(\theta)]^2}\,\mathrm{d}\theta$.

2. 曲率和曲率半径

曲率 $k=\dfrac{|y''|}{[1+(y')^2]^{\frac{3}{2}}}$；　曲率半径 $\rho=\dfrac{1}{k}$.

2.3　典　型　例　题

例 2.1　下列各题中均假定 $f'(x_0)$ 存在，按照导数的定义观察，A 表示什么？

（1）$\lim\limits_{h\to 0}\dfrac{f(x_0+h)-f(x_0-h)}{h}=A$；　　　（2）$\lim\limits_{x\to x_0}\dfrac{x_0 f(x)-x f(x_0)}{x-x_0}=A$；

（3）$\lim\limits_{n\to\infty}n\left[f\left(x_0+\dfrac{1}{n}\right)-f\left(x_0-\dfrac{2}{n}\right)\right]=A$.

解　（1）$A=2f'(x_0)$. 因为

$$A=\lim_{h\to 0}\frac{f(x_0+h)-f(x_0-h)}{h}=\lim_{h\to 0}\frac{f(x_0+h)-f(x_0)}{h}+\lim_{h\to 0}\frac{f(x_0+(-h))-f(x_0)}{-h}=2f'(x_0).$$

（2）$A=x_0 f'(x_0)-f(x_0)$. 因为

$$A=\lim_{x\to x_0}\frac{x_0 f(x)-x f(x_0)}{x-x_0}=\lim_{x\to x_0}\frac{x_0 f(x)-x_0 f(x_0)+x_0 f(x_0)-x f(x_0)}{x-x_0}$$

$$=x_0\lim_{x\to x_0}\frac{f(x)-f(x_0)}{x-x_0}-f(x_0)=x_0 f'(x_0)-f(x_0).$$

（3）$A=3f'(x_0)$. 因为

$$\lim_{n\to\infty}n\left[f\left(x_0+\frac{1}{n}\right)-f\left(x_0-\frac{2}{n}\right)\right]=\lim_{n\to\infty}\frac{f\left(x_0+\dfrac{1}{n}\right)-f(x_0)}{\dfrac{1}{n}}+2\lim_{n\to\infty}\frac{f\left(x_0+\left(-\dfrac{2}{n}\right)\right)-f(x_0)}{-\dfrac{2}{n}}$$

$$=f'(x_0)+2f'(x_0)=3f'(x_0).$$

注意　以上用到关系：若函数极限 $\lim\limits_{h\to 0}\dfrac{f(x_0+h)-f(x_0)}{h}=f'(x_0)$ 存在，则数列极限

$$\lim_{n\to\infty}\frac{f\left(x_0+\dfrac{1}{n}\right)-f(x_0)}{\dfrac{1}{n}}=f'(x_0).$$

例 2.2　设 $f(x)=\varphi(x)(x-a)$，$\varphi(x)$ 在 $x=a$ 处连续，求 $f'(a)$.

分析　由于 $\varphi(x)$ 只在 $x=a$ 处连续，因此求 $f'(a)$ 必须用导数的定义.

解　$\lim\limits_{\Delta x\to 0}\dfrac{f(a+\Delta x)-f(a)}{\Delta x}=\lim\limits_{\Delta x\to 0}\dfrac{\varphi(a+\Delta x)[(a+\Delta x)-a]-0}{\Delta x}$

$$=\lim_{\Delta x\to 0}\varphi(a+\Delta x)=\varphi(a)\quad（根据\ \varphi(x)\ 在\ a\ 处连续），$$

所以 $f'(a)=\varphi(a)$.

思考　设 $f(x)=\varphi(x)(x-a)^2$，其中 $\varphi(x)$ 在 $x=a$ 点附近有一阶连续导数，求 $f''(a)$. 更一般地，设 $f(x)=\varphi(x)(x-a)^n$，其中 $\varphi(x)$ 在 $x=a$ 点附近有 $n-1$ 阶连续导数，求 $f^{(n)}(a)$.

例 2.3* 设函数 $y=f(x)$ 的定义域为 $(0,+\infty)$，且在 $x=1$ 处可导，满足 $\forall x,y\in(0,+\infty)$，$f(xy)=yf(x)+xf(y)$，证明：$f(x)$ 可导，且 $\forall x\in(0,+\infty)$，$f'(x)=\dfrac{f(x)}{x}+f'(1)$.

分析 要证明 $f(x)$ 可导，即证明 $\lim\limits_{h\to 0}\dfrac{f(x+h)-f(x)}{h}$ 存在，利用已知 $x,y\in(0,+\infty)$，$f(xy)=yf(x)+xf(y)$ 和 $f(x)$ 在 $x=1$ 处可导来研究所考察的极限.

证 取 $x=1,y=1$，由 $f(xy)=yf(x)+xf(y)$，得到 $f(1)=0$；函数 $y=f(x)$ 在 $x=1$ 处可导，即 $\lim\limits_{h\to 0}\dfrac{f(1+h)-f(1)}{h}=f'(1)$；对任意的 $x\in(0,+\infty)$，考察极限

$$\lim_{h\to 0}\frac{f(x+h)-f(x)}{h}=\lim_{h\to 0}\frac{f\left(x\left(1+\frac{h}{x}\right)\right)-f(x)}{h}=\lim_{h\to 0}\frac{xf\left(1+\frac{h}{x}\right)+\left(1+\frac{h}{x}\right)f(x)-f(x)}{h}$$

$$=\lim_{h\to 0}\left[\frac{xf\left(1+\frac{h}{x}\right)}{h}+\frac{f(x)}{x}\right]=\lim_{h\to 0}\frac{f\left(1+\frac{h}{x}\right)-f(1)}{\frac{h}{x}}+\frac{f(x)}{x}$$

$$=f'(1)+\frac{f(x)}{x}\qquad(\text{因为 }f(1)=0),$$

所以 $f(x)$ 可导，且对任意的 $x\in(0,+\infty)$，$f'(x)=\dfrac{f(x)}{x}+f'(1)$.

评注 利用已知条件，深刻理解导数的定义和等式的变形技巧. 例如，设 $f(x)$ 在 $(-\infty,+\infty)$ 有定义，满足对任意的 $x,y\in(-\infty,+\infty)$，$f(x+y)=f(x)\cdot f(y)$，$f(x)=1+xg(x)$，其中 $\lim\limits_{x\to 0}g(x)=1$. 试证函数 $f(x)$ 在 $(-\infty,+\infty)$ 可导.

分析 要证明 $f(x)$ 可导，即证明 $\lim\limits_{h\to 0}\dfrac{f(x+h)-f(x)}{h}$ 存在. 将 $f(x+h)$ 换为 $f(x)f(h)$ 再利用 $f(h)-1=hg(h)$，得 $\lim\limits_{h\to 0}\dfrac{f(x+h)-f(x)}{h}=f(x)\lim\limits_{h\to 0}g(h)=f(x)$ 存在，即函数 $f(x)$ 在 $(-\infty,+\infty)$ 可导且 $f'(x)=f(x)$.

例 2.4 设 $y=x^x$，求 y'.

解 两边取自然对数，得 $\qquad\ln y=x\ln x$，

两边关于 x 求导数，得 $\qquad\dfrac{1}{y}y'=1\cdot\ln x+x\cdot\dfrac{1}{x}$，

解得 $\qquad y'=y(\ln x+1)=x^x(\ln x+1)$.

评注 上述方法称为对数求导法. 本例也可将 $y=x^x$ 改写为 $y=e^{x\ln x}$，利用复合函数求导法求出 y'. 形如 $y=u(x)^{v(x)}$ 的幂指函数的导数可用对数求导法，或改写成 $y=e^{u(x)\ln v(x)}$ 利用复合函数求导.

例 2.5 设 $y=\sqrt{\dfrac{(x-1)(x-2)}{(x-3)(x-4)}}$，求 y'.

解 两边取自然对数，得

$$\ln y=\frac{1}{2}\big[\ln(x-1)+\ln(x-2)-\ln(x-3)-\ln(x-4)\big],$$

两边关于 x 求导数得

$$\frac{1}{y}y'=\frac{1}{2}\left[\frac{1}{x-1}+\frac{1}{x-2}-\frac{1}{x-3}-\frac{1}{x-4}\right],$$

解得

$$y'=\frac{1}{2}y\left[\frac{1}{x-1}+\frac{1}{x-2}-\frac{1}{x-3}-\frac{1}{x-4}\right]$$

$$=\frac{1}{2}\sqrt{\frac{(x-1)(x-2)}{(x-3)(x-4)}}\left[\frac{1}{x-1}+\frac{1}{x-2}-\frac{1}{x-3}-\frac{1}{x-4}\right].$$

评注　对数求导法适合可以将复杂的乘除法变成加减法,使求导计算简化,所以对有上述特点的习题可用对数求导法求解.

例 2.6　求 $y=\cos 2x$ 的 n 阶导数.

解　$y'=-2\sin 2x=2\cos\left(2x+\frac{\pi}{2}\right)$,　$y''=-2^2\sin\left(2x+\frac{\pi}{2}\right)=2^2\cos\left(2x+2\cdot\frac{\pi}{2}\right)$,

$y'''=-2^3\sin\left(2x+2\cdot\frac{\pi}{2}\right)=2^3\cos\left(2x+3\cdot\frac{\pi}{2}\right)$,　$\cdots$,　$y^{(n)}=2^n\cos\left(2x+\frac{n}{2}\pi\right)$.

评注　原则上这样求出的 n 阶导数公式需要用数学归纳法给予严格证明,但对于工科学生来说,求导至出现两阶具有明显规律的结果后,再写出一般规律即可.

例 2.7　设 $y=x^2\sinh x$,求 $y^{(100)}$.

解　利用莱布尼茨公式得

$$y^{(100)}=(\sinh x\cdot x^2)^{(100)}$$

$$=(\sinh x)^{(100)}\cdot x^2+100\cdot(\sinh x)^{(99)}(x^2)'+\frac{100(100-1)}{2!}\cdot$$

$$(\sinh x)^{(98)}(x^2)''+0+\cdots+0$$

$$=\sinh x\cdot x^2+100\cdot\cosh x\cdot 2x+9900\cdot\sinh x.$$

例 2.8　求参数方程 $\begin{cases}x=a(t-\sin t)\\y=a(1-\cos t)\end{cases}$ 所确定的函数的导数 $\dfrac{\mathrm{d}y}{\mathrm{d}x},\dfrac{\mathrm{d}^2y}{\mathrm{d}x^2}$.

解　$\begin{cases}\mathrm{d}y=a\sin t\,\mathrm{d}t\\\mathrm{d}x=a(1-\cos t)\mathrm{d}t\end{cases}\Rightarrow\dfrac{\mathrm{d}y}{\mathrm{d}x}=\dfrac{\sin t}{1-\cos t}=\cot\dfrac{t}{2}$,

$\begin{cases}\mathrm{d}\left(\dfrac{\mathrm{d}y}{\mathrm{d}x}\right)=\dfrac{-1}{2\sin^2\dfrac{t}{2}}\mathrm{d}t=\dfrac{-1}{1-\cos t}\mathrm{d}t\\\mathrm{d}x=a(1-\cos t)\mathrm{d}t\end{cases}\Rightarrow\dfrac{\mathrm{d}^2y}{\mathrm{d}x^2}=\dfrac{\mathrm{d}\left(\dfrac{\mathrm{d}y}{\mathrm{d}x}\right)}{\mathrm{d}x}=\dfrac{-1}{a(1-\cos t)^2}.$

评注　有关参数方程求导方法**不建议**大家用书上的公式,应该用微分法,即把导数看成微分的商,通过求出两个微分,然后相除得到所求导数.

例 2.9　分段函数 $f(x)=\begin{cases}\sin x&\text{当 }x>0\\x&\text{当 }x\leqslant 0\end{cases}$,求 $f'(x)$;

解　当 $x>0$ 时,$f'(x)=\cos x$;

当 $x<0$ 时,$f'(x)=1$;

当 $x=0$ 时,$\lim\limits_{x\to 0^+}\dfrac{f(x)-f(0)}{x}=\lim\limits_{x\to 0^+}\dfrac{\sin x-0}{x}=1$,$\lim\limits_{x\to 0^-}\dfrac{f(x)-f(0)}{x}=\lim\limits_{x\to 0^-}\dfrac{x-0}{x}=1$,所以 $f(x)$ 在 $x=0$ 可导,且 $f'(0)=1$.

综上，$f'(x)=\begin{cases} \cos x & \text{当 } x>0 \\ 1 & \text{当 } x\leqslant 0 \end{cases}$.

例 2.10 设 $f(x)=\begin{cases} 2a^{x-1}+1-\dfrac{2}{a} & \text{当 } x\leqslant 0 \\ \dfrac{\sin x}{x} & \text{当 } x>0 \end{cases}$ $(a>0,a\neq 1)$，求 $f'(x)$.

解 当 $x<0$ 时，$f'(x)=\dfrac{2}{a}\ln a\cdot a^x$；

当 $x>0$ 时，$f'(x)=\dfrac{x\cos x-\sin x}{x^2}$，而

$$f'_-(0)=\lim_{x\to 0^-}\frac{f(x)-f(0)}{x-0}=\lim_{x\to 0^-}\frac{2a^{x-1}+1-\dfrac{2}{a}-1}{x}=\lim_{x\to 0^-}\frac{\dfrac{2}{a}(a^x-1)}{x}=\frac{2}{a}\ln a;$$

$$f'_+(0)=\lim_{x\to 0^+}\frac{f(x)-f(0)}{x}=\lim_{x\to 0^+}\frac{\dfrac{\sin x}{x}-1}{x}=\lim_{x\to 0^+}\frac{\sin x-x}{x^2}=\lim_{x\to 0^+}\frac{\cos x-1}{2x}=0;$$

因为 $f'_-(0)\neq f'_+(0)$，所以 $f'(0)$ 不存在，故

$$f'(x)=\begin{cases} \dfrac{2\ln a}{a}\cdot a^x & \text{当 } x<0 \\ \dfrac{x\cos x-\sin x}{x^2} & \text{当 } x>0 \end{cases}.$$

评注 例 2.9 和例 2.10 是关于分段函数的求导问题. 这类问题容易错在分段点处的导数计算上. 例 2.9 如果如下做：

当 $x>0$，$f(x)=\sin x$，$f'(x)=\cos x$；当 $x\leqslant 0$，$f(x)=x$，$f'(x)=1$，所以 $f'(x)=\begin{cases} \cos x & \text{当 } x>0 \\ 1 & \text{当 } x\leqslant 0 \end{cases}$. 此时结果正确，但过程中的"当 $x\leqslant 0$，$f(x)=x$，$f'(x)=1$"有错误.

在分段点 $x=0$ 要用定义研究其导数是否存在，即左导数、右导数是否存在且相等. 此题

$$f'(x)=\begin{cases} \cos x & \text{当 } x>0 \\ 1 & \text{当 } x\leqslant 0, \end{cases}$$

$f'(x)$ 在 $x=0$ 存在，而且连续，所以求得的结果恰好相同. 但是例 2.10 中 $f'(0)$ 不存在，若得到 $f'(x)=\begin{cases} \dfrac{2\ln a}{a}\cdot a^x & \text{当 } x\leqslant 0 \\ \dfrac{x\cos x-\sin x}{x^2} & \text{当 } x>0 \end{cases}$ 就是错误的了；所以，要注意分段函数求导时，

分段点的导数要用定义求.

例 2.11 设 $y=\sin e^{x^2}$，求 dy.

解 法 1 利用 $dy=y'dx$. 因 $y'=\cos e^{x^2}\cdot(e^{x^2})'=\cos e^{x^2}\cdot e^{x^2}\cdot 2x$，故
$$dy=y'dx=2xe^{x^2}\cos e^{x^2}dx.$$

法 2 利用一阶微分形式的不变性.

$$dy = d(\sin e^{x^2}) = \cos e^{x^2} d(e^{x^2}) = \cos e^{x^2} \cdot e^{x^2} d(x^2) = \cos e^{x^2} \cdot e^{x^2} \cdot 2x dx.$$

注意　①按 $dy = f'(x)dx$ 计算微分时,别忘乘 dx;②利用微分形式不变性时,注意书写规范,微分号"d"后的表达式要适当加括号,尤其是多项时要加括号.

例 2.12　设 $\alpha > \beta > e$,证明 $\beta^\alpha > \alpha^\beta$.

证　证明 $\beta^\alpha > \alpha^\beta$,即证 $\dfrac{\ln \alpha}{\alpha} < \dfrac{\ln \beta}{\beta}$,设 $f(x) = \dfrac{\ln x}{x}$,由于 $x > e$ 时 $f'(x) = \dfrac{1 - \ln x}{x^2} < 0$,所以 $x > e$ 时 $f(x)$ 单调减少,故当 $\alpha > \beta > e$ 时,$\dfrac{\ln \alpha}{\alpha} < \dfrac{\ln \beta}{\beta}$,即 $\beta^\alpha > \alpha^\beta$.

评注　引入辅助函数把常值不等式变成函数不等式,利用函数的单调性证明.

例 2.13*　设 $f(x)$ 在 $[a,b]$ 上连续,在 (a,b) 内可导,$b > a \geqslant 0$,求证:存在 $x_1, x_2, x_3 \in (a,b)$,使

$$f'(x_1) = (b+a)\frac{f'(x_2)}{2x_2} = (b^2 + ab + a^2)\frac{f'(x_3)}{3x_3^2}.$$

证　$f(x)$ 和 x,$f(x)$ 和 x^2,$f(x)$ 和 x^3 分别使用柯西中值定理有

$$\frac{f(b) - f(a)}{b - a} = f'(x_1), \quad \frac{f(b) - f(a)}{b^2 - a^2} = \frac{f'(x_2)}{2x_2}, \quad \frac{f(b) - f(a)}{b^3 - a^3} = \frac{f'(x_3)}{3x_3^2},$$

即 $\dfrac{f(b) - f(a)}{b - a} = f'(x_1)$,　$\dfrac{f(b) - f(a)}{b - a} = (b + a)\dfrac{f'(x_2)}{2x_2}$,　$\dfrac{f(b) - f(a)}{b - a} = (b^2 + ab + a^2)\dfrac{f'(x_3^2)}{3x_3^2}$.

利用三式左端相等,便得 $f'(x_1) = (b + a)\dfrac{f'(x_2)}{2x_2} = (b^2 + ab + a^2)\dfrac{f'(x_3)}{3x_3^2}$.

例 2.14*　设 $f(x), g(x)$ 在 $[a,b]$ 上连续,在 (a,b) 内可导.证明在 (a,b) 内至少有一个点 ξ,使

$$\begin{vmatrix} f(a) & f(b) \\ g(a) & g(b) \end{vmatrix} = (b - a) \begin{vmatrix} f(a) & f'(\xi) \\ g(a) & g'(\xi) \end{vmatrix}.$$

分析　两端按行列展开,即证 $f(a)g(b) - f(b)g(a) = (b - a)[f(a)g'(\xi) - g(a)f'(\xi)]$.

证　令 $F(x) = f(a)g(x) - g(a)f(x)$,则 $F(x)$ 在 $[a,b]$ 连续,在 (a,b) 可导,故在 (a,b) 内至少有一个点 ξ,使得 $F(b) - F(a) = (b - a)F'(\xi)$,即

$$f(a)g(b) - g(a)f(b) = (b - a)[f(a)g'(\xi) - g(a)f'(\xi)],$$

原式得证.

例 2.15*　设 $f(x)$ 在 $[0,1]$ 上二阶可微,$f(0) = f(1)$,$f'(1) = 1$,证明:存在 $\xi \in (0,1)$,使得 $f''(\xi) = 2$.

分析　若题目中有某些点的函数值,证明存在某个点,它的导数值等于某个数等这些信息,想到可能要用微分学中值定理.

要证 $f''(\xi) = 2$,即证 $f''(\xi) - 2 = 0$,要构造一个 $F(x)$,证出 $F''(\xi) = 0$,需要 $F'(x)$ 有两个零点.根据已知条件 $f'(1) = 1$,$F'(1) = 0$,再由 $f(0) = f(1)$,$f'(1) = 1$,找另外一个点 $F'(\xi_1) = 0$.如果令 $F(x) = f(x) - x$,此时 $F'(1) = 0$,但另外一个 $F'(\xi_1) = 0$,$f''(\xi) - 2 = 0$

办不到,所以再由 $f(0)=f(1),f'(1)=1$,修改 $F(x)=f(x)-x(x-1)$,此时,$F(0)=F(1),\exists\xi_1\in(0,1),F'(\xi_1)=0$,又 $F'(1)=0$,再应用中值定理证得 $F''(\xi)=0$.

如果题目中有高阶导数的信息,也要想到用泰勒公式.

证 令 $F(x)=f(x)-x(x-1)$,则 $F'(x)=f'(x)-2x+1,F'(1)=f'(1)-2+1=0$;

因为 $F(x)$ 在 $[0,1]$ 连续,在 $(0,1)$ 可导,$F(0)=F(1)$,所以 $\exists\xi_1\in(0,1),F'(\xi_1)=0$.

又 $F'(x)$ 在 $[0,1]$ 连续,在 $(0,1)$ 可导,$F'(\xi_1)=0,F'(1)=0$,所以,$\exists\xi\in(0,1),F''(\xi)=0$,即 $f''(\xi)=2$.

例 2.16* 设 $f(x)$ 在 $[1,2]$ 上二阶可微,$f(2)=f(1)=0,F(x)=(x-1)^2 f(x)$,证明:存在 $\xi\in(1,2)$,使得 $F''(\xi)=0$.

证 **法 1** 易见 $F(x)$ 在 $[1,2]$ 上连续,在 $(1,2)$ 内可导,又 $F(1)=F(2)=0$,所以存在 $\xi_1\in(1,2)$,使得 $F'(\xi_1)=0$;又 $F'(1)=0$,所以存在 $\xi\in(1,\xi_1)\subset(1,2)$,使得 $F''(\xi)=0$.

法 2 利用泰勒公式展开有 $F(x)=F(1)+F'(1)+\dfrac{F''(\xi)}{2!}(x-1)^2$,令 $x=2$ 即得证.

评注 题目中有函数值,证明中又有某一点的导数值,要想到微分学中值定理;另外证明中又与高阶导数有关,还可以想能否利用泰勒公式来证明.

例 2.17 计算下列极限:

(1) $\lim\limits_{x\to 0}\dfrac{\tan x-\sin x}{x^3}$;

(2) $\lim\limits_{x\to 2\pi}\dfrac{\ln\cos x}{3^{\sin 2x}-1}$;

(3) $\lim\limits_{x\to+\infty}\dfrac{\ln x}{x^n}$ $(n>0)$;

(4) $\lim\limits_{x\to+\infty}\dfrac{x^n}{e^{\lambda x}}$ $(\lambda>0,n\in\mathrm{N})$;

(5) $\lim\limits_{x\to 0^+}x^k\ln x$ $(k>0)$;

(6) $\lim\limits_{x\to 0^+}x^x$;

(7) $\lim\limits_{x\to\frac{\pi}{2}^+}(\sec x-\tan x)$;

(8) $\lim\limits_{x\to+\infty}\left(\dfrac{\pi}{2}-\arctan x\right)^{\frac{1}{\ln x}}$.

解 (1) **法 1** $\lim\limits_{x\to 0}\dfrac{\tan x-\sin x}{x^3}=\lim\limits_{x\to 0}\dfrac{\sec^2 x-\cos x}{3x^2}=\lim\limits_{x\to 0}\dfrac{2\sec^2 x\tan x+\sin x}{6x}=\dfrac{1}{2}$.

法 2 $\lim\limits_{x\to 0}\dfrac{\tan x-\sin x}{x^3}=\lim\limits_{x\to 0}\dfrac{\tan x}{x}\cdot\dfrac{1-\cos x}{x^2}=1\cdot\lim\limits_{x\to 0}\dfrac{(1-\cos x)'}{(x^2)'}=\lim\limits_{x\to 0}\dfrac{\sin x}{2x}=\dfrac{1}{2}$.

法 3 $\lim\limits_{x\to 0}\dfrac{\tan x-\sin x}{x^3}=\lim\limits_{x\to 0}\dfrac{\tan x(1-\cos x)}{x^3}=\lim\limits_{x\to 0}\dfrac{x\cdot\dfrac{x^2}{2}}{x^3}=\dfrac{1}{2}$.

(2) **法 1** $\lim\limits_{x\to 2\pi}\dfrac{\ln\cos x}{3^{\sin 2x}-1}=\lim\limits_{x\to 2\pi}\dfrac{\dfrac{-\sin x}{\cos x}}{\ln 3\cdot 3^{\sin 2x}\cdot 2\cos 2x}=\dfrac{0}{\ln 3\times 3^0\times 2\times 1}=0$.

法 2 $\lim\limits_{x\to 2\pi}\dfrac{\ln\cos x}{3^{\sin 2x}-1}=\lim\limits_{x\to 2\pi}\dfrac{\ln\cos x}{\sin 2x\cdot\ln 3}=\dfrac{1}{\ln 3}\lim\limits_{x\to 2\pi}\dfrac{-\tan x}{2\cos 2x}=0$.

法 3 $\lim\limits_{x\to 2\pi}\dfrac{\ln\cos x}{3^{\sin 2x}-1}=\lim\limits_{t\to 0}\dfrac{\ln\cos t}{3^{\sin 2t}-1}=\lim\limits_{t\to 0}\dfrac{\cos t-1}{\sin 2t\cdot\ln 3}=\dfrac{1}{\ln 3}\lim\limits_{t\to 0}\dfrac{-\dfrac{t^2}{2}}{2t}=0$ $(t=x-2\pi)$.

评注 上述两题法一直接用洛必达法则,法二先用等价无穷小替换然后用洛必达法则,法三只用等价无穷小替换;熟练交替使用两种求极限的方法会大大简化计算.

(3) $\lim\limits_{x \to +\infty} \dfrac{\ln x}{x^n} = \lim\limits_{x \to +\infty} \dfrac{\dfrac{1}{x}}{nx^{n-1}} = \lim\limits_{x \to +\infty} \dfrac{1}{nx^n} = 0.$

(4) $\lim\limits_{x \to +\infty} \dfrac{x^n}{\mathrm{e}^{\lambda x}} = \lim\limits_{x \to +\infty} \dfrac{nx^{n-1}}{\mathrm{e}^{\lambda x} \cdot \lambda} = \lim\limits_{x \to +\infty} \dfrac{n(n-1)x^{n-2}}{\mathrm{e}^{\lambda x} \cdot \lambda^2} = \cdots = \lim\limits_{x \to +\infty} \dfrac{n(n-1)\cdots 1 \cdot x^{n-n}}{\mathrm{e}^{\lambda x} \cdot \lambda^n} = 0.$

(5) $\lim\limits_{x \to 0^+} x^k \ln x = \lim\limits_{x \to 0^+} \dfrac{\ln x}{x^{-k}} = \lim\limits_{x \to 0^+} \dfrac{\dfrac{1}{x}}{-kx^{-k-1}} = \lim\limits_{x \to 0^+} \dfrac{x^k}{-k} = 0.$

(6) 因为 $x^x = \mathrm{e}^{x\ln x}$, $\lim\limits_{x \to 0^+} x\ln x = \lim\limits_{x \to 0^+} \dfrac{\ln x}{\dfrac{1}{x}} = \lim\limits_{x \to 0^+} \dfrac{\dfrac{1}{x}}{-\dfrac{1}{x^2}} = \lim\limits_{x \to 0^+}(-x) = 0$, 所以

$$\lim\limits_{x \to 0^+} x^x = \lim\limits_{x \to 0^+} \mathrm{e}^{x\ln x} = \mathrm{e}^{\lim\limits_{x \to 0^+} x\ln x} = \mathrm{e}^0 = 1.$$

(7) $\lim\limits_{x \to \frac{\pi}{2}^+}(\sec x - \tan x) = \lim\limits_{x \to \frac{\pi}{2}^+}\left(\dfrac{1}{\cos x} - \dfrac{\sin x}{\cos x}\right) = \lim\limits_{x \to \frac{\pi}{2}^+}\dfrac{1-\sin x}{\cos x} = \lim\limits_{x \to \frac{\pi}{2}^+}\dfrac{-\cos x}{-\sin x} = \dfrac{0}{-1} = 0.$

(8) 因为 $\left(\dfrac{\pi}{2} - \arctan x\right)^{\frac{1}{\ln x}} = \mathrm{e}^{\frac{1}{\ln x}\ln\left(\frac{\pi}{2} - \arctan x\right)}$, 又

$$\lim\limits_{x \to +\infty} \dfrac{\ln\left(\dfrac{\pi}{2} - \arctan x\right)}{\ln x} = \lim\limits_{x \to +\infty} \dfrac{\dfrac{1}{\dfrac{\pi}{2} - \arctan x}\left(0 - \dfrac{1}{1+x^2}\right)}{\dfrac{1}{x}} = \lim\limits_{x \to +\infty} \dfrac{-\dfrac{1}{x}}{\dfrac{\pi}{2} - \arctan x} \cdot \dfrac{x^2}{1+x^2}$$

$$= \lim\limits_{x \to +\infty} \dfrac{-\dfrac{1}{x}}{\dfrac{\pi}{2} - \arctan x} \cdot \lim\limits_{x \to +\infty} \dfrac{x^2}{1+x^2} = \lim\limits_{x \to +\infty} \dfrac{\dfrac{1}{x^2}}{0 - \dfrac{1}{1+x^2}} \cdot 1 = -1,$$

所以 $\lim\limits_{x \to +\infty}\left(\dfrac{\pi}{2} - \arctan x\right)^{\frac{1}{\ln x}} = \lim\limits_{x \to +\infty} \mathrm{e}^{\frac{\ln\left(\frac{\pi}{2}-\arctan x\right)}{\ln x}} = \mathrm{e}^{\lim\limits_{x \to +\infty}\frac{\ln\left(\frac{\pi}{2}-\arctan x\right)}{\ln x}} = \mathrm{e}^{-1}.$

评注 未定型除 $\dfrac{0}{0}, \dfrac{\infty}{\infty}$ 外, 还有 $0 \cdot \infty, 0^0, \infty - \infty, \infty^0, 0^\infty$ 等, 利用洛必达法则计算未定型的极限, 要把未定型先转换为 $\dfrac{0}{0}$ 或 $\dfrac{\infty}{\infty}$ 型才能计算. 注意当分子分母求导后的式子的极限不是 A 或 ∞ 时, 不一定原极限不存在, 应考虑用其他方法重新计算. 例如, 计算 $\lim\limits_{x \to \infty}\dfrac{2x - \sin x}{2x + \sin x}$, 虽然 $\lim\limits_{x \to \infty}\dfrac{(2x-\sin x)'}{(2x+\sin x)'}$, 即 $\lim\limits_{x \to \infty}\dfrac{2-\cos x}{2+\cos x}$ 不存在, 但 $\lim\limits_{x \to \infty}\dfrac{2x-\sin x}{2x+\sin x} = \lim\limits_{x \to \infty}\dfrac{2 - \dfrac{\sin x}{x}}{2 + \dfrac{\sin x}{x}} = 1$ 存在.

例 2.18 求 $y = x + \dfrac{1}{x}$ 的单调区间.

解 $y' = 1 - \dfrac{1}{x^2}$, 令 $y' = 0$ 得 $x = -1, 1$. 这两点及 $x = 0$ 将定义域分为四个区间, 列表

如下：

x	$(-\infty,-1]$	$[-1,0)$	$(0,1]$	$[1,+\infty)$
y'	$+$	$-$	$-$	$+$
y	↗	↘	↘	↗

故 $y=x+\dfrac{1}{x}$ 在区间 $(-\infty,-1]$，$[1,+\infty)$ 单调增加，在 $[-1,0)$，$(0,1]$ 上单调减少.

例 2.19 证明方程 $x^3+2x-1=0$ 在 $(0,1)$ 内只有一个实根.

证 记 $f(x)=x^3+2x-1$，则 $f(x)$ 在 $[0,1]$ 上连续，且 $f(0)=-1<0$，$f(1)=2>0$，故至少存在一点 ξ，使 $f(\xi)=0$，即在 $(0,1)$ 内方程至少有一实根；又因为 $f'(x)=3x^2+2>0$，即 $f(x)$ 在 $(0,1)$ 内严格单调增加，$f(x)$ 至多有一个零点，故方程只有一个实根.

例 2.20 求 $f(x)=\dfrac{1}{3}x^3-2x^2+3x+1$ 的单调区间与极值，曲线的凹凸区间及拐点.

解 $f'(x)=x^2-4x+3=(x-1)(x-3)$，$f''(x)=2x-4=2(x-2)$.

令 $f'(x)=0$，得驻点 $x=1,3$. 令 $f''(x)=0$，得 $x=2$.

列表如下：

x	$(-\infty,1)$	1	$(1,2)$	2	$(2,3)$	3	$(3,+\infty)$
y'	$+$	0	$-$	$-$	$-$	0	$+$
y''	$-$	$-$	$-$	0	$+$	$+$	$+$
y	↗ 上凸	极大值 7/3	↘ 上凸	拐点 (2,5/3)	↘ 下凸	极小值 1	↗ 下凸

例 2.21 求曲线 $y=\sqrt{\dfrac{e^{2x}+1}{4-e^{2x}}}$ 的水平及垂直渐近线方程.

解 $\lim\limits_{x\to-\infty}y=\lim\limits_{x\to-\infty}\sqrt{\dfrac{e^{2x}+1}{4-e^{2x}}}=\sqrt{\dfrac{0+1}{4-0}}=\dfrac{1}{2}$，水平渐近线方程为 $y=\dfrac{1}{2}$；

$\lim\limits_{x\to\ln 2-0}y=\lim\limits_{x\to\ln 2}\sqrt{\dfrac{e^{2x}+1}{4-e^{2x}}}=\infty$，垂直渐近线方程为 $x=\ln 2$.

评注 若 $\lim\limits_{x\to x_0}f(x)=\infty$，则 $x=x_0$ 是垂直渐近线；若 $\lim\limits_{x\to\infty}f(x)=A$，则 $y=A$ 是水平渐近线；若 $\lim\limits_{x\to\infty}\dfrac{f(x)}{x}=a\neq0$，$\lim\limits_{x\to\infty}[f(x)-ax]=b$，则 $y=ax+b$ 是 $y=f(x)$ 的斜渐近线.

2.4 自 测 题

自 测 题 1

一、选择题

1. 曲线 $y=2(\sqrt{x}-1)$ 在 $(1,0)$ 处切线方程是（　　）.

A. $y=-x+1$ B. $y=-x-1$

C. $y=x+1$ D. $y=x-1$

2. 设函数 $f(x)$ 在 $x=2$ 处可导,且 $f'(2)=1$,则 $\lim\limits_{h\to 0}\dfrac{f(2+h)-f(2-h)}{2h}=($ $)$.

A. 1   B. 2   C. $\dfrac{1}{2}$ D. -1

3. 已知函数 $f(x)$ 在 $x=x_0$ 处可导,且 $\lim\limits_{h\to 0}\dfrac{h}{f(x_0-2h)-f(x_0)}=\dfrac{1}{4}$,则 $f'(x_0)$ 等于(   ).

A. -4 B. -2 C. 2   D. 4

4. 直线 l 与 x 轴平行,且与曲线 $y=x-\mathrm{e}^x$ 相切,则切点坐标为(   ).

A. $(1,1)$ B. $(-1,1)$ C. $(0,1)$ D. $(0,-1)$

5. 函数 $f(x)=\begin{cases} x\sin\dfrac{1}{x} & \text{当 } x\neq 0 \\ 0 & \text{当 } x=0 \end{cases}$ 在 $x=0$ 处(   ).

A. 连续,可导   B. 不连续,不可导

C. 连续但不可导   D. 不连续但可导

6. 设 $f(0)=0$,且 $\lim\limits_{x\to 0}\dfrac{f(x)}{x}$ 存在,则 $\lim\limits_{x\to 0}\dfrac{f(x)}{x}=($ $)$.

A. $f(0)$;   B. $f'(0)$ C. $f'(x)$ D. $\dfrac{1}{2}f'(0)$

二、完成下列各题

1. 设 $f(x)=\begin{cases} x^2\sin\dfrac{1}{x} & \text{当 } x\neq 0, \\ 0 & \text{当 } x=0. \end{cases}$ 用导数定义求 $f'(0)$.

2. 下列各题中均假设 $f'(x_0)$ 存在,按照导数的定义考察下列极限,指出 A 表示什么:

(1) $\lim\limits_{h\to 0}\dfrac{f(x_0+h)-f(x_0-h)}{h}=A$;   (2) $\lim\limits_{x\to x_0}\dfrac{x_0 f(x)-x f(x_0)}{x-x_0}$;

(3) $\lim\limits_{n\to\infty} n\left[f\left(x_0+\dfrac{1}{n}\right)-f\left(x_0-\dfrac{2}{n}\right)\right]=A$.

3. 利用导数的定义讨论函数 $f(x)=\begin{cases} \ln(1+x) & \text{当 } x\geqslant 0 \\ x & \text{当 } x<0 \end{cases}$ 在 $x_0=0$ 处是否可导.

4. 试确定常数 a,b 的值,使函数 $f(x)=\begin{cases} x^2 & \text{当 } x\leqslant 1 \\ ax+b & \text{当 } x>1 \end{cases}$ 在 $x=1$ 处连续且可导.

5. 在抛物线 $y=x^2$ 上取横坐标为 $x_1=1$ 及 $x_2=3$ 的两点,作过这两点的割线. 问该抛物线上哪一点的切线平行于这条割线.

6. 设 $f(x)=\begin{cases} \dfrac{\varphi(x)}{x} & \text{当 } x\neq 0 \\ 0 & \text{当 } x=0 \end{cases}$ 在 $(-\infty,+\infty)$ 上连续,$\varphi(0)=0$. 证明 $\varphi'(0)$ 存在.

7. 设 $f(x)=(x-1)(x-2)\cdot\cdots\cdot(x-k)\cdot\cdots\cdot(x-n)$,求 $f'(k)(k=1,2,\cdots,n)$.

自测题 2

1. 求下列函数的导数：

(1) $y = (\sqrt{x} + 1)\left(\dfrac{1}{\sqrt{x}} - 1\right)$;

(2) $y = \dfrac{1-x}{1+x}$;

(3) $y = 3\mathrm{e}^x \sin x$;

(4) $y = \dfrac{1 - \cos x}{1 + \cos x}$;

(5) $y = a^x + \mathrm{e}^x$;

(6) $y = \dfrac{\mathrm{e}^x}{x^2} + \ln 3$;

(7) $y = \dfrac{2\csc x}{1 + x^2}$;

(8) $y = \mathrm{e}^x \ln x$.

2. 求下列函数在给定点的导数值：

(1) $y = \sin x - \cos x$, 求 $y'\big|_{x = \frac{\pi}{6}}$;

(2) $y = \dfrac{1 - \sqrt{x}}{1 + \sqrt{x}}$, 求 $y'\big|_{x=4}$;

3. 求下列函数的导数 $\dfrac{\mathrm{d}y}{\mathrm{d}x}$:

(1) $y = \sqrt{3 - 2x}$;

(2) $y = \sqrt{a - x^2}$;

(3) $y = (2x + 3)^4$;

(4) $y = \ln(x + \sqrt{1 + x^2})$;

(5) $y = \sin^6 x$;

(6) $y = \sin x^6$;

(7) $y = \sqrt[3]{\dfrac{1+x}{1-x}}$;

(8) $y = \sqrt{x + \sqrt{x + \sqrt{x}}}$;

(9) $y = \arcsin \sqrt{x}$;

(10) $y = \ln(\sec x + \tan x)$;

(11) $y = \mathrm{e}^{ax} \sin(\omega x + \beta)$ (其中, α, ω, β 为常数);

(12) $y = \sqrt[3]{x}\, \mathrm{e}^{\sin \frac{1}{x}}$;

(13) $y = (\arctan \sqrt{x})^2$;

(14) $y = \ln\tan \dfrac{x}{2}$;

(15) $y = \mathrm{e}^{\arctan \frac{x}{2}}$;

(16) $y = \arctan \dfrac{x+1}{x-1}$;

(17) $y = \ln[\ln(\ln x)]$;

(18) $y = \dfrac{\sqrt{1+x} - \sqrt{1-x}}{\sqrt{1+x} + \sqrt{1-x}}$.

4. 求下列函数的导数 ($f(x), g(x)$ 为可导函数)：

(1) $y = f(x^2)$;

(2) $y = \sqrt{f^2(x) + g^2(x)}$;

(3) $y = f(\sin^2 x) + f(\cos^2 x)$;

(4) $y = f(\mathrm{e}^x) \cdot \mathrm{e}^{g(x)}$.

5. 求分段函数 $f(x) = \begin{cases} \dfrac{x}{1 + \mathrm{e}^{1/x}} & \text{当 } x \neq 0 \\ 0 & \text{当 } x = 0 \end{cases}$ 的导函数 $f'(x)$.

6. 求下列函数的导数：

(1) $y=\cosh(\sinh x)$；

(2) $y=\sinh x \cdot \cosh \mathrm{e}^{2x}$；

自 测 题 3

1. 求下列函数的高阶导数：

(1) $y=x\sinh x$，求 $y^{(10)}$；

(2) $y=x^3\ln x$，求 $y^{(4)}$；

(3) $y=\dfrac{1}{x-a}$，求 $y^{(10)}$；

(4) $y=\dfrac{1}{x^2-4}$，求 $y^{(100)}$。

2. 求下列函数 n 阶导数的一般表达式：

(1) $y=x^n+a_1x^{n-1}+\cdots+a_{n-1}x+a_n$（$a_i$ 都是常数，$i=1,2,\cdots,n$）；

(2) $y=\sin^2 x$；

(3) $y=x\ln x$；

(4) $y=\dfrac{1}{x^2-3x+2}$；

(5) $y=10^x$。

3. 验证函数 $y=\mathrm{e}^x\sin x$ 满足关系式 $y''-2y'+2y=0$。

4. 求由下列方程所确定的隐函数的导数 $\dfrac{\mathrm{d}y}{\mathrm{d}x}$：

(1) $xy=\mathrm{e}^{x+y}$；

(2) $y=1-x\mathrm{e}^y$。

5. 设由方程 $y=1+x\mathrm{e}^y$ 确定了 y 是 x 的隐函数，求 $\dfrac{\mathrm{d}^2 y}{\mathrm{d}x^2}$。

6. 求下列参数方程所确定的函数的导数 $\dfrac{\mathrm{d}y}{\mathrm{d}x}$：

(1) $\begin{cases} x=at^2 \\ y=bt^3 \end{cases}$；

(2) $\begin{cases} x=\mathrm{e}^t\sin t \\ y=\mathrm{e}^t\cos t \end{cases}$。

7. 求下列参数方程所确定的函数的二阶导数 $\dfrac{\mathrm{d}^2 y}{\mathrm{d}x^2}$：

(1) $\begin{cases} x=f'(t) \\ y=tf'(t)-f(t) \end{cases}$ （$f''(t)$ 存在且不为零）；

(2) $\begin{cases} x=\ln(1+t^2) \\ y=\arctan t+t \end{cases}$

8. 证明曲线 $x^2-y^2=a$ 与 $xy=b$（a,b 为常数）的交点处切线互相垂直。

自 测 题 4

1. 已知 $y=x^3-x$，计算在 $x=2$ 处当 $\Delta x=0.001$ 时的 Δy 及 $\mathrm{d}y$。

2. 求下列函数的微分：

(1) $y=x\sin 2x$；

(2) $y=\tan^2(1+2x^2)$；

(3) $y=\arctan\dfrac{1-x^2}{1+x^2}$；

(4) $y=\sqrt[3]{\dfrac{1-x}{1+x}}$。

3. 将适当的函数填入下列括号内，使等式成立：

(1) $\mathrm{d}(\qquad)=-\sin x\mathrm{d}x$；

(2) $\mathrm{d}(\qquad)=\mathrm{e}^{-2x}\mathrm{d}x$；

(3) $\mathrm{d}(\qquad)=\sec^2 3x\mathrm{d}x$；

(4) $\mathrm{d}(\qquad)=\dfrac{1}{4+x^2}\mathrm{d}x$；

(5) d( ) $=\dfrac{1}{\sqrt{x}}\mathrm{d}x$；　　　　　　　(6) d( ) $=\dfrac{\ln x}{x}\mathrm{d}x$．

4．利用一阶微分形式不变性求下列函数的微分 $\mathrm{d}y$：

(1) $y=\ln^2(1+\cos 2x)$；

(2) $y=(x^2+\mathrm{e}^{2x})^3$．

5．求由方程 $\mathrm{e}^{x+y}-xy=0$ 所确定的隐函数 $y=y(x)$ 的微分 $\mathrm{d}y$．

6．求由参数方程 $\begin{cases}x=3t^2+2t+3\\ \mathrm{e}^t\sin t-y+1=0\end{cases}$ 所确定的函数 $y=f(x)$ 的微分 $\mathrm{d}y$．

7．在图 2-1 中标出值：$f(x_0)$，$f(x_0+\Delta x)$，Δy，$f'(x_0)$，$\mathrm{d}y=f'(x_0)\Delta x$．

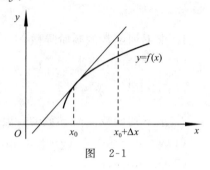

图　2-1

自 测 题 5

1．设曲线 $y=x^2+x-2$ 在点 M 处切线与直线 $4y+x+1=0$ 垂直，求该曲线在点 M 处的切线方程．

2．设 $f(x)=\varphi(a+bx)-\varphi(a-bx)(b\neq0)$，其中 $\varphi(x)$ 在 $(-\infty,+\infty)$ 有定义，且在点 a 处可导，求 $f'(0)$．

3．设 $\varphi(x)=\begin{cases}x^2\sin\dfrac{1}{x} & \text{当 }x\neq0\\ 0 & \text{当 }x=0\end{cases}$，函数 $f(x)$ 在 $x=0$ 处可导，证明复合函数 $f(\varphi(x))$ 在 $x=0$ 点可导，且求导数．

4．设 $f(x)=(x-a)^n\varphi(x)$，其中 $\varphi(x)$ 在 a 点附近有 $(n-1)$ 阶连续导数，求 $f^{(n)}(a)$．

5．若 $y=f(\sin^2 x)+f(\cos^2 x)$，求 $\dfrac{\mathrm{d}y}{\mathrm{d}\cos x}$．

6．设 $y=\dfrac{1+x}{\sqrt{1-x}}$，求 $y^{(100)}$．

7．设 $y=\mathrm{e}^x\sin x$，求 $y^{(n)}$．

8．求 $y=\sqrt[3]{1+\sqrt[3]{1+\sqrt[3]{x}}}$ 的导数 $\dfrac{\mathrm{d}y}{\mathrm{d}x}$．

9．设函数 $y=y(x)$ 由方程 $y=f(x^2+y^2)+f(x+y)$ 所确定，且 $y(0)=2$，其中 $f(x)$ 是可导函数，$f'(2)=\dfrac{1}{2}$，$f'(4)=1$，求 $\dfrac{\mathrm{d}y}{\mathrm{d}x}\Big|_{x=0}$ 的值．

10．求曲线 $\begin{cases}x+t(1-t)=0\\ t\mathrm{e}^y+y+1=0\end{cases}$ 在 $t=0$ 处的切线方程．

11．已知心脏线的极坐标方程为 $\rho=a(1+\cos\varphi)$，求它在直角坐标系 xOy 中的 $\dfrac{\mathrm{d}y}{\mathrm{d}x}$．

自 测 题 6

1．下列函数在给定的区间上是否满足罗尔定理中的条件？如果满足，求出定理中的

ξ;若不满足,ξ 是否一定不存在?

(1)$y=\sin^2 x,\left[-\dfrac{\pi}{2},\dfrac{\pi}{2}\right]$;
　　　　　　(2)$f(x)=\ln\sin x,\left[\dfrac{\pi}{6},\dfrac{5\pi}{6}\right]$;

(3)$f(x)=2-|x|\quad[-2,2]$.

2. 验证拉格朗日中值定理对函数 $y=4x^3-5x^2+x-2$ 在区间$[0,1]$上的正确性.

3. 设 $f(x)=(x-1)(x-2)(x-3)(x-4)$,问方程 $f'(x)=0$ 有几个实根,并指出它们所在的区间.

4. 若方程 $a_0 x^n+a_1 x^{n-1}+\cdots+a_{n-1}x=0$ 有一个正根 $x=x_0$,证明方程

$$a_0 n x^{n-1}+a_1(n-1)x^{n-2}+\cdots+a_{n-1}=0$$

必有一个小于 x_0 的正根.

5. 证明下列不等式:

（1）$|\arctan\alpha-\arctan\beta|\leqslant|\alpha-\beta|$;
　　　　　　(2)$e^x>ex\quad(x>1)$;

6. 证明:若函数 $f(x)$在$(-\infty,+\infty)$内满足 $f'(x)=f(x)$,且 $f(0)=1$,则 $f(x)=e^x$.

7. 利用中值定理证明：在 1 与 e 之间存在 ξ 使 $\sin 1=\cos\ln\xi$.

自 测 题 7

1. 求下列极限过程中应用了罗必塔法则,解法是否正确？若有错,请给予修改.

设 $f(x)$在 x_0 处二阶可导,则

$$\lim_{t\to 0}\frac{f(x_0+h)-2f(x_0)+f(x_0-h)}{h^2}=\lim_{h\to 0}\frac{f'(x_0+h)-f'(x_0-h)}{2h}$$
$$=\lim_{h\to 0}\frac{f''(x_0+h)+f''(x_0-h)}{2}=f''(x_0).$$

2. 尽量用洛必达法则计算下列极限:

(1)$\lim\limits_{x\to 0}\dfrac{e^x-1}{xe^x+e^x-1}$;
　　　　　　(2)$\lim\limits_{x\to e}\dfrac{\ln x-1}{x-e}$;

(3)$\lim\limits_{x\to 1}\left(\dfrac{2}{x^2-1}-\dfrac{1}{x-1}\right)$;
　　　　　　(4)$\lim\limits_{x\to 0^+}\sin x\ln x$;

(5)$\lim\limits_{x\to\frac{\pi}{4}}(\tan x)^{\tan 2x}$;
　　　　　　(6)$\lim\limits_{x\to 0}\dfrac{e-(1+x)^{\frac{1}{x}}}{x}$;

(7)$\lim\limits_{n\to\infty}\dfrac{n}{3^n}$;
　　　　　　(8)$\lim\limits_{x\to -1}\dfrac{x^2-1}{\ln|x|}$;

(9)$\lim\limits_{x\to 0}\dfrac{\tan(\tan x)-\sin(\sin x)}{x^3}$;
　　　　　　(10)$\lim\limits_{x\to 1}\dfrac{x^2-\cos(x-1)}{\ln x}$;

(11)$\lim\limits_{x\to+\infty}\dfrac{\ln(2+3e^{2x})}{\ln(3+2e^{3x})}$;
　　　　　　(12)$\lim\limits_{x\to 0}\dfrac{10^{2x}-7^{-x}}{2\tan x-\arctan x}$.

3. 讨论函数 $f(x)=\begin{cases}\left[\dfrac{(1+x)^{\frac{1}{x}}}{e}\right]^{\frac{1}{x}} & \text{当 } x>0 \\ e^{-\frac{1}{2}} & \text{当 } x\leqslant 0\end{cases}$ 在 $x=0$ 点处的连续性.

自 测 题 8

1. 设 $f(x)=x^4-5x^3+x^2-3x+4$，写出它在 $x_0=1$ 处的泰勒多项式.

2. 写出下列函数的麦克劳林公式：

$(1)f(x)=\dfrac{1}{1-x}$；　　　　　　　　　　$(2)f(x)=xe^x$.

3. 求函数 $f(x)=\dfrac{1}{x}$ 在 $x_0=-1$ 处带皮亚诺余项的泰勒公式.

4. 展开 $\cos^2 x\sin^2 x$ 直到 x^6 的项，以及 $(1-x^2)^{\frac{4}{3}}$ 到 x^4 的项，并计算

$$\lim_{x\to 0}\frac{\cos^2 x\sin^2 x-x^2(1-x^2)^{\frac{4}{3}}}{x^6}.$$

自 测 题 9

一、选择题

1. 设 $\lim\limits_{x\to a}\dfrac{f(x)-f(a)}{(x-a)^2}=1$，则 $f(x)$ 在 $x=a$ 处（　　）.

A. 导数存在，但 $f'(a)\neq 0$　　　　　B. 取极大值

C. 取极小值　　　　　　　　　　　　D. 导数不存在

2. 设 $y=2x^2+ax+3$ 在 $x=1$ 时取得极小值，则 $a=($　　$)$.

A. -4　　　　　B. -3　　　　　C. -2　　　　　D. -1

3. 函数 $y=ax^2+c$ 在区间 $(0,+\infty)$ 内单调增加，则 a,c 应满足（　　）.

A. $a<0$ 且 $c\neq 0$　　　　　　　　B. $a>0$ 且 c 是任意实数

C. $a>0$ 且 $c\neq 0$　　　　　　　　D. $a<0$ 且 c 是任意实数

二、完成下列各题

1. 确定下列函数的单调性：

$(1)y=2x-\dfrac{8}{x^2}$　$(x>0)$；　　　　$(2)y=\ln(x+\sqrt{1+x^2})$.

2. 证明下列不等式：

$(1)\ln(1+x)<x$　$(x>0)$；　　　　　$(2)\ln(1+x)\leqslant x$　$(x>-1)$；

$(3)\sin x+\tan x>2x$　$\left(0<x<\dfrac{\pi}{2}\right)$；　　$(4)2^x>x^2$　$(x>4)$.

3. 试证方程 $\sin x=x$ 只有一个实根.

4. 求下列函数的极值：

$(1)f(x)=2x^3-3x^2-12x+21$；　　　$(2)f(x)=3-2(x+1)^{1/3}$.

5. 证明：如果函数 $y=ax^3+bx^2+cx+d$ 满足条件 $b^2-3ac<0$，则这个函数没有极值.

6. 已知函数 $y=f(x)$ 对一切的 x 满足 $xf''(x)+3x(f'(x))^2=1-3^{-x}$，若 $f(x)$ 在某一点 $x_0\neq 0$ 处有极值，问它是极大值还是极小值，试证明之.

自 测 题 10

1. 设 $f(x)$ 在 $(-\delta,\delta)$ 内有定义,且 $\lim\limits_{x\to 0}\dfrac{f(x)-f(0)}{(\sin x)^2}=\dfrac{1}{2}$,问 $f(0)$ 是 $f(x)$ 的极值还是最值?

2. 求下列函数在给定区间上的最大值与最小值:

(1) $y=2x^3-3x^2,\ -1\leqslant x\leqslant 4$;   (2) $y=\max\{x^2,(1-x)^2\},\ 0\leqslant x\leqslant 1$.

3. 函数 $y=x^2-\dfrac{54}{x}\ (x<0)$ 在何处取得最小值?

4. 有一铁路隧道的截面为矩形加半圆的形状(见图 2-2),截面面积为 a.问底宽 x 为多少时,才能使建造时所用的材料最省.

5. 曲线 $y=4-x^2$ 与 $y=2x+1$ 相交于 A,B 两点,C 为弧段 AB 上的一点,C 点在何处时 $\triangle ABC$ 的面积最大? 并求出此最大面积.

6. 某工厂生产某种产品,固定成本 20 000 元,每生产一单位产品,成本增加 100 元.已知总收益 R 是年产量 Q 的函数:

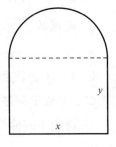

图　2-2

$$R=R(Q)=\begin{cases}400Q-\dfrac{1}{2}Q^2 & \text{当 } 1\leqslant Q\leqslant 400 \\ 80\,000 & \text{当 } Q>400\end{cases}$$

试求每年生产多少产品时,总利润 L 最大? 此时总利润是多少?$(L_{\max}(300)=25\,000)$

自 测 题 11

1. 论证 e^π 与 π^e 的大小.

2. 证明:对于一切实数 x,有不等式 $\cosh x\geqslant x^2+\cos x$.

3. 证明:对于一切实数 x,有不等式 $x^2\geqslant 2(1-\cos x)$.

4. 求 $f(x)=3-\sqrt[3]{(x-2)^2}$ 的极值.

5. 求 $f(x)=\dfrac{x^2}{2}+2x+\ln|x|$ 在 $[-4,-1]$ 上的最大值与最小值.

6. 设可微函数 $y=f(x)$ 由方程 $x^5+y^3-5x^3-20x+8y=48$ 所确定,试求此函数的极大值与极小值.

自 测 题 12

一、选择题

1. 下列命题中正确的是(　　).

A. 若 $y=f(x)$ 在 x_0 处有 $f''(x_0)=0$,则 $(x_0,f(x_0))$ 是曲线 $y=f(x)$ 的拐点

B. 若可微函数 $y=f(x)$ 在 x_0 处取得极值,则 $f'(x_0)=0$

C. 若 $y=f(x)$ 在 x_0 处有 $f'(x_0)=0$,则 $f(x)$ 在 x_0 处取得极值

D. 极大值就是最大值

2. 曲线 $y=x\sin\dfrac{1}{x}$(　　).

A. 仅有水平渐近线   B. 既有水平渐近线,又有垂直渐近线

C. 仅有垂直渐近线   D. 既无水平渐近线,又无垂直渐近线

3. 曲线 $y=(x-1)^3-1$ 的拐点是( ).

A. $(2,0)$ B. $(1,-1)$ C. $(0,-2)$ D. 不存在

4. 设 $f(x)=ax+b\arccos x$,且 $f(0)=\pi$,则( ).

A. $a=b=2,f(0)$ 是 $f(x)$ 的极大值   B. $a=10,b=2,(0,\pi)$ 是该曲线的拐点

C. $a=b=2,f(0)$ 是 $f(x)$ 的极小值   D. $a=3,b=1,(0,\pi)$ 是该曲线的拐点

5. 设函数 $f(x)=6x+\dfrac{3}{x}-x^3$,则有( ).

A. $f(1)$ 为函数 $f(x)$ 的极小值   B. $f(1)$ 为函数 $f(x)$ 的极大值

C. $(1,8)$ 为该曲线拐点   D. 既无极值也无拐点

二、完成下列各题

1. 讨论下列曲线的凹凸性:

    (1) $y=x^3(1-x)$;   (2) $y=\dfrac{x}{1+x^2}$.

2. 求曲线 $y=x\mathrm{e}^{-x}$ 的拐点及凹和凸的区间.

*3. 利用函数的凹凸性,证明下列不等式:

(1) $\dfrac{1}{2}(x^n+y^n)>\left(\dfrac{x+y}{2}\right)^n$ $(x>0,y>0,x\neq y,n>1)$;

(2) $x\ln x+y\ln y>(x+y)\ln\dfrac{x+y}{2}$ $(x>0,y>0)$.

4. 求曲线 $x=t^2,y=3t+t^3$ 的拐点:

5. 证明曲线 $y=x\sin x$ 的拐点都在曲线 $y^2(x^2+4)=4x^2$ 上.

6. 求 k 值,使曲线 $y=k(x^2-3)^2$ 的拐点处的法线通过原点.

7. 描绘函数 $y=\dfrac{(x-3)^2}{4(x-1)}$ 的图形.

自 测 题 13

1. 已知 $\lim\limits_{\Delta x\to 0}\dfrac{f(x+2\Delta x)-f(x)}{\Delta x}=\sqrt{x^2+2x}$ $(x>0)$,则 $\mathrm{d}f(x)=($).

2. 计算下列各曲线的弧长的微分:

(1) $y=x\sin x$;   (2) $\begin{cases}x=a(t-\sin t)\\ y=a(1-\cos t)\end{cases}$ $(a>0)$.

3. 求曲线 $y=\sin x$ 在 $\left(\dfrac{\pi}{2},1\right)$ 处的曲率.

4. 曲线 $y=\sin x(0<x<\pi)$ 上哪一点处的曲率最小? 并求出该点处的曲率半径.

5. 一飞机沿抛物线路径 $y=\dfrac{x^2}{10\,000}$(y 轴铅直向上,单位为 m)作俯冲飞行. 在坐标原点 O 处飞机的速度为 $v=200$ m/s. 飞行员体重 $G=70$ kg. 求飞机俯冲至最低点即原点 O 处时座椅对飞行员的反力.

第 3 章　一元函数积分学

3.1　基 本 要 求

1. 理解定积分的概念及性质,了解函数可积的充分必要条件.
2. 理解原函数与不定积分的概念及性质,掌握不定积分的基本公式.
3. 理解变上限的积分作为其上限的函数及其求导,掌握牛顿—莱布尼茨公式.
4. 掌握不定积分和定积分的换元法和分步积分法,会求简单的有理函数及三角函数有理式的积分.
5. 掌握用定积分表达一些几何量(如面积、体积、弧长等)与物理量(如功、引力等)的方法.
6. 了解广义积分的概念,会计算广义积分(了解广义积分的比较审敛法和极限审敛法,了解广义积分的绝对收敛与条件收敛的概念).

3.2　知 识 要 点

3.2.1　定积分的概念及性质

1. 定积分的定义

> **定义 1**　设 $f(x)$ 是定义在区间 $[a,b]$ 上的有界函数,在 $[a,b]$ 中任意插入 $n-1$ 个分点
> $$a=x_0<x_1<\cdots<x_{n-1}<x_n=b,$$
> 将区间 $[a,b]$ 分成长度分别为 $\Delta x_i=x_i-x_{i-1}(i=1,2,\cdots,n)$ 的 n 个小区间
> $$[x_0,x_1],[x_1,x_2],\cdots,[x_{n-1},x_n].$$

任取 $\xi_i\in[x_{i-1},x_i](i=1,2,\cdots,n)$,作和

$$\sum_{i=1}^{n}f(\xi_i)\Delta x_i,$$

记 $\lambda=\max\limits_{1\leqslant i\leqslant n}\{\Delta x_i\}$. 如果不论对区间 $[a,b]$ 怎样分法,也不论怎样在小区间 $[x_{i-1},x_i]$ 上选取 ξ_i,当 $\lambda\rightarrow0$ 时,和式 $\sum\limits_{i=1}^{n}f(\xi_i)\Delta x_i$ 总趋于确定的常数 I,则称函数 $f(x)$ 在区间 $[a,b]$ 上是可积的,称 I 为函数 $f(x)$ 在区间 $[a,b]$ 上的定积分,记作 $\int_a^b f(x)\mathrm{d}x$,即

$$\int_a^b f(x)\mathrm{d}x=I=\lim_{\lambda\rightarrow0}\sum_{i=1}^{n}f(\xi_i)\Delta x_i,$$

其中,$f(x)$ 称为被积函数,$f(x)dx$ 称为积分表达式,x 称为积分变量,$[a,b]$ 称为积分区间,a,b 分别称为这个定积分的下限和上限.

注 （1）函数 $f(x)$ 在 $[a,b]$ 上可积是指极限 $\lim\limits_{\lambda \to 0} \sum\limits_{i=1}^{n} f(\xi_i)\Delta x_i$ 存在,且这个极限值与区间 $[a,b]$ 的分法和点 ξ_i 的取法均无关.

（2）定积分 $\int_a^b f(x)dx$ 表示的是一个实数,这个实数由被积函数 $f(x)$ 和积分区间 $[a,b]$ 确定(如曲边梯形问题),与积分变量用哪个字母来表示没有关系,即

$$\int_a^b f(x)dx = \int_a^b f(t)dt = \int_a^b f(u)du$$

（3）规定 $\int_a^a f(x)dx = 0, \int_b^a f(x)dx = -\int_a^b f(x)dx.$

2. 定积分的性质(假定相应函数积分存在)

性质 1(线性性) 对任意两个常数 A,B,恒有

$$\int_a^b [Af(x) + Bg(x)]dx = A\int_a^b f(x)dx + B\int_a^b g(x)dx.$$

性质 2(积分区间可加性) 设 $a<c<b$,则有

$$\int_a^b f(x)dx = \int_a^c f(x)dx + \int_c^b f(x)dx.$$

注 利用定积分的注(3),可得到更一般的结论:无论 a,b,c 三者的大小关系如何,总有 $\int_a^b f(x)dx = \int_a^c f(x)dx + \int_c^b f(x)dx.$

性质 3(常数的积分) 若 $f(x) \equiv k$(常数),则 $\int_a^b f(x)dx = k(b-a).$

性质 4(保号性) 若在区间 $[a,b]$ 上 $f(x) \geqslant 0$,则 $\int_a^b f(x)dx \geqslant 0.$

推论 1(保序性) 若在区间 $[a,b]$ 上 $f(x) \geqslant g(x)$,则 $\int_a^b f(x)dx \geqslant \int_a^b g(x)dx.$

推论 2(绝对值性质) $\left| \int_a^b f(x)dx \right| \leqslant \int_a^b |f(x)|dx \quad (a \leqslant b).$

性质 5(基本估值不等式) 设 M,m 分别为函数在区间 $[a,b]$ 上的最大值和最小值,则

$$m(b-a) \leqslant \int_a^b f(x)dx \leqslant M(b-a).$$

性质 6(积分中值定理) 如果函数 $f(x)$ 在区间 $[a,b]$ 上连续,则在区间 $[a,b]$ 上至少存在一点 ξ,使得 $\int_a^b f(x)\mathrm{d}x = f(\xi)(b-a)$.

3.2.2 微积分基本定理

1. 原函数

定义 2 设函数 $f(x)$ 在区间 I 上有定义,若存在可微函数 $F(x)$,使得 $F'(x) = f(x)$, $x \in I$,则称 $F(x)$ 为 $f(x)$ 在区间 I 上的一个**原函数**.

2. 积分上限函数或变上限的定积分

设函数 $f(x)$ 在 $[a,b]$ 上连续,则对任意的 $x \in [a,b]$,函数 $f(t)$ 在 $[a,x]$ 上连续,从而函数 $f(t)$ 在 $[a,x]$ 上可积,显然这个积分 $\int_a^x f(t)\mathrm{d}t$ 是 x 的函数,我们称此函数为积分上限的函数或变上限的定积分,记为 $\quad \Phi(x) = \int_a^x f(t)\mathrm{d}t, x \in [a,b]$.

3. 积分上限函数的一个重要性质

定理 1 若函数 $f(x)$ 在 $[a,b]$ 上连续,则积分上限函数 $\Phi(x) = \int_a^x f(t)\mathrm{d}t$ 在 $[a,b]$ 上可微,且

$$\Phi'(x) = \frac{\mathrm{d}}{\mathrm{d}x} \int_a^x f(t)\mathrm{d}t = f(x), \quad x \in [a,b].$$

注 (1)等式 $\Phi'(x) = f(x)$ 表明积分上限函数 $\Phi(x)$ 就是 $f(x)$ 的一个原函数,即连续函数必有原函数,因此定理 1 又称**原函数存在定理**.

(2)若 $\varphi(x)$ 可导,则 $\varphi(x)$ 与积分上限函数 $\Phi(x)$ 构成了复合函数 $\int_a^{\varphi(x)} f(t)\mathrm{d}t$,由复合函数求导法则知 $\dfrac{\mathrm{d}}{\mathrm{d}x} \int_a^{\varphi(x)} f(t)\mathrm{d}t = f(\varphi(x))\varphi'(x)$;同理有

$$\frac{\mathrm{d}}{\mathrm{d}x}\left[\int_{\psi(x)}^a f(t)\mathrm{d}t\right] = -f(\psi(x))\psi'(x);$$

$$\frac{\mathrm{d}}{\mathrm{d}x}\left[\int_{\psi(x)}^{\varphi(x)} f(t)\mathrm{d}t\right] = f(\varphi(x))\varphi'(x) - f(\psi(x))\psi'(x).$$

4. 微积分基本公式

定理 2 若函数 $F(x)$ 是连续函数 $f(x)$ 在区间 $[a,b]$ 上的一个原函数,则

$$\int_a^b f(x)\mathrm{d}x = F(b) - F(a).$$

注 此公式也称为牛顿—莱布尼茨公式(简称 N—L 公式),是定积分计算的基本工具,故又称其为微积分基本公式.

5. 不定积分

> **定义 3** 函数 $f(x)$ 在区间 I 上的全体原函数叫做 $f(x)$ 在区间 I 上的**不定积分**,记为 $\int f(x)\mathrm{d}x$,即
>
> $$\int f(x)\mathrm{d}x = F(x) + C,$$
>
> 其中,$F(x)$ 是 $f(x)$ 在区间上的一个原函数,C 是常数.上述记号中的符号 $\int$ 称为**积分号**,$f(x)$ 称为**被积函数**,$f(x)\mathrm{d}x$ 称为**积分表达式**,x 称为**积分变量**,C 称为**积分常数**.

由常用求导公式相应地可得下列常用的积分公式,应熟记在心.

(1) $\int x^\alpha \mathrm{d}x = \dfrac{1}{1+\alpha}x^{\alpha+1} + C \quad (\alpha \neq -1)$; (2) $\int \dfrac{1}{x}\mathrm{d}x = \ln|x| + C$;

(3) $\int \mathrm{e}^x \mathrm{d}x = \mathrm{e}^x + C$; (4) $\int \sin x\mathrm{d}x = -\cos x + C$;

(5) $\int \cos x\mathrm{d}x = \sin x + C$; (6) $\int \sec^2 x\mathrm{d}x = \int \dfrac{1}{\cos^2 x}\mathrm{d}x = \tan x + C$;

(7) $\int \csc^2 x\mathrm{d}x = \int \dfrac{1}{\sin^2 x}\mathrm{d}x = -\cot x + C$; (8) $\int \dfrac{1}{\sqrt{1-x^2}}\mathrm{d}x = \arcsin x + C$;

(9) $\int \dfrac{1}{1+x^2}\mathrm{d}x = \arctan x + C$;

(10) $\int \sec x\mathrm{d}x = \int \dfrac{1}{\cos x}\mathrm{d}x = \ln|\tan x + \sec x| + C$;

(11) $\int \csc x\mathrm{d}x = \int \dfrac{1}{\sin x}\mathrm{d}x = \ln|\csc x - \cot x| + C$;

(12) $\int \dfrac{\mathrm{d}x}{x^2 - a^2} = \dfrac{1}{2a}\ln\left|\dfrac{x-a}{x+a}\right| + C$;

(13) $\int \ln x\mathrm{d}x = x\ln x - x + C$; (14) $\int a^x \mathrm{d}x = \dfrac{1}{\ln a}a^x + C \quad (a>0, a\neq 1)$;

(15) $\int \tan x\mathrm{d}x = -\ln|\cos x| + C$; (16) $\int \cot x\mathrm{d}x = \ln|\sin x| + C$;

(17) $\int \sec x\tan x\mathrm{d}x = \sec x + C$; (18) $\int \csc x\cot x\mathrm{d}x = -\csc x + C$;

(19) $\int \dfrac{\mathrm{d}x}{\sqrt{a^2 - x^2}} = \arcsin \dfrac{x}{a} + C$; (20) $\int \dfrac{\mathrm{d}x}{a^2 + x^2} = \dfrac{1}{a}\arctan \dfrac{x}{a} + C$;

(21) $\int \sinh x\mathrm{d}x = \cos hx + C$; (22) $\int \cos hx\mathrm{d}x = \sinh x + C$.

注 积分与微分的关系:

(1) $\dfrac{\mathrm{d}}{\mathrm{d}x}\displaystyle\int f(x)\mathrm{d}x = f(x)$　　或　　$\mathrm{d}\displaystyle\int f(x)\mathrm{d}x = f(x)\mathrm{d}x$；

(2) $\displaystyle\int f'(x)\mathrm{d}x = f(x)+C$　　或　　$\displaystyle\int \mathrm{d}f(x) = f(x)+C$．

3.2.3 积分法

1. 凑微分法(第一类换元法)

> **定理 3**　设函数 $f(u)$ 在区间 I 上连续,且有原函数 $F(u)$,$u=\varphi(x)$ 有连续导数且 $\varphi(x)$ 的值域包含在 I 中,则有换元公式
> $$\int f(\varphi(x))\varphi'(x)\mathrm{d}x = \left[\int f(u)\mathrm{d}u\right]_{u=\varphi(x)} = F(\varphi(x))+C.$$

注　凑微分法是将不好求原函数的 $f(\varphi(x))\varphi'(x)$“凑成”好求原函数的 $f(u)$．凑微分法是计算不定积分时使用频率最高的一种技巧,使用它的关键是熟练掌握函数的微分形式,常用的有:

(1) $\mathrm{d}x = \dfrac{1}{a}\mathrm{d}(ax+b)$；

(2) $x^{\alpha}\mathrm{d}x = \dfrac{1}{\alpha+1}\mathrm{d}x^{\alpha+1}\ (\alpha\neq -1)$；

(3) $\mathrm{e}^x\mathrm{d}x = \mathrm{d}\mathrm{e}^x$；

(4) $\dfrac{1}{x}\mathrm{d}x = \mathrm{d}\ln x$；

(5) $\cos x\mathrm{d}x = \mathrm{d}\sin x$；

(6) $\sin x\mathrm{d}x = -\mathrm{d}\cos x$；

(7) $\sec^2 x\mathrm{d}x = \mathrm{d}\tan x$；

(8) $\csc^2 x\mathrm{d}x = -\mathrm{d}\cot x$；

(9) $\dfrac{1}{\sqrt{x}}\mathrm{d}x = 2\mathrm{d}\sqrt{x}$；

(10) $\dfrac{\mathrm{d}x}{\sqrt{1-x^2}} = \mathrm{d}\arcsin x$；

(11) $\dfrac{1}{1+x^2}\mathrm{d}x = \mathrm{d}\arctan x$；

(12) $\dfrac{x\mathrm{d}x}{\sqrt{1+x^2}} = \mathrm{d}\sqrt{1+x^2}$；

(13) $\mathrm{e}^x(1+x)\mathrm{d}x = \mathrm{d}(x\mathrm{e}^x)$；

(14) $\dfrac{-x\mathrm{d}x}{\sqrt{1-x^2}} = \mathrm{d}\sqrt{1-x^2}$；

(15) $(1+\ln x)\mathrm{d}x = \mathrm{d}(x\ln x)$；

(16) $(\cos x\pm\sin x)\mathrm{d}x = \mathrm{d}(\sin x\mp\cos x)$．

2. 换元积分法(第二类换元法)

(1) 不定积分换元积分法

> **定理 4**　设函数 $f(x)$ 在区间 I 上连续,$x=\varphi(t)$ 在 I 的对应区间 I_t 内单调,并有连续导数,且 $\varphi'(t)\neq 0$,则有换元公式
> $$\int f(x)\mathrm{d}x = \left[\int f(\varphi(t))\varphi'(t)\mathrm{d}t\right]_{t=\varphi^{-1}(x)}.$$
> 其中,$t=\varphi^{-1}(x)$ 是 $x=\varphi(t)$ 的反函数．

被积函数中含有如下形式的根号时常用的积分变量代换,目的是去掉根号．
$$\sqrt[n]{ax+b}\longrightarrow t=\sqrt[n]{ax+b},\ x=\dfrac{1}{a}(t^n-b)；$$

$$\sqrt{a^2-x^2} \longrightarrow x=a\sin t \quad 或 \quad x=a\cos t;$$

$$\sqrt{a^2+x^2} \longrightarrow x=a\tan t \quad 或 \quad x=a\cot t;$$

$$\sqrt{x^2-a^2} \longrightarrow x=a\sec t \quad 或 \quad x=a\csc t.$$

（2）定积分的换元法

定理 5　若函数 $f(x)$ 在 $[a,b]$ 上连续，在以 α,β 为端点的区间上函数 $\varphi(t)$ 满足 ①$\varphi(\alpha)=a,\varphi(\beta)=b$，且当 t 从 α 变到 β 时，对应的 x 单调地从 a 变到 b；②有连续的导数；

则有定积分换元公式 $\displaystyle\int_a^b f(x)\mathrm{d}x = \int_\alpha^\beta f(\varphi(t))\varphi'(t)\mathrm{d}t.$

3. 分部积分法

（1）不定积分分部积分法

定理 6　设函数 $u(x),v(x)$ 有连续的导数，则有

$$\int u(x)v'(x)\mathrm{d}x = u(x)v(x) - \int v(x)u'(x)\mathrm{d}x,$$

或简记为 $\displaystyle\int u\mathrm{d}v = uv - \int v\mathrm{d}u.$

（2）定积分的分部积分法

定理 7　若函数 $u(x),v(x)$ 在区间 $[a,b]$ 上有连续的导数，则有定积分分部积分公式

$$\int_a^b u(x)v'(x)\mathrm{d}x = u(x)v(x)\Big|_a^b - \int_a^b u'(x)v(x)\mathrm{d}x.$$

4. 几种特殊类型的积分

（1）有理函数的不定积分

由两个多项式函数的商构成的函数称为有理函数，形如

$$R(x)=\frac{P(x)}{Q(x)}=\frac{a_0 x^n+a_1 x^{n-1}+\cdots+a_n}{b_0 x^m+b_1 x^{m-1}+\cdots+b_m},$$

其中，m,n 为非负整数，$a_0,a_1,\cdots,a_n,b_0,b_1,\cdots,b_m$ 都是常数，且 $a_0\neq0,b_0\neq0$. 若 $m>n$，则称 $R(x)$ 为**真分式**；若 $m\leqslant n$，则称 $R(x)$ 为**假分式**.

注意　由代数知识可知，有下面三个结论：

①利用多项式除法总可以将假分式化为一个多项式与一个真分式的和. 例如，

$$\frac{x^4}{x^2-x+1}=\frac{x^4-x^3+x^2+x^3-x^2+x-x}{x^2-x+1}=x^2+x-\frac{x}{x^2-x+1}.$$

②任意多项式在实数范围内一定可被分解成一次因式和二次质因式的乘积.

③若 $Q(x)=b_0 (x-a)^\alpha\cdots(x-b)^\beta (x^2+px+q)^\lambda\cdots(x^2+rx+s)^\mu$，其中 $p^2-4q<0$，

$r^2-4s<0$,则真分式$\dfrac{P(x)}{Q(x)}$总可被分解成如下最简分式(分母为一次因式或二次质因式的真分式)的和:

$$\frac{P(x)}{Q(x)}=\frac{A_1}{(x-a)^\alpha}+\frac{A_2}{(x-a)^{\alpha-1}}+\cdots+\frac{A_\alpha}{(x-a)}+\cdots+\frac{B_1}{(x-a)^\beta}+\frac{B_2}{(x-a)^{\beta-1}}+\cdots+\frac{B_\beta}{(x-a)}+$$

$$\frac{M_1x+N_1}{(x^2+px+q)^\lambda}+\frac{M_2x+N_2}{(x^2+px+q)^{\lambda-1}}+\cdots+\frac{M_\lambda x+N_\lambda}{(x^2+px+q)}+\cdots+$$

$$\frac{R_1x+S_1}{(x^2+rx+s)^\mu}+\frac{R_2x+S_2}{(x^2+rx+s)^{\mu-1}}+\cdots+\frac{R_\mu x+S_\mu}{(x^2+rx+s)},$$

其中,$A_1,\cdots,A_\alpha,\cdots,B_1,\cdots,B_\beta,M_1,\cdots,M_\lambda,N_1,\cdots,N_\lambda,\cdots,R_1,\cdots,R_\mu,S_1,\cdots,S_\mu$为待定常数.

（2）三角函数有理式的不定积分

三角函数有理式是指由 $\sin x$、$\cos x$ 与常数经有限次四则运算构成的函数.

由三角函数关系知,$\sin x$ 与 $\cos x$ 均可用 $\tan\dfrac{x}{2}$ 的有理式表示:

$$\sin x=2\sin\frac{x}{2}\cos\frac{x}{2}=\frac{2\tan\dfrac{x}{2}}{\sec^2\dfrac{x}{2}}=\frac{2\tan\dfrac{x}{2}}{1+\tan^2\dfrac{x}{2}};$$

$$\cos x=\cos^2\frac{x}{2}-\sin^2\frac{x}{2}=\frac{1-\tan^2\dfrac{x}{2}}{\sec^2\dfrac{x}{2}}=\frac{1-\tan^2\dfrac{x}{2}}{1+\tan^2\dfrac{x}{2}},$$

作变换 $t=\tan\dfrac{x}{2}$,则 $\sin x=\dfrac{2t}{1+t^2}$,$\cos x=\dfrac{1-t^2}{1+t^2}$,而 $x=2\arctan t$,$\mathrm{d}x=\dfrac{2t}{1+t^2}\mathrm{d}t$,于是

$$\int R(\sin x,\cos x)\mathrm{d}x=\int R\left(\frac{2t}{1+t^2},\frac{1-t^2}{1+t^2}\right)\frac{2\mathrm{d}t}{1+t^2}.$$

这表明通过代换 $t=\tan\dfrac{x}{2}$,三角有理式的不定积分都可以转化为有理函数的积分,故称其为**万能置换**.

（3）简单无理函数的不定积分

① $\displaystyle\int R(x,\sqrt[n]{ax+b})\mathrm{d}x\quad\Rightarrow\quad t=\sqrt[n]{ax+b}$;

② $\displaystyle\int R\left(x,\sqrt[n]{\dfrac{ax+b}{cx+d}}\right)\mathrm{d}x\quad\Rightarrow\quad t=\sqrt[n]{\dfrac{ax+b}{cx+d}}$.

（4）对称区间上的定积分

对称区间$[-a,a]$上的定积分有

$$\int_{-a}^a f(x)\mathrm{d}x=\int_0^a[f(x)+f(-x)]\mathrm{d}x,$$

特别地有

$$\int_{-a}^a f(x)\mathrm{d}x=\begin{cases}0 & \text{当 }f(x)\text{ 为奇函数}\\ 2\displaystyle\int_0^a f(x)\mathrm{d}x & \text{当 }f(x)\text{ 为偶函数}\end{cases}.$$

（5）周期函数在一个周期上的定积分

若 $y=f(x)$ 是周期为 T 的函数，则

$$\int_a^{a+T} f(x)\mathrm{d}x = \int_0^T f(x)\mathrm{d}x.$$

5. 常见"积不出"的不定积分

$$\int \mathrm{e}^{-x^2}\mathrm{d}x, \quad \int \sin x^2 \mathrm{d}x, \quad \int \frac{\sin x}{x}\mathrm{d}x, \quad \int \frac{1}{\ln x}\mathrm{d}x.$$

3.2.4 广义积分

1. 无穷区间上的广义积分

定义 4 设 $f(x)$ 在 $[a,+\infty)$ 上连续，如果极限

$$\lim_{b\to+\infty} \int_a^b f(x)\mathrm{d}x$$

存在，称此极限为 $f(x)$ 在无穷区间 $[a,+\infty)$ 上的广义积分，记作 $\int_a^{+\infty} f(x)\mathrm{d}x$，即

$$\int_a^{+\infty} f(x)\mathrm{d}x = \lim_{b\to+\infty} \int_a^b f(x)\mathrm{d}x.$$

这时也称广义积分 $\int_a^{+\infty} f(x)\mathrm{d}x$ 收敛；若上述极限不存在，仍记为 $\int_a^{+\infty} f(x)\mathrm{d}x$，也称广义积分 $\int_a^{+\infty} f(x)\mathrm{d}x$ 发散。

类似地，定义 $f(x)$ 在无穷区间 $(-\infty,b]$ 上的广义积分为

$$\int_{-\infty}^b f(x)\mathrm{d}x = \lim_{a\to-\infty} \int_a^b f(x)\mathrm{d}x.$$

若上式等号右端的极限存在，则称之收敛，否则称之发散。

函数 $f(x)$ 在无穷区间 $(-\infty,+\infty)$ 上的广义积分定义为

$$\int_{-\infty}^{+\infty} f(x)\mathrm{d}x = \int_{-\infty}^c f(x)\mathrm{d}x + \int_c^{+\infty} f(x)\mathrm{d}x.$$

其中，c 为任意实数。当上式右端两个积分都收敛时，则称之收敛；否则称之发散。

无穷区间上的广义积分也简称为无穷积分。

2. 无界函数的广义积分

定义 5 设函数 $f(x)$ 在区间 $(a,b]$ 上有定义，对任意小的 $\varepsilon>0$，$f(x)$ 在 $[a+\varepsilon, b]$ 上可积，且 $\lim\limits_{x\to a^+} f(x)=\infty$（即端点 a 是 $f(x)$ 的无穷间断点），极限 $\lim\limits_{\varepsilon\to 0^+} \int_{a+\varepsilon}^b f(x)\mathrm{d}x$

称为无界函数 $f(x)$ 在 $(a,b]$ 上的广义积分，记为 $\int_a^b f(x)\mathrm{d}x$，即

$$\int_a^b f(x)\mathrm{d}x = \lim_{\varepsilon \to 0^+} \int_{a+\varepsilon}^b f(x)\mathrm{d}x,$$

若上式右端极限存在,则称广义积分 $\int_a^b f(x)\mathrm{d}x$ 收敛;否则,称之发散.

类似地,若函数 $f(x)$ 在区间 $[a,b)$ 上有定义,对任意小的 $\varepsilon > 0$, $f(x)$ 在 $[a, b-\varepsilon]$ 上可积,且 $\lim\limits_{x \to b^-} f(x) = \infty$(即 $x = b$ 为函数 $f(x)$ 的无穷间断点),定义无界函数 $f(x)$ 在 $[a, b)$ 上的广义积分为

$$\int_a^b f(x)\mathrm{d}x = \lim_{\varepsilon \to 0^+} \int_a^{b-\varepsilon} f(x)\mathrm{d}x,$$

若上式右端极限存在,则称广义积分 $\int_a^b f(x)\mathrm{d}x$ 收敛;否则称之发散.

若对任意小的 $\varepsilon > 0$, $f(x)$ 在 $[a, c-\varepsilon]$ 和 $[c+\varepsilon, b]$ 上可积,而 $\lim\limits_{x \to c} f(x) = \infty$,则定义 $f(x)$ 在区间 $[a,b]$ 上的广义积分为

$$\int_a^b f(x)\mathrm{d}x = \int_a^c f(x)\mathrm{d}x + \int_c^b f(x)\mathrm{d}x = \lim_{\varepsilon_1 \to 0^+} \int_a^{c-\varepsilon_1} f(x)\mathrm{d}x + \lim_{\varepsilon_2 \to 0^+} \int_{c+\varepsilon_2}^b f(x)\mathrm{d}x,$$

当上式右端两个极限都存在时,则称广义积分 $\int_a^b f(x)\mathrm{d}x$ 收敛;否则,称之发散.

此外,如果 $x = a$, $x = b$ 均为 $f(x)$ 的无穷间断点,则 $f(x)$ 在 $[a,b]$ 上的无界函数的积分定义为

$$\int_a^b f(x)\mathrm{d}x = \int_a^c f(x)\mathrm{d}x + \int_c^b f(x)\mathrm{d}x = \lim_{\varepsilon_1 \to 0^+} \int_{a+\varepsilon_1}^c f(x)\mathrm{d}x + \lim_{\varepsilon_2 \to 0^+} \int_c^{b-\varepsilon_2} f(x)\mathrm{d}x,$$

式中,c 为 a 与 b 之间的任意实数,当右端的两个极限都存在时,则称广义积分 $\int_a^b f(x)\mathrm{d}x$ 收敛;否则,称之发散.

注　无界函数的广义积分也称为瑕积分,函数的无穷间断点也称为其瑕点,即若 $f(x)$ 在区间 $(a,b]$ ($[a,b)$) 上连续,且 $\lim\limits_{x \to a^+} f(x) = \infty$ ($\lim\limits_{x \to b^-} f(x) = \infty$),则 $a(b)$ 必为 $f(x)$ 的瑕点.

3.2.5　定积分应用

1. 元素法(微元法)

所求总量 U 表达为定积分的一般步骤如下:

(1)根据实际问题适当建立坐标系,同时选取积分变量 x,并确定 x 的变化区间 $[a,b]$;

(2)任取小区间 $[x, x+\mathrm{d}x] \subset [a,b]$,求出对应于这个小区间上的部分微量 ΔU 的近似值 $f(x)\mathrm{d}x$,把 $f(x)\mathrm{d}x$ 称为**所求量 U 的微元**,且直接记为 $\mathrm{d}U$,即 $\mathrm{d}U = f(x)\mathrm{d}x$;

(3)以所求量的微元 $f(x)\mathrm{d}x$ 为被积表达式,在区间 $[a,b]$ 上作定积分,即得

$$U = \int_a^b f(x)\mathrm{d}x.$$

注　量 U 必须满足以下三个要求,才能用定积分这个数学模型来求解.

(1)量 U 是与一个变量 x 的变化区间 $[a,b]$ 以及定义在 $[a,b]$ 上的连续函数 $f(x)$ 有关(或说量 U 是决定于区间 $[a,b]$ 和连续函数 $f(x)$ 的);

(2)U 对于区间 $[a,b]$ 具有可加性,即如果把区间 $[a,b]$ 分成若干部分区间,相应地 U 就被分成若干部分分量 ΔU,而 U 等于所有部分量 ΔU 之和;

(3)ΔU 能被近似地表示为 $[x,x+\mathrm{d}x]$ 上点 x 处的值 $f(x)$ 与 $\mathrm{d}x$ 的乘积,且 ΔU 与 $f(x)\mathrm{d}x$ 仅相差一个比 $\mathrm{d}x$ 高阶的无穷小.

2. 在几何中的应用

1)平面图形的面积问题

(1)直角坐标系下

连续曲线 $y=f(x)$ 与直线 $x=a$,$x=b(a<b)$ 以及 x 轴所围平面图形的面积为

$$A = \int_a^b |f(x)|\,\mathrm{d}x.$$

一般地,由两条连续曲线 $y=f(x)$,$y=g(x)$ 与直线 $x=a$,$x=b(a<b)$ 所围平面图形的面积为

$$A = \int_a^b |f(x)-g(x)|\,\mathrm{d}x.$$

(2)极坐标系下

设平面曲线是由极坐标方程 $r=r(\theta)(\alpha\leqslant\theta\leqslant\beta)$ 给出,其中 $r=r(\theta)$ 在 $[\alpha,\beta]$ 上连续,则曲线弧 $r=r(\theta)$ 与射线 $\theta=\alpha$,$\theta=\beta$ 所围图形的面积为

$$A = \frac{1}{2}\int_\alpha^\beta r^2(\theta)\,\mathrm{d}\theta.$$

2)体积问题

(1)旋转体的体积

一般地,平面图形绕着它所在平面内的一条直线旋转一周所形成的几何立体统称为**旋转体**,这条直线叫做其**旋转轴**.

设 $f(x)$ 是 $[a,b]$ 上的连续函数,现在求曲线 $y=f(x)\geqslant 0(a\leqslant x\leqslant b)$ 绕 x 轴旋转一周所围成旋转体(见图 3-1)的体积 V.由于旋转体的截面都是圆,故求这个旋转体的体积实际上就是求已知截面面积为圆面积的立体的体积.过 $[a,b]$ 上任意一点 x 作垂直于 x 轴的平面,截面是半径为 $|y|=|f(x)|$ 的圆,所以体积元素为

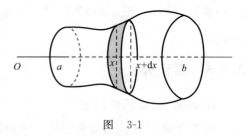

图　3-1

$$\mathrm{d}V = \pi y^2\,\mathrm{d}x = \pi f^2(x)\,\mathrm{d}x,$$

故所求旋转体的体积为

$$V = \pi \int_a^b y^2\,\mathrm{d}x = \pi \int_a^b f^2(x)\,\mathrm{d}x.$$

如果是绕 y 轴旋转,就要以 y 为积分变量,设曲线为 $x=g(y)(c\leqslant y\leqslant d)$,这时所求旋转体的体积为

$$V = \pi \int_c^d x^2 \mathrm{d}y = \pi \int_c^d g^2(y)\mathrm{d}y.$$

(2)平行截面面积函数为已知的立体的体积

设某空间立体介于两平面 $x=a$ 与 $x=b(a<b)$ 之间，如果已知对任意的 $x\in[a,b]$，它被垂直于 x 轴的任意平面所截得的截面面积 A 是 x 的连续函数 $A(x)$，则该立体的体积 V 可表示为

$$V = \int_a^b A(x)\mathrm{d}x.$$

3)平面曲线的弧长

(1)直角坐标系下

设曲线弧由直角坐标方程 $y=f(x)$ $(a\leqslant x\leqslant b)$ 给出，其中 $y=f(x)$ 在区间 $[a,b]$ 上具有连续导数，则曲线弧的长度可表示为

$$s = \int_a^b \sqrt{1+(y')^2}\,\mathrm{d}x = \int_a^b \sqrt{1+[f'(x)]^2}\,\mathrm{d}x.$$

(2)参数方程下

设曲线弧由参数方程 $\begin{cases} x=\varphi(t) \\ y=\psi(t) \end{cases}$ $\alpha\leqslant t\leqslant\beta$ 给出，其中 $\varphi(t)$ 与 $\psi(t)$ 在 $[\alpha,\beta]$ 具有连续导数，则曲线弧的长度可表示为

$$s = \int_\alpha^\beta \sqrt{[\varphi'(t)]^2+[\psi'(t)]^2}\,\mathrm{d}t.$$

(3)极坐标系下

设曲线弧由极坐标方程 $r=r(\theta)$，$\alpha\leqslant\theta\leqslant\beta$ 给出，其中 $r=r(\theta)$ 在区间 $[\alpha,\beta]$ 具有连续导数，则曲线弧的长度可表示为

$$s = \int_\alpha^\beta \sqrt{r^2(\theta)+[r'(\theta)]^2}\,\mathrm{d}\theta.$$

3. 定积分的物理应用

(1)变速直线运动的路程

物体以变速 $v=v(t)(v(t)\geqslant 0)$ 做直线运动，从时刻 $t=T_1$ 到时刻 $t=T_2$ 经过的路程为

$$s = \int_{T_1}^{T_2} v(t)\mathrm{d}t.$$

(2)杆状物体的质量

一直杆状物体，长度为 l，其上每点的密度（线密度）为 $\rho(x)$，则其质量可表示为

$$m = \int_0^l \rho(x)\mathrm{d}x.$$

(3)变力沿直线所做功

水平方向变力 $F(x)$ 将物体沿 x 轴从 $x=a$ 移动到 $x=b$ 所做的功可表示为

$$W = \int_a^b F(x)\mathrm{d}x.$$

定积分在物理及力学中有广泛的应用，如静止液体的压力、转动惯量以及引力等有关

问题. 解决这些问题时, 首先建立坐标系, 选取积分变量, 分别求出所求量的积分元素, 再确定积分上下限.

3.3 典型例题

1. 定积分的概念与性质

例 3.1 已知 $\int_0^1 \ln(x+1)\mathrm{d}x = 2\ln 2 - 1$, 求极限:

(1) $I_1 = \lim\limits_{n\to\infty}\left\{\dfrac{1}{n}\left[\ln(n+1)+\ln(n+2)+\cdots\ln(n+n)\right]-\ln n\right\}$;

(2) $I_2 = \lim\limits_{n\to\infty}\dfrac{\sqrt[n]{(n+1)(n+2)\cdots(n+n)}}{n}$.

分析 利用定积分定义求极限的问题, 关键是将极限改写成 $f(x)$ 在 $[a,b]$ 上进行 n 等分后积分和式的极限.

解 (1) $I_1 = \lim\limits_{n\to\infty}\left\{\dfrac{1}{n}\left[\ln(n+1)+\ln(n+2)+\cdots\ln(n+n)\right]-\ln n\right\}$

$$= \lim_{n\to\infty}\frac{1}{n}\sum_{i=1}^{n}\ln\left(1+\frac{i}{n}\right).$$

由函数 $\ln(x+1)$ 在区间 $[0,1]$ 上进行 n 等分后的积分和式的定义得

$$I_1 = \lim_{n\to\infty}\frac{1}{n}\sum_{i=1}^{n}\ln\left(1+\frac{i}{n}\right) = \int_0^1 \ln(x+1)\mathrm{d}x = 2\ln 2 - 1.$$

(2) 先取对数, 将所求极限化为和式的极限, 以便用定积分定义求出.

$$\ln\frac{\sqrt[n]{(n+1)(n+2)\cdots(n+n)}}{n} = \frac{1}{n}\left[\ln(n+1)+\ln(n+2)+\cdots+\ln(n+n)\right]-\ln n$$

$$= \frac{1}{n}\sum_{i=1}^{n}\ln\left(1+\frac{i}{n}\right)$$

由 (1) 知, $\lim\limits_{n\to\infty}\ln\dfrac{\sqrt[n]{(n+1)(n+2)\cdots(n+n)}}{n} = \lim\limits_{n\to\infty}\dfrac{1}{n}\sum\limits_{i=1}^{n}\ln\left(1+\dfrac{i}{n}\right) = 2\ln 2 - 1$, 所以

$$I_2 = \mathrm{e}^{2\ln 2-1} = 4\mathrm{e}^{-1}.$$

例 3.2 利用定积分估值定理估计积分 $\int_0^1 \mathrm{e}^{-x^2}\mathrm{d}x$.

解 $f(x) = \mathrm{e}^{-x^2}$ 在 $[0,1]$ 上的最大值 M 和最小值 m 分别为 1 和 e^{-1}, 由估值定理得

$$\mathrm{e}^{-1} = m(1-0) \leqslant \int_0^1 \mathrm{e}^{-x^2}\mathrm{d}x \leqslant M(1-0) = 1.$$

2. 积分上限函数

例 3.3 计算 $\int \sin x\mathrm{d}x, \int_0^x \sin x\mathrm{d}x, \int_0^{\frac{\pi}{2}} \sin x\mathrm{d}x$, 并说明不定积分、变上限的定积分、定积分三者之间的关系.

解 $\int \sin x\mathrm{d}x = -\cos x + C$;

$$\int_0^x \sin x \mathrm{d}x = -\cos x \Big|_0^x = \cos 0 - \cos x = 1 - \cos x;$$

$$\int_0^{\frac{\pi}{2}} \sin x \mathrm{d}x = -\cos x \Big|_0^{\frac{\pi}{2}} = \cos 0 - 0 = 1.$$

不定积分 $\int \sin x \mathrm{d}x$ 表示 $\sin x$ 的所有原函数；变上限的定积分 $\int_0^x \sin x \mathrm{d}x$ 是上限变量 x 的函数，也是 $\sin x$ 的一个原函数；定积分 $\int_0^{\frac{\pi}{2}} \sin x \mathrm{d}x$ 表示一个数，是 $\sin x$ 的原函数在 $x = \frac{\pi}{2}, x = 0$ 两点处的函数值的差.

注 注意区分原函数、不定积分、变上限的定积分、定积分等概念.

例 3.4 设 $f(x) = \int_{\sin x}^2 \dfrac{\mathrm{d}t}{1+t^2}$ ，求 $f'\left(\dfrac{\pi}{6}\right)$.

解 $f(x) = -\int_2^{\sin x} \dfrac{\mathrm{d}t}{1+t^2}, f'(x) = \dfrac{-1}{1+\sin^2 x}(\sin x)' = \dfrac{-\cos x}{1+\sin^2 x}, f'\left(\dfrac{\pi}{6}\right) = -\dfrac{2}{5}\sqrt{3}.$

例 3.5 设 $f(x)$ 在 $[0, +\infty)$ 内连续，且 $f(x) > 0$，求证函数 $F(x) = \dfrac{\displaystyle\int_0^x tf(t)\mathrm{d}t}{\displaystyle\int_0^x f(t)\mathrm{d}t}$ 在 $[0, +\infty)$ 内为单调增加函数.

证 $\forall x > 0$，由 $f(x) > 0$，得 $\int_0^x f(t)\mathrm{d}t > 0$，所以 $F(x)$ 在 $(0, +\infty)$ 内有定义，且

$$F'(x) = \frac{xf(x)\displaystyle\int_0^x f(t)\mathrm{d}t - f(x)\displaystyle\int_0^x tf(t)\mathrm{d}t}{\left[\displaystyle\int_0^x f(t)\mathrm{d}t\right]^2} = \frac{f(x)\displaystyle\int_0^x (x-t)f(t)\mathrm{d}t}{\left[\displaystyle\int_0^x f(t)\mathrm{d}t\right]^2}.$$

因为 $\forall t \in [0, x] \Rightarrow (x-t)f(t) \geqslant 0$，且 $(x-t)f(t)$ 不恒为零，所以 $\int_0^x (x-t)f(t)\mathrm{d}t > 0$ $\Rightarrow F'(x) > 0 \Rightarrow F(x)$ 在 $(0, +\infty)$ 单调增加.

例 3.6 设 $f(x) = \int_{-x}^x \mathrm{e}^{t^2}\mathrm{d}t$ ，求 $f'(x)$.

解 $\dfrac{\mathrm{d}}{\mathrm{d}x}\int_{-x}^x \mathrm{e}^{t^2}\mathrm{d}t = \dfrac{\mathrm{d}}{\mathrm{d}x}\left(-\int_0^{-x} \mathrm{e}^{t^2}\mathrm{d}t + \int_0^x \mathrm{e}^{t^2}\mathrm{d}t\right) = -\mathrm{e}^{(-x)^2}(-x)' + \mathrm{e}^{x^2} = 2\mathrm{e}^{x^2}.$

例 3.7 设 $f(x) = \int_{-x}^x \mathrm{e}^{t^2+x^2}\mathrm{d}t$ ，求 $f'(x)$.

解 $\dfrac{\mathrm{d}}{\mathrm{d}x}\int_{-x}^x \mathrm{e}^{x^2+t^2}\mathrm{d}t = \dfrac{\mathrm{d}}{\mathrm{d}x}\left(\mathrm{e}^{x^2}\int_{-x}^x \mathrm{e}^{t^2}\mathrm{d}t\right) = 2x\mathrm{e}^{x^2}\int_{-x}^x \mathrm{e}^{t^2}\mathrm{d}t + \mathrm{e}^{x^2}\dfrac{\mathrm{d}}{\mathrm{d}x}\int_{-x}^x \mathrm{e}^{t^2}\mathrm{d}t$

$$= 2x\mathrm{e}^{x^2}\int_{-x}^x \mathrm{e}^{t^2}\mathrm{d}t + 2\mathrm{e}^{2x^2} = 4x\mathrm{e}^{x^2}\int_0^x \mathrm{e}^{t^2}\mathrm{d}t + 2\mathrm{e}^{2x^2}.$$

注 （1）注意区分变上限积分函数求导时的自变量和积分变量；

（2）利用对称区间上的定积分计算公式可以简化计算，同学们可自行尝试.

例 3.8 求 $\lim\limits_{x \to 0} \dfrac{\displaystyle\int_0^{x^2} \sin t^2 \mathrm{d}t}{x^3 \sin^3 x}$.

解 $\lim\limits_{x\to 0}\dfrac{\displaystyle\int_0^{x^2}\sin t^2\,\mathrm{d}t}{x^3\sin^3 x}=\lim\limits_{x\to 0}\dfrac{\displaystyle\int_0^{x^2}\sin t^2\,\mathrm{d}t}{x^3\cdot x^3}=\lim\limits_{x\to 0}\dfrac{2x\sin x^4}{6x^5}=\dfrac{1}{3}.$

例 3.9 求 $\lim\limits_{x\to+\infty}\dfrac{\displaystyle\int_0^x(\arctan t)^2\,\mathrm{d}t}{x^2}.$

解 原式 $=\lim\limits_{x\to+\infty}\dfrac{(\arctan x)^2}{2x}=0$ （因为 $\arctan x\to\dfrac{\pi}{2}$ $(x\to+\infty)$）.

3. 不定积分和定积分计算

1）凑微分（第一类换元法）

例 3.10 计算下列积分：

(1) $\displaystyle\int(3-3x)^3\,\mathrm{d}x$；

(2) $\displaystyle\int\dfrac{\sin\sqrt{t}}{\sqrt{t}}\,\mathrm{d}t$；

(3) $\displaystyle\int\dfrac{\mathrm{d}x}{x\ln x\ln\ln x}$；

(4) $\displaystyle\int_{-\frac{\pi}{2}}^{\frac{\pi}{2}}\sqrt{\cos x-\cos^3 x}\,\mathrm{d}x.$

解 (1) $\displaystyle\int(3-3x)^3\,\mathrm{d}x=-27\int(x-1)^3\,\mathrm{d}(x-1)=-27\times\dfrac{(x-1)^{3+1}}{3+1}+C$

$$=-\dfrac{27}{4}(x-1)^4+C;$$

(2) $\displaystyle\int\dfrac{\sin\sqrt{t}}{\sqrt{t}}\,\mathrm{d}t=2\int\sin\sqrt{t}\,\mathrm{d}\sqrt{t}=-2\cos\sqrt{t}+C;$

(3) $\displaystyle\int\dfrac{\mathrm{d}x}{x\ln x\ln\ln x}=\int\dfrac{\mathrm{d}\ln x}{\ln x\ln\ln x}=\int\dfrac{\mathrm{d}\ln\ln x}{\ln\ln x}=\ln|\ln\ln x|+C;$

(4) $\displaystyle\int_{-\frac{\pi}{2}}^{\frac{\pi}{2}}\sqrt{\cos x-\cos^3 x}\,\mathrm{d}x=2\int_0^{\frac{\pi}{2}}\sqrt{\cos x\sin^2 x}\,\mathrm{d}x=2\int_0^{\frac{\pi}{2}}\sqrt{\cos x}\sin x\,\mathrm{d}x$

$$=-2\int_0^{\frac{\pi}{2}}\sqrt{\cos x}\,\mathrm{d}\cos x=-\dfrac{4}{3}\cos^{\frac{3}{2}}x\Big|_0^{\frac{\pi}{2}}=\dfrac{4}{3}.$$

注 利用第一类换元积分公式 $\displaystyle\int f(\varphi(x))\varphi'(x)\,\mathrm{d}x=\left[\int f(u)\,\mathrm{d}u\right]_{u=\varphi(x)}$ 求积分 $\displaystyle\int g(x)\,\mathrm{d}x$，关键是将原来的被积函数 $g(x)$ 表示成 $f(\varphi(x))$ 与 $\varphi'(x)$ 两个因子的乘积的形式，即 $g(x)=Af(\varphi(x))\varphi'(x)$，$A$ 为常数，此时，$\varphi'(x)$ 与 $\mathrm{d}x$ 可以凑成 u 的微分的形式 $\mathrm{d}u$ $(u=\varphi(x))$，且 $f(u)$ 的原函数比较容易求. 故将第一类换元积分法称为"凑微分法"，大家要熟记本章知识要点中给出的常见的积分公式和微分形式.

2）换元法（第二类换元法）

例 3.11 计算下列不定积分：

(1) $\displaystyle\int\dfrac{\mathrm{d}x}{x\sqrt{x^2-1}}$；

(2) $\displaystyle\int\dfrac{\mathrm{d}x}{\sqrt{(x^2+1)^3}}.$

解 (1) 令 $x=\sec t\left(0<t<\dfrac{\pi}{2}\right)$，原式 $=\displaystyle\int\dfrac{\sec t\tan t\,\mathrm{d}t}{\sec t\tan t}=\int\mathrm{d}t=t+C=\arccos\dfrac{1}{x}+C;$

（2）令 $x = \tan t\left(-\dfrac{\pi}{2} < t < \dfrac{\pi}{2}\right)$，原式 $= \displaystyle\int \dfrac{\sec^2 t \mathrm{d}t}{\sec^3 t} = \int \cos t \mathrm{d}t = \sin t + C = \dfrac{x}{\sqrt{1+x^2}} + C.$

例 3.12　计算下列积分：

（1）$\displaystyle\int_0^1 \dfrac{\mathrm{d}x}{\sqrt{(x^2+1)^3}}$；　　　　　　（2）$\displaystyle\int \dfrac{x^2 \mathrm{d}x}{\sqrt{a^2-x^2}}.$

解　（1）法 1　令 $x = \tan t$，则

$$原式 = \int_0^{\frac{\pi}{4}} \dfrac{\sec^2 t \mathrm{d}t}{\sec^3 t} = \int_0^{\frac{\pi}{4}} \cos t \mathrm{d}t = \sin t \Big|_0^{\frac{\pi}{4}} = \dfrac{\sqrt{2}}{2}.$$

x	0	1
t	0	$\pi/4$

法 2　利用例 3.11（2）的结果

$$\int_0^1 \dfrac{\mathrm{d}x}{\sqrt{(x^2+1)^3}} = \dfrac{x}{\sqrt{x^2+1}} \Big|_0^1 = \dfrac{1}{\sqrt{2}}.$$

（2）令 $x = a \sin t\left(-\dfrac{\pi}{2} < t < \dfrac{\pi}{2}\right)$，则

$$原式 = \int \dfrac{a^2 \sin^2 t \cdot a \cos t \mathrm{d}t}{a \cos t} = a^2 \int \sin^2 t \mathrm{d}t = a^2 \int \dfrac{1-\cos 2t}{2} \mathrm{d}t$$

$$= a^2 \left(\dfrac{t}{2} - \dfrac{1}{4} \sin 2t\right) + C = a^2 \left(\dfrac{t}{2} - \dfrac{1}{4} \cdot 2 \sin t \cos t\right) + C$$

$$= a^2 \left[\dfrac{1}{2} \arcsin \dfrac{x}{a} - \dfrac{1}{2} \dfrac{x}{a} \sqrt{1 - \left(\dfrac{x}{a}\right)^2}\right] + C = \dfrac{a^2}{2} \arcsin \dfrac{x}{a} - \dfrac{x}{2} \sqrt{a^2 - x^2} + C.$$

注　当被积函数中含有 $\sqrt{a^2-x^2}$ 或 $\sqrt{x^2 \pm a^2}$ 时，常可以考虑进行适当的三角代换，使其有理化. 但注意不定积分的代换必须再还原回关于 x 的函数，但定积分的代换由于积分上下限随之变化，可以直接计算结果.

3）分部积分法

例 3.13　计算下列不定积分：

（1）$\displaystyle\int x \sin x \mathrm{d}x$；　　　　　　（2）$\displaystyle\int x \arctan x \mathrm{d}x$；

（3）$\displaystyle\int \mathrm{e}^x \sin x \mathrm{d}x.$

解　（1）$\displaystyle\int x \sin x \mathrm{d}x = \int x \mathrm{d}(-\cos x) = -x \cos x + \int \cos x \mathrm{d}x = -x \cos x + \sin x + C$；

（2）$\displaystyle\int x \arctan x \mathrm{d}x = \dfrac{1}{2}(1+x^2) \arctan x - \dfrac{1}{2} \int \dfrac{1+x^2}{1+x^2} \mathrm{d}x = \dfrac{1}{2}(1+x^2) \arctan x - \dfrac{x}{2} + C$；

（3）$\displaystyle\int \mathrm{e}^x \sin x \mathrm{d}x = \int \sin x \mathrm{d}\mathrm{e}^x = \mathrm{e}^x \sin x - \int \mathrm{e}^x \cos x \mathrm{d}x = \mathrm{e}^x \sin x - \int \cos x \mathrm{d}\mathrm{e}^x$

$$= \mathrm{e}^x \sin x - \mathrm{e}^x \cos x - \int \mathrm{e}^x \sin x \mathrm{d}x；$$

所以　　　　$\displaystyle\int \mathrm{e}^x \sin x \mathrm{d}x = \dfrac{\mathrm{e}^x}{2}(\sin x - \cos x) + C$；（称为"**回头积分**"）

注　采用分部积分法. 选择合适的 u, v' 是关键.

(1)当被积函数是多项式与指数函数或三角函数的乘积时,选择多项式为 u,指数函数或三角函数为 v';

(2)当被积函数是多项式(幂函数)与对数函数或反三角函数的乘积时,选择对数函数或反三角函数为 u,多项式(幂函数)为 v';

(3)当被积函数是指数函数与三角函数的乘积时,虽然不会直接求出,但会出现循环的结果,称为"**回头积分**".

例 3. 14 计算定积分 $\int_{\frac{1}{e}}^{e} |\ln x| \mathrm{d}x$.

解 $\int_{\frac{1}{e}}^{e} |\ln x| \mathrm{d}x = \int_{\frac{1}{e}}^{1} (-\ln x)\mathrm{d}x + \int_{1}^{e} \ln x\mathrm{d}x = -[x\ln x - x]\Big|_{\frac{1}{e}}^{1} +$

$$[x\ln x - x]\Big|_{1}^{e} = 2 - \frac{2}{e}.$$

例 3. 15 已知 $f''(x)$ 连续,$f(\pi)=1$,且 $\int_{0}^{\pi}[f(x)+f''(x)]\sin x\mathrm{d}x = 3$,求 $f(0)$.

解 因为 $\int_{0}^{\pi}[f(x)+f''(x)]\sin x\mathrm{d}x = \int_{0}^{\pi}f(x)\sin x\mathrm{d}x + \int_{0}^{\pi}f''(x)\sin x\mathrm{d}x$,又

$$\int_{0}^{\pi}f''(x)\sin x\mathrm{d}x = \int_{0}^{\pi}\sin x\mathrm{d}f'(x) = \sin x \cdot f'(x)\Big|_{0}^{\pi} - \int_{0}^{\pi}f'(x)\cos x\mathrm{d}x$$

$$= -\int_{0}^{\pi}\cos x\mathrm{d}f(x) = -\cos x \cdot f(x)\Big|_{0}^{\pi} - \int_{0}^{\pi}f(x)\sin x\mathrm{d}x$$

$$= 1 + f(0) - \int_{0}^{\pi}f(x)\sin x\mathrm{d}x,$$

因此 $1+f(0)=3$,所以 $f(0)=2$.

4)分段函数的定积分

例 3. 16 求 $\int_{1}^{5} (|2-x|+|\sin x|)\mathrm{d}x$.

解 $\int_{1}^{5} (|2-x|+|\sin x|)\mathrm{d}x = \int_{1}^{5} |2-x|\mathrm{d}x + \int_{1}^{5} |\sin x|\mathrm{d}x$

$= \int_{1}^{2}(2-x)\mathrm{d}x + \int_{2}^{5}(x-2)\mathrm{d}x + \int_{1}^{\pi}\sin x\mathrm{d}x - \int_{\pi}^{5}\sin x\mathrm{d}x = 7 + \cos 1 + \cos 5.$

注 (1)关于分段函数的定积分,先分段求积分,再把各段上的积分相加;

(2)当被积函数带有绝对值,或较隐蔽的分段函数,如 $\sqrt{(1+\cos 2x)}$,$\sqrt{\cos^2 x}$ 等时需要特别注意.

5)对称区间上的定积分

例 3. 17 计算定积分 $\int_{-1}^{1} x(1+x^{2009})(e^x - e^{-x})\mathrm{d}x$.

解 法1 通过观察,被积函数可写成 $x(e^x - e^{-x}) + x^{2010}(e^x - e^{-x})$,前一个为偶函数,后一个为奇函数,所以

原式 $= \int_{-1}^{1} x(e^x - e^{-x})\mathrm{d}x = 2\int_{0}^{1} x(e^x - e^{-x})\mathrm{d}x = 2[(x-1)e^x + (x+1)e^{-x}]_{0}^{1} = 4e^{-1}.$

法2 由对称区间上的定积分一般公式得

$$原式 = \int_0^1 \left\{ \left[x(1 + x^{2009})(\mathrm{e}^x - \mathrm{e}^{-x}) \right] + \left[-x(1 - x^{2009})(\mathrm{e}^{-x} - \mathrm{e}^x) \right] \right\} \mathrm{d}x$$

$$= 2\int_0^1 x(\mathrm{e}^x - \mathrm{e}^{-x})\mathrm{d}x = 2\left[(x-1)\mathrm{e}^x + (x+1)\mathrm{e}^{-x} \right]_0^1 = 4\mathrm{e}^{-1}.$$

评注　以后遇到对称区间上的定积分,若被积函数的奇偶性容易判断,直接用性质,否则一律用对称区间上的定积分一般公式 $\int_{-a}^{a} f(x)\mathrm{d}x = \int_0^a \left[f(x) + f(-x) \right]\mathrm{d}x$ 将积分变形,然后再进行进一步计算.

6)有理函数积分

例 3.18　计算下列不定积分:

$(1) \displaystyle\int \frac{\mathrm{d}x}{(x+1)(x-2)}$;　　　　　　　　$(2) \displaystyle\int \frac{x\mathrm{d}x}{(1-x)^3}$.

解　$(1) \displaystyle\int \frac{\mathrm{d}x}{(x+1)(x-2)} = \int \frac{1}{3}\left(\frac{1}{x-2} - \frac{1}{x+1} \right)\mathrm{d}x = \frac{1}{3}\ln \left| \frac{x-2}{x+1} \right| + C$;

$(2) \displaystyle\int \frac{x\mathrm{d}x}{(1-x)^3} = \int \frac{x-1+1}{(1-x)^3}\mathrm{d}x = \int \frac{\mathrm{d}x}{(1-x)^3} - \int \frac{\mathrm{d}x}{(1-x)^2} = \frac{1}{2}\frac{1}{(1-x)^2} - \frac{1}{1-x} + C.$

评注　观察题(2)的解法,可以看出,解题过程中不要被有理函数的积分法束缚住,应灵活应用各种积分法求解积分. 该题还可以用分部积分法,过程如下:

$$\int \frac{x\mathrm{d}x}{(1-x)^3} = \frac{1}{2}\int x\mathrm{d}\frac{1}{(1-x)^2} = \frac{x}{2(1-x)^2} - \frac{1}{2}\int \frac{\mathrm{d}x}{(1-x)^2} = \frac{x}{2(1-x)^2} - \frac{1}{2(1-x)} + C.$$

7)三角函数积分

例 3.19　计算下列不定积分:

$(1) \displaystyle\int \frac{\mathrm{d}x}{3 + \sin^2 x}$;　　　　　　　　$(2) \displaystyle\int \frac{\mathrm{d}x}{3 + \cos x}$.

解　(1) 原式 $= \displaystyle\int \frac{\sec^2 x\mathrm{d}x}{3\sec^2 x + \tan^2 x} = \int \frac{\mathrm{d}\tan x}{3 + 4\tan^2 x}$

$$= \frac{1}{2}\int \frac{\mathrm{d}(2\tan x)}{(\sqrt{3})^2 + (2\tan x)^2} = \frac{1}{2\sqrt{3}}\arctan \frac{2\tan x}{\sqrt{3}} + C;$$

(2) 令 $u = \tan \dfrac{x}{2}$,则 $\mathrm{d}x = \dfrac{2\mathrm{d}u}{1+u^2}$,$\cos x = \dfrac{1-u^2}{1+u^2}$,所以

$$原式 = \int \frac{\dfrac{2\mathrm{d}u}{1+u^2}}{3 + \dfrac{1-u^2}{1+u^2}} = \int \frac{\mathrm{d}u}{2+u^2} = \int \frac{\mathrm{d}u}{(\sqrt{2})^2 + u^2} = \frac{1}{\sqrt{2}}\arctan \frac{u}{\sqrt{2}} + C$$

$$= \frac{\sqrt{2}}{2}\arctan \frac{\tan \dfrac{x}{2}}{\sqrt{2}} + C.$$

8)其他

例 3.20　设 $f(x)$ 是以 l 为周期的连续函数,证明 $\displaystyle\int_a^{a+l} f(x)\mathrm{d}x$ 的值与 a 无关.

证　因为 $\displaystyle\int_a^{a+l} f(x)\mathrm{d}x = \int_a^0 f(x)\mathrm{d}x + \int_0^l f(x)\mathrm{d}x + \int_l^{a+l} f(x)\mathrm{d}x$,而

$$\int_l^{a+l} f(x)\mathrm{d}x = \int_0^a f(l+t)\mathrm{d}t = \int_0^a f(t)\mathrm{d}t,$$

所以 $\int_a^{a+l} f(x)\mathrm{d}x = \int_a^0 f(x)\mathrm{d}x + \int_0^l f(x)\mathrm{d}x + \int_0^a f(t)\mathrm{d}t = \int_0^l f(x)\mathrm{d}x$,即 $\int_a^{a+l} f(x)\mathrm{d}x$ 的值与 a 无关,且 $\int_a^{a+l} f(x)\mathrm{d}x = \int_0^l f(x)\mathrm{d}x$.

4. 广义积分的计算

例 3.21 计算下列广义积分:

(1) $\displaystyle\int_{-\infty}^{+\infty} \frac{\mathrm{d}x}{x^2+2x+2}$;   (2) $\displaystyle\int_1^e \frac{\mathrm{d}x}{x\sqrt{1-(\ln x)^2}}$.

解 (1) $\displaystyle\int_{-\infty}^{+\infty} \frac{\mathrm{d}x}{x^2+2x+2} = \int_{-\infty}^0 \frac{\mathrm{d}x}{(x+1)^2+1} + \int_0^{+\infty} \frac{\mathrm{d}x}{(x+1)^2+1}$

$$= \lim_{u\to-\infty} \int_u^0 \frac{\mathrm{d}x}{(x+1)^2+1} + \lim_{v\to+\infty} \int_0^v \frac{\mathrm{d}x}{(x+1)^2+1}$$

$$= \lim_{u\to-\infty} \arctan(x+1)\Big|_u^0 + \lim_{v\to+\infty} \arctan(x+1)\Big|_0^v$$

$$= \pi;$$

(2) $\displaystyle\int_1^e \frac{\mathrm{d}x}{x\sqrt{1-(\ln x)^2}} = \lim_{\varepsilon\to 0^+} \int_1^{e-\varepsilon} \frac{\mathrm{d}\ln x}{\sqrt{1-(\ln x)^2}} = \lim_{\varepsilon\to 0^+} \arcsin(\ln x)\Big|_1^{e-\varepsilon} = \frac{\pi}{2}$.

例 3.22 计算广义积分 $\displaystyle\int_1^2 \frac{\mathrm{d}x}{x\sqrt{x^2-1}}$.

解 法 1 $\displaystyle\int_1^2 \frac{\mathrm{d}x}{x\sqrt{x^2-1}} = \lim_{\varepsilon\to 0^+} \int_{1+\varepsilon}^2 \frac{\mathrm{d}x}{x\sqrt{x^2-1}} = \lim_{\varepsilon\to 0^+} \int_{1+\varepsilon}^2 \frac{-\mathrm{d}\frac{1}{x}}{\sqrt{1-\left(\frac{1}{x}\right)^2}}$

$$= \lim_{\varepsilon\to 0^+} \arccos\frac{1}{x}\Big|_{1+\varepsilon}^2 = \frac{\pi}{3}.$$

法 2 $\displaystyle\int_1^2 \frac{\mathrm{d}x}{x\sqrt{x^2-1}} = \lim_{\varepsilon\to 0^+} \int_{1+\varepsilon}^2 \frac{\mathrm{d}x}{x\sqrt{x^2-1}} = -\int_1^2 \frac{\mathrm{d}\frac{1}{x}}{\sqrt{1-\left(\frac{1}{x}\right)^2}} = \arccos\frac{1}{x}\Big|_1^2 = \frac{\pi}{3}.$

注 解法二与定积分计算方法类似,要慎重使用.只有收敛的时候才可以用,否则会导致错误,如 $\displaystyle\int_{-1}^1 \frac{\mathrm{d}x}{x} = \ln|x|\Big|_{-1}^1 = 0$,事实上 $\displaystyle\int_{-1}^0 \frac{\mathrm{d}x}{x}, \int_0^1 \frac{\mathrm{d}x}{x}$ 均发散.

例 3.23* 计算广义积分 $\displaystyle\int_0^{\frac{\pi}{2}} \ln\sin x\mathrm{d}x$.

解 $\displaystyle\int_0^{\frac{\pi}{2}} \ln\sin x\mathrm{d}x \xlongequal{x=2t} \int_0^{\frac{\pi}{4}} 2\ln\sin 2t\mathrm{d}t = 2\int_0^{\frac{\pi}{4}} \ln(2\sin t\cos t)\mathrm{d}t$

$$= 2\left(\int_0^{\frac{\pi}{4}} \ln 2\mathrm{d}t + \int_0^{\frac{\pi}{4}} \ln\sin t\mathrm{d}t + \int_0^{\frac{\pi}{4}} \ln\cos t\mathrm{d}t\right).$$

因为 $\displaystyle\int_0^{\frac{\pi}{4}} \ln\cos t\mathrm{d}t \xlongequal{t=\frac{\pi}{2}-u} \int_{\frac{\pi}{4}}^{\frac{\pi}{2}} \ln\sin u\mathrm{d}u,$

所以
$$\int_0^{\frac{\pi}{2}} \ln \sin x \mathrm{d}x = 2\int_0^{\frac{\pi}{4}} \ln 2\mathrm{d}t + 2\left(\int_0^{\frac{\pi}{4}} \ln \sin t \mathrm{d}t + \int_{\frac{\pi}{4}}^{\frac{\pi}{2}} \ln \sin t \mathrm{d}t\right)$$
$$= \frac{\pi}{2}\ln 2 + 2\int_0^{\frac{\pi}{2}} \ln \sin t \mathrm{d}t,$$

故
$$\int_0^{\frac{\pi}{2}} \ln \sin x \mathrm{d}x = -\frac{\pi}{2}\ln 2.$$

例 3.24*　证明积分 $I = \int_0^{+\infty} \dfrac{\mathrm{d}x}{(1+x^2)(1+x^\alpha)}$ 与 α 无关并求其值.

解　令 $x = \dfrac{1}{t}$,有 $I = \int_0^{+\infty} \dfrac{t^\alpha \mathrm{d}t}{(1+t^2)(1+t^\alpha)} = \int_0^{+\infty} \dfrac{x^\alpha \mathrm{d}x}{(1+x^2)(1+x^\alpha)}$,因此

$$I = \frac{1}{2}\left[\int_0^{+\infty} \frac{\mathrm{d}x}{(1+x^2)(1+x^\alpha)} + \int_0^{+\infty} \frac{x^\alpha \mathrm{d}x}{(1+x^2)(1+x^\alpha)}\right] = \frac{1}{2}\int_0^{+\infty} \frac{\mathrm{d}x}{1+x^2}$$

$$= \frac{1}{2}\arctan x\Big|_0^{+\infty} = \frac{\pi}{4}.$$

5. 定积分应用

(1)平面图形的面积

例 3.25　计算抛物线 $y+1=x^2$ 与直线 $y=1+x$ 围成区域的面积.

解　求 $y+1=x^2$ 与 $y=1+x$ 的交点,得交点坐标 $(-1,0),(2,3)$,如图 3-2 所示,选 x 为积分变量,因此面积元素为 $\mathrm{d}A=[(1+x)-(x^2-1)]\mathrm{d}x$,积分区间为 $[-1,2]$(相应于 $[-1,2]$ 上的任一小区间 $[x,x+\mathrm{d}x]$ 平行于 y 轴的窄条的面积近似等于高为 $[(1+x)-(x^2-1)]$、底为 $\mathrm{d}x$ 的窄矩形的面积),所求面积为

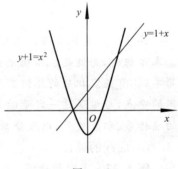

$$A = \int_{-1}^2 [(1+x)-(x^2-1)]\mathrm{d}x = \left[2x+\frac{1}{2}x^2-\frac{1}{3}x^3\right]_{-1}^2$$

$$= \frac{9}{2}.$$

图　3-2

注　计算平面图形的面积时,选择合适的积分变量,合适的坐标系,画出草图,根据图形确定积分变量的范围,再根据窄条形的特点,计算面积元素,然后着手计算.

(2)旋转体的体积

例 3.26　计算由 $y=\sin x,x\in[0,\pi]$ 与 x 轴所围成的图形绕 x 轴、y 轴旋转成的旋转体的体积.

解　如图 3-3 所示,绕 x 轴旋转,积分变量 $x\in[0,\pi]$,$\mathrm{d}V_x=\pi y^2\mathrm{d}x$,故

$$V_x = \int_0^\pi \pi y^2 \mathrm{d}x = \int_0^\pi \pi \sin^2 x \mathrm{d}x = \pi\int_0^\pi \frac{1-\cos 2x}{2}\mathrm{d}x = \frac{\pi^2}{2}.$$

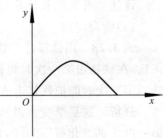

绕 y 轴旋转时,应选哪个为积分变量?我们有两种方法解决问题.

法 1　选 y 为积分变量,积分变量 $y\in[0,1]$,体积元素为

图　3-3

$$dV = \pi x^2 dy, V_y = \int_0^1 \pi x^2 dy.$$

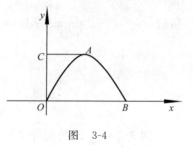

图 3-4

由于 x 不是单值函数,计算须分两次进行,如图 3-4 所示,先求曲边梯形 $OCAB$ 绕 y 轴旋转得到的体积 V_1,再减去由曲边三角形 OCA 绕 y 轴旋转得到的体积 V_2,得所求体积 V_y.

由于曲线 OA 方程为 $x=\arcsin y$,曲线 AB 方程为 $x=\pi-\arcsin y$,因此

$$V_1 = \pi \int_0^1 (\pi - \arcsin y)^2 dy, \quad V_2 = \pi \int_0^1 (\arcsin y)^2 dy.$$

所以

$$V_y = V_1 - V_2 = \pi \int_0^1 [(\pi - \arcsin y)^2 - (\arcsin y)^2] dy.$$

法 2 将旋转体分割成以 y 轴为中心的圆柱形薄壳,以薄壳的体积作为体积元素. 这一方法称为**柱壳法**. 把区间 $[x, x+dx]$ 上的小长条绕 y 轴旋转所得圆柱形薄壳的体积记为 Δv,当 dx 很小时,可以认为柱壳的高是不变的,为 $\sin x$. 柱壳的内表面积近似等于 $2\pi x \cdot \sin x$. 将此柱壳沿母线剪开并展开,得一厚度为 dx、面积近似为 $2\pi x \sin x$ 的矩形薄板,它的体积即为体积元素 $dV = 2\pi x \sin x dx$,所以

$$V = 2\pi \int_0^\pi x \sin x dx = 2\pi^2.$$

评注 ①易见解法 2 比解法 1 的数学式子要简单些,但大家主要掌握解法 1 的方法;②求体积时,关键是求体积元素,此时要对实际问题具体分析,明确怎样分割所求的量才简单;③有关定积分的几何应用,还有旋转体的表面积、曲线的弧长等方面,也是定积分应用的重点,应该通过一定量的练习并加以总结,从而可以针对不同的问题,采取方便简单的坐标系、积分变量,以及分割形式等.

(3)曲线的弧长

例 3.27 求对数螺线 $r=e^{a\theta}$ 自 $\theta=0$ 到 $\theta=\varphi$ 的一段弧长.

解 按极坐标弧长公式,所求的弧长

$$s = \int_0^\varphi \sqrt{r^2(\theta) + r'^2(\theta)} d\theta = \int_0^\varphi \sqrt{(e^{a\theta})^2 + (ae^{a\theta})^2} d\theta = \int_0^\varphi \sqrt{1+a^2} e^{a\theta} d\theta$$

$$= \frac{\sqrt{1+a^2}}{a}(e^{a\theta} - 1).$$

评注 有关弧长计算,大家要熟记其在直角坐标、参数方程、极坐标系下的公式.

(4)物理应用

例 3.28 用铁锤将一铁钉击入木板,设木板对铁钉之阻力与铁钉击入木板的深度成正比. 在铁锤击第一次时将铁钉击入木板 1 cm,如果铁锤每次打击铁钉所做的功相等,问铁锤第二次时能把铁钉击入多少?

分析 这是个变力做功问题,设击入的深度为 x(cm),则阻力为 $F=kx$(k 为常数). 第一次 x 的变化范围为 $[0,1]$,x 为积分变量. 设第二次铁锤击钉后铁钉进入木板的总深度为 H(cm),仍取 x 为积分变量,变化范围为 $[1,H]$,功的元素为 $dW = kx dx$.

解 第一次铁锤击铁钉做的功 $W_1 = \int_0^1 kx\,\mathrm{d}x = \dfrac{k}{2}$；

第二次铁锤击铁钉做的功 $W_2 = \int_1^H kx\,\mathrm{d}x = \dfrac{k}{2}(H^2-1)$；

依题意，$W_1 = W_2$，有 $\dfrac{k}{2}(H^2-1) = \dfrac{k}{2}$，解得 $H = \sqrt{2}$，因此第二次铁锤击铁钉时，铁钉再进入木板的深度 $H = \sqrt{2}-1$.

评注 这类物理应用题目有难度，等到下学期学到《大学物理》后再仔细思考.

（5）综合应用

例 3.29 设 $f(x)$ 在 $[a,b]$ 上可导，且 $f'(x)>0$，$f(a)>0$，试证对图 3-5 中所示的两个面积 $A(x)$ 和 $B(x)$ 来说，存在唯一的 $\xi \in (a,b)$，使得 $\dfrac{A(\xi)}{B(\xi)} = 2010$.

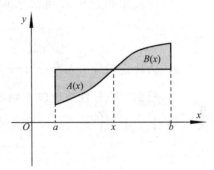

分析 作辅助函数 $F(x) = A(x) - 2010B(x)$，要证明在 (a,b) 内至少存在一个零点 $\xi \in (a,b)$，应想到用零点定理，证明唯一性想到 $F(x)$ 单调性. 而 $A(x)$ 和 $B(x)$ 要用定积分表示.

证 如图 3-5 所示，令 $F(x) = A(x) - 2010B(x)$，则

图 3-5

$$A(x) = \int_a^x (f(x) - f(t))\,\mathrm{d}t = (x-a)f(x) - \int_a^x f(t)\,\mathrm{d}t,$$

$$B(x) = \int_x^b (f(t) - f(x))\,\mathrm{d}t = \int_x^b f(t)\,\mathrm{d}t - (b-x)f(x).$$

因为 $A'(x) = (x-a)f'(x) + f(x) - f(x) = (x-a)f'(x) > 0,$

$B'(x) = -f(x) + f(x) - (b-x)f'(x) = (x-b)f'(x) < 0,$

所以 $F'(x) = A'(x) - 2010B'(x) = f'(x)(x-a) + 2010f'(x)(b-x) > 0,$

故 $F(x)$ 在 (a,b) 上严格单调递增.

由 $f'(x) > 0$ 知 $f(a) < f(t) < f(b),\quad t \in (a,b).$

又因为 $F(a) = A(a) - 2010B(a) = -2010\int_a^b (f(t) - f(a))\,\mathrm{d}t < 0,$

$$F(b) = A(b) - 2010B(b) = \int_a^b (f(b) - f(t))\,\mathrm{d}t > 0,$$

由零点存在定理及 $F(x)$ 的单调性，知存在唯一的 $\xi \in (a,b)$，使 $F(\xi) = 0$，即

$$\frac{A(\xi)}{B(\xi)} = 2010.$$

3.4 自 测 题

自 测 题 1

1. 用定积分的定义计算 $\int_0^1 x\,\mathrm{d}x$.

2. 利用定积分的几何意义求解下列各题:(1)设 $f(x)$ 在 $[a,b]$ 上连续,则曲线 $y=f(x)$ 与直线 $x=a,x=b,y=0$ 所围成的封闭图形的面积为( ).

A. $\int_a^b f(x)\mathrm{d}x$
B. $\int_a^b |f(x)|\,\mathrm{d}x$

C. $\left|\int_a^b f(x)\mathrm{d}x\right|$
D. 不能确定

(2)等式 $\int_0^1 \sqrt{1-x^2}\,\mathrm{d}x = \dfrac{\pi}{4}$ 成立.

3. 根据定积分的几何意义说明 $\displaystyle\int_{-a}^a f(x)\mathrm{d}x = \begin{cases} 0 & \text{当 } f(x) \text{ 为奇函数} \\ 2\displaystyle\int_0^a f(x)\mathrm{d}x & \text{当 } f(x) \text{ 为偶函数} \end{cases}$ 的含义.

4. 估计定积分 $\displaystyle\int_1^4 (x^2+1)\mathrm{d}x$ 的值.

5. 根据定积分性质比较下列各题中两个定积分哪个较大:

(1) $\displaystyle\int_0^1 x^2\mathrm{d}x$, $\displaystyle\int_0^1 x^3\mathrm{d}x$;
(2) $\displaystyle\int_0^1 x\mathrm{d}x$, $\displaystyle\int_0^1 \ln(1+x)\mathrm{d}x$.

自 测 题 2

一、选择题

1. 设 $f(x)$ 在区间 $[a,b]$ 上连续,$F(x) = \displaystyle\int_a^x f(t)\mathrm{d}t$,$a \leqslant x \leqslant b$,则 $F(x)$ 是 $f(x)$ 的( ).

A. 不定积分
B. 一个原函数
C. 全体原函数
D. 在 $[a,b]$ 上的定积分

2. 设 $f(x)$ 连续,$F(x) = \displaystyle\int_0^{x^2} f(t^2)\mathrm{d}t$,则 $F'(x)=($).

A. $f(x^4)$
B. $x^2 f(x^4)$
C. $2x f(x^4)$
D. $2x f(x^2)$

3. 设 $f(x)$ 为连续函数,且满足 $\displaystyle\int_x^0 f(t)\mathrm{d}t = \sin^2 x$,则 $f\left(\dfrac{\pi}{4}\right)=($).

A. $-\sqrt{2}$
B. $\sqrt{2}$
C. -1
D. 1

4. 设函数 $f(x) = \displaystyle\int_0^x \mathrm{e}^{-t^2}\mathrm{d}t$,则函数 $y=f(x)$ 是( ).

A. 单增函数且其图像不过原点
B. 单增函数且其图像一定过原点
C. 单减函数且其图像不过原点
D. 单减函数且其图像一定过原点

5. 设 $x(t) = \displaystyle\int_0^t (1+\tan^2 x)\mathrm{d}x$,$y(t) = \displaystyle\int_0^{t^2} \mathrm{e}^{x^2}\mathrm{d}x$,则 $\left.\dfrac{\mathrm{d}y}{\mathrm{d}x}\right|_{t=0}=($).

A. 2
B. 1
C. 0
D. -2

二、完成下列各题

1. 计算下列函数 $y=y(x)$ 的导数 $\dfrac{\mathrm{d}y}{\mathrm{d}x}$:

$(1)\ y = \int_0^{x^2} \ln(1+t)\,\mathrm{d}t;$

$(2)\ \begin{cases} x = \int_0^t \sin(u^2)\,\mathrm{d}u \\ y = \int_0^t \cos(u^2)\,\mathrm{d}u \end{cases};$

$(3)\ \int_0^y \mathrm{e}^t\,\mathrm{d}t + \int_0^{xy} \cos t\,\mathrm{d}t = 0.$

2. 求下列各极限：

$(1)\ \lim\limits_{x\to 0^+} \dfrac{\int_0^{x^2} t^{\frac{3}{2}}\,\mathrm{d}t}{\int_0^x t(t-\sin t)\,\mathrm{d}t};$

$(2)\ \lim\limits_{x\to 1} \dfrac{\int_1^x \mathrm{e}^{t^2}\,\mathrm{d}t}{\ln x};$

$(3)\ \lim\limits_{x\to 0} \dfrac{\int_0^x 2t^4\,\mathrm{d}t}{\int_0^x t(t-\sin t)\,\mathrm{d}t};$

(4) 设 $f(x)$ 可导，且 $f(0)=0, f'(0)=2$，求 $\lim\limits_{x\to 0} \dfrac{\int_0^x f(t)\,\mathrm{d}t}{x^2}.$

3. 计算下列各定积分：

$(1)\ \int_1^2 \left(x^2 + \dfrac{1}{x^2}\right)\mathrm{d}x;$

$(2)\ \int_{\frac{1}{\sqrt{3}}}^{\sqrt{3}} \dfrac{x^2}{1+x^2}\,\mathrm{d}x;$

$(3)\ \int_{-2}^5 f(x)\,\mathrm{d}x$，其中 $f(x) = \begin{cases} 13-x^2 & \text{当 } x<2 \\ 1+x^2 & \text{当 } x\geqslant 2 \end{cases}.$

4. 证明：$\left| \int_1^{\sqrt{3}} \dfrac{\sin x}{\mathrm{e}^x(x^2+1)}\,\mathrm{d}x \right| \leqslant \dfrac{\pi}{12\mathrm{e}}.$

自 测 题 3

一、选择题

1. 下列定积分等于零的是（　　）.

A. $\int_{-1}^1 x^2 \cos x\,\mathrm{d}x$

B. $\int_{-1}^1 x\sin x\,\mathrm{d}x$

C. $\int_{-1}^1 (x+\sin x)\,\mathrm{d}x$

D. $\int_{-1}^1 (\mathrm{e}^x + x)\,\mathrm{d}x$

2. 若 $f\left(\dfrac{1}{x}\right) = \dfrac{x}{1+x}$，则 $\int_0^1 f(x)\,\mathrm{d}x$ 的值等于（　　）.

A. $1-\ln 2$　　　　B. $\ln 2$　　　　C. $\dfrac{1}{2}$　　　　D. 1

3. 若 $F'(x)=f(x)$，则 $\int \dfrac{f(-\sqrt{x})}{\sqrt{x}}\,\mathrm{d}x = ($　　$).$

A. $-F(\sqrt{x})+C$

B. $\dfrac{1}{x}F(-\sqrt{x})+C$

C. $-2F(-\sqrt{x})+C$

D. $-\dfrac{1}{2}F(-\sqrt{x})+C$

二、完成下列各题

用凑微分法或换元积分法计算下列不定积分：

(1) $\int (3-3x)^3 \, \mathrm{d}x$；

(2) $\int \dfrac{\sin\sqrt{t}}{\sqrt{t}} \, \mathrm{d}t$；

(3) $\int \dfrac{\mathrm{d}x}{x\ln x\ln\ln x}$；

(4) $\int \dfrac{\mathrm{d}x}{\mathrm{e}^x + \mathrm{e}^{-x}}$；

(5) $\int \dfrac{x\,\mathrm{d}x}{x^2+2}$；

(6) $\int \dfrac{\sin x\cos x}{1+\sin^4 x} \, \mathrm{d}x$；

(7) $\int \dfrac{\sin x}{\cos^3 x} \, \mathrm{d}x$；

(8) $\int \dfrac{\sin x + \cos x}{\sqrt[3]{\sin x - \cos x}} \, \mathrm{d}x$；

(9) $\int \dfrac{\mathrm{d}x}{x(x^6+4)}$；

(10) $\int \sin 5x\sin 7x\,\mathrm{d}x$；

(11) $\int \dfrac{10^{2\arccos x}}{\sqrt{1-x^2}} \, \mathrm{d}x$；

(12) $\int \dfrac{\arctan\sqrt{x}}{\sqrt{x}\,(1+x)} \, \mathrm{d}x$；

(13) $\int \dfrac{1+\ln x}{(x\ln x)^2} \, \mathrm{d}x$.

自 测 题 4

1. 用凑微分法或换元积分法计算下列不定积分：

(1) $\int \dfrac{\mathrm{d}x}{x\,\sqrt{x^2-1}}$；

(2) $\int \dfrac{\mathrm{d}x}{\sqrt{(x^2+1)^3}}$；

(3) $\int \dfrac{\sqrt{x^2-9}}{x} \, \mathrm{d}x$；

(4) $\int \sqrt{8-2y^2}\,\mathrm{d}y$；

(5) $\int \dfrac{\sqrt{1-x^2}}{x^2} \, \mathrm{d}x$；

(6) $\int \sqrt{a^2-x^2}\,\mathrm{d}x$；

(7) $\int \dfrac{\mathrm{d}x}{1+\sqrt{2x}}$；

(8) $\int \dfrac{\mathrm{d}x}{1+\sqrt{1-x^2}}$.

2. 用凑微分法或换元积分法计算下列定积分：

(1) $\int_{-2}^{1} \dfrac{\mathrm{d}x}{(11+5x)^3}$；

(2) $\int_{-1}^{1} \dfrac{x\,\mathrm{d}x}{\sqrt{5-4x}}$；

(3) $\int_{\frac{3}{4}}^{1} \dfrac{\mathrm{d}x}{\sqrt{1-x}-1}$；

(4) $\int_{1}^{\mathrm{e}^2} \dfrac{\mathrm{d}x}{x\,\sqrt{1+\ln x}}$；

(5) $\int_{-2}^{0} \dfrac{\mathrm{d}x}{x^2+2x+2}$；

(6) $\int_{-\frac{\pi}{2}}^{\frac{\pi}{2}} \sqrt{\cos x - \cos^3 x}\,\mathrm{d}x$.

自 测 题 5

1. $\int xf''(x)\mathrm{d}x = ($).

A. $xf'(x)+C$

B. $xf'(x)-f(x)+C$

C. $\dfrac{1}{2}x^2 f'(x)+C$　　　　　　　　　D. $(x+1)f'(x)+C$

2. 用分部积分法求解下列不定积分：

(1) $\displaystyle\int x\sin x\,\mathrm{d}x$；

(2) $\displaystyle\int x\arctan x\,\mathrm{d}x$；

(3) $\displaystyle\int \arcsin x\,\mathrm{d}x$；

(4) $\displaystyle\int x^2\ln x\,\mathrm{d}x$；

(5) $\displaystyle\int (\ln x)^2\,\mathrm{d}x$；

(6) $\displaystyle\int x\sin x\cos x\,\mathrm{d}x$；

(7) $\displaystyle\int \cos(\ln x)\,\mathrm{d}x$；

(8) $\displaystyle\int x\ln(1+x^2)\,\mathrm{d}x$.

3. 用分部积分法求解下列定积分：

(1) $\displaystyle\int_{\frac{\pi}{4}}^{\frac{\pi}{3}} \dfrac{x}{\sin^2 x}\,\mathrm{d}x$；

(2) $\displaystyle\int_{1}^{2} x\log_2 x\,\mathrm{d}x$；

(3) $\displaystyle\int_{1}^{\mathrm{e}} \sin(\ln x)\,\mathrm{d}x$；

(4) $\displaystyle\int_{\frac{1}{\mathrm{e}}}^{\mathrm{e}} |\ln x|\,\mathrm{d}x$.

自 测 题 6

1. 求下列特殊函数的积分：

(1) $\displaystyle\int \dfrac{2x+3}{x^2+3x-10}\,\mathrm{d}x$；

(2) $\displaystyle\int \dfrac{3}{x^3+1}\,\mathrm{d}x$；

(3) $\displaystyle\int \dfrac{\mathrm{d}x}{\sqrt{x}+\sqrt[4]{x}}$；

(4) $\displaystyle\int \sqrt{\dfrac{1-x}{1+x}}\,\dfrac{\mathrm{d}x}{x}$.

2. 利用函数的奇偶性计算下列积分：

(1) $\displaystyle\int_{-\pi}^{\pi} x^4\sin x\,\mathrm{d}x$；

(2) $\displaystyle\int_{-5}^{5} \dfrac{x^3\sin^2 x}{x^4+2x^2+1}\,\mathrm{d}x$.

3. 设 $f(x)$ 在 $[a,b]$ 上连续,证明：$\displaystyle\int_a^b f(x)\,\mathrm{d}x = \int_a^b f(a+b-x)\,\mathrm{d}x$.

4. 证明：$\displaystyle\int_0^1 x^m(1-x)^n\,\mathrm{d}x = \int_0^1 x^n(1-x)^m\,\mathrm{d}x$.

自 测 题 7

求下列不定积分(其中 a 为常数)：

(1) $\displaystyle\int \dfrac{\mathrm{d}x}{\mathrm{e}^x-\mathrm{e}^{-x}}$；

(2) $\displaystyle\int \dfrac{x^2}{a^6-x^6}\,\mathrm{d}x$；

(3) $\displaystyle\int \dfrac{\ln(\ln x)}{x}\,\mathrm{d}x$；

(4) $\displaystyle\int \sqrt{x}\sin\sqrt{x}\,\mathrm{d}x$；

(5) $\displaystyle\int \ln(1+x^2)\,\mathrm{d}x$；

(6) $\displaystyle\int \dfrac{\sqrt{1+\cos x}}{\sin x}\,\mathrm{d}x$；

(7) $\displaystyle\int \dfrac{x^{11}}{x^8+3x^4+2}\,\mathrm{d}x$；

(8) $\displaystyle\int \dfrac{\mathrm{d}x}{(1+\mathrm{e}^x)^2}$；

$(9) \int \sqrt{1-x^2} \arcsin x \, dx$; $\qquad\qquad (10) \int \dfrac{dx}{\sin^3 x \cos x}$.

自 测 题 8

1. 求解下列各题:

$(1) \displaystyle\int_{-x}^{x} \dfrac{e^{x^2} \sin x}{\cos x + e^x + e^{-x}} \, dx$; $\qquad\qquad (2) \displaystyle\int_{0}^{1} \dfrac{x^2 \, dx}{1+x^6}$;

(3) 设 $f'(\sin^2 x) = \cos^2 x$, 求 $f(x)$; $\qquad (4) \displaystyle\int_{-2}^{2} (|x| + x) e^{|x|} \, dx$;

$(5) \displaystyle\lim_{x \to 0^+} \dfrac{\displaystyle\int_{0}^{x^2} t^{\frac{3}{2}} \, dt}{\displaystyle\int_{0}^{x} t(t - \sin t) \, dt}$; $\qquad\qquad (6) \displaystyle\int_{-\frac{\pi}{2}}^{\frac{\pi}{2}} \dfrac{e^x}{1+e^x} \sin^4 x \, dx$;

$(7) \displaystyle\int_{-\frac{1}{2}}^{\frac{1}{2}} \ln \dfrac{1-x}{1+x} \, dx$.

2. 求 $\displaystyle\lim_{n \to \infty} \int_{n}^{n+p} \dfrac{\sin x}{x} \, dx$.

3. 设 $f(x)$ 的原函数 $F(x) > 0$, 且 $F(0) = 1$, 当 $x \geqslant 0$ 时, 有 $f(x) F(x) = \sin^2 2x$, 试求 $f(x)$.

4. 求 $\displaystyle\int e^{-|x|} \, dx$.

5. $F(x) = \begin{cases} \dfrac{\displaystyle\int_{0}^{x} t f(t) \, dt}{x^2} & \text{当 } x \neq 0 \\ C & \text{当 } x = 0 \end{cases}$, 其中 $f(x)$ 是连续函数且 $f(0) = 0$, 若 $F(x)$ 在

$x = 0$ 处连续, 求 C 的值.

6. 设 $f(x) = \displaystyle\int_{0}^{x} e^{-y^2 + 2y} \, dy$, 求 $\displaystyle\int_{0}^{1} (x-1)^2 f(x) \, dx$.

7. 设 $\displaystyle\int_{0}^{\pi} \dfrac{\cos x}{(x+2)^2} \, dx = A$, 求 $\displaystyle\int_{0}^{\frac{\pi}{2}} \dfrac{\sin x \cos x}{x+1} \, dx$.

8. 试确定常数 b, a 使得 $\displaystyle\lim_{x \to 0} \dfrac{1}{bx - \sin x} \int_{0}^{x} \dfrac{t^2}{\sqrt{a+t}} \, dt = 1$, $(a > 0)$.

自 测 题 9

一、选择题

1. 下列各广义积分收敛的是( ).

A. $\displaystyle\int_{1}^{+\infty} x \, dx$ $\qquad$ B. $\displaystyle\int_{1}^{+\infty} x^2 \, dx$ $\qquad$ C. $\displaystyle\int_{1}^{+\infty} \dfrac{1}{x} \, dx$ $\qquad$ D. $\displaystyle\int_{1}^{+\infty} \dfrac{1}{x^2} \, dx$

2. $\displaystyle\int_{0}^{+\infty} \dfrac{dx}{1+x^2} = ($).

A. $\dfrac{\pi}{2}$　　　　　B. 0　　　　　C. $-\dfrac{\pi}{2}$　　　　　D. 不存在

3. 下列广义积分收敛的是(　　).

A. $\displaystyle\int_1^{+\infty}\dfrac{\mathrm{d}x}{\sqrt[3]{x}}$　　　B. $\displaystyle\int_1^{+\infty}\dfrac{\mathrm{d}x}{\sqrt[3]{x^4}}$　　　C. $\displaystyle\int_1^{+\infty}\sqrt{x}\,\mathrm{d}x$　　　D. $\displaystyle\int_1^{+\infty}\dfrac{1}{x}\mathrm{d}x$

4. 广义积分 $\displaystyle\int_1^{+\infty}(1+x)^p\mathrm{d}x$(　　).

A. 当 $p>-1$ 时发散　　　　　　　　B. 当 $p<-1$ 时收敛

C. 当 $-1\leqslant p<0$ 时收敛　　　　　D. $p\neq 0$ 时收敛

二、完成下列各题

1. 判别下列各广义积分的收敛性,如果收敛,则计算其值:

(1) $\displaystyle\int_{-\infty}^{+\infty}\dfrac{\mathrm{d}x}{x^2+2x+2}$;　　　　　　(2) $\displaystyle\int_0^{+\infty}\mathrm{e}^{kt}\cdot\mathrm{e}^{-pt}\mathrm{d}t$ $(p>k)$;

(3) $\displaystyle\int_0^1\dfrac{x\mathrm{d}x}{\sqrt{1-x^2}}$;　　　　　　(4) $\displaystyle\int_1^e\dfrac{\mathrm{d}x}{x\sqrt{1-(\ln x)^2}}$;

(5) $\displaystyle\int_0^{\frac{\pi}{2}}\ln\sin x\mathrm{d}x$.

2. 当 k 为何值时,广义积分 $\displaystyle\int_2^{+\infty}\dfrac{\mathrm{d}x}{x(\ln x)^k}$ 收敛? 当 k 为何值时,这个广义积分发散? 又当 k 为何值时,这个广义积分取得最小值?

3. 利用递推公式计算 $\displaystyle\int_0^{+\infty}x^n\mathrm{e}^{-x}\mathrm{d}x$.

4. 求 c 的值,使 $\displaystyle\lim_{x\to+\infty}\left(\dfrac{x+c}{x-c}\right)^x=\int_{-\infty}^c t\mathrm{e}^{2t}\mathrm{d}t$.

5. 设 $f(x)$ 在 $(-\infty,+\infty)$ 上的广义积分收敛, $\Phi(x)=\displaystyle\int_{-\infty}^x f(t)\mathrm{d}t$,证明:当 $f(x)$ 连续时

$$\Phi'(x)=\frac{\mathrm{d}}{\mathrm{d}x}\int_{-\infty}^x f(t)\mathrm{d}t=f(x).$$

*6. 求 $\displaystyle\int_0^{+\infty}\dfrac{\mathrm{d}x}{(1+x^2)(1+x^\alpha)}\mathrm{d}x$ (α 为正数).

自 测 题 10

1. 求下列各曲线所围成的图形的面积:

(1) $y=\dfrac{1}{2}x^2$ 与 $x^2+y^2=8$ (两部分都要计算);

(2) $y=\ln x,y$ 轴与直线 $y=\ln a,y=\ln b$ $(b>a>0)$.

2. 求抛物线 $y=-x^2+4x-3$ 及其在点 $(0,-3)$ 和 $(3,0)$ 处的切线所围成的图形的面积.

3. 求抛物线 $y^2=2px$ 及其在点 $\left(\dfrac{p}{2},p\right)$ 处的法线所围成的图形的面积.

4. 求由曲线 $|\ln x| + |\ln y| = 1$ 所围成图形的面积.

5. 求由曲线 $r = 2a(2 + \cos\theta)$ 所围成的图形的面积.

6. 求对数螺线 $r = ae^{\theta}$ 及射线 $\theta = -\pi, \theta = \pi$ 所围成的图形的面积.

7. 求曲线 $r = 3$ 及 $r = 2(1 + \cos\theta)$ 所围成图形的公共部分的面积.

8. 设 $f(x)$ 在 $[a,b]$ 上可导,且 $f'(x) > 0, f(a) > 0$,试证:对图 3-6 中所示的两个面积 $A(x)$ 和 $B(x)$ 来说,存在唯一的 $\xi \in (a,b)$,使得

$$\frac{A(\xi)}{B(\xi)} = 2004.$$

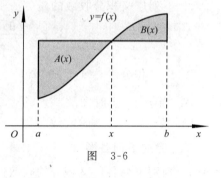

图 3-6

自 测 题 11

1. 由 $y = x^3, x = 2, y = 0$ 所围成的图形,分别绕 x 轴及 y 轴旋转,计算所得两个旋转体的体积.

2. 求下列已知曲线所围成的图形按指定的轴旋转所产生的旋转体的体积:

(1) $x^2 + (y-5)^2 = 16$,绕 x 轴;

(2) 摆线 $x = a(t - \sin t), y = a(1 - \cos t)$ 的一拱,$y = 0$,绕直线 $y = 2a$.

3. 计算曲线 $y = \ln x$ 上相应于 $\sqrt{3} \leqslant x \leqslant \sqrt{8}$ 的一段弧的长度.

4. 计算半立方抛物线 $y^2 = \dfrac{2}{3}(x-1)^3$ 被抛物线 $y^2 = \dfrac{x}{3}$ 截得的一段弧的长度.

5. 求对数螺线 $r = e^{a\theta}$ 自 $\theta = 0$ 到 $\theta = \varphi$ 的一段弧长.

6. 求心形线 $r = a(1 + \cos\theta)$ 的全长.

第 4 章　多元函数微分学及其应用

4.1　基 本 要 求

1. 理解多元函数的概念,理解二元函数的几何意义.

2. 了解二元函数的极限与连续的概念,以及有界闭区域上连续函数的性质.

3. 理解多元函数偏导数和全微分的概念,会求多元函数的偏导数和全微分,了解全微分存在的必要条件和充分条件,了解全微分形式的不变性.

4. 理解方向导数与梯度的概念并掌握其计算方法.

5. 掌握多元复合函数一阶、二阶偏导数的求法.

6. 了解隐函数存在定理,会求多元隐函数的偏导数.

7. 了解空间曲线的切线和法平面及曲面的切平面和法线的概念,会求它们的方程.

8. 理解多元函数极值和条件极值的概念,掌握多元函数的极值存在的必要条件,了解二元函数极值存在的充分条件,会求二元函数的极值,会用拉格朗日乘数法求条件极值,会求简单多元函数的最大值和最小值,并会解决一些简单的应用问题.

4.2　知 识 要 点

4.2.1　多元函数的概念

1. 几个重要概念

以二维平面问题为例,然后推广到三维空间及 n 维空间.

点 P_0 的 δ 邻域: $U(P_0,\delta)=\left\{(x,y) \mid \sqrt{(x-x_0)^2+(y-y_0)^2}<\delta\right\}$;

点 P_0 的去心邻域: $\mathring{U}(P_0,\delta)=\left\{(x,y) \mid 0<\sqrt{(x-x_0)^2+(y-y_0)^2}<\delta\right\}$.

图 4-1 所示为二维平面中的区域.

2. 极限和连续

(1)函数 $z=f(x,y)$ 在点 $P_0(x_0,y_0)$ 处的二重极限(见图 4-2):

$$\lim_{\substack{x \to x_0 \\ y \to y_0}} f(x,y)=A, \quad 或 \quad \lim_{P \to P_0} f(x,y)=A.$$

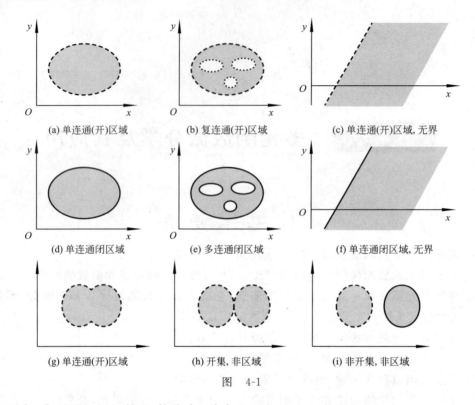

(a) 单连通(开)区域　　(b) 复连通(开)区域　　(c) 单连通(开)区域,无界

(d) 单连通闭区域　　(e) 多连通闭区域　　(f) 单连通闭区域,无界

(g) 单连通(开)区域　　(h) 开集,非区域　　(i) 非开集,非区域

图　4-1

要点：① $P_0(x_0,y_0)$ 是 D 的聚点,动点 (x,y) 只在 D 内变化；

② (x,y) 在 D 内能沿任何路径无限趋于 (x_0,y_0),从而可用不同路径上的极限值不同说明二重极限不存在.

(2) $z=f(x,y)$ 在 $P(x_0,y_0)$ 连续：

$$\lim_{\substack{x\to x_0 \\ y\to y_0}} f(x,y)=f(x_0,y_0).$$

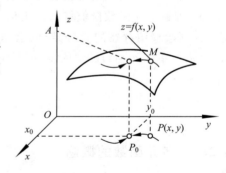

图　4-2

$z=f(x,y)$ 在平面集合 G 上连续指其在 G 上每一点都连续.

从几何上看：连续函数的图像在定义域内的开(或闭)区域上无缝、无洞.

结论　一切多元初等函数在其定义区域内是连续的.

(3) 闭区域上连续函数的性质.

性质 1　有界闭区域 G 上的多元连续函数在 G 上有界.

性质 2　有界闭区域 G 上的多元连续函数在 G 上必有最大值和最小值.

性质 3　有界闭区域上的多元连续函数必取得介于其最大值与最小值之间的一切值.

4.2.2　多元函数的偏导数

1. 偏导数的概念

函数 $z=f(x,y)$ 在点 (x_0,y_0) 对 x 的偏导数：

$$f_x(x_0,y_0)=f_x'(x_0,y_0)=\frac{\partial f}{\partial x}\bigg|_{(x_0,y_0)}=z_x'\big|_{(x_0,y_0)}=\frac{\partial z}{\partial x}\bigg|_{(x_0,y_0)}$$

$$=\lim_{\Delta x\to 0}\frac{f(x_0+\Delta x,y_0)-f(x_0,y_0)}{\Delta x}.$$

用 $f_x(x,y)$ 表示对 x 的偏导（函）数. 其计算方法是：把 x 当作自变量，而将其他变元视作常数（参数），运用一元函数求导法与公式计算之.

几何上，$f_x(x_0,y_0)$ 为曲面 $z=f(x,y)$ 与平面 $y=y_0$ 的交线上点 $M_0(x_0,y_0,f(x_0,y_0))$ 处切线关于 x 轴的斜率.

函数 $z=f(x,y)$ 在点 (x_0,y_0) 对 y 的偏导数类似定义. 三元以上函数的偏导数类似定义.

2. 高阶偏导数

二阶及二阶以上的偏导数统称高阶偏导数，其中 f_{xy}，f_{xyz} 等称为混合偏导数.

> **定理 1**　若 $z=f(x,y)$ 的两个二阶混合偏导数 z_{xy} 与 z_{yx} 连续，则 $z_{xy}=z_{yx}$.

一般地，混合偏导数在连续条件下与求导次序无关.

4.2.3　全微分

1. 全微分的概念

函数 $z=f(x,y)$ 在点 (x,y) 可微是指

$$\Delta z=A\Delta x+B\Delta y+o(\rho)\quad(\rho=\sqrt{\Delta x^2+\Delta y^2}),$$

其中，A,B 与 Δx 和 Δy 无关. 称 $A\Delta x+B\Delta y$ 为函数 $f(x,y)$ 在点 (x,y) 的全微分，记为 $\mathrm{d}z$，即

$$\mathrm{d}z=A\Delta x+B\Delta y.$$

2. 可微的必要条件、充分条件、充要条件

必要条件：$f(x,y)$ 在 (x,y) 处可微 $\Rightarrow f(x,y)$ 在 (x,y) 处连续；在 (x,y) 处 f_x'，f_y' 存在，且 $A=f_x'$，$B=f_y'$. 故有

$$\mathrm{d}z=f_x'\Delta x+f_y'\Delta y.$$

充分条件：若 $f(x,y)$ 在点 (x,y) 的偏导数 f_x'，f_y' 都连续，则 $f(x,y)$ 在 (x,y) 处可微. 于是，又有

$$\mathrm{d}z=f_x'\mathrm{d}x+f_y'\mathrm{d}y.$$

充要条件：$z=f(x,y)$ 在点 (x_0,y_0) 可微 $\Leftrightarrow \lim\limits_{\rho\to 0}\dfrac{\Delta z-\left[f_x'(x_0,y_0)\Delta x+f_y'(x_0,y_0)\Delta y\right]}{\rho}$

$=0.$

一般地：　　　　　　　偏导数存在$\Leftarrow$可微$\Leftarrow$偏导数连续

$$\Downarrow$$

极限存在$\Leftarrow$连续

4.2.4　多元复合函数的求导法则

1. 多元复合函数求偏导数的链式法则

> **定理 2**　设 $u=\varphi(x,y),v=\psi(x,y)$ 都在点 (x,y) 存在偏导数,而 $z=f(u,v)$ 在 (x,y) 对应的点 (u,v) 处可微,则复合函数 $z=f(\varphi(x,y),\psi(x,y))$ 在 (x,y) 也存在偏导数,且
>
> $$\frac{\partial z}{\partial x}=\frac{\partial f}{\partial u}\frac{\partial u}{\partial x}+\frac{\partial f}{\partial v}\frac{\partial v}{\partial x}, \quad \frac{\partial z}{\partial y}=\frac{\partial f}{\partial u}\frac{\partial u}{\partial y}+\frac{\partial f}{\partial v}\frac{\partial v}{\partial y}.$$

公式可以推广到中间变量及自变量多于两个的情况.

当复合函数的自变量只有一个时,其导数称为全导数.

2. 全微分形式不变性

若 $z=f(u,v)$ 可微,无论 u 和 v 是自变量还是中间变量,都有

$$\mathrm{d}z=\frac{\partial z}{\partial u}\mathrm{d}u+\frac{\partial z}{\partial v}\mathrm{d}v.$$

4.2.5　隐函数的求导公式

1. 一个方程的情形

$$F(x,y)=0:\frac{\mathrm{d}y}{\mathrm{d}x}=-\frac{F_x}{F_y}.$$

$$F(x,y,z)=0:\frac{\partial z}{\partial x}=-\frac{F_x}{F_z},\frac{\partial z}{\partial y}=-\frac{F_y}{F_z}.$$

2. 方程组的情形

设 $\begin{cases}F(x,y,z)=0\\G(x,y,z)=0\end{cases},J=\dfrac{\partial(F,G)}{\partial(y,z)}=\begin{vmatrix}F_y & F_z\\G_y & G_z\end{vmatrix}\neq0$,则

$$\frac{\mathrm{d}y}{\mathrm{d}x}=-\frac{1}{J}\frac{\partial(F,G)}{\partial(x,z)}; \quad \frac{\mathrm{d}z}{\mathrm{d}x}=-\frac{1}{J}\frac{\partial(F,G)}{\partial(y,x)}.$$

设 $\begin{cases}F(x,y,u,v)=0\\G(x,y,u,v)=0\end{cases},J=\dfrac{\partial(F,G)}{\partial(u,v)}=\begin{vmatrix}F_x & F_y\\G_x & G_y\end{vmatrix}\neq0$,则

$$\frac{\partial u}{\partial x}=-\frac{1}{J}\frac{\partial(F,G)}{\partial(x,v)}; \quad \frac{\partial u}{\partial y}=-\frac{1}{J}\frac{\partial(F,G)}{\partial(y,v)}; \quad \frac{\partial v}{\partial x}=-\frac{1}{J}\frac{\partial(F,G)}{\partial(u,x)}; \quad \frac{\partial v}{\partial y}=-\frac{1}{J}\frac{\partial(F,G)}{\partial(u,y)}.$$

4.2.6　微分法在几何上的应用

1. 空间曲线的切线与法平面

(1)**参数式情形**: $x=\varphi(t),y=\psi(t),z=\omega(t).$ t_0 对应的点 $M_0(x_0,y_0,z_0)$ 处的切线方

程为

$$\frac{x-x_0}{\varphi'(t_0)}=\frac{y-y_0}{\psi'(t_0)}=\frac{z-z_0}{\omega'(t_0)}.$$

其中，切线的方向向量 $\boldsymbol{\tau}=(\varphi'(t_0),\psi'(t_0),\omega'(t_0))$ 又称曲线 Γ 在 M_0 处的切向量. 过 M_0 并与切线垂直的平面称为曲线 Γ 在 M_0 处的法平面，显见 $\boldsymbol{\tau}$ 为法向量，于是法平面方程为

$$\varphi'(t_0)(x-x_0)+\psi'(t_0)(y-y_0)+\omega'(t_0)(z-z_0)=0.$$

　　(2)**一般式方程**： $\begin{cases} F(x,y,z)=0 \\ G(x,y,z)=0 \end{cases}$. 其上点 M_0 处切向量、切线及法线的方程分别为

$$\boldsymbol{\tau}=\left(\begin{vmatrix} F_y & F_z \\ G_y & G_z \end{vmatrix}_{M_0},\begin{vmatrix} F_z & F_x \\ G_z & G_x \end{vmatrix}_{M_0},\begin{vmatrix} F_x & F_y \\ G_x & G_y \end{vmatrix}_{M_0}\right)=\begin{vmatrix} \boldsymbol{i} & \boldsymbol{j} & \boldsymbol{k} \\ F_x & F_y & F_z \\ G_x & G_y & G_z \end{vmatrix}_{M_0};$$

$$\frac{x-x_0}{\begin{vmatrix} F_y & F_z \\ G_y & G_z \end{vmatrix}_{M_0}}=\frac{y-y_0}{\begin{vmatrix} F_z & F_x \\ G_z & G_x \end{vmatrix}_{M_0}}=\frac{z-z_0}{\begin{vmatrix} F_x & F_y \\ G_x & G_y \end{vmatrix}_{M_0}};$$

$$\begin{vmatrix} F_y & F_z \\ G_y & G_z \end{vmatrix}_{M_0}(x-x_0)+\begin{vmatrix} F_z & F_x \\ G_z & G_x \end{vmatrix}_{M_0}(y-y_0)+\begin{vmatrix} F_x & F_y \\ G_x & G_y \end{vmatrix}_{M_0}(z-z_0)=0.$$

2. 曲面的切平面与法线

　　(1)**隐式情形**： $F(x,y,z)=0$. 其上点 $M_0(x_0,y_0,z_0)$ 处法向量、切平面方程和法线方程分别为

$$\boldsymbol{n}=(F_x,F_y,F_z)\big|_{M_0},$$
$$F_x(x_0,y_0,z_0)(x-x_0)+F_y(x_0,y_0,z_0)(y-y_0)+F_z(x_0,y_0,z_0)(z-z_0)=0,$$
$$\frac{x-x_0}{F_x(x_0,y_0,z_0)}=\frac{y-y_0}{F_y(x_0,y_0,z_0)}=\frac{z-z_0}{F_z(x_0,y_0,z_0)},$$

其中， $\boldsymbol{n}=\{F_x(x_0,y_0,z_0),F_y(x_0,y_0,z_0),F_z(x_0,y_0,z_0)\}$ 为曲面 Σ 在点 M_0 处的法向量.

　　(2)**显式情形**： $z=f(x,y)$. 其上点 $M_0(x_0,y_0,z_0)$ 处的法向量、切平面和法线方程分别为

$$\boldsymbol{n}=(-f_x(x_0,y_0),-f_y(x_0,y_0),1),$$
$$z-z_0=f_x(x_0,y_0)(x-x_0)+f_y(x_0,y_0)(y-y_0),$$
$$\frac{x-x_0}{-f_x(x_0,y_0)}=\frac{y-y_0}{-f_y(x_0,y_0)}=\frac{z-z_0}{1}.$$

4.2.7　方向导数与梯度

1. 方向导数

函数 $f(x,y)$ 在点 (x,y) 处沿方向 l （方向角为 α,β ）的方向导数

$$\frac{\partial f}{\partial l}=\lim_{\rho\to0}\frac{f(x+\rho\cos\alpha,y+\rho\cos\beta)-f(x,y)}{\rho},$$

其中， $\rho=|PP_1|=\sqrt{(\Delta x)^2+(\Delta y)^2}$ ， $P(x,y)$ 与 $P_1(x+\Delta x,y+\Delta y)$ 是射线 l 上的两点.

定理 3 设 $z=f(x,y)$ 在 $P(x,y)$ 可微,则 $z=f(x,y)$ 在 $P(x,y)$ 处沿任一方向 l 的方向导数都存在,且

$$\frac{\partial f}{\partial l}=\frac{\partial f}{\partial x}\cos \alpha+\frac{\partial f}{\partial y}\cos \beta.$$

2. 梯度

函数 $z=f(x,y)$ 在 $P(x,y)$ 处的梯度:

$$\mathrm{grad}f(x,y)=\frac{\partial f}{\partial x}\boldsymbol{i}+\frac{\partial f}{\partial y}\boldsymbol{j}.$$

梯度的方向是 $z=f(x,y)$ 的过 P 的等值线法线的一个方向,且指向值较大的等值线,是 $z=f(x,y)$ 在可微的点处取得最大方向导数的方向,且方向导数的最大值是它的模.

4.2.8 多元函数的极值及其求法

1. 多元函数的极值及最值

若在 $P_0(x_0,y_0)$ 的某去心邻域 $\mathring{U}(P_0)$ 内恒有 $f(x,y)<f(x_0,y_0)$,则称 $f(x_0,y_0)$ 为极大值;

若在 $P_0(x_0,y_0)$ 的某去心邻域 $\mathring{U}(P_0)$ 内恒有 $f(x,y)>f(x_0,y_0)$,则称 $f(x_0,y_0)$ 为极小值.

定理 4(必要条件) 设 $z=f(x,y)$ 在点 (x_0,y_0) 具有偏导数,且在 (x_0,y_0) 取得极值,则

$$f_x(x_0,y_0)=0, \quad f_y(x_0,y_0)=0.$$

这时也称 (x_0,y_0) 为 $f(x,y)$ 的驻点.

定理 5(充分条件) 设 $z=f(x,y)$ 在点 (x_0,y_0) 的某邻域内有二阶连续偏导数,且 (x_0,y_0) 为 $f(x,y)$ 的驻点,即 $f_x(x_0,y_0)=0, \quad f_y(x_0,y_0)=0$. 记

$$A=f_{xx}(x_0,y_0), \quad B=f_{xy}(x_0,y_0), \quad C=f_{yy}(x_0,y_0),$$

则:(1)当 $\begin{vmatrix} A & B \\ B & C \end{vmatrix}=AC-B^2>0$ 时,$f(x,y)$ 在 (x_0,y_0) 处取得极值,且当 $A<0$ 时 $f(x_0,y_0)$ 为极大值,当 $A>0$ 时 $f(x_0,y_0)$ 为极小值;

(2)当 $\begin{vmatrix} A & B \\ B & C \end{vmatrix}=AC-B^2<0$ 时,$f(x,y)$ 在 (x_0,y_0) 处不取得极值;

(3)当 $\begin{vmatrix} A & B \\ B & C \end{vmatrix}=AC-B^2=0$ 时,不能确定极值是否存在,需用定义或其他方法讨论.

把函数 f 在定义域 D 内所有驻点处的函数值与 D 的边界上的最值进行比较,可得 f 在

D 上的最值. 在实际问题中,可根据该问题的实际意义判断:若已知目标函数 f 的最值一定在 D 内取得,又 D 内的驻点唯一,则可直接下结论:该驻点处的函数值即为所求的最值.

2. 条件极值与拉格朗日乘数法

对自变量有附加条件限制的极值称为条件极值,对自变量仅有定义域限制、并无其他条件限制的极值称为无条件极值.

以求函数 $z=f(x,y)$ 在条件 $\varphi(x,y)=0$ 限制下的条件极值为例,来说明拉格朗日乘数法的一般步骤:

(1)构造拉格朗日函数

$$L(x,y,\lambda)=f(x,y)+\lambda\varphi(x,y);$$

(2)对各变量求偏导数,得到方程组

$$\begin{cases} L_x=f_x(x,y)+\lambda\varphi_x(x,y)=0 \\ L_y=f_y(x,y)+\lambda\varphi_y(x,y)=0, \\ L_\lambda=\varphi(x,y)=0 \end{cases}$$

解出点 (x_0,y_0);

(3)判别 (x_0,y_0) 是否为 $z=f(x,y)$ 在条件 $\varphi(x,y)=0$ 限制下的极值点,是极大值点还是极小值点,对于实际问题往往根据问题本身的性质判定.

该方法可以推广到更多自变量及多个约束条件的问题上去.

4.3　典　型　例　题

例 4.1　设 $f(x,y)=x+y+g(x-y)$,且 $f(x,0)=x^2$,求 $f(x,y)$.

解　由 $f(x,0)=x^2$,得 $x+0+g(x-0)=x^2$,故 $g(x)=x^2-x$,从而

$$f(x,y)=x+y+[(x-y)^2-(x-y)]=x^2+y^2-2xy+2y.$$

例 4.2　求极限 $\lim\limits_{\substack{x\to0\\y\to0}}(x^2+y^2)^{x^2y^2}$.

解　$\lim\limits_{\substack{x\to0\\y\to0}}(x^2+y^2)^{x^2y^2}=\exp\left(\lim\limits_{\substack{x\to0\\y\to0}}x^2y^2\ln(x^2+y^2)\right)$

$=\exp\left(\lim\limits_{\substack{x\to0\\y\to0}}\dfrac{x^2y^2}{x^2+y^2}(x^2+y^2)\ln(x^2+y^2)\right)$

$=\exp\left(\lim\limits_{\substack{x\to0\\y\to0}}\dfrac{x^2y^2}{x^2+y^2}\cdot\lim\limits_{\substack{x\to0\\y\to0}}(x^2+y^2)\ln(x^2+y^2)\right)=\mathrm{e}^{0\cdot0}=1.$

例 4.3　设 $z=x^y(x>0,x\neq1)$,求证 $\dfrac{x}{y}\dfrac{\partial z}{\partial x}+\dfrac{1}{\ln x}\dfrac{\partial z}{\partial y}=2z$.

证　$\dfrac{\partial z}{\partial x}=yx^{y-1},\dfrac{\partial z}{\partial y}=x^y\ln x.$

$\dfrac{x}{y}\dfrac{\partial z}{\partial x}+\dfrac{1}{\ln x}\dfrac{\partial z}{\partial y}=\dfrac{x}{y}yx^{y-1}+\dfrac{1}{\ln x}x^y\ln x=x^y+x^y=2z.$

例 4.4　设 $z=x^3f\left(xy,\dfrac{y}{x}\right)$($f$ 具有二阶偏导数),求 $\dfrac{\partial z}{\partial y},\dfrac{\partial^2 z}{\partial y^2},\dfrac{\partial^2 z}{\partial x\partial y}$.

解

$$\frac{\partial z}{\partial y}=x^3\left(f_1' x+f_2'\frac{1}{x}\right)=x^4 f_1'+x^2 f_2',$$

$$\frac{\partial^2 z}{\partial y^2}=x^4\left(f_{11}'' x+f_{12}''\frac{1}{x}\right)+x^2\left(f_{21}'' x+f_{22}''\frac{1}{x}\right)=x^5 f_{11}''+2x^3 f_{12}''+x f_{22}'',$$

$$\frac{\partial^2 z}{\partial x\partial y}=\frac{\partial^2 z}{\partial y\partial x}=\frac{\partial}{\partial x}(x^4 f_1'+x^2 f_2')$$

$$=4x^3 f_1'+x^4\left[f_{11}'' y+f_{12}''\left(-\frac{y}{x^2}\right)\right]+2x f_2'+x^2\left[f_{21}'' y+f_{22}''\left(-\frac{y}{x^2}\right)\right]$$

$$=4x^3 f_1'+2x f_2'+x^4 y f_{11}''-y f_{22}''.$$

例 4.5 设 $u=f(x,y,z)$，$\varphi(x^2,\mathrm{e}^y,z)=0$，$y=\sin x$（$f,\varphi$ 具有一阶连续偏导数），且 $\frac{\partial\varphi}{\partial z}\neq 0$，求 $\frac{\mathrm{d}u}{\mathrm{d}x}$.

解 由 $\varphi(x^2,\mathrm{e}^y,z)=0$，$y=\sin x$，视 y,z 为 x 的函数，对 x 求导数得

$$\frac{\mathrm{d}y}{\mathrm{d}x}=\cos x,\varphi_1'\cdot 2x+\varphi_2'\cdot\mathrm{e}^y\frac{\mathrm{d}y}{\mathrm{d}x}+\varphi_3'\frac{\mathrm{d}z}{\mathrm{d}x}=0.$$

解得 $\frac{\mathrm{d}z}{\mathrm{d}x}=-\frac{1}{\varphi_3'}(2x\varphi_1'+\mathrm{e}^{\sin x}\cdot\cos x\cdot\varphi_2')$，从而

$$\frac{\mathrm{d}u}{\mathrm{d}x}=\frac{\partial f}{\partial x}+\frac{\partial f}{\partial y}\cdot\frac{\mathrm{d}y}{\mathrm{d}x}+\frac{\partial f}{\partial z}\frac{\mathrm{d}z}{\mathrm{d}x}=\frac{\partial f}{\partial x}+\cos x\frac{\partial f}{\partial y}-\frac{1}{\varphi_3'}(2x\varphi_1'+\mathrm{e}^{\sin x}\cdot\cos x\varphi_2')\frac{\partial f}{\partial z}.$$

例 4.6 求旋转抛物面 $z=x^2+y^2-1$ 在点 $(2,1,4)$ 处的切平面方程及法线方程.

解 $\boldsymbol{n}=(-z_x',-z_y',1)=(-2x,-2y,1)$. $\boldsymbol{n}|_{(2,1,4)}=(-4,-2,1)$.

切平面方程为

$$-4(x-2)-2(y-1)+(z-4)=0;$$

即

$$4x+2y-z-6=0;$$

法线方程为

$$\frac{x-2}{4}=\frac{y-1}{2}=\frac{z-4}{-1}.$$

例 4.7 求 $u=\frac{x^2}{a^2}+\frac{y^2}{b^2}+\frac{z^2}{c^2}$ 在点 $M(x_0,y_0,z_0)$ 处沿点的向径 $\boldsymbol{r}_0$ 的方向导数，问 a,b,c 具有什么关系时此方向导数等于梯度的模？

解 因为 $\boldsymbol{r}_0=(x_0,y_0,z_0)$，$|\boldsymbol{r}_0|=\sqrt{x_0^2+y_0^2+z_0^2}$，$\cos\alpha=\frac{x_0}{|\boldsymbol{r}_0|}$，$\cos\beta=\frac{y_0}{|\boldsymbol{r}_0|}$，$\cos\gamma=\frac{z_0}{|\boldsymbol{r}_0|}$. 所以在点 M 处的方向导数为

$$\frac{\partial u}{\partial\boldsymbol{r}_0}\bigg|_M=\frac{\partial u}{\partial x}\bigg|_M\cos\alpha+\frac{\partial u}{\partial y}\bigg|_M\cos\beta+\frac{\partial u}{\partial z}\bigg|_M\cos\gamma$$

$$=\frac{2x_0}{a^2}\frac{x_0}{|\boldsymbol{r}_0|}+\frac{2y_0}{b^2}\frac{y_0}{|\boldsymbol{r}_0|}+\frac{2z_0}{c^2}\frac{z_0}{|\boldsymbol{r}_0|}=\frac{2}{\sqrt{x_0^2+y_0^2+z_0^2}}\left(\frac{x_0^2}{a^2}+\frac{y_0^2}{b^2}+\frac{z_0^2}{c^2}\right).$$

在点 M 处 u 的梯度为

$$\mathrm{grad}\,u|_M=\frac{\partial u}{\partial x}\bigg|_M\boldsymbol{i}+\frac{\partial u}{\partial y}\bigg|_M\boldsymbol{j}+\frac{\partial u}{\partial z}\bigg|_M\boldsymbol{k}=\frac{2x_0}{a^2}\boldsymbol{i}+\frac{2y_0}{b^2}\boldsymbol{j}+\frac{2z_0}{c^2}\boldsymbol{k}.$$

由题意，令 $\frac{\partial u}{\partial\boldsymbol{r}_0}\bigg|_M=|\mathrm{grad}\,u|_M$，即

$$\frac{2}{\sqrt{x_0^2+y_0^2+z_0^2}}\left(\frac{x_0^2}{a^2}+\frac{y_0^2}{b^2}+\frac{z_0^2}{c^2}\right)=2\sqrt{\frac{x_0^2}{a^4}+\frac{y_0^2}{b^4}+\frac{z_0^2}{c^4}},$$

可见,当 $a=b=c$ 时,两边相等,即方向导数等于梯度的模.

例 4.8 求旋转抛物面 $z=x^2+y^2$ 与平面 $x+y-2z=2$ 之间的最短距离。

解 设 $P(x,y,z)$ 为抛物面 $z=x^2+y^2$ 上任一点,则 P 到平面 $x+y-2z-2=0$ 的距离

$$d=\frac{1}{\sqrt{6}}|x+y-2z-2|.$$

为求解方便,可转化为求点 $P(x,y,z)$,使其满足条件 $z-x^2-y^2=0$,且

$$u=(x+y-2z-2)^2$$

达到最小值.

令 $F(x,y,z)=(x+y-2z-2)^2+\lambda(z-x^2-y^2)$,及

$$\begin{cases} F'_x=2(x+y-2z-2)-2\lambda x=0 & (1)\\ F'_y=2(x+y-2z-2)-2\lambda y=0 & (2)\\ F'_z=2(x+y-2z-2)(-2)+\lambda=0 & (3)\\ z=x^2+y^2 & (4) \end{cases}$$

由式(1)、式(2)得 $x=y$,将从式(3)解出的 λ 代入式(2)得 $x=y=\dfrac{1}{4}$,得再代入式(4)得 $z=\dfrac{1}{8}$. 即得唯一驻点 $\left(\dfrac{1}{4},\dfrac{1}{4},\dfrac{1}{8}\right)$,根据题意,距离的最小值一定存在,且有唯一驻点,故必在 $\left(\dfrac{1}{4},\dfrac{1}{4},\dfrac{1}{8}\right)$ 处取得最小值

$$d_{\min}=\frac{1}{\sqrt{6}}\left|\frac{1}{4}+\frac{1}{4}-\frac{1}{4}-2\right|=\frac{7}{4\sqrt{6}}.$$

4.4 自 测 题

自 测 题 1

1. 设函数 $f(x,y)=\begin{cases}\dfrac{xy}{x^2+y^2} & \text{当 } x^2+y^2\neq0\\[2mm] 0 & \text{当 } x^2+y^2=0\end{cases}$ 在原点 $(0,0)$ 间断,是因为( ).

A. 原点无定义   B. 在原点无极限

C. 在原点极限存在,但在该点无定义   D. 极限值存在但不等于函数值

2. 函数 $z=f(x,y)$ 在点 (x_0,y_0) 处间断,则有( ).

A. $z=f(x,y)$ 在点 (x_0,y_0) 处极限一定不存在

B. $z=f(x,y)$ 在 (x_0,y_0) 处一定无定义

C. 函数在点 (x_0,y_0) 处可能无定义,也可能无极限

D. 函数 $f(x,y)$ 在点 (x_0,y_0) 处一定有定义,且有极限,但极限值不等于该点函数值

3. 设 $z=f(x,y)$ 在 (x_0,y_0) 处连续,则( ).

A. $z=f(x,y_0)$ 与 $z=f(x_0,y)$ 分别在 $x=x_0$ 与 $y=y_0$ 处一定连续

B. $z=f(x,kx)$ 在 $x=x_0$ 点一定连续

C. $z=f(x,y_0)$ 在 $x=x_0$ 与 $z=f(x_0,y)$ 在 $y=y_0$ 处都不一定连续

D. $z=f(x,y_0)$ 在 $x=x_0$ 与 $z=f(x_0,y)$ 在 $y=y_0$ 仅有一个连续

4. 已知函数 $f(x,y)=x^3-2xy+3y^2$，试求：

(1) $f(-2,3)$; (2) $\dfrac{f(x,y+h)-f(x,y)}{h}$.

5. 已知函数 $f(x,y)=x^2+y^2-xy\tan\dfrac{x}{y}$，试求 $f(tx,ty),f(x,x),f(x,f(x,x))$.

6. 已知 $f\left(x+y,\dfrac{y}{x}\right)=x^2-y^2$，求 $f(x,y)$.

7. 设 $f(x,y)=x+y+g(x-y)$，且 $f(x,0)=x^2$，求 $f(x,y)$.

8. 求下列各函数的定义域，并绘出定义域的图形：

(1) $z=\ln(y+x)+\dfrac{\sqrt{1-x}}{\sqrt{4-x^2-y^2}}$; (2) $z=\sqrt{x-\sqrt{y}}$.

9. 求下列函数的定义域，并画出定义域的图形：

(1) $z=\sqrt{1-x^2}+\sqrt{y^2-1}$; (2) $z=\ln[(16-x^2-y^2)(x^2+y^2-4)]$;

(3) $z=\dfrac{1}{\sqrt{x^2-2xy}}$.

10. 若对函数 $z=f(x,y)$ 有 $\lim\limits_{x\to 0}f(x,0)=0,\lim\limits_{y\to 0}f(0,y)=0$，则有 $\lim\limits_{\substack{x\to 0 \\ y\to 0}}f(x,y)=0$，对吗？

为什么？举例说明.

11. 求下列各极限：

(1) $\lim\limits_{\substack{x\to\infty \\ y\to\infty}}\dfrac{1}{x^2+y^2}$; (2) $\lim\limits_{\substack{x\to 0 \\ y\to 0}}\dfrac{2-\sqrt{xy+4}}{xy}$; (3) $\lim\limits_{\substack{x\to 0 \\ y\to 0}}\dfrac{\sin xy}{x}$.

12. 证明极限 $\lim\limits_{\substack{x\to 0 \\ y\to 0}}\dfrac{x+y}{x-y}$ 不存在.

13. 当 a 取何值时，函数 $f(x,y)=\begin{cases} x^2+y^2 & \text{当 } x^2+y^2\leqslant 1 \\ a-x^2-y^2 & \text{当 } x^2+y^2>1 \end{cases}$ 在圆 $x^2+y^2=1$ 上每

一点都连续？

自 测 题 2

---

1. 设 $z=f(x,y)=\begin{cases} \dfrac{xy}{x^2+y^2} & \text{当 }(x,y)\neq(0,0) \\ 0 & \text{当 }(x,y)=(0,0) \end{cases}$ 在 $(0,0)$ 点处（ ）.

A. 偏导数不存在，也不连续 B. 偏导数存在，但函数不连续

C. 偏导数存在且连续 D. 以上都不对

2. 设 $f(x,y)$ 在 (a,b) 处偏导数存在，则 $\lim\limits_{x\to 0}\dfrac{f(a+x,b)-f(a-x,b)}{x}=$（ ）.

A. $f'_x(a,b)$ B. $f'_x(2a,b)$ C. $2f'_x(a,b)$ D. $\dfrac{1}{2}f'_x(a,b)$

3. 求下列函数的偏导数：

(1) $z=\sqrt{\ln(xy)}$ ；   (2) $u=x^{\frac{y}{z}}$ ；

(3) $u=x^{y^z}$ ；   (4) $u=\arctan(x-y)^z$ ；

(5) $u=x^y y^z z^x$.

4. 设 $T=2\pi\sqrt{\dfrac{l}{g}}$ ，求证 $l\dfrac{\partial T}{\partial l}+g\dfrac{\partial T}{\partial g}=0$.

5. 设 $f(x,y)=x+(y-1)\arctan\sqrt{\dfrac{x}{y}}$ ，求 $f_x(x,1)$.

6. 求下列函数的 $\dfrac{\partial^2 z}{\partial x^2}, \dfrac{\partial^2 z}{\partial y^2}$ 和 $\dfrac{\partial^2 z}{\partial x\partial y}$ ：

(1) $z=x^4+y^4-4x^2y^2$ ；   (2) $z=y^x$.

7. 设 $f(x,y,z)=xy^2+yz^2+zx^2$. 求 $f''_{xx}(0,0,1),f''_{xz}(1,0,2),f''_{yz}(0,-1,0)$ 及 $f'''_{zzx}(2,0,1)$.

8. 验证 $r=\sqrt{x^2+y^2+z^2}$ 满足 $\dfrac{\partial^2 r}{\partial x^2}+\dfrac{\partial^2 r}{\partial y^2}+\dfrac{\partial^2 r}{\partial z^2}=\dfrac{2}{r}$.

9. 求函数 $f(x,y)=\begin{cases}\dfrac{xy}{\sqrt{x^2+y^2}} & \text{当 } x^2+y^2\neq 0 \\ 0 & \text{当 } x^2+y^2=0\end{cases}$ 的偏导函数 $f'_x(x,y),f'_y(x,y)$.

自 测 题 3

1. 指出 $z=f(x,y)$ 在 (x_0,y_0) 处连续、偏导数存在及可微之间的关系，并举例说明你的结论.

2. 求下列函数的全微分：

(1) $z=xy+\dfrac{x}{y}$ ；   (2) $u=a^{xyz}$ $(a>0,a\neq 1)$.

3. 求函数 $z=\ln(1+x^2+y^2)$ 当 $x=1,y=2$ 时的全微分.

4. 求函数 $z=x^2+xy+y^2$ 当 $x=2,y=1,\Delta x=0.1,\Delta y=-0.2$ 时的全增量和全微分.

5. 设有一无盖圆柱形容器，容器的壁与底的厚度均为 0.1 cm，内高为 20 cm，内半径为 4 cm. 求容器外壳体积的近似值.

自 测 题 4

1. 设 $z=u^2v-uv^2$ ，而 $u=x\cos y,v=x\sin y$ ，求 $\dfrac{\partial z}{\partial x},\dfrac{\partial z}{\partial y}$.

2. 设 $z=\arcsin(x-y)$ ，而 $x=3t,y=4t^3$ ，求 $\dfrac{\mathrm{d}z}{\mathrm{d}t}$.

3. 设 $z=\arctan\dfrac{x}{y}$ ，而 $x=u+v,y=u-v$ ，验证：$\dfrac{\partial z}{\partial u}+\dfrac{\partial z}{\partial v}=\dfrac{u-v}{u^2+v^2}$.

4. 求下列函数的一阶偏导数（其中 f 具有一阶连续偏导数）：

(1)$u=f(x,xy,xyz)$;   (2)$u=f(x+y+z,x^2+y^2+z^2)$.

5. 设 $z=xy+xF(u)$，而 $u=\dfrac{y}{x}$，$F(u)$ 为可导函数，证明 $x\dfrac{\partial z}{\partial x}+y\dfrac{\partial z}{\partial y}=z+xy$.

6. 设 $z=f(x^2+y^2)$，其中 f 具有二阶导数，求 $\dfrac{\partial^2 z}{\partial x^2},\dfrac{\partial^2 z}{\partial x\partial y},\dfrac{\partial^2 z}{\partial y\partial x},\dfrac{\partial^2 z}{\partial y^2}$.

7. 设 $z=f(xy^2,x^2y)$（其中 f 具有二阶连续偏导数），求 $\dfrac{\partial^2 z}{\partial x^2},\dfrac{\partial^2 z}{\partial x\partial y},\dfrac{\partial^2 z}{\partial y\partial x},\dfrac{\partial^2 z}{\partial y^2}$.

8. 证明：直角坐标形式的拉普拉斯方程 $\dfrac{\partial^2 u}{\partial x^2}+\dfrac{\partial^2 u}{\partial y^2}=0$ 在变换 $\begin{cases} x=r\cos\theta \\ y=r\sin\theta \end{cases}$ 下的极坐标形式为

$$\frac{\partial^2 u}{\partial r^2}+\frac{1}{r}\frac{\partial u}{\partial r}+\frac{1}{r^2}\frac{\partial^2 u}{\partial \theta^2}=0.$$

这里假设 $u=u(x,y)$ 具有二阶连续偏导数.

自 测 题 5

1. 设 $x+2y+z-2\sqrt{xyz}=0$，求 $\dfrac{\partial z}{\partial x}$ 及 $\dfrac{\partial z}{\partial y}$.

2. 设 $x+y^2+z^3-xy=2z$，求在点 $(1,1,1)$ 处 $\dfrac{\partial z}{\partial x}$ 及 $\dfrac{\partial z}{\partial y}$ 的值.

3. 设 $x=x(y,z),y=y(x,z),z=z(x,y)$ 都是由方程 $F(x,y,z)=0$ 所确定的具有连续偏导数的函数，证明：$\dfrac{\partial x}{\partial y}\cdot\dfrac{\partial y}{\partial z}\cdot\dfrac{\partial z}{\partial x}=-1$.

4. 设 $\mathrm{e}^z-xyz=0$，求 $\dfrac{\partial^2 z}{\partial x^2}$.

5. 求由下列方程组所确定的函数的导数或偏导数：

(1)设 $\begin{cases} z=x^2+y^2 \\ x^2+2y^2+3z^2=20 \end{cases}$，求 $\dfrac{\mathrm{d}y}{\mathrm{d}x},\dfrac{\mathrm{d}z}{\mathrm{d}x}$；

(2)设 $\begin{cases} u=f(ux,v+y) \\ v=g(u-x,v^2y) \end{cases}$，其中 f,g 具有一阶连续偏导数，求 $\dfrac{\partial u}{\partial x},\dfrac{\partial v}{\partial x}$；

(3)设 $\begin{cases} x=\mathrm{e}^u+u\sin v \\ y=\mathrm{e}^u-u\cos v \end{cases}$，求 $\dfrac{\partial u}{\partial x},\dfrac{\partial u}{\partial y},\dfrac{\partial v}{\partial x},\dfrac{\partial v}{\partial y}$.

自 测 题 6

1. 求下列曲线在给定点处的切线及法平面方程：

(1)$x=t-\cos t,y=3+\sin 2t,z=1+\cos 3t$ 在 $\left(\dfrac{\pi}{2},3,1\right)$ 处；

(2)$\begin{cases} x^2+y^2+z^2-3x=0 \\ 2x-3y+5z-4=0 \end{cases}$ 在点 $(1,1,1)$ 处.

2. 求下列曲面在给定点处的切平面和法线方程：

(1) $z = x^2 + 2y^2$ 在 $(1,1,3)$ 处；

(2) $ax^2 + by^2 + cz^2 = 1$ 在点 (x_0, y_0, z_0) 处；

(3) $z = y + \ln \dfrac{x}{z}$ 在点 $(1,1,1)$ 处.

3. 求椭球面 $x^2 + 2y^2 + z^2 = 1$ 上平行于平面 $x - y + 2z = 0$ 的切平面方程.

4. 试证曲面 $\sqrt{x} + \sqrt{y} + \sqrt{z} = \sqrt{a}\ (a > 0)$ 上任何点处的切平面在各坐标轴上的截距之和等于 a.

自 测 题 7

1. 求下列各函数在指定方向的方向导数：

(1) $z = x^2 + y^2$ 在点 $(1,2)$ 处沿从点 $(1,2)$ 到点 $(2, 2+\sqrt{3})$ 的方向；

(2) $z = 2 - \left(\dfrac{x^2}{a^2} + \dfrac{y^2}{b^2} \right)$ 在点 $\left(\dfrac{a}{\sqrt{2}}, \dfrac{b}{\sqrt{2}} \right)$ 处沿曲线 $\dfrac{x^2}{a^2} + \dfrac{y^2}{b^2} = 1$ 在这点的内法线方向.

2. 求下列各函数在指定点处的梯度：

(1) $z = x^2 y + xy^2$，在点 $(1,2)$ 处；　　　(2) $u = \mathrm{e}^{xy^2 z^3}$，在点 $(1,1,1)$ 处.

3. 设 $u = xyz + \lg(xyz)$，求在点 $(1,2,1)$ 处沿 $\boldsymbol{l} = (1,1,1)$ 方向上的方向导数 $\dfrac{\partial u}{\partial l}$. 问在 $(1,2,1)$ 点处哪个方向上的方向导数等于零？

自 测 题 8

1. 求函数 $f(x,y) = 4(x - y) - x^2 - y^2$ 的极值.

2. 求函数 $z = xy$ 在适合附加条件 $x + y = 1$ 下的极大值.

3. 在平面 xOy 上求一点，使它到 $x = 0$，$y = 0$ 及 $x + 2y - 16 = 0$ 三直线的距离平方之和为最小.

4. 求原点到曲面 $(x - y)^2 - z^2 = 1$ 的最短距离.

自 测 题 9

1. 设函数 $y = y(x)$ 由方程 $y = f(x^2 + y^2) + f(x + y)$ 所确定，且 $y(0) = 2$，其中 $f(x)$ 可导，且 $f'(2) = \dfrac{1}{2}$，$f'(4) = 1$，则 $\dfrac{\mathrm{d}y}{\mathrm{d}x}\Big|_{x=0} = (\qquad)$.

　A. 1　　　　　　　B. $-\dfrac{1}{7}$　　　　　C. $\dfrac{1}{7}$　　　　　　D. 0

2. 若 $z = f(x,y)$ 在点 (x_0, y_0) 可微，则 $f(x,y)$ 在点 $P(x_0, y_0)$ 处沿任何方向的方向导数 $(\qquad)$.

　A. 必定存在　　　　　　　　　B. 一定不存在

　C. 可能存在可能不存在　　　　D. 仅在 x 轴，y 轴方向上存在，其他方向不存在

3. 设 $z = f(x,y)$ 在点 (x_0, y_0) 处可微，且 $f'_x(x_0, y_0) = 0$，$f'_y(x_0, y_0) = 0$，则 $z = f(x,y)$ 在 (x_0, y_0) 处 $(\qquad)$.

　A. 必有极值，可能极大，也可能极小　　B. 可能有极值，也可能没有极值

C. 必有极大值
D. 必有极小值

4. 若 $z=f(x,y)$ 在点 (x_0,y_0) 处取得极大值,则 $\varphi(x)=f(x,y_0)$ 在点 x_0 处与 $\psi(y)=f(x_0,y)$ 在 y_0 处(　　).

A. 一定都取得极大值
B. 恰有一个取得极大值
C. 至多有一个极小值
D. 可能都不能取极大值

5. 设函数 $z=f(x,y)$ 在点 (x_0,y_0) 处沿任意方向的方向导数都存在,则 $z=f(x,y)$ 在点 (x_0,y_0) 的情况为(　　).

A. 一定可微
B. 不一定可微
C. 两个偏导数存在
D. 连续但不可微

6. 平面 $2x+3y-z=\lambda$ 是曲面 $z=2x^2+3y^2$ 在点 $\left(\dfrac{1}{2},\dfrac{1}{2},\dfrac{5}{4}\right)$ 处切平面,则 $\lambda=($　　$)$.

A. $\dfrac{4}{5}$ 　　　　 B. $\dfrac{5}{4}$ 　　　　 C. 2 　　　　 D. $\dfrac{1}{2}$

7. 求 $u=\arcsin\dfrac{x}{\sqrt{x^2+y^2}}$ 的偏导数. 并指出这个函数在 $(x,0)(x\neq0)$ 处, u 关于 y 的偏导数是否存在.

8. 设 $u=xyze^{x+y+z}$,求 $\dfrac{\partial^2 u}{\partial x^2}$, $\dfrac{\partial^2 u}{\partial y^2}$ 及 $\dfrac{\partial^2 u}{\partial z^2}$.

9. 设 $u=f(x,y)$ 有二阶连续偏导数,而 $x=\dfrac{1}{2}\ln(r^2+s^2)$, $y=\arctan\dfrac{s}{r}$,证明:

(1) $\left(\dfrac{\partial u}{\partial x}\right)^2+\left(\dfrac{\partial u}{\partial y}\right)^2=(r^2+s^2)\left[\left(\dfrac{\partial u}{\partial r}\right)^2+\left(\dfrac{\partial u}{\partial s}\right)^2\right]$;

(2) $\dfrac{\partial^2 u}{\partial x^2}+\dfrac{\partial^2 u}{\partial y^2}=(r^2+s^2)\left(\dfrac{\partial^2 u}{\partial r^2}+\dfrac{\partial^2 u}{\partial s^2}\right)$.

10. 设 $z=\dfrac{f(xy)}{x}+y\varphi(x+y)$, f,φ 具有二阶连续导数,求 $\dfrac{\partial^2 z}{\partial x\partial y}$.

11. 设 $y=f(x,t)$,而 t 是由方程 $F(x,y,t)=0$ 所确定的 x,y 的函数,其中 f,F 都具有一阶连续导数,试证明 $\dfrac{\mathrm{d}y}{\mathrm{d}x}=\dfrac{\dfrac{\partial f}{\partial x}\dfrac{\partial F}{\partial t}-\dfrac{\partial f}{\partial t}\dfrac{\partial F}{\partial x}}{\dfrac{\partial f}{\partial t}\dfrac{\partial F}{\partial y}+\dfrac{\partial F}{\partial t}}$.

12. 设 $z=f(x,y)$ 在 $(1,1)$ 处具有一阶连续偏导,且 $f(1,1)=1$, $\left.\dfrac{\partial f}{\partial x}\right|_{(1,1)}=2$, $\left.\dfrac{\partial f}{\partial y}\right|_{(1,1)}=3$, $\varphi(x)=f(x,f(x,x))$. 求 $\left.\dfrac{\mathrm{d}}{\mathrm{d}x}\varphi^3(x)\right|_{x=1}$.

13. 设 $u=f(x,y,z)$ 有一阶连续偏导数,又 $y=y(x)$ 及 $z=z(x)$ 分别由 $e^{xy}-xy=2$ 和 $e^x=\displaystyle\int_0^{x-z}\dfrac{\sin t}{t}\mathrm{d}t$ 所确定. 求 $\dfrac{\mathrm{d}u}{\mathrm{d}x}$.

14. 设 $z=\sin(3x-y)$, $x^3+2y=2t^3$, $x-y^2=t^2+3t$,求 $\dfrac{\mathrm{d}z}{\mathrm{d}t}$.

第 5 章 重 积 分

5.1 基 本 要 求

1. 理解重积分的概念，了解重积分的性质，了解二重积分的中值定理.

2. 掌握二重积分的计算（直角坐标和极坐标），会计算三重积分（直角坐标、柱面坐标和球面坐标）.

3. 会用重积分解决简单的应用问题（面积、体积、质量、重心、转动惯量、引力、功及流量等）.

5.2 知 识 要 点

5.2.1 重积分的定义

1. 二重积分

$$\iint\limits_{D} f(x,y)\mathrm{d}\sigma = \lim_{\lambda \to 0} \sum_{i=1}^{n} f(\xi_i, \eta_i)\Delta\sigma_i.$$

几何意义：设在区域 D 上 $f(x,y) \geqslant 0$，则 D 上曲顶柱体的体积 $V = \iint\limits_{D} f(x,y)\mathrm{d}\sigma$.

物理举例：设平面薄板在区域 D 上面密度为 $\rho(x,y)$，则其质量 $M = \iint\limits_{D} \rho(x,y)\mathrm{d}\sigma$.

2. 三重积分

$$\iiint\limits_{\Omega} f(x,y,z)\mathrm{d}V = \lim_{\lambda \to \infty} \sum_{i=1}^{n} \rho(\xi_i, \eta_i, \zeta_i)\Delta V_i.$$

物理举例：若物体在区域 Ω 的体密度为 $\rho(x,y,z)$，则其质量 $M = \iiint\limits_{\Omega} \rho(x,y,z)\mathrm{d}v$.

3. 重积分存在定理

在区域上连续或分块连续的函数的重积分存在.

5.2.2 重积分的性质

以二重积分为例，三重积分类似.

1. 线性性质

$$\iint\limits_{D} k f(x,y) \mathrm{d}\sigma = k \iint\limits_{D} f(x,y) \mathrm{d}\sigma \quad (k \text{ 为常数}).$$

$$\iint\limits_{D} [f(x,y) \pm g(x,y)] \mathrm{d}\sigma = \iint\limits_{D} f(x,y) \mathrm{d}\sigma \pm \iint\limits_{D} g(x,y) \mathrm{d}\sigma.$$

2. 对积分区域的可加性

若 $D = D_1 + D_2$，则

$$\iint\limits_{D} f(x,y) \mathrm{d}\sigma = \iint\limits_{D_1} f(x,y) \mathrm{d}\sigma + \iint\limits_{D_2} f(x,y) \mathrm{d}\sigma.$$

3. 区域 D 的面积

$$\sigma = \iint\limits_{D} 1 \mathrm{d}\sigma = \iint\limits_{D} \mathrm{d}\sigma.$$

4. 不等式

若在 D 上恒有 $f(x,y) \leqslant g(x,y)$，则 $\iint\limits_{D} f(x,y) \mathrm{d}\sigma \leqslant \iint\limits_{D} g(x,y) \mathrm{d}\sigma$.

5. 绝对值不等式

$$\left| \iint\limits_{D} f(x,y) \mathrm{d}\sigma \right| \leqslant \iint\limits_{D} |f(x,y)| \mathrm{d}\sigma.$$

6. 估值定理

若 $M = \max\limits_{(x,y) \in D} f(x,y), m = \min\limits_{(x,y) \in D} f(x,y), \sigma$ 为 D 的面积，则

$$m\sigma \leqslant \iint\limits_{D} f(x,y) \mathrm{d}\sigma \leqslant M\sigma.$$

7. 中值定理

设 $f(x,y)$ 在 D 上连续，则 $\exists (\xi, \eta) \in D$，使得 $\iint\limits_{D} f(x,y) \mathrm{d}\sigma = f(\xi, \eta)\sigma$.

8. 对称性

(1)二重积分的对称性：

① 若积分区域 D 关于 x 轴对称，D_1 为 D 的在 x 轴以上的部分，则

$$\iint\limits_{D} f(x,y) \mathrm{d}\sigma = \begin{cases} 2\iint\limits_{D_1} f(x,y) \mathrm{d}\sigma & \text{当 } f(x,-y) = f(x,y) \\ 0 & \text{当 } f(x,-y) = -f(x,y) \end{cases}.$$

② 若积分区域 D 关于 y 轴对称，D_1 为 D 的在 y 轴以右的部分，则

$$\iint\limits_{D} f(x,y) \mathrm{d}\sigma = \begin{cases} 2\iint\limits_{D_1} f(x,y) \mathrm{d}\sigma & \text{当 } f(-x,y) = f(x,y) \\ 0 & \text{当 } f(-x,y) = -f(x,y) \end{cases}.$$

③ 若区域 D 关于直线 $y=x$ 对称,则

$$\iint_D f(x,y)\mathrm{d}\sigma = \iint_D f(y,x)\mathrm{d}\sigma.$$

常见于:
$$\iint_D x^2\mathrm{d}\sigma = \iint_D y^2\mathrm{d}\sigma = \frac{1}{2}\iint_D (x^2+y^2)\mathrm{d}\sigma.$$

(2)三重积分的对称性:

① 若积分区域 Ω 关于 xOy 平面对称,Ω_1 为 Ω 的在 xOy 平面以上的部分,则

$$\iiint_\Omega f(x,y,z)\mathrm{d}v = \begin{cases} 2\iiint_{\Omega_1} f(x,y,z)\mathrm{d}v & \text{当 } f(x,y,-z) = f(x,y,z) \\ 0 & \text{当 } f(x,y,-z) = -f(x,y,z) \end{cases}.$$

② 若积分区域 Ω 关于 xOz 平面对称,Ω_1 为 Ω 的在 xOz 平面右边的部分,则

$$\iiint_\Omega f(x,y,z)\mathrm{d}v = \begin{cases} 2\iiint_{\Omega_1} f(x,y,z)\mathrm{d}v & \text{当 } f(x,-y,z) = f(x,y,z) \\ 0 & \text{当 } f(x,-y,z) = -f(x,y,z) \end{cases}.$$

③ 若积分区域 Ω 关于 yOz 平面对称,Ω_1 为 Ω 的在 yOz 平面前面的部分,则

$$\iiint_\Omega f(x,y,z)\mathrm{d}v = \begin{cases} 2\iiint_{\Omega_1} f(x,y,z)\mathrm{d}v & \text{当 } f(-x,y,z) = f(x,y,z) \\ 0 & \text{当 } f(-x,y,z) = -f(x,y,z) \end{cases}.$$

5.2.3 重积分的计算

1. 二重积分的计算

(1)在直角坐标系下

① X-型区域,如图 5-1 所示. 表达式为
$$D = \{(x,y) \mid a\leqslant x\leqslant b, y_1(x)\leqslant y\leqslant y_2(x)\},$$

计算公式为

$$\iint_D f(x,y)\mathrm{d}x\mathrm{d}y = \int_a^b \mathrm{d}x \int_{y_1(x)}^{y_2(x)} f(x,y)\mathrm{d}y.$$

② Y-型区域,如图 5-2 所示. 表达式为
$$D = \{(x,y) \mid c\leqslant y\leqslant d, x_1(y)\leqslant x\leqslant x_2(y)\},$$

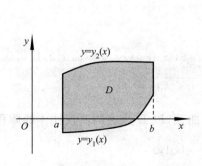

图 5-1

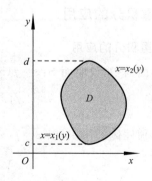

图 5-2

计算公式为

$$\iint\limits_{D} f(x,y) \mathrm{d}x\mathrm{d}y = \int_c^d \mathrm{d}y \int_{x_1(y)}^{x_2(y)} f(x,y)\mathrm{d}x.$$

特别地，矩形区域 $D = \{(x,y) \mid a \leqslant x \leqslant b, c \leqslant y \leqslant d\}$，计算公式为

$$\iint\limits_{D} f(x,y)\mathrm{d}x\mathrm{d}y = \int_a^b \mathrm{d}x \int_c^d f(x,y)\mathrm{d}y$$

$$= \int_c^d \mathrm{d}y \int_a^b f(x,y)\mathrm{d}x.$$

（2）在极坐标系下

设区域 $D = \{(r,\theta) \mid \alpha \leqslant \theta \leqslant \beta, r_1(\theta) \leqslant r \leqslant r_2(\theta)\}$

（见图 5-3），则计算公式为

$$\iint\limits_{D} f(x,y)\mathrm{d}x\mathrm{d}y = \int_\alpha^\beta \mathrm{d}\theta \int_{r_1(\theta)}^{r_2(\theta)} f(r\cos\theta, r\sin\theta) r\mathrm{d}r.$$

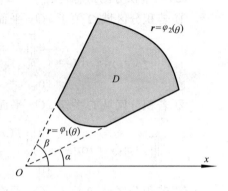

图 5-3

2. 三重积分的计算

（1）直角坐标系下

先线后面：$\displaystyle\iiint\limits_{\Omega} f(x,y,z)\mathrm{d}v = \iint\limits_{D} \mathrm{d}x\mathrm{d}y \int_{z_1(x,y)}^{z_2(x,y)} f(x,y,z)\mathrm{d}z;$

先面后线：$\displaystyle\iiint\limits_{\Omega} f(x,y,z)\mathrm{d}v = \int_q^p \mathrm{d}z \iint\limits_{D_z} f(x,y,z)\mathrm{d}x\mathrm{d}y.$

（2）柱面坐标系下

柱面坐标变换：$x = r\cos\theta, y = r\sin\theta, z = z$，有

$$\iiint\limits_{\Omega} f(x,y,z)\mathrm{d}v = \iiint\limits_{\Omega} f(r\cos\theta, r\sin\theta, z) r\mathrm{d}r\mathrm{d}\theta\mathrm{d}z.$$

（3）球面坐标系下

球面坐标变换：$x = \rho\sin\varphi\cos\theta, y = \rho\sin\varphi\sin\theta, z = \rho\cos\varphi$，有

$$\iiint\limits_{\Omega} f(x,y,z)\mathrm{d}v = \iiint\limits_{\Omega} f(\rho\sin\varphi\cos\theta, \rho\sin\varphi\sin\theta, \rho\cos\varphi) \rho^2 \sin\varphi\mathrm{d}\rho\mathrm{d}\varphi\mathrm{d}\theta.$$

5.2.4 重积分的应用

1. 二重积分的应用

（1）曲面面积：设曲面 $S: z = f(x,y)$，D 为曲面 S 在 xOy 坐标面上的投影区域，则

$$S = \iint\limits_{D} \sqrt{1 + f_x^2(x,y) + f_y^2(x,y)}\,\mathrm{d}x\mathrm{d}y.$$

（2）曲顶柱体的体积：以 $z = f(x,y) \geqslant 0$ 为曲顶，以 D 为底的曲顶柱体的体积

$$V = \iint\limits_{D} f(x,y)\mathrm{d}x\mathrm{d}y.$$

（3）平面薄片的重心：$\bar{x} = \dfrac{M_y}{M} = \dfrac{\iint\limits_{D} x\rho(x,y)\mathrm{d}\sigma}{\iint\limits_{D} \rho(x,y)\mathrm{d}\sigma}, \bar{y} = \dfrac{M_x}{M} = \dfrac{\iint\limits_{D} y\rho(x,y)\mathrm{d}\sigma}{\iint\limits_{D} \rho(x,y)\mathrm{d}\sigma}$；

当薄片均匀时：$\bar{x} = \dfrac{1}{s}\iint\limits_{D} x\mathrm{d}\sigma, \bar{y} = \dfrac{1}{s}\iint\limits_{D} y\mathrm{d}\sigma.$

（4）平面薄片的转动惯量：关于 x 轴、y 轴、原点 O 分别为

$$I_x = \iint\limits_{D} y^2\rho(x,y)\mathrm{d}x\mathrm{d}y, \quad I_y = \iint\limits_{D} x^2\rho(x,y)\mathrm{d}x\mathrm{d}y, \quad I_O = \iint\limits_{D} (x^2 + y^2)\rho(x,y)\mathrm{d}x\mathrm{d}y.$$

2. 三重积分的应用

空间闭区域 Ω 的体积：$V = \iiint\limits_{\Omega} \mathrm{d}v.$

重心坐标：$\bar{x} = \dfrac{1}{M}\iiint\limits_{\Omega} x\rho(x,y,z)\mathrm{d}v, \bar{y} = \dfrac{1}{M}\iiint\limits_{\Omega} y\rho(x,y,z)\mathrm{d}v, \bar{z} = \dfrac{1}{M}\iiint\limits_{\Omega} z\rho(x,y,z)\mathrm{d}v.$

转动惯量：$I_x = \iiint\limits_{\Omega} (y^2 + z^2)\rho\mathrm{d}v, I_y = \iiint\limits_{\Omega} (z^2 + x^2)\mathrm{d}V, I_z = \iiint\limits_{\Omega} (x^2 + y^2)\mathrm{d}V.$

5.3　典　型　例　题

将二重积分 $\iint\limits_{D} f(x,y)\mathrm{d}\sigma$ 化为何种次序的二次积分，取决于积分区域 D 和被积函数 $f(x,y)$ 的特点，积分次序的选择常会影响计算的繁简，甚至关系到能否计算出结果.

例 5.1（选择积分次序）　求 $I = \iint\limits_{D} \mathrm{e}^{-y^2}\mathrm{d}x\mathrm{d}y$，其中 $D: 0 \leqslant x \leqslant 2; x \leqslant y \leqslant 2.$

解　$I = \displaystyle\int_0^2 \mathrm{d}y \int_0^y \mathrm{e}^{-y^2}\mathrm{d}x = \int_0^2 y\mathrm{e}^{-y^2}\mathrm{d}y = \dfrac{1}{2}(1 - \mathrm{e}^{-4}).$

评注　$\displaystyle\int \mathrm{e}^{-y^2}\mathrm{d}y$ 的原函数不是初等函数，故 $\displaystyle\int \mathrm{e}^{-y^2}\mathrm{d}y$ 积不出，因此，选先 x 后 y 的顺序. 利用对称性计算重积分常常事半功倍.

例 5.2（利用对称性）　$\displaystyle\iint\limits_{D} y[1 + x\mathrm{e}^{\frac{1}{2}(x^2+y^2)}]\mathrm{d}x\mathrm{d}y$，$D$ 是由直线 $y=x$，$y=-1$ 和 $x=1$ 所围成的平面闭区域.

解　如图 5-4 所示，积分区域 D 可以分成对称的区域 D_1 和 D_2. 由二重积分的对称性质得

$$\text{原式} = \iint\limits_{D_1} y[1 + x\mathrm{e}^{\frac{1}{2}(x^2+y^2)}]\mathrm{d}x\mathrm{d}y + \iint\limits_{D_2} y[1 + x\mathrm{e}^{\frac{1}{2}(x^2+y^2)}]\mathrm{d}x\mathrm{d}y$$

$$= 0 + \iint\limits_{D_2} y\mathrm{d}x\mathrm{d}y = \int_{-1}^0 \mathrm{d}y \int_y^{-y} y\mathrm{d}x$$

$$= \int_{-1}^0 -2y^2\mathrm{d}y = -\dfrac{2}{3}.$$

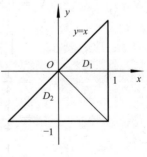

图　5-4

例 5.3(去绝对值符号)　$I = \iint\limits_{D} \sqrt{|y-x^2|} \, \mathrm{d}x \mathrm{d}y$，其中 $D : |x| \leqslant 1, 0 \leqslant y \leqslant 2$.

解　$D_1 = \{(x,y) \mid 0 \leqslant x \leqslant 1, x^2 \leqslant y \leqslant 2\}$，$D_2 = \{(x,y) \mid 0 \leqslant x \leqslant 1, 0 \leqslant y \leqslant x^2\}$，

$$|y-x^2| = \begin{cases} y-x^2, & y \geqslant x^2 \\ x^2-y, & y \leqslant x^2 \end{cases}, (x,y) \in D.$$

如图 5-5 所示，利用对称性得

$$I = 2\iint\limits_{D_1} \sqrt{y-x^2} \, \mathrm{d}x\mathrm{d}y + 2\iint\limits_{D_2} \sqrt{x^2-y} \, \mathrm{d}x\mathrm{d}y$$

$$= 2\int_0^1 \mathrm{d}x \int_{x^2}^2 \sqrt{y-x^2} \, \mathrm{d}y + 2\int_0^1 \mathrm{d}x \int_0^{x^2} \sqrt{x^2-y} \, \mathrm{d}y$$

$$= \frac{4}{3}\int_0^1 (2-x^2)^{\frac{3}{2}} \, \mathrm{d}x + \frac{4}{3}\int_0^1 x^3 \, \mathrm{d}x$$

$$\xlongequal{x=\sqrt{2}\sin t} \frac{4}{3}\int_0^{\frac{\pi}{4}} 2^{\frac{3}{2}} \cos^3 t \cdot 2^{\frac{1}{2}} \cos t \, \mathrm{d}t + \frac{1}{3}$$

$$= \frac{16}{3}\int_0^{\frac{\pi}{4}} \cos^4 t \, \mathrm{d}t + \frac{1}{3} = \frac{\pi}{2} + \frac{5}{3}.$$

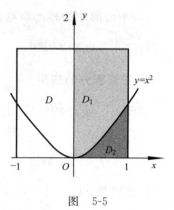

图 5-5

例 5.4　设 D 由抛物线 $y=x^2, y=4x^2$ 及直线 $y=1$ 围成，如图 5-6 所示，用先 x 后 y 的顺序将 $I = \iint\limits_{D} f(x,y)\mathrm{d}x\mathrm{d}y$ 化成二次积分.

解　$I = \int_0^1 \mathrm{d}y \int_{-\sqrt{y}}^{-\frac{\sqrt{y}}{2}} f(x,y)\mathrm{d}x + \int_0^1 \mathrm{d}y \int_{\frac{\sqrt{y}}{2}}^{\sqrt{y}} f(x,y)\mathrm{d}x.$

评注　由图 5-6 可知，如果选用先 y 后 x 的积分次序，结果将会更加复杂. 当然，究竟采用何种次序计算要视被积函数 $f(x,y)$ 的特点而定.

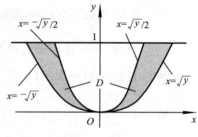

图 5-6

例 5.5　设有曲顶柱体，以双曲抛物面（马鞍面）$z=xy$ 为顶，以 xOy 坐标面为底，以三个柱面 $x=0, x^2+y^2=1, y=0, x^2+y^2=1$ 和 $x^2+y^2=2x$ 为侧面，试求其体积 V.

解　曲顶柱体如图 5-7 所示，设 V 在水平面上的投影域为 D，如图 5-8 所示，则由二重积分的几何意义得

$$V = \iint\limits_{D} xy \, \mathrm{d}x\mathrm{d}y = \int_{\pi/3}^{\pi/2} \left(\int_{2\cos\theta}^1 r\cos\theta \cdot r\sin\theta \cdot r \, \mathrm{d}r \right) \mathrm{d}\theta$$

$$= \int_{\pi/3}^{\pi/2} \sin\theta\cos\theta \cdot \left[\frac{r^4}{4} \right]_{2\cos\theta}^1 \mathrm{d}\theta$$

$$= \frac{1}{4}\int_{\pi/3}^{\pi/2} \sin\theta\cos\theta \cdot (1 - 16\cos^4\theta) \mathrm{d}\theta$$

$$= \frac{1}{4}\int_{\pi/3}^{\pi/2} (16\cos^5\theta - \cos\theta) \mathrm{d}\cos\theta$$

$$= \frac{1}{4}\left[\frac{16\cos^6\theta}{6} - \frac{\cos^2\theta}{2} \right]_{\pi/3}^{\pi/2} = \frac{1}{48}.$$

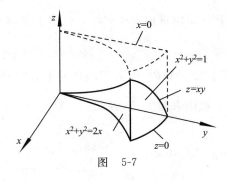

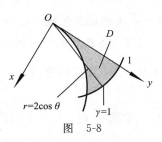

图 5-7
图 5-8

例 5.6 求 $I = \iiint\limits_{\Omega} xy\mathrm{d}v$，$\Omega$ 是由 $z = xy, z = 0, x + y = 1$ 围成.

解 如图 5-9 所示，立体是以马鞍面 $z = xy$ 为顶面的曲顶柱体，其占据的空间区域 Ω 在 xOy 平面上投影区域 D 的边界线为 $x + y = 1, x = 0, y = 0$，如图 5-10 所示. 选择先线（z 轴方向）后面（区域 D 上的二重）积分，并进一步将二重积分化为先 y 后 x 的二次积分，得

$$I = \int_0^1 \mathrm{d}x \int_0^{1-x} \mathrm{d}y \int_0^{xy} xy\mathrm{d}z = \int_0^1 \mathrm{d}x \int_0^{1-x} x^2 y^2 \mathrm{d}y = \frac{1}{3} \int_0^1 x^2 (1-x)^3 \mathrm{d}x$$

$$= \frac{1}{3} \int_0^1 (x^2 - 3x^3 + 3x^4 - x^5)\mathrm{d}x = \frac{1}{3}\left(\frac{1}{3} - \frac{3}{4} + \frac{3}{5} - \frac{1}{6}\right)$$

$$= \frac{1}{180}.$$

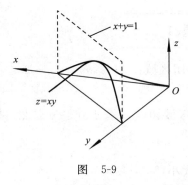

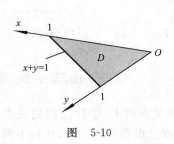

图 5-9
图 5-10

例 5.7 $I = \iiint\limits_{\Omega} y^2 \mathrm{d}v$，其中 Ω 由椭球面 $\dfrac{x^2}{a^2} + \dfrac{y^2}{b^2} + \dfrac{z^2}{c^2} = 1 (0 \leqslant y \leqslant b)$ 及 $y = 0$ 围成.

解 先面后线. 过 y 轴上任意一点 $y \in [0, b]$ 作垂直于 y 轴的平面与 Ω 交成区域 D_y.

$$D_y : \frac{x^2}{a^2} + \frac{z^2}{c^2} \leqslant 1 - \frac{y^2}{b^2}, 0 \leqslant y \leqslant b, S(D_y) = \pi ac\left(1 - \frac{y^2}{b^2}\right).$$

$$I = \int_0^b \mathrm{d}y \iint\limits_{D_y} y^2 \mathrm{d}z\mathrm{d}x = \int_0^b y^2 S(D_y)\mathrm{d}y = \int_0^b y^2 \pi ac\left(1 - \frac{y^2}{b^2}\right)\mathrm{d}y = \pi ac\left(\frac{1}{3}b^3 - \frac{1}{5}b^3\right) = \frac{2\pi}{15}ab^3c.$$

评注 被积函数只与 y 有关，而截面面积易求出，故选择先面后线的积分更容易些.

例 5.8 计算三重积分 $\iiint\limits_{\Omega}(x+z)\mathrm{d}v$，其中 Ω 是由锥面 $z=\sqrt{x^2+y^2}$ 和上半球面 $z=\sqrt{1-x^2-y^2}$ 所围成的区域.

解 **法 1** 注意到积分区域是关于 yOz 坐标面对称的，而被积函数关于 x 的奇函数. 所以 $\iiint\limits_{\Omega}x\mathrm{d}v=0$，注意到锥面 $z=\sqrt{x^2+y^2}$ 与 z 轴的夹角为 $\dfrac{\pi}{4}$，因此

$$\text{原式}=\iiint\limits_{\Omega}z\mathrm{d}v=\int_0^{2\pi}\mathrm{d}\theta\int_0^{\frac{\pi}{4}}\mathrm{d}\varphi\int_0^1\rho\cos\varphi\cdot\rho^2\sin\varphi\mathrm{d}\rho$$

$$=\int_0^{2\pi}\mathrm{d}\theta\int_0^{\frac{\pi}{4}}\sin\varphi\cos\varphi\mathrm{d}\varphi\int_0^1\rho^3\mathrm{d}\rho=2\pi\cdot\frac{1}{2}\sin^2\varphi\Big|_0^{\frac{\pi}{4}}\cdot\frac{1}{4}=\frac{\pi}{8}.$$

法 2 先面后线：$S(D_z)=\begin{cases}\pi z^2 & \text{当 } z\in\left[0,\dfrac{1}{\sqrt{2}}\right]\\[2mm]\pi(1-z^2) & \text{当 } z\in\left[\dfrac{1}{\sqrt{2}},1\right]\end{cases}$，于是

$$\iiint\limits_{\Omega}z\mathrm{d}v=\int_0^1\mathrm{d}z\iint\limits_{D_z}z\mathrm{d}x\mathrm{d}y=\int_0^{\frac{1}{\sqrt{2}}}z\pi z^2\mathrm{d}z+\int_{\frac{1}{\sqrt{2}}}^1z\pi(1-z^2)\mathrm{d}z=\frac{\pi}{8}.$$

评注 本题适宜用球面坐标变换.

5.4 自 测 题

自 测 题 1

1. 设 $I_1=\iint\limits_{D_1}(x^2+y^2)^3\mathrm{d}\sigma$，其中 D_1 是矩形闭区域：$-1\leqslant x\leqslant 1,-2\leqslant y\leqslant 2$；

又 $I_2=\iint\limits_{D_2}(x^2+y^2)^3\mathrm{d}\sigma$，其中 D_2 是矩形闭区域：$0\leqslant x\leqslant 1,0\leqslant y\leqslant 2$. 试用二重积分的几何意义说明 I_1 与 I_2 之间的关系.

2. 根据二重积分的性质，比较下列积分的大小：

(1) $\iint\limits_{D}(x+y)^2\mathrm{d}\sigma$ 与 $\iint\limits_{D}(x+y)^3\mathrm{d}\sigma$，其中 D 是由 x 轴、y 轴与直线 $x+y=1$ 所围成；

(2) $\iint\limits_{D}\ln(x+y)\mathrm{d}\sigma$ 与 $\iint\limits_{D}[\ln(x+y)]^2\mathrm{d}\sigma$，其中 D 是以 $(1,0),(1,1),(2,0)$ 为顶点的三角形闭区域.

3. 利用二重积分的性质估计下列积分的值：

(1) $I=\iint\limits_{D}xy(x+y)\mathrm{d}\sigma$，其中 D：$0\leqslant x\leqslant 1,0\leqslant y\leqslant 1$；

(2) $I=\iint\limits_{D}\mathrm{e}^{-(x^2+y^2)}\mathrm{d}\sigma$，其中 D：$1\leqslant x^2+y^2\leqslant 4$.

自　测　题　2

---

1. 按两种积分次序化二重积分 $I = \iint\limits_{D} f(x,y)\mathrm{d}\sigma$ 为二次积分,其中积分区域 D 是:

(1) 由直线 $y = x$ 及抛物线 $y^2 = 4x$ 所围成的闭区域;

(2) 由 $y = \sin x (0 \leqslant x \leqslant \pi)$ 及 $y = 0$ 所围成的闭区域.

2. 计算下列二重积分:

(1) $\iint\limits_{D} (x^2 + y^2)\mathrm{d}\sigma$,其中 D 是矩形: $|x| \leqslant 1$, $|y| \leqslant 1$;

(2) $\iint\limits_{D} x\cos(x + y)\mathrm{d}\sigma$,其中 D 是顶点分别为 $(0,0)$, $(\pi,0)$ 和 (π,π) 三角形区域;

(3) $\iint\limits_{D} x\sqrt{y}\,\mathrm{d}\sigma$,其中 D 是由两条抛物线 $y = \sqrt{x}$, $y = x^2$ 所围成的闭区域;

(4) $\iint\limits_{D} xy^2\mathrm{d}\sigma$,其中 D 是由半圆周 $x = \sqrt{4 - y^2}$ 及 y 轴所围的闭区域

(5) $\iint\limits_{D} \mathrm{e}^{x+y}\mathrm{d}\sigma$,其中 D 是由 $|x| + |y| \leqslant 1$ 所确定的闭区域;

(6) $\iint\limits_{D} x[1 + yf(x^2 + y^2)]\mathrm{d}\sigma$,其中 $D = ((x,y) \mid x^2 + y^2 \leqslant 2x)$, $f(x)$ 在 $[0,4]$ 上连续.

3. 改变下列二次积分的积分次序:

(1) $\int_0^1 \mathrm{d}y \int_0^y f(x,y)\mathrm{d}x$;

(2) $\int_1^e \mathrm{d}x \int_0^{\ln x} f(x,y)\mathrm{d}y$;

(3) $\int_0^1 \mathrm{d}y \int_1^{2y} f(x,y)\mathrm{d}x + \int_1^3 \mathrm{d}y \int_1^{3-y} f(x,y)\mathrm{d}x$.

4. 设平面薄片所占的闭区域 D 是由直线 $x + y = 2$, $y = x$ 和 x 轴所围成,薄片在 D 内任一点的面密度为该点到原点的距离的平方,求该薄片的质量.

5. 求由平面 $x = 0$, $y = 0$, $x + y = 1$ 所围成的柱体被平面 $z = 0$ 及抛物面 $x^2 + y^2 = 6 - z$ 截得的立体的体积.

6. 计算 $\iint\limits_{D} |\sin(x + y)|\,\mathrm{d}\sigma$,其中 D: $0 \leqslant x \leqslant \pi$, $0 \leqslant y \leqslant 2\pi$.

自　测　题　3

---

1. 化二次积分 $\int_0^2 \mathrm{d}x \int_x^{\sqrt{3}x} f(\sqrt{x^2 + y^2})\mathrm{d}y$ 为极坐标形式的二次积分.

2. 把下列积分化为极坐标形式,并计算积分值:

(1) $\int_0^1 \mathrm{d}x \int_{x^2}^x (x^2 + y^2)^{-\frac{1}{2}}\mathrm{d}y$;

(2) $\int_0^a \mathrm{d}y \int_0^{\sqrt{a^2 - y^2}} (x^2 + y^2)\mathrm{d}x$.

3. 利用极坐标计算下列各题:

(1) $\iint\limits_{D} e^{x^2+y^2} d\sigma$,其中 $D: x^2+y^2 \leqslant 4$;

(2) $\iint\limits_{D} \ln(1+x^2+y^2) d\sigma$,其中 $D: x^2+y^2 \leqslant 1, x \geqslant 0, y \geqslant 0$.

4. 计算下列各题:

(1) $\iint\limits_{D} \sqrt{\dfrac{1-x^2-y^2}{1+x^2+y^2}} d\sigma$,其中 D 是由圆周 $x^2+y^2=1$ 及坐标轴所围成的在第一象限内的闭区域;

(2) $\iint\limits_{D} \sqrt{R^2-x^2-y^2} d\sigma$,其中 D 是由圆周 $x^2+y^2=Rx$ 所围成的闭区域.

5. 计算圆 $x^2+y^2=a^2$ 的外部与圆 $x^2+y^2=2ax$ 的内部所形成区域的面积.

6. 计算由曲面 $z=x^2+2y^2$ 与 $z=6-2x^2-y^2$ 所围立体的体积.

自 测 题 4

1. (1) 求球面 $x^2+y^2+z^2=a^2$ 含在圆柱面 $x^2+y^2=ax$ 内部的那部分面积.

(2) 求含在该球内部的圆柱面的部分面积.

2. 求平面 $\dfrac{x}{a}+\dfrac{y}{b}+\dfrac{z}{c}=1$ 被三坐标面所割出部分的面积.

3. 设薄片所占的闭区域 D 是半椭圆形闭区域:$\dfrac{x^2}{a^2}+\dfrac{y^2}{b^2} \leqslant 1, y \geqslant 0$,求其重心.

4. 在均匀半圆形薄片的直径上,要接上一个一边与直径等长的均匀矩形薄片,为使整个均匀薄片的重心恰好落在圆心上,问接上去的均匀矩形薄片另一边的长度是多少?

5. 设均匀薄片(面密度 $\rho=1$)所占闭区域 D 由抛物线 $y^2=\dfrac{9}{2}x$ 与直线 $x=2$ 所围成,求 I_x 和 I_y.

6. 求由抛物线 $y=x^2$ 及直线 $y=1$ 所围成的均匀薄片关于直线 $y=-1$ 的转动惯量.

自 测 题 5

1. 化三重积分 $I=\iiint\limits_{\Omega} f(x,y,z)$ 为直角坐标系中的三次积分,其中积分区域 Ω 分别是:

(1) 由曲面 $z=x^2+y^2$ 及平面 $z=1$ 所围成的闭区域;

(2) 由曲面 $z=x^2+y^2, y=x^2$ 及平面 $y=1, z=0$ 所围成的闭区域.

2. 在直角坐标下计算下列三重积分:

(1) $\iiint\limits_{\Omega} \dfrac{dxdydz}{(1+x+y+z)^3}$,其中 Ω 为平面 $x+y+z=1$ 与三个坐标平面所围成的四面体;

(2) $\iiint\limits_{\Omega} xyz \, dxdydz$,其中 Ω 为球面 $x^2+y^2+z^2=1$ 及三个坐标面所围成的在第一卦限内的闭区域;

3. 利用柱面坐标计算 $\iiint\limits_{\Omega} z \mathrm{d}v$,其中 Ω 是由曲面 $z = \sqrt{2-x^2-y^2}$ 及 $z = x^2+y^2$ 所围成的闭区域.

4. 利用球面坐标计算下列三重积分:

(1) $\iiint\limits_{\Omega} (x^2+y^2+z^2)\mathrm{d}v$,其中 Ω 是由球面 $x^2+y^2+z^2 = 1$ 所围成的闭区域;

(2) $\iiint\limits_{\Omega} \dfrac{\mathrm{d}v}{\sqrt{x^2+y^2+z^2}}$,其中 Ω 是由 $x^2+y^2+z^2 = 2az$ 所围成的闭区域.

5. 选用适当的坐标计算下列三重积分:

(1) $\iiint\limits_{\Omega} (x^2+y^2)\mathrm{d}v$,其中 Ω 是由两个半球面 $z = \sqrt{A^2-x^2-y^2}$,$z = \sqrt{a^2-x^2-y^2}$

$(A>a>0)$ 及平面 $z = 0$ 所围成的闭区域;

(2) $\iiint\limits_{\Omega} \dfrac{z\ln(x^2+y^2+z^2+1)}{x^2+y^2+z^2+1}\mathrm{d}v$,其中 Ω 是由球面 $x^2+y^2+z^2 = 1$ 所围成的闭区域.

6. 设有一均匀物体(密度 ρ 为常数)占有的闭区域 Ω 是由曲面 $z = x^2+y^2$ 和平面 $z = 0$,$|x| = a$,$|y| = a$ 所围成.求:

(1) 其体积; (2) 物体的重心; (3) 物体关于 z 轴的转动惯量.

第6章 曲线积分与曲面积分

6.1 基本要求

1. 理解两类曲线积分的概念,了解两类曲线积分的性质及两类曲线积分的关系.

2. 掌握两类曲线积分的计算方法.

3. 掌握格林公式并会运用平面曲线积分与路径无关的条件,会求二元函数全微分的原函数.

4. 理解两类曲面积分的概念,了解两类曲面积分的性质及两类曲面积分的关系;掌握两类曲面积分的计算方法,会用高斯公式、斯托克斯公式计算曲面、曲线积分.

5. 了解散度与旋度的概念,并会计算.

6. 会用曲线积分及曲面积分求一些几何量与物理量(曲面面积、弧长、质量、质心、转动惯量、引力、功、流量等).

6.2 知识要点

6.2.1 对弧长的曲线积分(第一类曲线积分)

1. 定义

函数 $f(x,y)$ 在平面曲线 L 上对弧长的曲线积分为

$$\int_L f(x,y)\mathrm{d}s = \lim_{\lambda \to 0}\sum_{i=1}^n f(\xi_i,\eta_i)\Delta s_i;$$

函数 $f(x,y,z)$ 在空间曲线 Γ 上对弧长的曲线积分为

$$\int_\Gamma f(x,y,z)\mathrm{d}s = \lim_{\lambda \to 0}\sum_{i=1}^n f(\xi_i,\eta_i,\zeta_i)\Delta s_i.$$

2. 性质

(1)(线性质) $\int_L kf(x,y)\mathrm{d}s = k\int_L f(x,y)\mathrm{d}s$ (k 为常数);

$$\int_L \big[f(x,y) \pm g(x,y)\big]\mathrm{d}s = \int_L f(x,y)\mathrm{d}s \pm \int_L g(x,y)\mathrm{d}s.$$

(2)(对积分曲线的可加性) $\int_{L_1+L_2} f(x,y)\mathrm{d}x = \int_{L_1} f(x,y)\mathrm{d}x + \int_{L_2} f(x,y)\mathrm{d}x.$

(3)若积分曲线 L 关于 x 轴对称,L_1 为 L 在 x 轴以上的部分,则

$$\int_L f(x,y)\mathrm{d}s = \begin{cases} 2\displaystyle\int_{L_1} f(x,y)\mathrm{d}s & 当 f(x,-y)=f(x,y) \\ 0 & 当 f(x,-y)=-f(x,y) \end{cases}.$$

若积分曲线 L 关于 y 轴对称，L_1 为 L 在 y 轴以右的部分，则

$$\int_L f(x,y)\mathrm{d}s = \begin{cases} 2\displaystyle\int_{L_1} f(x,y)\mathrm{d}s & 当 f(-x,y)=f(x,y) \\ 0 & 当 f(-x,y)=-f(x,y) \end{cases}.$$

若 L 具有轮换对称性，即将 x 和 y 互换 L 不变，则

$$\int_L f(x,y)\mathrm{d}s = \int_L f(y,x)\mathrm{d}s = \frac{1}{2}\left[\int_L f(x,y)\mathrm{d}s + \int_L f(y,x)\mathrm{d}s\right].$$

以上性质可以推广到空间曲线上.

3. 计算

设平面光滑曲线 L 由参数方程 $\begin{cases} x=x(t) \\ y=y(t) \end{cases}(\alpha\leqslant t\leqslant\beta)$ 给出，$f(x,y)$ 在 L 上连续，则

$$\int_L f(x,y)\mathrm{d}s = \int_\alpha^\beta f(x(t),y(t))\sqrt{x_t'^2+y_t'^2}\,\mathrm{d}t \quad (\alpha<\beta);$$

设空间光滑曲线 Γ 由参数方程 $\begin{cases} x=x(t) \\ y=y(t) \\ z=z(t) \end{cases}(\alpha\leqslant t\leqslant\beta)$ 给出，$f(x,y,z)$ 在 Γ 上连续，则

$$\int_\Gamma f(x,y,z)\mathrm{d}s = \int_\alpha^\beta f(x(t),y(t),z(t))\sqrt{x_t'^2+y_t'^2+z_t'^2}\,\mathrm{d}t \quad (\alpha<\beta).$$

6.2.2　对坐标的曲线积分（第二类曲线积分）

1. 定义

函数 $P(x,y)$ 在有向曲线弧 L 上对坐标 x 的曲线积分为

$$\int_L P(x,y)\mathrm{d}x = \lim_{\lambda\to 0}\sum_{i=1}^n P(\xi_i,\eta_i)\Delta x_i;$$

函数 $Q(x,y)$ 在有向曲线弧 L 上对坐标 y 的曲线积分为

$$\int_L Q(x,y)\mathrm{d}y = \lim_{\lambda\to 0}\sum_{i=1}^n Q(\xi_i,\eta_i)\Delta y_i,$$

且简记

$$\int_L P\mathrm{d}x+Q\mathrm{d}y \triangleq \int_L P\mathrm{d}x+\int_L Q\mathrm{d}y.$$

在空间有向曲线 Γ 上对坐标 x,y,z 的曲线积分分别为

$$\int_\Gamma P(x,y,z)\mathrm{d}x = \lim_{\lambda\to 0}\sum_{i=1}^n P(\xi_i,\eta_i,\zeta_i)\Delta x_i,$$

$$\int_\Gamma Q(x,y,z)\mathrm{d}y = \lim_{\lambda\to 0}\sum_{i=1}^n Q(\xi_i,\eta_i,\zeta_i)\Delta y_i,$$

$$\int_\Gamma R(x,y,z)\mathrm{d}z = \lim_{\lambda\to 0}\sum_{i=1}^n R(\xi_i,\eta_i,\zeta_i)\Delta z_i,$$

且简记
$$\int_\Gamma P\mathrm{d}x + Q\mathrm{d}y + R\mathrm{d}z \triangleq \int_\Gamma P\mathrm{d}x + \int_\Gamma Q\mathrm{d}y + \int_\Gamma R\mathrm{d}z.$$

2. 性质

以对坐标 x 的曲线积分为例.

(1)(线性性质) $\displaystyle\int_L kP(x,y)\mathrm{d}x = k\int_L P(x,y)\mathrm{d}x;$

$$\int_L (P_1 + P_2)\mathrm{d}x = \int_L P_1(x,y)\mathrm{d}x + \int_L P_2(x,y)\mathrm{d}x.$$

(2)(对积分曲线的可加性) $\displaystyle\int_{L_1+L_2} P\mathrm{d}x = \int_{L_1} P\mathrm{d}x + \int_{L_2} P\mathrm{d}x.$

(3) $\displaystyle\int_L P\mathrm{d}x + Q\mathrm{d}y = -\int_{L^-} f(x,y)\mathrm{d}s$, 其中 L^- 是与 L 重合而方向相反的曲线弧.

以上性质可以推广到空间有向曲线上.

3. 计算

设平面光滑曲线 L 由参数方程 $\begin{cases} x = x(t) \\ y = y(t) \end{cases}$ 给出,且当参数 t 由 α 单调变到 β 时,对应点 (x,y) 描出由点起点 A 到终点 B 的曲线 L, $P(x,y)$, $Q(x,y)$ 在 L 上连续,则

$$\int_L P(x,y)\mathrm{d}x + Q(x,y)\mathrm{d}y = \int_\alpha^\beta [P(x(t),y(t))x'(t) + Q(x(t),y(t))y'(t)]\mathrm{d}t.$$

对沿空间有向曲线 Γ 的对坐标的曲线积分类似计算.

4. 两类曲线积分的联系

$$\int_L P\mathrm{d}x + Q\mathrm{d}y = \int_L (P\cos\alpha + Q\cos\beta)\mathrm{d}s$$

其中, $(\cos\alpha, \cos\beta) = \left(\dfrac{\mathrm{d}x}{\mathrm{d}s}, \dfrac{\mathrm{d}y}{\mathrm{d}s}\right)$ 是有向曲线弧 L 上点 $M(x,y)$ 处与 L 方向一致的单位切向量.

6.2.3 格林公式

1. 格林公式的定义

设闭区域 D 由分段光滑的正向曲线 L 围成,函数 $P(x,y)$ 及 $Q(x,y)$ 在 D 上有一阶连续偏导数,则

$$\int_L P\mathrm{d}x + Q\mathrm{d}y = \iint_D \left(\frac{\partial Q}{\partial x} - \frac{\partial P}{\partial y}\right)\mathrm{d}x\mathrm{d}y.$$

2. 平面曲线积分与路径无关的条件　原函数

设 $P(x,y)$, $Q(x,y)$ 在单连通域 G 内有一阶连续偏导数,则在 G 内下面四个条件等价:

(1) $\dfrac{\partial Q}{\partial x} = \dfrac{\partial P}{\partial y}$;

(2) $\displaystyle\oint_L P\mathrm{d}x + Q\mathrm{d}y = 0$, 其中 L 为完全含在 G 内的任意一条分段光滑的闭曲线;

(3) $\displaystyle\int_L P\mathrm{d}x + Q\mathrm{d}y$ 在 G 内与路径无关,其中 L 为完全含在 G 内的曲线;

(4) 存在 G 上的函数 $u(x,y)$,使得 $\mathrm{d}u = P\mathrm{d}x + Q\mathrm{d}y$,且

$$u(x,y) = \int_{(x_0,y_0)}^{(x,y)} P(x,y)\mathrm{d}x + Q(x,y)\mathrm{d}y = \int_{x_0}^x P(x,y_0)\mathrm{d}x + \int_{y_0}^y Q(x,y)\mathrm{d}y.$$

或

$$u(x,y) = \int_{(x_0,y_0)}^{(x,y)} P(x,y)\mathrm{d}x + Q(x,y)\mathrm{d}y = \int_{y_0}^y Q(x_0,y)\mathrm{d}y + \int_{x_0}^x P(x,y)\mathrm{d}x.$$

注　由证明过程知,条件(2)、(3)在复连通区域上等价.

6.2.4　对面积的曲面积分(第一类曲面积分)

函数 $f(x,y,z)$ 在曲面 Σ 上对面积的曲面积分

$$\iint_{\Sigma} f(x,y,z)\mathrm{d}S = \lim_{\lambda \to 0} \sum_{i=1}^n f(\xi_i,\eta_i,\zeta_i)\Delta S_i.$$

对面积的曲面积分与对弧长的曲线积分的性质相类似.

对面积的曲面积分计算公式为

$$\iint_{\Sigma} f(x,y,z)\mathrm{d}S = \iint_D f[x,y,z(x,y)]\sqrt{1+z_x^2(x,y)+z_y^2(x,y)}\,\mathrm{d}\sigma.$$

其中,D 为光滑有界曲面 Σ 在 xOy 面上的投影区域.

6.2.5　对坐标的曲面积分(第二类曲面积分)

曲面的侧:以曲面的法向量的指(朝)向对应曲面的前、后、左、右、内、外侧.

1. 定义

函数 $R(x,y,z)$ 在有向曲面 Σ 上对坐标 x,y 的曲面积分

$$\iint_{\Sigma} R(x,y,z)\mathrm{d}x\mathrm{d}y = \lim_{\lambda \to 0} \sum_{i=1}^n R(\xi_i,\eta_i,\zeta_i)\cos\gamma_i\Delta S_i;$$

类似地,对坐标 x,y 的及 y,z 的曲面积分分别为

$$\iint_{\Sigma} P(x,y,z)\mathrm{d}y\mathrm{d}z = \lim_{\substack{\lambda \to 0 \\ (n \to \infty)}} \sum_{i=1}^n P(\xi_i,\eta_i,\zeta_i)\cos\alpha_i\Delta S_i;$$

$$\iint_{\Sigma} Q(x,y,z)\mathrm{d}z\mathrm{d}x = \lim_{\substack{\lambda \to 0 \\ (n \to \infty)}} \sum_{i=1}^n Q(\xi_i,\eta_i,\zeta_i)\cos\beta_i\Delta S_i.$$

其中,$\cos\alpha_i,\cos\beta_i,\cos\gamma_i$ 为 Σ 上点 $M_i(\xi_i,\eta_i,\zeta_i)$ 处法向量的方向余弦,常记

$$\iint_{\Sigma} P\mathrm{d}y\mathrm{d}z + Q\mathrm{d}z\mathrm{d}x + R\mathrm{d}x\mathrm{d}y = \iint_{\Sigma} P\mathrm{d}y\mathrm{d}z + \iint_{\Sigma} Q\mathrm{d}z\mathrm{d}x + \iint_{\Sigma} R\mathrm{d}x\mathrm{d}y.$$

2. 性质

以对坐标 x,y 的曲面积分为例.

(1)(线性性质) $\displaystyle\iint_{\Sigma} kR(x,y,z)\mathrm{d}x\mathrm{d}y = k\iint_{\Sigma} R(x,y,z)\mathrm{d}y\mathrm{d}z;$

$$\iint\limits_{\Sigma}(R_1+R_2)\mathrm{d}x\mathrm{d}y=\iint\limits_{\Sigma}R_1\mathrm{d}x\mathrm{d}y+\iint\limits_{\Sigma}R_2\mathrm{d}x\mathrm{d}y.$$

(2)（对积分曲面的可加性）$\iint\limits_{\Sigma_1+\Sigma_2}R\mathrm{d}x\mathrm{d}y=\iint\limits_{\Sigma_1}R\mathrm{d}x\mathrm{d}y+\iint\limits_{\Sigma_2}R\mathrm{d}x\mathrm{d}y.$

(3) $\iint\limits_{\Sigma}R\mathrm{d}x\mathrm{d}y=-\iint\limits_{\Sigma^-}R\mathrm{d}x\mathrm{d}y$，其中 Σ^- 是与 Σ 重合而侧相反的曲面.

3. 计算

对坐标的曲面积分计算公式为

$$\iint\limits_{\Sigma}P(x,y,z)\mathrm{d}y\mathrm{d}z=\begin{cases}\displaystyle\iint\limits_{D_{yz}}P(x(y,z),y,z)\mathrm{d}\sigma & \text{当}\Sigma\text{取前侧时}\\[2mm]-\displaystyle\iint\limits_{D_{yz}}P(x(y,z),y,z)\mathrm{d}\sigma & \text{当}\Sigma\text{取后侧时}\end{cases};$$

$$\iint\limits_{\Sigma}Q(x,y,z)\mathrm{d}z\mathrm{d}x=\begin{cases}\displaystyle\iint\limits_{D_{zx}}Q(x,y(z,x),z)\mathrm{d}\sigma & \text{当}\Sigma\text{取右侧时}\\[2mm]-\displaystyle\iint\limits_{D_{zx}}Q(x,y(z,x),z)\mathrm{d}\sigma & \text{当}\Sigma\text{取左侧时}\end{cases};$$

$$\iint\limits_{\Sigma}R(x,y,z)\mathrm{d}y\mathrm{d}z=\begin{cases}\displaystyle\iint\limits_{D_{xy}}R(x,y,z(x,y))\mathrm{d}\sigma & \text{当}\Sigma\text{取上侧时}\\[2mm]-\displaystyle\iint\limits_{D_{xy}}R(x,y,z(x,y))\mathrm{d}\sigma & \text{当}\Sigma\text{取下侧时}\end{cases}.$$

4. 两类曲面积分的联系

$$\iint\limits_{\Sigma}P\mathrm{d}y\mathrm{d}z+Q\mathrm{d}z\mathrm{d}x+R\mathrm{d}x\mathrm{d}y=\iint\limits_{\Sigma}(P\cos\alpha+Q\cos\beta+R\cos\gamma)\mathrm{d}S.$$

其中,$\cos\alpha,\cos\beta,\cos\gamma$ 为 Σ 上点 (x,y,z) 处法向量的方向余弦.

6.2.6 高斯公式

1. 高斯公式

设空间闭区域 Ω 是由分片光滑的闭曲面 Σ 所围成,取外侧,函数 $P(x,y,z)$,$Q(x,y,z)$,$R(x,y,z)$ 在 Ω 上有一阶连续偏导数,则

$$\iint\limits_{\Sigma}P\mathrm{d}y\mathrm{d}z+Q\mathrm{d}z\mathrm{d}x+R\mathrm{d}x\mathrm{d}y=\iiint\limits_{\Omega}\left(\frac{\partial P}{\partial x}+\frac{\partial Q}{\partial y}+\frac{\partial R}{\partial z}\right)\mathrm{d}v.$$

其中,Σ 是 Ω 的整个边界曲面的外侧,$\cos\alpha,\cos\beta,\cos\gamma$ 是 Σ 的外法线方向余弦.

2. 通量与散度

设某向量场由 $\boldsymbol{A}(x,y,z)=P(x,y,z)\boldsymbol{i}+Q(x,y,z)\boldsymbol{j}+R(x,y,z)\boldsymbol{k}$ 给出,其中 P,Q,R 具有一阶连续偏导数,Σ 是场内的一片有向曲面,则定义

通量：$\varPhi = \iint\limits_{\Sigma} P\,\mathrm{d}y\mathrm{d}z + Q\mathrm{d}z\mathrm{d}x + R\mathrm{d}x\mathrm{d}y$；

散度：$\mathrm{div}\,\boldsymbol{A} = \dfrac{\partial P}{\partial x} + \dfrac{\partial Q}{\partial y} + \dfrac{\partial R}{\partial z}$.

(1)高斯公式常用的几种形式

$$\iint\limits_{\Sigma}(P\cos\alpha + Q\cos\beta + R\cos\gamma)\mathrm{d}S = \iiint\limits_{\Omega}\left(\dfrac{\partial P}{\partial x} + \dfrac{\partial Q}{\partial y} + \dfrac{\partial R}{\partial z}\right)\mathrm{d}v$$

或

$$\iint\limits_{\Sigma}\boldsymbol{A}\cdot\boldsymbol{n}^0\mathrm{d}S\left(=\iint\limits_{\Sigma}A_n\mathrm{d}S\right) = \iiint\limits_{\Omega}\mathrm{div}\boldsymbol{A}\mathrm{d}v.$$

(2)若 $P = \dfrac{\partial u}{\partial x}, Q = \dfrac{\partial u}{\partial y}, R = \dfrac{\partial u}{\partial z}$，则由(1)有

$$\iint\limits_{\Sigma}\dfrac{\partial u}{\partial n}\mathrm{d}S = \iint\limits_{\Sigma}\left(\dfrac{\partial u}{\partial x}\cos\alpha + \dfrac{\partial u}{\partial y}\cos\beta + \dfrac{\partial u}{\partial z}\cos\gamma\right)\mathrm{d}S = \left(\iint\limits_{\Sigma}\mathrm{grad}u\cdot\boldsymbol{n}^0\mathrm{d}S\right) = \iiint\limits_{\Omega}\boldsymbol{\nabla}^2 u\mathrm{d}v.$$

6.3　典 型 例 题

例 6.1(对弧长)　计算 $\displaystyle\int_L |y|\,\mathrm{d}s$，其中 L 为双纽线 $(x^2+y^2)^2 = a^2(x^2-y^2)$.

解　L 关于 x 轴与 y 轴以及原点对称，而 $|y|$ 为关于 x 的偶函数，也是关于 x 的偶函数，所以 $\int_L |y|\,\mathrm{d}s = 4\int_{L_1} y\mathrm{d}s$，其中 L_1 是位于第一象限的部分. L_1 的极坐标方程为 $r = a\sqrt{\cos 2\theta}\left(\theta\in\left[0,\dfrac{\pi}{4}\right]\right)$，故有

$$\oint_L |y|\,\mathrm{d}s = 4\int_0^{\frac{\pi}{4}} |r(\theta)\sin\theta|\sqrt{[r(\theta)]^2 + [r'(\theta)]^2}\,\mathrm{d}\theta$$

$$= 4\int_0^{\frac{\pi}{4}} a\sqrt{\cos 2\theta}\sin\theta\sqrt{a^2\cos 2\theta + \left(a\dfrac{-\sin 2\theta}{\sqrt{\cos 2\theta}}\right)^2}\,\mathrm{d}\theta$$

$$= 4\int_0^{\frac{\pi}{4}} a^2\sin\theta\mathrm{d}\theta = 4a^2\left(1 - \dfrac{\sqrt{2}}{2}\right).$$

例 6.2(对弧长)　计算 $\displaystyle\int_L z^2\mathrm{d}s$，其中 $L:\begin{cases} x^2+y^2+z^2 = a^2 \\ x+y+z = 0 \end{cases}$.

解　由于 $L:\begin{cases} y^2+z^2+x^2 = a^2 \\ x+y+z = 0 \end{cases}$ 具有轮换对称性，因此 $\displaystyle\int_L x^2\mathrm{d}s = \int_L y^2\mathrm{d}s = \int_L z^2\mathrm{d}s$，从而

$$\int_L z^2\mathrm{d}s = \dfrac{1}{3}\int_L (x^2+y^2+z^2)\mathrm{d}s = \dfrac{1}{3}a^2\int_L \mathrm{d}s = \dfrac{2}{3}\pi a^3.$$

例 6.3(对坐标)　计算 $\displaystyle\int_L (y-z)\mathrm{d}x + (z-x)\mathrm{d}y + (x-y)\mathrm{d}z$，其中 L 为圆柱面 $x^2 + y^2 = a^2$ 与平面 $\dfrac{x}{a} + \dfrac{z}{h} = 1(a>0, h>0)$ 的交线，从 x 轴正向看 L 为逆时针方向.

解 L 的参数式为 $\begin{cases} x=a\cos t \\ y=a\sin t \\ z=h-h\cos t \end{cases}$，当从 $(a,0,0)$ 沿 L 一周最终回到 $(a,0,0)$ 时，参数 t 从 0 变到 2π，所以

$$\int_L (y-z)\mathrm{d}x + (z-x)\mathrm{d}y + (x-y)\mathrm{d}z = a\int_0^{2\pi}[-(a+h)+h\sin t+h\cos t]\mathrm{d}t$$
$$= -2\pi a(a+h).$$

例 6.4（对坐标） 计算 $\int_L x\mathrm{d}x + y\mathrm{e}^{2x-x^2}\mathrm{d}y$，其中 L 为从 $O(0,0)$ 经圆弧 $y=\sqrt{2x-x^2}$ 到点 $B(1,1)$ 的曲线段.

解 由 $y=\sqrt{2x-x^2}$（$x:0\to 1$）对应得 $y:0\to 1$. 于是

$$\text{原式} = \int_0^1 x\mathrm{d}x + \int_0^1 y\mathrm{e}^{y^2}\mathrm{d}y = \frac{1}{2} + \frac{1}{2}(\mathrm{e}-1) = \frac{1}{2}\mathrm{e}.$$

例 6.5（格林公式） 计算 $\int_L \mathrm{e}^{y^2}\mathrm{d}x + x\mathrm{d}y$，其中 L 是椭圆 $4x^2+y^2=8x$ 沿逆时针方向.

解 根据格林公式有

$$\int_L \mathrm{e}^{y^2}\mathrm{d}x + x\mathrm{d}y = \iint_D \left(\frac{\partial(x)}{\partial x} - \frac{\partial(\mathrm{e}^{y^2})}{\partial y}\right)\mathrm{d}x\mathrm{d}y = \iint_D (1-2y\mathrm{e}^{y^2})\mathrm{d}x\mathrm{d}y,$$

其中，D 为由椭圆 $4x^2+y^2=8x$，即 $(x-1)^2+\frac{y^2}{4}=1$ 围成的区域. 由于 D 关于 x 轴对称，而 $2y\mathrm{e}^{y^2}$ 为 y 的奇函数，故有 $\iint_D 2y\mathrm{e}^{y^2}\mathrm{d}x\mathrm{d}y = 0$，因此

$$\int_L \mathrm{e}^{y^2}\mathrm{d}x + x\mathrm{d}y = \iint_D \mathrm{d}x\mathrm{d}y = S_D = \pi\cdot 1\cdot 2 = 2\pi.$$

例 6.6（间接用格林公式） 求 $\int_L \frac{xy^2\mathrm{d}y - x^2y\mathrm{d}x}{x^2+y^2}$，其中 L 是 $x^2+y^2=a^2$ 沿逆时针方向.

解 在 L 上的点 (x,y) 满足 $x^2+y^2=a^2$ 方程，因此

$$\int_L \frac{xy^2\mathrm{d}y - x^2y\mathrm{d}x}{x^2+y^2} = \frac{1}{a^2}\int_L xy^2\mathrm{d}y - x^2y\mathrm{d}x = \frac{1}{a^2}\iint_D \left(\frac{\partial(xy^2)}{\partial x} - \frac{\partial(-x^2y)}{\partial y}\right)\mathrm{d}x\mathrm{d}y$$
$$= \frac{1}{a^2}\iint_D (x^2+y^2)\mathrm{d}x\mathrm{d}y = \frac{1}{a^2}\int_0^{2\pi}\mathrm{d}\theta\int_0^a r^3\mathrm{d}r = \frac{\pi}{2}a^2.$$

注 因为 L 所围区域 D 内含原点，而在此处被积函数的偏导数不连续，不能直接用格林公式，需要先利用沿曲线积分时 x,y 满足 $x^2+y^2=a^2$ 化简曲线积分.

例 6.7（补线用格林公式） 计算 $\int_L (x + \mathrm{e}^{\sin y})\mathrm{d}y - \left(y-\frac{1}{2}\right)\mathrm{d}x$，其中 L 是位于第一象限中

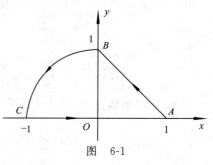

图 6-1

的直线段 $x+y=1$ 与位于第二象限中的圆弧 $x^2+y^2=1$ 构成的曲线.方向是由点 $A(1,0)$ 经 $B(0,1)$ 到 $C(-1,0)$.

解 L 与 CA 辅助直线段 CA 以构成正向闭曲线.于是

$$\int_{L+CA}(x+e^{\sin y})dy-\left(y-\frac{1}{2}\right)dx=\iint_D\left[\frac{\partial(x+e^{\sin y})}{\partial x}+\frac{\partial\left(y-\frac{1}{2}\right)}{\partial y}\right]dxdy$$

$$=\iint_D 2dxdy=2\left(\frac{\pi}{4}+\frac{1}{2}\right);$$

$$\int_L(x+e^{\sin y})dy-\left(y-\frac{1}{2}\right)dx=2\left(\frac{\pi}{4}+\frac{1}{2}\right)-\int_{CA}(x+e^{\sin y})dy-\left(y-\frac{1}{2}\right)dx$$

$$=2\left(\frac{\pi}{4}+\frac{1}{2}\right)-\int_{-1}^1\frac{1}{2}dx=\frac{\pi}{2}.$$

例 6.8(积分与路径无关) 计算曲线积分 $\displaystyle\int_L e^x\cos ydy+e^x\sin ydx$,其中 L 是摆线 $\begin{cases}x=a(t-\sin t)\\y=a(1-\cos t)\end{cases}$ 上从 $O(0,0)$ 到 $A(\pi a,2a)$ 的一段.

解 由 $P(x,y)=e^x\cos y,Q(x,y)=e^x\sin y$,计算得 $\dfrac{\partial P}{\partial y}=\dfrac{\partial Q}{\partial x}$.说明曲线积分在 xOy 面内与路径无关.可以选择任意路径计算.选择 OB(x 轴上的线段)与 BA(过 A 点垂直于 x 轴的线段),有

$$\int_L e^x\cos ydy+e^x\sin ydx=\int_{OBA}e^x\cos ydy+e^x\sin ydx$$

$$=\int_{OB}e^x\cos ydy+e^x\sin ydx+\int_{BA}e^x\cos ydy+e^x\sin ydx$$

$$=0+\int_0^{2a}e^{\pi a}\cos ydy=e^{\pi a}\sin 2a.$$

例 6.9(第一类曲面积分) 计算 $\displaystyle\iint_S(x^2+y^2+z^2)dS$,其中 S 是球面 $x^2+y^2+z^2=2az$.

解 **法 1** 将曲面 S 分成上半球面 S_1 和下半球面 S_2.由 $S_1:z=a+\sqrt{a^2-x^2-y^2}$ 及其在 xOy 面上的投影域为 $D:x^2+y^2\leqslant a^2$,得(利用 S_1 上的点满足 $x^2+y^2+z^2=2az$)

$$\iint_{S_1}(x^2+y^2+z^2)dS=\iint_{S_1}2azdS=2a\iint_D(a+\sqrt{a^2-x^2-y^2})\sqrt{1+z_x'^2+z_y'^2}d\sigma$$

$$=2a\iint_D(a+\sqrt{a^2-x^2-y^2})\frac{a}{\sqrt{a^2-x^2-y^2}}d\sigma=2a^3\iint_D\frac{1}{\sqrt{a^2-x^2-y^2}}d\sigma+2a^2\iint_D d\sigma$$

$$=2a^3\int_0^{2\pi}d\theta\int_0^a\frac{1}{\sqrt{a^2-r^2}}rdr+2a^2\cdot\pi a^2=2a^3\cdot2\pi\cdot\left[-\sqrt{a^2-r^2}\right]_0^a+2\pi a^4$$

$$=4\pi a^4+2\pi a^4=6\pi a^4.$$

由 $S_2: z = a - \sqrt{a^2 - x^2 - y^2}$，与上同理得

$$\iint_{S_2} (x^2 + y^2 + z^2) \mathrm{d}S = 2a \iint_D (a - \sqrt{a^2 - x^2 - y^2}) \sqrt{1 + z_x'^2 + z_y'^2} \, \mathrm{d}\sigma$$

$$= 4\pi a^4 - 2\pi a^4 = 2\pi a^4.$$

因此

$$\iint_S (x^2 + y^2 + z^2) \mathrm{d}S = \iint_{S_1} (x^2 + y^2 + z^2) \mathrm{d}S + \iint_{S_2} (x^2 + y^2 + z^2) \mathrm{d}S = 8\pi a^4.$$

法 2 利用质心公式可得

$$\iint_S (x^2 + y^2 + z^2) \mathrm{d}S = \iint_S 2az \mathrm{d}S = 2a \bar{z} \iint_S \mathrm{d}S = 2a \cdot a \cdot 4\pi a^2 = 8\pi a^3.$$

例 6.10(第一类曲面积分) 计算 $\iint_S (xy + yz + zx) \mathrm{d}S$，其中 S 是 $z = \sqrt{x^2 + y^2}$ 被 $x^2 + y^2 = 2ay$ 所割下部分.

解 由 S 关于 yOz 面对称，而 xy, zx 关于 x 是奇函数，得 $\iint_S xy \mathrm{d}S = \iint_S xz \mathrm{d}S = 0$，故

$$\iint_S (xy + yz + zx) \mathrm{d}S = \iint_S yz \mathrm{d}S.$$

由于 S 往 xOy 面的投影区域最为简单，所以用向该面投影的方法. S 的方程为 $z = \sqrt{x^2 + y^2}$，其投影区域 D 为 $x^2 + y^2 \leqslant 2ay$，所以

$$\iint_S yz \mathrm{d}S = \iint_D y \sqrt{x^2 + y^2} \sqrt{1 + \left(\frac{\partial z}{\partial x}\right)^2 + \left(\frac{\partial z}{\partial y}\right)^2} \, \mathrm{d}x \mathrm{d}y$$

$$= \iint_D y \sqrt{x^2 + y^2} \sqrt{1 + \left(\frac{x}{\sqrt{x^2 + y^2}}\right)^2 + \left(\frac{y}{\sqrt{x^2 + y^2}}\right)^2} \, \mathrm{d}x \mathrm{d}y$$

$$= \sqrt{2} \iint_D y \sqrt{x^2 + y^2} \, \mathrm{d}x \mathrm{d}y$$

$$= \sqrt{2} \int_0^\pi \mathrm{d}\theta \int_0^{2a\sin\theta} r\sin\theta \cdot r \cdot r \mathrm{d}r = \frac{64\sqrt{2}}{15} a^4.$$

例 6.11(两类曲面积分间联系) 设函数 $P(x,y,z), Q(x,y,z), R(x,y,z)$ 在曲面 S 上连续，M 为函数 $\sqrt{P^2 + Q^2 + R^2}$ 在 S 上的最大值，证明

$$\left| \iint_S P \mathrm{d}y \mathrm{d}z + Q \mathrm{d}z \mathrm{d}x + R \mathrm{d}x \mathrm{d}y \right| \leqslant M |S|,$$

其中 $|S|$ 为曲面 S 的面积.

证 由于要证的不等式中出现了曲面的面积，所以应将左边的第二类曲面积分化成对面积的曲面积分(即第一类曲面积分). 设 $\boldsymbol{A} = (P, Q, R)$，$\boldsymbol{n} = (\cos\alpha, \cos\beta, \cos\gamma)$ 为曲面 S 上选定侧的单位法向量，则

$$\iint_S P \mathrm{d}y \mathrm{d}z + Q \mathrm{d}z \mathrm{d}x + R \mathrm{d}x \mathrm{d}y = \iint_S (P\cos\alpha + Q\cos\beta + R\cos\gamma) \mathrm{d}S = \iint_S \boldsymbol{A} \cdot \boldsymbol{n} \mathrm{d}S$$

因此

$$\left|\iint\limits_S P\mathrm{d}y\mathrm{d}z + Q\mathrm{d}z\mathrm{d}x + R\mathrm{d}x\mathrm{d}y\right| = \left|\iint\limits_S \boldsymbol{A} \cdot \boldsymbol{n}\mathrm{d}S\right| \leqslant \iint\limits_S |\boldsymbol{A} \cdot \boldsymbol{n}|\,\mathrm{d}S$$

$$\leqslant \iint\limits_S |\boldsymbol{A}|\,\mathrm{d}S = \iint\limits_S \sqrt{P^2 + Q^2 + R^2}\,\mathrm{d}S$$

$$\leqslant M|S|.$$

例 6.12(第二类曲面积分)　计算 $\iint\limits_S (y^2 - x)\mathrm{d}y\mathrm{d}z + (z^2 - y)\mathrm{d}z\mathrm{d}x + (x^2 - z)\mathrm{d}x\mathrm{d}y$，其中 S 为抛物面 $z = 2 - x^2 - y^2$ 位于 $z \geqslant 0$ 内的部分的上侧.

解　做辅助面 $S_1 : z = 0 (x^2 + y^2 \leqslant 2)$，取下侧，则 $S + S_1$ 构成封闭曲面. 由高斯公式，有

$$\iint\limits_{S+S_1} (y^2 - x)\mathrm{d}y\mathrm{d}z + (z^2 - y)\mathrm{d}z\mathrm{d}x + (x^2 - z)\mathrm{d}x\mathrm{d}y = -3\iiint\limits_\Omega \mathrm{d}V(\Omega \text{ 为 } S + S_1 \text{ 围成的区域})$$

$$= -3\int_0^2 \mathrm{d}z \iint\limits_{x^2+y^2 \leqslant 2-z} \mathrm{d}x\mathrm{d}y = -6\pi.$$

又有

$$\iint\limits_{S_1} (y^2 - x)\mathrm{d}y\mathrm{d}z + (z^2 - y\mathrm{d}z\mathrm{d}x + (x^2 - z)\mathrm{d}x\mathrm{d}y = -\iint\limits_{x^2+y^2 \leqslant 2} x^2 \mathrm{d}x\mathrm{d}y = -\pi.$$

所以

$$\iint\limits_S (y^2 - x)\mathrm{d}y\mathrm{d}z + (z^2 - y\mathrm{d}z\mathrm{d}x + (x^2 - z)\mathrm{d}x\mathrm{d}y = -5\pi.$$

例 6.13(两类曲面积分间联系，高斯公式)　设 S 为一不经过原点的光滑闭曲面，$\boldsymbol{n}$ 为 S 上点 (x,y,z) 处的单位外法向量，$\boldsymbol{r} = x\boldsymbol{i} + y\boldsymbol{j} + z\boldsymbol{k}$，计算 $\iint\limits_S \dfrac{\cos(\boldsymbol{r},\boldsymbol{n})}{r^2}\mathrm{d}S$，其中 $r = |\boldsymbol{r}|$.

解　由 $\boldsymbol{n} = (\cos\alpha, \cos\beta, \cos\gamma)$，其中 α, β, γ 是 $\boldsymbol{n}$ 的方向角，有

$$\cos(\boldsymbol{r},\boldsymbol{n}) = \frac{\boldsymbol{r} \cdot \boldsymbol{n}}{|\boldsymbol{r}||\boldsymbol{n}|} = \frac{1}{r}(x\cos\alpha + y\cos\beta + z\cos\gamma),$$

所以

$$\iint\limits_S \frac{\cos(\boldsymbol{r},\boldsymbol{n})}{r^2}\mathrm{d}S = \iint\limits_S \frac{1}{r^3}(x\cos\alpha + y\cos\beta + z\cos\gamma)\mathrm{d}S$$

$$= \iint\limits_S \frac{x}{r^3}\mathrm{d}y\mathrm{d}z + \frac{y}{r^3}\mathrm{d}z\mathrm{d}x + \frac{z}{r^3}\mathrm{d}x\mathrm{d}y. \tag{1}$$

验知当 $x^2 + y^2 + z^2 \neq 0$ 时，有

$$\frac{\partial}{\partial x}\left(\frac{x}{r^3}\right) + \frac{\partial}{\partial y}\left(\frac{y}{r^3}\right) + \frac{\partial}{\partial z}\left(\frac{z}{r^3}\right) = \frac{r^2 - 3x^2}{r^4} + \frac{r^2 - 3y^2}{r^4} + \frac{r^2 - 3z^2}{r^4} = 0. \tag{2}$$

当 S 所包围的区域 Ω 不含原点时，对式(1)利用高斯公式，并由式(2)得

$$\iint\limits_S \frac{\cos(\boldsymbol{r},\boldsymbol{n})}{r^2}\mathrm{d}S = \iiint\limits_\Omega \left[\frac{\partial}{\partial x}\left(\frac{x}{r^3}\right) + \frac{\partial}{\partial y}\left(\frac{y}{r^3}\right) + \frac{\partial}{\partial z}\left(\frac{z}{r^3}\right)\right]\mathrm{d}V = \iiint\limits_\Omega 0\mathrm{d}V = 0;$$

当 S 所包围的区域 Ω 含原点时,作以原点 O 为球心,以 ε 为半径的完全含在 Ω 内的球面 S_ε,取内侧,其包围的区域为 Ω_ε,则 $S+S_\varepsilon$ 所围的区域为 $\Omega-\Omega_\varepsilon$,且为它的外侧边界曲面,在区域 $\Omega-\Omega_\varepsilon$ 式(2)成立,故由式(1)及高斯公式,并由式(2)得

$$\iint\limits_{S}\frac{\cos(\boldsymbol{r},\boldsymbol{n})}{r^2}\mathrm{d}S = \iint\limits_{S+S_\varepsilon}\frac{x}{r^3}\mathrm{d}y\mathrm{d}z+\frac{y}{r^3}\mathrm{d}z\mathrm{d}x+\frac{z}{r^3}\mathrm{d}x\mathrm{d}y - \iint\limits_{S_\varepsilon}\frac{x}{r^3}\mathrm{d}y\mathrm{d}z+\frac{y}{r^3}\mathrm{d}z\mathrm{d}x+\frac{z}{r^3}\mathrm{d}x\mathrm{d}y$$

$$= \iiint\limits_{\Omega-\Omega_\varepsilon}\left[\frac{\partial}{\partial x}\left(\frac{x}{r^3}\right)+\frac{\partial}{\partial y}\left(\frac{y}{r^3}\right)+\frac{\partial}{\partial z}\left(\frac{z}{r^3}\right)\right]\mathrm{d}V - \frac{1}{\varepsilon^3}\iint\limits_{S_\varepsilon}x\mathrm{d}y\mathrm{d}z+y\mathrm{d}z\mathrm{d}x+z\mathrm{d}x\mathrm{d}y$$

$$= \iiint\limits_{\Omega-\Omega_\varepsilon}0\mathrm{d}V - \frac{1}{\varepsilon^3}\left[-\iiint\limits_{\Omega_\varepsilon}(1+1+1)\mathrm{d}V\right] = 0 + \frac{1}{\varepsilon^3}\cdot 3V_{\Omega_\varepsilon} = \frac{1}{\varepsilon^3}\cdot 3\cdot\frac{4}{3}\pi\varepsilon^3$$

$$= 4\pi.$$

例 6.14(沿空间曲线的曲线积分,Stokes 公式) 计算 $I=\displaystyle\int_{L^+}y\mathrm{d}x+z\mathrm{d}y+x\mathrm{d}z$,其中 L^+ 为曲线 $\begin{cases}x^2+y^2+z^2=1\\x+y+z=1\end{cases}$,其方向是从 y 轴正向看去为逆时针方向.

解 L^+ 是一条空间曲线,将它的方程化为参数式比较麻烦,因而用 Stokes 公式计算.

设 L^+ 所围区域为 S,法向量取向上,由 Stokes 公式

$$I=\int_{L^+}y\mathrm{d}x+z\mathrm{d}y+x\mathrm{d}z=\iint\limits_{S}\begin{vmatrix}\mathrm{d}y\mathrm{d}z & \mathrm{d}z\mathrm{d}x & \mathrm{d}x\mathrm{d}y\\ \dfrac{\partial}{\partial x} & \dfrac{\partial}{\partial y} & \dfrac{\partial}{\partial z}\\ y & z & x\end{vmatrix}=-\iint\limits_{S}\mathrm{d}y\mathrm{d}z+\mathrm{d}z\mathrm{d}x+\mathrm{d}x\mathrm{d}y.$$

而 S 指定侧的单位法向量为 $\boldsymbol{n}=\left(\dfrac{1}{\sqrt{3}},\dfrac{1}{\sqrt{3}},\dfrac{1}{\sqrt{3}}\right)$,所以 $\cos\alpha=\cos\beta=\cos\gamma=\dfrac{1}{\sqrt{3}}$,有

$$I=\int_{L^+}y\mathrm{d}x+z\mathrm{d}y+x\mathrm{d}z=-\sqrt{3}\iint\limits_{S}\mathrm{d}S=-\sqrt{3}\,|S|.$$

其中 $|S|$ 为圆 S 的面积. S 的半径 $R=\dfrac{\sqrt{2}}{2}\Big/\cos\dfrac{\pi}{6}$,因而有

$$I=-\frac{2\sqrt{3}}{3}\pi.$$

例 6.15 计算 $I=\displaystyle\int_{L^+}y^2\mathrm{d}x+x^2\mathrm{d}z$,其中 L^+ 为曲线 $\begin{cases}z=x^2+y^2\\x^2+y^2=2ay\end{cases}$,其方向是从 z 轴正向看去为顺时针方向.

解 将 L^+ 方程化为参数式,用 Stokes 公式计算.设 S 为曲面 $z=x^2+y^2$ 位于柱面 $x^2+y^2=2ay$ 里面的部分,取下侧,由 Stokes 公式,有

$$I=\int_{L^+}y^2\mathrm{d}x+x^2\mathrm{d}z=\iint\limits_{S}\begin{vmatrix}\mathrm{d}y\mathrm{d}z & \mathrm{d}z\mathrm{d}x & \mathrm{d}x\mathrm{d}y\\ \dfrac{\partial}{\partial x} & \dfrac{\partial}{\partial y} & \dfrac{\partial}{\partial z}\\ y^2 & 0 & x^2\end{vmatrix}=\iint\limits_{S}-2x\mathrm{d}z\mathrm{d}x-2y\mathrm{d}x\mathrm{d}y$$

$$= \iint\limits_{S_{zx}} -2x\mathrm{d}z\mathrm{d}x - \iint\limits_{S_{xy}} -2y\mathrm{d}x\mathrm{d}y,$$

其中 S_{xy}, S_{zx} 分别为 S 在 xOy, zOx 面上的投影区域. 由 S 的对称性知 S_{zx} 关于 x 轴对称, 所以 $\iint\limits_{S_{zx}} -2x\mathrm{d}z\mathrm{d}x = 0$, 因此

$$I = \iint\limits_{S_{xy}} 2y\mathrm{d}x\mathrm{d}y = \int_0^\pi \mathrm{d}\theta \int_0^{2a\sin\theta} 2r^2 \sin\theta \mathrm{d}r = 2\pi a^3.$$

6.4　自　测　题

自　测　题　1

1. 设 L 为 $y = x^2$, $|x| \leqslant 1$, 则在 $\int_L f(x,y)\mathrm{d}s$ 中被积函数 $f(x,y)$ 取作下述(　　) 时, 该积分能解释成 L 的质量.

　A. $x+y$　　　　B. $\sin(x+y)$　　　C. $\cos(x+y)$　　　D. $\ln(2+x+y)$

2. 计算 $\oint_L (x^2+y^2)^n \mathrm{d}s$, 其中 L 为圆周 $x = a\cos t$, $y = a\sin t (0 \leqslant t \leqslant 2\pi)$.

3. 计算 $\oint_L x\mathrm{d}s$, 其中 L 为由直线 $y = x$ 及抛物线 $y = x^2$ 所围成区域的整个边界.

4. 计算 $\int_\Gamma \dfrac{1}{x^2+y^2+z^2}\mathrm{d}s$, 其中 Γ 为曲线 $x = e^t\cos t$, $y = e^t\sin t$, $z = e^t$ 上相应于 t 从 0 变到 2 的一段.

5. 计算 $\int_\Gamma x^2 yz\mathrm{d}s$, 其中 Γ 为折线 $ABCD$, 这里 A,B,C,D 依次为点 $(0,0,0)$, $(0,0,2)$, $(1,0,2)$, $(1,3,2)$.

6. 设螺旋形弹簧一圈的方程为 $\begin{cases} x = a\cos t \\ y = a\sin t \\ z = kt \end{cases}$, $0 \leqslant t \leqslant 2\pi$, 它的线密度 $\rho(x,y,z) = x^2 + y^2 + z^2$, 求:

　(1) 它关于 z 轴的转动惯量 I_z;　　　　(2) 它的重心.

自　测　题　2

1. 计算 $\int_L y\mathrm{d}x + x\mathrm{d}y$, 其中 L 为圆周 $x = R\cos t$, $y = R\sin t$ 上对应 t 从 0 到 $\dfrac{\pi}{2}$ 的一段.

2. 计算 $\oint_L xy\mathrm{d}x$, 其中 L 为圆周 $(x-a)^2 + y^2 = a^2 (a>0)$ 及 x 轴所围成的在第一象限内的区域的整个边界(按逆时针方向绕行).

3. 计算 $\oint_L \dfrac{(x+y)\mathrm{d}x - (x-y)\mathrm{d}y}{x^2+y^2}$, 其中 L 为圆周 $x^2 + y^2 = a^2$(按逆时针方向绕行).

4. 计算 $\int_{\Gamma} x\mathrm{d}x + y\mathrm{d}y + (x+y-1)\mathrm{d}z$,其中 Γ 是从点 $(1,1,1)$ 到点 $(2,3,4)$ 的一段直线.

5. 计算 $\oint_{\Gamma} \mathrm{d}x - \mathrm{d}y + y\mathrm{d}z$,其中 Γ 为有向闭折线 $ABCA$,这里的 A,B,C 依次为点 $(1,0,0),(0,1,0),(0,0,1)$.

6. 计算 $\int_{L} (x+y)\mathrm{d}x + (y-x)\mathrm{d}y$,其中 L 是:

(1) 抛物线 $y^2 = x$ 上从点 $(1,1)$ 到点 $(4,2)$ 的一段;

(2) 从点 $(1,1)$ 到点 $(4,2)$ 的直线段;

(3) 先沿直线从点 $(1,1)$ 到点 $(1,2)$ 然后再沿直线到点 $(4,2)$ 的折线.

(4) 曲线 $x = 2t^2 + t + 1, y = t^2 + 1$ 上从点 $(1,1)$ 到点 $(4,2)$ 的一段.

7. 把对坐标的曲线积分 $\int_{L} P\mathrm{d}x + Q\mathrm{d}y$ 化成对弧长的曲线积分,其中 L:沿抛物线 $y = x^2$ 从点 $(0,0)$ 到点 $(1,1)$.

8. 设 Γ 为曲线 $x = t, y = t^2, z = t^3$ 上相应于 t 从 0 变到 1 的曲线弧. 把对坐标的曲线积分 $\int_{L} P\mathrm{d}x + Q\mathrm{d}y + R\mathrm{d}z$ 化成对弧长的曲线积分.

9. 计算 $\oint_{L} \dfrac{\mathrm{d}x + \mathrm{d}y}{|x| + |y|}$,$L$ 为正方形闭路,顶点为 $(1,0),(0,1),(-1,0),(0,-1)$,逆时针方向.

自 测 题 3

1. 计算下列曲线积分,并验证格林公式的正确性:

(1) $\oint_{L} (2xy - x^2)\mathrm{d}x + (x+y^2)\mathrm{d}y$,其中 L 是由抛物线 $y = x^2$ 和 $y^2 = x$ 所围成的区域的正向边界曲线;

(2) $\oint_{L} (x^2 - xy^3)\mathrm{d}x + (y^2 - 2xy)\mathrm{d}y$,$L$ 是四个顶点分别为 $O(0,0),A(2,0),B(2,2)$ 和 $C(0,2)$ 的正方形区域的正向边界.

2. 利用曲线积分,求星形线 $x = a\cos^3 t, y = a\sin^3 t \ (a > 0)$ 所围平面图形的面积.

3. 利用格林公式计算下列曲线积分:

(1) $\oint_{L} (2x - y + 4)\mathrm{d}x + (5y + 3x - 6)\mathrm{d}y$,$L$ 为三顶点分别为 $(0,0),(3,0)$ 和 $(3,2)$ 的三角形正向边界;

(2) $\int_{L} (x^2 - y)\mathrm{d}x - (x + \sin^2 y)\mathrm{d}y$,$L$ 是在圆周 $y = \sqrt{2x - x^2}$ 上由点 $(0,0)$ 到 $(1,1)$ 的一段.

4. 证明下列曲线积分在整个 xOy 面内与积分路径无关,并计算积分值:

(1) $\int_{(1,1)}^{(2,3)} (x+y)\mathrm{d}x + (x-y)\mathrm{d}y$;

(2) $\int_{(1,0)}^{(2,1)} (2xy - y^4 + 3)\mathrm{d}x + (x^2 - 4xy^3)\mathrm{d}y$.

5. 验证下列 $P(x,y)\mathrm{d}x + Q(x,y)\mathrm{d}y$ 在整个 xOy 面是某一函数 $u(x,y)$ 的全微分,并求这样的一个 $u(x,y)$:

(1) $4\sin x\sin 3y\cos x\mathrm{d}x - 3\cos 3y\cos 2x\mathrm{d}y$;

(2) $(2x\cos y + y^2\cos x)\mathrm{d}x + (2y\sin x - x^2\sin y)\mathrm{d}y$.

6. 计算曲线积分 $\displaystyle\int_L \frac{(x+y)\mathrm{d}x - (x-y)\mathrm{d}y}{x^2+y^2}$,已知 L 分别为下列路径:

(1) 圆周 $x^2 + y^2 = a^2$ 的正向 $(a > 0)$; (2) 正方形 $|x| + |y| = 1$ 的正向.

7. 计算 $\displaystyle\int_L \mathrm{e}^x(1 - \cos y)\mathrm{d}x + \mathrm{e}^x(\sin y - y)\mathrm{d}y$,其中 L 为从点 $O(0,0)$ 经曲线 $y = \sin x$ 到点 $A(\pi,0)$ 的弧段.

8. 证明: $\dfrac{x\mathrm{d}x + y\mathrm{d}y}{x^2+y^2}$ 在整个 xOy 面除 y 轴的负半轴及原点外的开区域 G 内是某个二元函数的全微分,并求出一个这样的二元函数 $u(x,y)$.

9. 设有一变力在坐标轴上的投影为 $P = x + y^2$,$Q = 2xy - 8$,这变力确定了一个力场. 证明质点在此力场的移动时,场力做的功与路径无关.

自 测 题 4

1. 当 Σ 是 xOy 面内的一个闭区域时,曲面积分 $\displaystyle\iint_\Sigma f(x,y,z)\mathrm{d}S$ 化为什么样的二重积分?

2. 计算 $\displaystyle\iint_\Sigma (x^2 + y^2)\mathrm{d}S$,$\Sigma$ 是锥面 $z^2 = 3(x^2 + y^2)$ 被平面 $z = 0$ 和 $z = 3$ 截得的部分.

3. 计算曲面积分 $\displaystyle\iint_\Sigma (x^2 + y^2)\mathrm{d}S$,$\Sigma$ 为抛物面 $z = 2 - (x^2 + y^2)$ 在 xOy 面上方的部分.

4. 计算 $\displaystyle\iint_\Sigma \left(z + 2x + \frac{4}{3}y\right)\mathrm{d}S$,$\Sigma$ 为平面 $\dfrac{x}{2} + \dfrac{y}{3} + \dfrac{z}{4} = 1$ 在第一卦限中的部分.

5. 计算 $\displaystyle\iint_\Sigma (x + y + z)\mathrm{d}S$,$\Sigma$ 为球面 $x^2 + y^2 + z^2 = a^2$ 上 $z \geqslant h(0 < h < a)$ 的部分.

自 测 题 5

1. 计算 $\displaystyle\iint_\Sigma x\mathrm{d}y\mathrm{d}z + y\mathrm{d}z\mathrm{d}x + z\mathrm{d}x\mathrm{d}y$,$\Sigma$ 是柱面 $x^2 + y^2 = 1$ 被平面 $z = 0$ 及 $z = 3$ 所截得的在第一卦限内的部分的前侧.

2. 计算 $\displaystyle\oiint_\Sigma yz\mathrm{d}x\mathrm{d}y + zx\mathrm{d}y\mathrm{d}z + xy\mathrm{d}z\mathrm{d}x$,$\Sigma$ 是平面 $x = 0$,$y = 0$,$z = 0$,$x + y + z = 1$ 所围成的空间区域的整个边界曲面的外侧.

3. 计算 $\displaystyle\iint_\Sigma x^2 y^2 \mathrm{d}x\mathrm{d}y$,$\Sigma$ 是球面 $x^2 + y^2 + z^2 = R^2$ 的下半部分的下侧.

4. 计算 $\displaystyle\iint_\Sigma [f(x,y,z) + x]\mathrm{d}y\mathrm{d}z + [2f(x,y,z) + y]\mathrm{d}z\mathrm{d}x + [f(x,y,z) + z]\mathrm{d}x\mathrm{d}y$,$\Sigma$

是平面 $x-y+z=1$ 在第四卦限部分的上侧，$f(x,y,z)$ 是连续函数.（提示：利用两类曲面积分之间的联系）

自 测 题 6

---

1. 利用高斯公式计算下列曲面积分：

（1）$\oiint\limits_{\Sigma} x^2\mathrm{d}y\mathrm{d}z + y^2\mathrm{d}z\mathrm{d}x + z^2\mathrm{d}x\mathrm{d}y$，$\Sigma$ 为平面 $x=0, y=0, z=0, x=a, y=a, z=a$ 所围成的立体表面的外侧；

（2）$\oiint\limits_{\Sigma} x^3\mathrm{d}y\mathrm{d}z + y^3\mathrm{d}z\mathrm{d}x + z^3\mathrm{d}x\mathrm{d}y$，$\Sigma$ 为球面 $x^2+y^2+z^2=a^2$ 的外侧；

（3）$\iint\limits_{\Sigma} x\mathrm{d}y\mathrm{d}z + y\mathrm{d}z\mathrm{d}x + z\mathrm{d}x\mathrm{d}y$，$\Sigma$ 是界于 $z=0$ 和 $z=3$ 之间的圆柱面 $x^2+y^2=9$ 的外侧.

2. 求向量 $\boldsymbol{A}=(yz, xz, xy)$ 穿过曲面 Σ:圆柱 $x^2+y^2 \leqslant a^2 (0 \leqslant z \leqslant h)$ 的全表面，流向外侧的通量.

3. 求向量场 $\boldsymbol{A}=(x^2+yz, y^2+xz, z^2+xy)$ 的散度.

4. 设 Σ 是球面 $x^2+y^2+z^2=R^2$ 的外侧，$\cos\alpha, \cos\beta, \cos\gamma$ 为 Σ 的外法线向量的方向余弦，试计算曲面积分 $\oiint\limits_{\Sigma} (x^3\cos\alpha + y^3\cos\beta + z^3\cos\gamma)\mathrm{d}S$.

第7章 无穷级数

7.1 基本要求

1. 理解常数项级数的收敛、发散以及收敛级数的和的概念,掌握级数的基本性质及收敛的必要条件.

2. 掌握几何级数与 p 级数的收敛与发散的条件.

3. 掌握正项级数收敛性的比较判别法和比值判别法,会用根值判别法.

4. 掌握交错级数的莱布尼茨判别法.

5. 了解任意项级数的绝对收敛与条件收敛的概念,以及绝对收敛与条件收敛的关系.

6. 了解函数项级数的收敛域及和函数的概念.

7. 了解幂级数的收敛半径的概念、并掌握幂级数的收敛半径、收敛区间及收敛域的求法.

8. 了解幂级数在其收敛区间内的基本性质(和函数的连续性、逐项求导和逐项积分),会求一些幂级数在收敛区间内的和函数,并会由此求出某些数项级数的和.

9. 了解级数展开为泰勒级数的充分必要条件.

10. 掌握 e^x、$\sin x$、$\cos x$、$\ln(1+x)$ 及 $(1+x)^a$ 的麦克劳林展开式,会用它们将一些简单函数间接展开成幂级数.

11. 了解傅里叶(Fourier)级数的概念和狄利克雷收敛定理,会将定义 $[-l,l]$ 上的函数展开为傅里叶级数,会将定义在 $[0,l]$ 上的函数展开为正弦级数和余弦级数,会写出傅里叶级数的和的表达式.

7.2 知 识 要 点

7.2.1 常数项级数的概念和性质

无穷级数(简称级数): $u_1 + u_2 + \cdots + u_n + \cdots = \sum\limits_{n=1}^{\infty} u_n$.

部分和数列 $\{S_n\}$: $S_1 = u_1, S_2 = u_1 + u_2, S_3 = u_1 + u_2 + u_3, \cdots, S_n = u_1 + u_2 + \cdots + u_n, \cdots$.

若 $\lim\limits_{n\to\infty} S_n = s$,则称级数 $\sum\limits_{n=1}^{\infty} u_n$ 收敛,极限 s 称为其和,并记作 $\sum\limits_{n=1}^{\infty} u_n = s$,否则称其发散.

性质 1 设 k 为非零常数,则 $\sum_{n=1}^{\infty} u_n$ 与 $\sum_{n=1}^{\infty} (ku_n)$ 同时收敛,同时发散.

性质 2 若 $\sum_{n=1}^{\infty} u_n = s$, $\sum_{n=1}^{\infty} v_n = \sigma$,则 $\sum_{n=1}^{\infty} (u_n + v_n) = s + \sigma$.

注 若一个级数收敛,一个级数发散,则两个级数对应项求和所构成的级数发散;若两个级数都发散,则两个级数对应项求和所构成的级数可能发散,也可能收敛;如果两个级数对应项求和所构成的级数发散,则原级数中至少有一个发散.

性质 3 在级数的前面加上(或去掉)有限项,级数的敛散性不变.

注 收敛级数经过上述改变后,其和可能改变.

性质 4 收敛级数加括号后仍收敛,并且收敛于原和.

推论 如果加括号后的级数发散,则原级数必发散.

性质 5(收敛的必要条件) 若 $\sum_{n=0}^{\infty} u_n$ 收敛,则必有 $\lim_{n \to \infty} u_n = 0$.

注 此性质不能单独用来判断级数的收敛,但常用其逆否命题判断级数的发散:若数列 $\{u_n\}$ 的极限不为零或不存在,则 $\sum_{n=0}^{\infty} u_n$ 必发散.

7.2.2 常数项级数的审敛法

1. 正项级数及其审敛法

定理 1 正项级数收敛的充分必要条件是它的部分和序列 $\{s_n\}$ 有上界.

定理 2(比较审敛法) 设有正项级数 $\sum_{n=1}^{\infty} u_n$, $\sum_{n=1}^{\infty} v_n$,且当 $n > N$(N 为正整数)时,恒有 $u_n \leqslant kv_n$,其中 k 为正数,则:

(1)若 $\sum_{n=1}^{\infty} v_n$ 收敛,则 $\sum_{n=1}^{\infty} u_n$ 也收敛;

(2)若 $\sum_{n=1}^{\infty} u_n$ 发散,则 $\sum_{n=1}^{\infty} v_n$ 也发散.

推论(比较法的极限形式) 设有正项级数 $\sum_{n=1}^{\infty} u_n$, $\sum_{n=1}^{\infty} v_n$,且 $\lim_{n \to \infty} \frac{u_n}{v_n} = l$,则:

当 $0 < l < +\infty$ 时,$\sum_{n=1}^{\infty} u_n$, $\sum_{n=1}^{\infty} v_n$ 同敛散;

说明：当 $l=0$ 时，由 $\sum\limits_{n=1}^{\infty} v_n$ 收敛可以得到 $\sum\limits_{n=1}^{\infty} u_n$ 也收敛；

当 $l=+\infty$ 时，由 $\sum\limits_{n=1}^{\infty} v_n$ 发散可以得到 $\sum\limits_{n=1}^{\infty} u_n$ 也发散.

注 此方法的实质是用两个级数的通项是同阶无穷小，通过一个级数的敛散判定另一个级数的敛散性. 常用于比较判别法中的级数为 p — 级数：

$$\sum_{n=1}^{\infty} \frac{1}{n^p} = 1 + \frac{1}{2^p} + \cdots + \frac{1}{n^p} + \cdots = \begin{cases} 收敛 & 当 \ p>1 \\ 发散 & 当 \ p \leqslant 1 \end{cases}.$$

定理 3(比值审敛法，达朗贝尔判别法) 设 $\sum\limits_{n=1}^{\infty} u_n$ 是正项级数，$\lim\limits_{n\to+\infty} \dfrac{u_{n+1}}{u_n} = \rho$，则：

(1) 当 $\rho<1$ 时，级数收敛；

(2) 当 $\rho>1$(或 $\lim\limits_{n\to+\infty} \dfrac{u_{n+1}}{u_n} = \infty$)时，级数发散.

注 (1) 如果 $\rho=1$，则比值审敛法失效，需改用定理 1、定理 2 或定义进行判别. 可以证明，如果 $\lim\limits_{n\to+\infty} \dfrac{u_{n+1}}{u_n} = 1$，则必有 $\lim\limits_{n\to+\infty} \sqrt[n]{u_n} = 1$，表明比值法失效时不可再用下面的根值法.

(2) 如果 $\rho>1$，则 $\lim\limits_{n\to\infty} u_n = +\infty$. 请记住这一特性，在级数讨论中经常用到.

(3) 比值判别法通常用于级数通项中含有 a^n 或 $n!$ 因子.

定理 4(根值审敛法，柯西判别法) 设 $\sum\limits_{n=1}^{\infty} u_n$ 是正项级数，$\lim\limits_{n\to+\infty} \sqrt[n]{u_n} = \rho$，则：

(1) 当 $\rho<1$ 时，级数收敛；

(2) 当 $\rho>1$ 时(或 $\rho=\infty$)时，级数发散.

注 (1) 如果 $\rho=1$，则比值审敛法失效，需改用定理 1、定理 2 或定义进行判别. 类似定理 3 的注(1)，如果 $\lim\limits_{n\to+\infty} \sqrt[n]{u_n} = 1$，则必有 $\lim\limits_{n\to+\infty} \dfrac{u_{n+1}}{u_n} = 1$，表明比值法失效时不可再用根值法.

(2) 如果 $\rho>1$，则 $\lim\limits_{n\to\infty} u_n = +\infty$. 请记住这一特性，在级数讨论中经常用到.

(3) 根值审敛法通常用于级数通项中含有 a^n 或等价于 a^n 的项构成的级数.

2. 交错级数及其审敛法

定理 5(莱布尼茨审敛法) 设有交错级数 $\sum\limits_{n=1}^{\infty} (-1)^{n-1} u_n \ (u_n>0)$ 满足条件：

(1) $u_n > u_{n+1}$，$n=1,2,\cdots$；

(2) $\lim\limits_{n\to\infty} u_n = 0$.

则 $\sum\limits_{n=1}^{\infty} (-1)^{n-1} u_n$ 收敛；若其和为 s，则 $s \leqslant u_1$，余项 r_n 满足 $|r_n| \leqslant u_{n+1}$.

3. 绝对收敛与条件收敛

对于一般项级数 $\sum\limits_{n=1}^{\infty} u_n$,如果 $\sum\limits_{n=1}^{\infty} |u_n|$ 收敛,则称 $\sum\limits_{n=1}^{\infty} u_n$ **绝对收敛**,如果 $\sum\limits_{n=1}^{\infty} |u_n|$ 发散,但 $\sum\limits_{n=1}^{\infty} u_n$ 收敛,则称 $\sum\limits_{n=1}^{\infty} u_n$ **条件收敛**.

定理 6 绝对收敛的级数一定收敛.

注 根据定理 6,对于绝对收敛的级数,只需要使用正项级数的审敛法即可,从而相当的一类级数的敛散性的讨论可以转化为正项级数敛散性的讨论.

7.2.3 幂级数

定理 7(阿贝尔定理) 设有幂级数 $\sum\limits_{n=0}^{\infty} a_n x^n$,则:

(1)若级数 $\sum\limits_{n=0}^{\infty} a_n x^n$ 在 $x=x_0$ 处收敛,则对于一切满足不等式 $|x| < |x_0|$ 的 x,级数 $\sum\limits_{n=0}^{\infty} a_n x^n$ 均收敛,且为绝对收敛;

(2)若级数 $\sum\limits_{n=0}^{\infty} a_n x^n$ 在 $x=x_1$ 处发散,则对于一切满足不等式 $|x| > |x_1|$ 的所有的 x,级数 $\sum\limits_{n=0}^{\infty} a_n x^n$ 均发散.

注 由定理可得,幂级数 $\sum\limits_{n=0}^{\infty} a_n x^n$ 的收敛域有下列三种情况:

(1)$(-R,R)$ 或 $[-R,R]$ 或 $(-R,R]$ 或 $[-R,R)$,称 R 为收敛半径,$(-R,R)$ 为收敛区间;

(2)只有唯一的收敛点 $x=0$,规定 $R=0$;

(3)在定义域 $(-\infty,+\infty)$ 内点点收敛时,规定 $R=+\infty$,收敛域为 $(-\infty,+\infty)$.

定理 8 设幂级数 $\sum\limits_{n=0}^{\infty} a_n x^n$,且 $\lim\limits_{n\to\infty} \left|\dfrac{a_{n+1}}{a_n}\right| = \rho$,则:

(1)当 $\rho \neq 0$ 时,$R = \dfrac{1}{\rho}$;

(2)当 $\rho = 0$ 时,$R = +\infty$;

(3)当 $\rho = +\infty$ 时,$R = 0$.

注 当 $R \neq 0$ 时,幂级数 $\sum\limits_{n=0}^{\infty} a_n x^n$ 在 $(-R,R)$ 内绝对收敛,但在 $x=-R$ 或 $x=R$ 处可能收敛,也可能发散,需要按数项级数的审敛法判定其收敛性.

幂级数的运算：若幂级数 $\sum\limits_{n=0}^{\infty}a_nx^n$，$\sum\limits_{n=0}^{\infty}b_nx^n$ 的收敛半径分别为 R_1，R_2，则有

(1) $\sum\limits_{n=1}^{\infty}(a_n\pm b_n)x^n=\sum\limits_{n=0}^{\infty}a_nx^n\pm\sum\limits_{n=0}^{\infty}b_nx^n$，$R=\min\{R_1,R_2\}$；

*(2) $\left(\sum\limits_{n=0}^{\infty}a_nx^n\right)\cdot\left(\sum\limits_{n=0}^{\infty}b_nx^n\right)=\sum\limits_{n=0}^{\infty}(a_0b_n+a_1b_{n-1}+\cdots+a_nb_0)x^n$，$R=\min\{R_1,R_2\}$.

定理 9　设幂级数 $\sum\limits_{n=0}^{\infty}a_nx^n$ 的收敛域为 D，和函数为 $s(x)$，则：

(1) $s(x)$ 在 D 内连续；

(2) 在收敛区间 $(-R,R)$ 内 $s(x)$ 是可积的，且在 $(-R,R)$ 内有逐项积分公式

$$\int_0^x s(x)\mathrm{d}x=\sum_{n=0}^{\infty}\int_0^x a_nx^n\mathrm{d}x=\sum_{n=0}^{\infty}\frac{a_n}{n+1}x^{n+1}；$$

(3) 在收敛区间 $(-R,R)$ 内 $s(x)$ 是可导的，且在 $(-R,R)$ 内有逐项求导公式

$$s'(x)=\sum_{n=0}^{\infty}(a_nx^n)'=\sum_{n=1}^{\infty}na_nx^{n-1}.$$

注　逐项求导和逐项积分后，收敛半径不变，但在 $x=-R$ 或 $x=R$ 处收敛性可能改变.

7.2.4　函数展开成幂级数

通常，将函数展开成泰勒级数有两个方法：一是用展开定理，即直接展开法；二是用一些基本展开式将另外的一些函数展成幂级数，即间接展开法，这一方法更为有效. 另外，也常结合适当的变量替换、四则运算、复合以及逐项积分或微分等运算将一个函数展开成幂级数.

定理 10　设函数 $f(x)$ 在 $|x-x_0|<R$ 的某邻域内具有任意阶的导数，则函数 $f(x)$ 在 $|x-x_0|<R$ 内能展开成泰勒级数，即

$$f(x)=f(x_0)+f'(x_0)(x-x_0)+\frac{f''(x_0)}{2!}(x-x_0)^2+\cdots+\frac{f^{(n)}(x_0)}{n!}(x-x_0)^n+\cdots$$

的充分必要条件是：在 $|x-x_0|<R$ 内，$f(x)$ 的泰勒公式中的余项 $\lim\limits_{n\to\infty}R(x)=0$.

若取 $x_0=0$，$f(x)$ 在 $x_0=0$ 的泰勒级数称为麦克劳林级数，即

$$f(x)=f(0)+f'(0)x+\frac{f''(0)}{2!}x^2+\cdots+\frac{f^{(n)}(0)}{n!}x^n+\cdots=\sum_{n=0}^{\infty}\frac{f^{(n)}(0)}{n!}x^n.$$

五个基本展开式：

(1) $\mathrm{e}^x=1+x+\dfrac{1}{2!}x^2+\dfrac{1}{3!}x^3+\cdots+\dfrac{1}{n!}x^n+\cdots=\sum\limits_{n=0}^{\infty}\dfrac{1}{n!}x^n$，$x\in(-\infty,+\infty)$；

(2) $\sin x=x-\dfrac{1}{3!}x^3+\dfrac{1}{5!}x^5-\dfrac{1}{7!}x^7+\cdots+(-1)^n\dfrac{1}{(2n+1)!}x^{2n+1}+\cdots$

$$=\sum_{n=0}^{\infty}\frac{(-1)^n}{(2n+1)!}x^{2n+1},\quad x\in(-\infty,+\infty)；$$

（3）$\cos x = 1 - \dfrac{1}{2!}x^2 + \dfrac{1}{4!}x^4 - \dfrac{1}{6!}x^6 + \cdots + (-1)^n \dfrac{1}{(2n)!}x^{2n} + \cdots = \displaystyle\sum_{n=0}^{\infty} \dfrac{(-1)^n}{(2n)!}x^{2n}$,

$\quad x \in (-\infty, +\infty)$;

（4）$\ln(1+x) = x - \dfrac{1}{2}x^2 + \dfrac{1}{3}x^3 - \dfrac{1}{4}x^4 + \cdots + (-1)^n \dfrac{u^{n+1}}{n+1} + \cdots$

$$= \sum_{n=0}^{\infty} (-1)^n \dfrac{u^{n+1}}{(n+1)}, x \in (-1, 1];$$

（5）$(1+x)^a = 1 + \alpha x + \dfrac{\alpha(\alpha-1)}{2!}x^2 + \cdots + \dfrac{\alpha(\alpha-1)\cdots(\alpha-n+1)}{n!}x^n + \cdots$

$$= 1 + \sum_{n=1}^{\infty} C_a^n x^n, x \in (-1, 1)(x = \pm 1 \text{ 的收敛性视 } \alpha \text{ 而定}).$$

特别地，有

$$\dfrac{1}{1+x} = 1 - x + x^2 - x^3 + \cdots + (-1)^n x^n + \cdots = \sum_{n=0}^{\infty}(-1)^n x^n, x \in (-1, 1),$$

$$\dfrac{1}{1-x} = 1 + x + x^2 - x^3 + \cdots + x^n + \cdots = \sum_{n=0}^{\infty} x^n, x \in (-1, 1).$$

注 注意上述展开式成立时 x 的范围.

7.2.5 傅里叶级数

1. 三角函数的正交性

$$1, \quad \cos\dfrac{\pi}{l}x, \quad \sin\dfrac{\pi}{l}x, \quad \cos\dfrac{2\pi}{l}x, \quad \sin\dfrac{2\pi}{l}x, \quad \cdots, \quad \cos\dfrac{n\pi}{l}x, \quad \sin\dfrac{n\pi}{l}x, \quad \cdots$$

称为 $[-l, l]$ 上的正交函数系，它具有

$$\int_{-l}^{l} \cos\dfrac{n\pi}{l}x \sin\dfrac{k\pi}{l}x \,\mathrm{d}x = 0, \quad n = 0, 1, 2, \cdots, k = 1, 2, \cdots;$$

$$\int_{-l}^{l} \cos\dfrac{n\pi}{l}x \cos\dfrac{k\pi}{l}x \,\mathrm{d}x = \begin{cases} 0 & \text{当 } n \neq k \\ 2l & \text{当 } n = k = 0, \\ l & \text{当 } n = k \neq 0 \end{cases} \quad n, k = 0, 1, 2, \cdots;$$

$$\int_{-l}^{l} \sin\dfrac{n\pi}{l}x \sin\dfrac{k\pi}{l}x \,\mathrm{d}x = \begin{cases} 0 & \text{当 } n \neq k \\ l & \text{当 } n = k \end{cases}, \quad n, k = 1, 2, \cdots.$$

2. 三角级数

$$\dfrac{a_0}{2} + \sum_{n=1}^{\infty}\left(a_n \cos\dfrac{n\pi}{l}x + b_n \sin\dfrac{n\pi}{l}x\right).$$

这是周期为 $2l$ 的三角级数.

3. 展开定理

收敛定理（狄利克雷充分条件） 设周期 $2l$ 的周期函数 $f(x)$ 在一个周期内满足狄利克雷条件：（1）连续或只有有限个第一类间断点；

（2）至多只有有限个极值点.

则 $f(x)$ 的傅里叶级数的收敛情况为

$$\frac{a_0}{2} + \sum_{n=1}^{\infty} \left(a_n \cos\frac{n\pi}{l}x + b_n \sin\frac{n\pi}{l}x\right) = S(x) = \begin{cases} f(x) & \text{当 } x \text{ 为 } f(x) \text{ 的连续点} \\ \dfrac{f(x-0)+f(x+0)}{2} & \text{当 } x \text{ 为 } f(x) \text{ 的间断点} \end{cases}.$$

其中，

$$a_n = \frac{1}{l}\int_{-l}^{l} f(x)\cos\frac{n\pi}{l}x\,\mathrm{d}x, \quad n=0,1,2,\cdots,$$

$$b_n = \frac{1}{l}\int_{-l}^{l} f(x)\sin\frac{n\pi}{l}x\,\mathrm{d}x, \quad n=1,2,\cdots$$

称为傅里叶系数.

4. 两个特殊情况

(1) 偶延拓.

当 $f(x)$ 为周期 $2l$ 的偶函数时，展开式为余弦级数

$$\frac{a_0}{2} + \sum_{n=1}^{\infty} a_n \cos\frac{n\pi}{l}x = \begin{cases} f(x) & \text{当 } x \text{ 为 } f(x) \text{ 的连续点} \\ \dfrac{f(x-0)+f(x+0)}{2} & \text{当 } x \text{ 为 } f(x) \text{ 的间断点} \end{cases},$$

其中 $a_n = \dfrac{2}{l}\int_0^l f(x)\cos\dfrac{n\pi}{l}x\,\mathrm{d}x, \quad n=0,1,2,\cdots;$

(2) 奇延拓.

当 $f(x)$ 为周期 $2l$ 的奇函数时，展开式为正弦级数

$$\sum_{n=1}^{\infty} b_n \sin\frac{n\pi}{l}x = \begin{cases} f(x) & \text{当 } x \text{ 为 } f(x) \text{ 的连续点} \\ \dfrac{f(x-0)+f(x+0)}{2} & \text{当 } x \text{ 为 } f(x) \text{ 的间断点} \end{cases},$$

其中 $b_n = \dfrac{2}{l}\int_0^l f(x)\sin\dfrac{n\pi}{l}x\,\mathrm{d}x, n=1,2,\cdots.$

注 $f(x)$ 为定义在 $(0,l]$ 上的非周期函数时，也可以通过奇延拓和偶延拓，将其展开为周期 $2l$ 的正弦级数和余弦级数.

5. 周期为 2π 的函数展成里叶级数

作为特殊情况，可以平行地得到常用的周期为 2π 的三角级数结果.

$[-\pi,\pi]$ 上的正交三角函数系

$$1, \quad \cos\pi x, \quad \sin\pi x, \quad \cos 2\pi x, \quad \sin 2\pi x, \quad \cdots, \quad \cos n\pi x, \quad \sin n\pi x, \quad \cdots$$

构成周期为 2π 的傅里叶级数

$$\frac{a_0}{2} + \sum_{n=1}^{\infty} (a_n \cos n\pi x + b_n \sin n\pi).$$

在 $[-\pi,\pi]$ 上周期为 2π 的函数 $f(x)$ 满足狄利克雷充分条件时，有

$$\frac{a_0}{2} + \sum_{n=1}^{\infty} (a_n \cos n\pi x + b_n \sin n\pi x) = \begin{cases} f(x) & \text{当 } x \text{ 为 } f(x) \text{ 的连续点} \\ \dfrac{f(x-0)+f(x+0)}{2} & \text{当 } x \text{ 为 } f(x) \text{ 的间断点} \end{cases},$$

其中 $a_n = \dfrac{1}{l}\int_{-l}^{l} f(x)\cos n\pi x\mathrm{d}x, n=0,1,2,\cdots, b_n = \dfrac{1}{l}\int_{-l}^{l} f(x)\sin n\pi x\mathrm{d}x, n=1,2,\cdots.$

特别地，对于奇函数与偶函数，其展开式将分别为正弦级数和余弦级数.

例如,当 $f(x)$ 为周期 2π 的偶函数时,展开式为余弦级数

$$\frac{a_0}{2} + \sum_{n=1}^{\infty} a_n \cos \frac{n\pi}{l} x = \begin{cases} f(x) & \text{当 } x \text{ 为 } f(x) \text{ 的连续点} \\ \dfrac{f(x-0) + f(x+0)}{2} & \text{当 } x \text{ 为 } f(x) \text{ 的间断点} \end{cases}$$

其中 $a_n = \dfrac{2}{\pi} \displaystyle\int_0^{\pi} f(x) \cos nx \, \mathrm{d}x, n = 0, 1, 2, \cdots$.

7.3 典 型 例 题

例 7.1 求 $\displaystyle\sum_{n=1}^{\infty} \frac{1}{(2n-1)(2n+1)}$.

解 因为

$$S_n = \frac{1}{1 \cdot 3} + \frac{1}{3 \cdot 5} + \cdots + \frac{1}{(2n-1)(2n+1)} = 2\left[\left(1 - \frac{1}{3}\right) + \left(\frac{1}{3} - \frac{1}{5}\right) + \cdots + \left(\frac{1}{2n-1} - \frac{1}{2n+1}\right)\right]$$

$$= 2\left(1 - \frac{1}{2n+1}\right),$$

$$S = \lim_{n \to \infty} S_n = \lim_{n \to \infty} 2\left(1 - \frac{1}{2n+1}\right) = 2.$$

所以

$$\sum_{n=1}^{\infty} \frac{1}{(2n-1)(2n+1)} = 2.$$

例 7.2 判别级数 $\displaystyle\sum_{n=1}^{\infty} \frac{3n^n}{(1+n)^n}$ 的敛散性.

解 由于 $\displaystyle\lim_{n \to \infty} u_n = \lim_{n \to \infty} \sum_{n=1}^{\infty} \frac{3n^n}{(1+n)^n} = \frac{3}{\mathrm{e}} \neq 0$,所以原级数发散.

评注 由于级数收敛的必要条件是通项的极限为零,因此本题用了其逆否命题,通过通项极限不是零判此断级数的发散.

例 7.3 判别级数 $\displaystyle\sum_{n=1}^{\infty} \frac{\sqrt{n} - \sqrt{n-1}}{\sqrt{n} + \sqrt{n-1}}$ 的敛散性.

解 由于 $u_n = \dfrac{\sqrt{n} - \sqrt{n-1}}{\sqrt{n} + \sqrt{n-1}} = \dfrac{1}{(\sqrt{n} + \sqrt{n-1})^2} = \dfrac{1}{n(1 + \sqrt{1-1/n})^2}$,所以与 $\displaystyle\sum_{n=1}^{\infty} \frac{1}{n}$ 比较.

法1 因为 $u_n = \dfrac{1}{n(1 + \sqrt{1-1/n})^2} \geqslant \dfrac{1}{n \cdot (1+1)^2} = \dfrac{1}{4n} = v_n$,而 $\displaystyle\sum_{n=1}^{\infty} \frac{1}{4n}$ 发散,所以原级数发散.

法2 $\displaystyle\lim_{n \to \infty} \frac{\sqrt{n} - \sqrt{n-1}}{\sqrt{n} + \sqrt{n+1}} \bigg/ \frac{1}{n} = \lim_{n \to \infty} \frac{1}{(\sqrt{n} + \sqrt{n+1})(\sqrt{n} + \sqrt{n-1})} \bigg/ \frac{1}{n} = \frac{1}{4} = l$,而 $\displaystyle\sum_{n=1}^{\infty} \frac{1}{n}$ 发散,所以原级数发散.

例 7.4 判别级数 $\sum\limits_{n=1}^{\infty}\left(1-\cos\dfrac{1}{n}\right)$ 的敛散性.

解 法 1 因为 $u_n = 2\sin^2\dfrac{1}{2n} \leqslant 2\left(\dfrac{1}{2n}\right)^2 = \dfrac{1}{2n^2} = v_n$，而 $\sum\limits_{n=1}^{\infty}\dfrac{1}{2n^2}$ 收敛，所以原级数收敛.

法 2 $\lim\limits_{n\to\infty}\left(1-\cos\dfrac{1}{n}\right)\Big/\dfrac{1}{n^2} = \lim\limits_{n\to\infty}2\sin^2\dfrac{1}{2n}\Big/\dfrac{1}{n^2} = \lim\limits_{n\to\infty}2\left(\dfrac{1}{2n}\right)^2\Big/\dfrac{1}{n^2} = \dfrac{1}{2} = l$，而 $\sum\limits_{n=1}^{\infty}\dfrac{1}{n^2}$ 收敛，所以原级数收敛.

例 7.5 判别级数 $\sum\limits_{n=1}^{\infty}2^n\tan\dfrac{1}{3^n}$ 的敛散性.

解 $\lim\limits_{n\to\infty}2^n\tan\dfrac{1}{3^n}\Big/\left(\dfrac{2}{3}\right)^n = \lim\limits_{n\to\infty}\left(2^n\cdot\dfrac{1}{3^n}\right)\Big/\left(\dfrac{2}{3}\right)^n = 1 = l$，而 $\sum\limits_{n=1}^{\infty}\left(\dfrac{2}{3}\right)^n$ 收敛，所以原级数收敛.

注 因为 $\tan\dfrac{1}{3^n} \geqslant \dfrac{1}{3^n}$，因此本题不适合比较形式.

例 7.6 判断下列级数的敛散性.

(1) $\sum\limits_{n=1}^{\infty}\dfrac{1}{3^n}\left[\sqrt{2}+(-1)^n\right]^n$；　　　　　　(2) $\sum\limits_{n=1}^{\infty}\dfrac{\ln n}{n^{5/4}}$；

(3) $\sum\limits_{n=1}^{\infty}\dfrac{a^n n!}{n^n}$　　$(a>0, a\neq \mathrm{e})$.

解 (1) 用比较判别法. 因为 $\dfrac{1}{3^n}\left[\sqrt{2}+(-1)^n\right]^n \leqslant \left[\dfrac{\sqrt{2}+1}{3}\right]^n$，而 $\sum\limits_{n=1}^{\infty}\left[\dfrac{\sqrt{2}+1}{3}\right]^n$ 收敛，所以原级数收敛.

(2) 用比较法的极限形式. 因为

$$\lim\limits_{n\to\infty}\dfrac{u_n}{1/n^{6/5}} = \lim\limits_{n\to\infty}\dfrac{(\ln n)\cdot n^{6/5}}{n^{5/4}} = \lim\limits_{n\to\infty}\dfrac{\ln n}{n^{1/20}}$$

$$= \lim\limits_{n\to\infty}\dfrac{1/n}{(1/20)n^{1/20-1}} \quad (\text{视 } n \text{ 为连续变量，用洛必达法则})$$

$$= \lim\limits_{n\to\infty}\dfrac{20}{n^{1/20}} = 0$$

而 $\sum\limits_{n=1}^{\infty}\dfrac{1}{n^{6/5}}$ 收敛，所以 $\sum\limits_{n=1}^{\infty}\dfrac{\ln n}{n^{5/4}}$ 收敛.

(3) 用比值审敛法. 由于

$$\lim\limits_{n\to\infty}\dfrac{u_{n+1}}{u_n} = \lim\limits_{n\to\infty}\dfrac{a^{n+1}(n+1)!}{(n+1)^{n+1}}\dfrac{n^n}{a^n n!} = \lim\limits_{n\to\infty}a\left(\dfrac{n}{n+1}\right)^n = \lim\limits_{n\to\infty}a\dfrac{1}{\left(1+\dfrac{1}{n}\right)^n} = \dfrac{a}{\mathrm{e}}.$$

所以，当 $a<\mathrm{e}$ 时，原级数收敛；故当 $a>\mathrm{e}$ 时，原级数发散.

注 当 $a=\mathrm{e}$ 时，原级数为 $\sum\limits_{n=1}^{\infty}\dfrac{\mathrm{e}^n n!}{n^n}$. 因 $\dfrac{u_{n+1}}{u_n} = \dfrac{\mathrm{e}^{n+1}(n+1)!}{(n+1)^{n+1}}\dfrac{n^n}{\mathrm{e}^n n!} = \dfrac{\mathrm{e}n^n}{(n+1)^n} = \dfrac{\mathrm{e}}{\left(1+\dfrac{1}{n}\right)^n}$,

而 $\left(1+\dfrac{1}{n}\right)^n$ 严格单调增加，且 $\lim\limits_{n\to\infty}\left(1+\dfrac{1}{n}\right)^n=\mathrm{e}$，所以 $\left(1+\dfrac{1}{n}\right)^n<\mathrm{e}$，从而 $\dfrac{u_{n+1}}{u_n}>1$，故 $\lim\limits_{n\to\infty}u_n\geqslant u_1\neq 0$，由此可知此时级数发散.

评注 若级数的一般项中含有因子 a^n、$n!$ 或关于 n 的若干项连乘形式，常可采用比值审敛法，其中前一种情形有时也可以用根值审敛法；而对一些较为复杂的形式，常需要结合比较审敛法或直接采用比较审敛法.

对任意项级数 $\sum\limits_{n=1}^{\infty}u_n$，常可先判别 $\sum\limits_{n=1}^{\infty}|u_n|$ 的敛散性：若 $\sum\limits_{n=1}^{\infty}|u_n|$ 收敛，则 $\sum\limits_{n=1}^{\infty}u_n$ 绝对收敛；若 $\sum\limits_{n=1}^{\infty}|u_n|$ 是用比值法或根值法判断的发散，则 $\lim\limits_{n\to\infty}u_n=\infty$，此时可以直接给出 $\sum\limits_{n=1}^{\infty}u_n$ 发散；若 $\sum\limits_{n=1}^{\infty}|u_n|$ 是用其他方法得到的发散，则需要用另外的方法判别 $\sum\limits_{n=1}^{\infty}u_n$ 的敛散，如对交错级数可以用莱布尼茨定理判别，等等，最终给出 $\sum\limits_{n=1}^{\infty}u_n$ 是发散、绝对收敛还是条件收敛.

例 7.7(任意项级数) 判别级数 $\sum\limits_{n=1}^{\infty}(-1)^n\dfrac{n}{2^n}\cos^2\dfrac{n\pi}{3}$ 的敛散性.

解 对绝对值级数 $\sum\limits_{n=1}^{\infty}\left|(-1)^n\dfrac{n}{2^n}\cos^2\dfrac{n\pi}{3}\right|=\sum\limits_{n=1}^{\infty}\dfrac{n}{2^n}\cos^2\dfrac{n\pi}{3}$，因 $\dfrac{n}{2^n}\cos^2\dfrac{n\pi}{3}\leqslant\dfrac{n}{2^n}$，而由比值(或根值)审敛法判知 $\sum\limits_{n=1}^{\infty}\dfrac{n}{2^n}$ 收敛，故原级数绝对收敛.

评注 一般在判别任意项级数的敛散性时，要给出是绝对收敛还是条件收敛的结果. 因此，通常应先考虑各项取绝对值后的级数的敛散性，当取绝对值后的级数发散时，再用其他手段进一步判别原级数的敛散性.

例 7.8(缺项幂级数的收敛半径) 求 $\sum\limits_{n=1}^{\infty}\dfrac{n}{4^n+n}x^{2n}$ 收敛半径与收敛区间、收敛域.

解 法 1 先求级数 $\sum\limits_{n=1}^{\infty}\dfrac{n}{4^n+n}(x^2)^n$ 关于 x^2 的收敛半径，再间接给出原级数的收敛半径.

因为 $a_n=\dfrac{n}{4^n+n}$，$R_{x^2}=\lim\limits_{n\to\infty}\left|\dfrac{a_n}{a_{n+1}}\right|=\lim\limits_{n\to\infty}\dfrac{n}{4^n+n}\dfrac{4^{n+1}+n+1}{n+1}=4$，所以 $R=2$.

当 $x=\pm 2$ 时级数为 $\sum\limits_{n=1}^{\infty}\dfrac{n\cdot 4^n}{4^n+n}$，由 $\lim\limits_{n\to\infty}u_n=\lim\limits_{n\to\infty}\dfrac{n\cdot 4^n}{4^n+n}=\lim\limits_{n\to\infty}\dfrac{n}{1+n/4^n}=\infty$ 知它发散. 所以收敛区间及收敛域均为 $(-2,2)$.

法 2 (用推导收敛半径公式的方法) 对于 $\sum\limits_{n=1}^{\infty}\dfrac{n}{4^n+n}|x|^{2n}$，记 $u_n=\dfrac{n}{4^n+n}|x|^{2n}$，则

$$\lim\limits_{n\to\infty}\dfrac{u_{n+1}}{u_n}=\dfrac{x^2}{4}=\rho.$$

由比值审敛法得：

当 $\dfrac{x^2}{4}<1$，即 $|x|<2$ 时，上面的级数收敛，从而原级数绝对收敛；

当 $\dfrac{x^2}{4}>1$，即 $|x|>2$ 时，上面的级数发散，从而原级数发散（因由比值审敛法的注（2）知，此时 $\lim\limits_{n\to\infty}|u_n|=\infty$，从而 $\lim\limits_{n\to\infty}u_n=\infty\neq0$）.

由收敛半径定义知，所给幂级数的收敛半径为 $R=2$.

评注 法 2 常用于非标准幂级数收敛半径的求解，如用于例 7.9.

例 7.9($x-x_0$ 的幂级数的收敛半径) 求 $\sum\limits_{n=1}^{\infty}\dfrac{3^n+(-2)^n}{n}(x-2)^n$ 收敛半径与收敛区间、收敛域.

解 幂级数的收敛半径为

$$R=\lim_{n\to\infty}\left|\frac{a_n}{a_{n+1}}\right|=\lim_{n\to\infty}\frac{3^n+(-2)^n}{n}\frac{n+1}{3^{n+1}+(-2)^{n+1}}=\frac{1}{3},$$

由此得收敛区间为 $|x-2|<\dfrac{1}{3}$，或 $\left(\dfrac{5}{3},\dfrac{7}{3}\right)$.

因为当 $x=\dfrac{5}{3}$ 时级数为 $\sum\limits_{n=1}^{\infty}\dfrac{(-1)^n}{n}\left[1+\left(-\dfrac{2}{3}\right)^n\right]$，由 $\sum\limits_{n=1}^{\infty}\dfrac{(-1)^n}{n}$，$\sum\limits_{n=1}^{\infty}\dfrac{(-1)^n}{n}\left(-\dfrac{2}{3}\right)^n$ $=\sum\limits_{n=1}^{\infty}\dfrac{2^n}{n\cdot3^n}$ 均收敛知，此级数收敛；

当 $x=\dfrac{7}{3}$ 时级数为 $\sum\limits_{n=1}^{\infty}\dfrac{1}{n}\left[1+\left(-\dfrac{2}{3}\right)^n\right]$，由 $\sum\limits_{n=1}^{\infty}\dfrac{1}{n}$ 发散，$\sum\limits_{n=1}^{\infty}\dfrac{1}{n}\left(-\dfrac{2}{3}\right)^n$ 收敛知，此级数发散.

所以原级数的收敛域为 $\left[\dfrac{5}{3},\dfrac{7}{3}\right)$.

*例 7.10(用推导法求收敛半径) 求级数 $\sum\limits_{n=1}^{\infty}\dfrac{x^{n^3}}{3^n}$ 的收敛半径、收敛区间和收敛域.

解 记 $u_n(x)=\dfrac{x^{n^3}}{3^n}$，$n=1,2,\cdots$，对原级数的绝对值级数 $\sum\limits_{n=1}^{\infty}|u_n|=\sum\limits_{n=1}^{\infty}\dfrac{|x|^{n^3}}{3^n}$，则

$$\lim_{n\to\infty}\sqrt[n]{|u_n|}=\lim_{n\to\infty}\frac{|x|^{n^2}}{3}=\begin{cases}0 & \text{当 }|x|<1\\ 1/3 & \text{当 }|x|=1.\\ +\infty & \text{当 }|x|>1\end{cases}$$

由正项级数的根值审敛法知：当 $|x|\leqslant1$ 时，绝对值级数收敛，从而原级数收敛；当 $|x|>1$ 时绝对值级数发散，从而原级数因其通项趋于无穷大而发散. 因此，所给幂级数的收敛半径 $R=1$，收敛区间为 $(-1,1)$，收敛域为 $[-1,1]$.

*例 7.11(综合) 求 $\sum\limits_{n=1}^{\infty}\dfrac{[3+(-1)^n]^n}{n}x^n$ 的收敛半径、收敛区间及收敛域.

解 因为 $\dfrac{a_n}{a_{n+1}}=\dfrac{[3+(-1)^n]^n}{n}\dfrac{n+1}{[3+(-1)^{n+1}]^{n+1}}=\begin{cases}\dfrac{2k}{2k-1}\dfrac{2^{2k-1}}{4^n}<1 & \text{当 }n=2k-1\\ \dfrac{2k+1}{2k}\dfrac{4^{2k}}{2^{2k+1}}>1 & \text{当 }n=2k\end{cases}$，极

限不存在,所以无法直接用公式法求出收敛半径.

我们求得原级数的奇数项组成的级数 $\sum\limits_{k=1}^{\infty} \dfrac{2^{2k-1}}{2k-1} x^{2k-1}$ 的收敛半径 $R_1=4$,偶数项组成的级数 $\sum\limits_{k=1}^{\infty} \dfrac{4^{2k}}{2k} x^{2k}$ 的收敛半径 $R_2=\dfrac{1}{4}$.为保证两个级数同时收敛,应有原级数的收敛半径为 $R=\min(R_1,R_2)=\dfrac{1}{4}$,故收敛区间为 $\left(-\dfrac{1}{4}, \dfrac{1}{4}\right)$.

评注 比较例 7.10 和例 7.11,在形式上相似,但求收敛半径的方法有很大差异.

例 7.12(和函数) 求幂级数 $\sum\limits_{n=1}^{\infty} \dfrac{1}{n \cdot 2^n} x^{n-1}$ 的和函数.

解 易求出该级数的收敛域为 $[-2,2)$.设级数的和函数为 $f(x)$,则

$$f(x)=\sum_{n=1}^{\infty} \frac{1}{n \cdot 2^n} x^{n-1}=\frac{1}{x} \sum_{n=1}^{\infty} \frac{1}{n \cdot 2^n} x^n=\frac{1}{x} \int_0^x \sum_{n=1}^{\infty}\left[\frac{1}{n \cdot 2^n} x^n\right]' \mathrm{d}x$$

$$=\frac{1}{x} \int_0^x \sum_{n=1}^{\infty} \frac{x^{n-1}}{2^n} \mathrm{d}x=\frac{1}{x} \int_0^x\left(\frac{1}{x} \sum_{n=1}^{\infty} \frac{x^n}{2^n}\right) \mathrm{d}x=\frac{1}{x} \int_0^x \frac{1}{x} \frac{\dfrac{x}{2}}{1-\dfrac{x}{2}} \mathrm{d}x$$

$$=\frac{1}{x} \int_0^x \frac{1}{2-x} \mathrm{d}x=\frac{1}{x}[\ln 2-\ln(2-x)], \quad x \neq 0.$$

由于和函数 $f(x)$ 在收敛域内连续,所以

$$f(0)=\lim_{x \to 0} f(x)=\lim_{x \to 0} \frac{\ln 2-\ln(2-x)}{x}=\lim_{x \to 0} \frac{1}{2-x}=\frac{1}{2},$$

故和函数
$$f(x)=\begin{cases} \dfrac{\ln 2-\ln(2-x)}{x} & \text{当 } x \in[-2,0) \bigcup(0,2) \\ \dfrac{1}{2} & \text{当 } x=0 \end{cases}.$$

提示:或令 $t=\dfrac{x}{2}$,先求 $f(t)=\sum\limits_{n=1}^{\infty} \dfrac{t^n}{n}$.

评注 求幂函数的和函数的常用步骤:

(1)求出给定函数的收敛域;

(2)通过逐项积分或微分(或利用函数展为幂级数的基本展开式的逆运算)将给定的幂级数化为常见函数展开式的形式,从而得到新级数的和函数;

(3)对于得到的和函数再作相反的分析运算,便得到原幂级数的和函数.

例 7.13(函数展为幂级数) 将 $f(x)=\int_0^x \dfrac{\ln(1+x)}{x} \mathrm{d}x$ 展开成 x 的幂级数.

解 因为 $x=0$ 是被积函数 $\dfrac{\ln(1+x)}{x}$ 的可去间断点,记 $\varphi(x)=\begin{cases} \dfrac{\ln(1+x)}{x} & \text{当 } x \neq 0 \\ 1 & \text{当 } x=0 \end{cases}$,

则它在含 $x=0$ 的区间 $(-1,1]$ 内内连续,且使 $f(x)=\int_0^x \varphi(x) \mathrm{d}x$,从而在区间 $(-1,1]$ 内

利用函数的展开公式 $\ln(1+x) = \sum\limits_{n=1}^{\infty} \dfrac{(-1)^{n-1}}{n}x^n, (-1,1]$ 得到

$$f'(x) = \varphi(x) = \sum_{n=1}^{\infty} \frac{(-1)^{n-1}}{n}x^{n-1}, \quad x \in (-1,1).$$

于是有

$$f(x) = f(0) + \int_0^x f'(x)\mathrm{d}x = \int_0^x \sum_{n=1}^{\infty} \frac{(-1)^{n-1}}{n}x^{n-1}\mathrm{d}x$$

$$= \sum_{n=1}^{\infty} \int_0^x \frac{(-1)^{n-1}}{n}x^{n-1}\mathrm{d}x = \sum_{n=1}^{\infty} \frac{(-1)^{n-1}}{n^2}x^n, \quad x \in (-1,1].$$

评注 当积分上限函数不易直接经过积分求出,或者即使求出也方便展开为幂级数时,可以如上处理. 当然,本题也可以先将被积函数展开为幂级数,再逐项积分得到展开式.

例 7.14 将 $f(x) = \begin{cases} x & \text{当} -\pi \leqslant x \leqslant 0 \\ 0 & \text{当} 0 < x < \pi \end{cases}$ 展开成傅里叶级数.

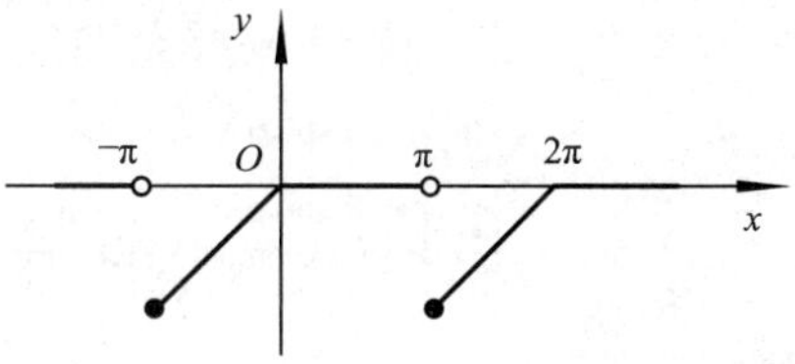

解 将 $f(x)$ 做周期延拓(见图 7-1),由

图 7-1

$$a_n = \frac{1}{\pi}\int_{-\pi}^{\pi} f(x)\cos nx\,\mathrm{d}x = \frac{1}{\pi}\int_{-\pi}^{0} x\cos nx\,\mathrm{d}x = \frac{1}{\pi}\left[\frac{x\sin nx}{n} + \frac{\cos nx}{n^2}\right]_{-\pi}^{0} = \frac{1}{\pi n^2} - \frac{\cos n\pi}{\pi n^2}$$

$$= \frac{1}{\pi n^2}(1 - \cos n\pi) = \frac{1}{n\pi^2}[1 - (-1)^n], \quad n = 1,2,\cdots;$$

$$a_0 = \frac{1}{\pi}\int_{-\pi}^{0} f(x)\mathrm{d}x = \frac{1}{\pi}\int_{-\pi}^{0} x\mathrm{d}x = -\frac{\pi}{2};$$

$$b_n = \frac{1}{\pi}\int_{-\pi}^{\pi} f(x)\sin nx\,\mathrm{d}x = \frac{1}{\pi}\int_{-\pi}^{0} x\sin nx\,\mathrm{d}x = \frac{1}{\pi}\left[-\frac{x\cos nx}{n} + \frac{\sin nx}{n^2}\right]_{-\pi}^{0}$$

$$= -\frac{\cos n\pi}{n} = -\frac{(-1)^n}{n}.$$

所以 $f(x) = -\dfrac{\pi}{4} + \sum\limits_{n=1}^{\infty}\left\{\dfrac{1}{n\pi^2}[1-(-1)^n]\cos nx + \dfrac{(-1)^{n+1}}{n}\sin nx\right\}, x \in (-\pi, \pi).$

在 $x = -\pi$ 处,$f(x)$ 的傅里叶级数收敛于 $\dfrac{0 + (-\pi)}{2} = -\dfrac{\pi}{2}$.

例 7.15 (1)把 $f(x) = -x, -5 \leqslant x \leqslant 5$ 展开成以 10 为周期的傅里叶级数;

(2)把 $f(x) = 10 - x, 5 \leqslant x \leqslant 15$ 展开成以 10 为周期的傅里叶级数;

(3)把 $f(x) = -x, 0 \leqslant x \leqslant 5$ 展开成以 10 为周期的正弦级数.

解 (1)$f(x)$ 为奇函数. 作周期延拓,如图 7-2 所示,则新周期函数在 $x = 10k \pm 5(k \in \mathbf{Z})$ 间断. 因为

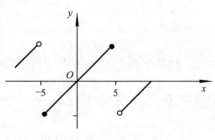

图 7-2

$a_n = 0, n = 1, 2, \cdots;$

$$b_n = \frac{2}{5} \int_0^5 f(x) \sin \frac{n\pi}{5} x \mathrm{d}x = \frac{2}{5} \int_0^5 (-x) \sin \frac{n\pi}{5} x \mathrm{d}x$$

$$= \frac{2}{n\pi} \frac{x\cos n\pi x}{5} \Big|_0^5 - \frac{2}{n\pi} \int_0^5 \cos \frac{n\pi x}{5} \mathrm{d}x = \frac{2}{n\pi} \cdot 5\cos n\pi = (-1)^n \frac{10}{n\pi}.$$

所以 $\qquad f(x) = -x = \frac{10}{\pi} \sum_{n=1}^{\infty} \frac{(-1)^n}{n} \sin \frac{n\pi x}{5}, \quad x \in (-5,5).$

在 $x = \pm 5$ 处,函数 $f(x)$ 的傅里叶级数(上式右端)收敛于 $\frac{5+(-5)}{2} = 0.$

(2)作周期延拓如图 7-3 所示.利用周期函数在一个周期上的定积分与起点无关,得

$$a_n = \frac{1}{5} \int_5^{15} (10-x) \cos \frac{n\pi x}{5} \mathrm{d}x \xrightarrow{\;\diamondsuit\, u = 10-x\;} \frac{1}{5} \int_{-5}^5 u\cos \frac{(10-u)}{5} n\pi \mathrm{d}u$$

$$= 0, n = 1, 2, \cdots;$$

$$b_n = \frac{1}{5} \int_5^{15} (10-x) \sin \frac{n\pi x}{5} \mathrm{d}x \xrightarrow{\;\diamondsuit\, u = 10-x\;} \frac{1}{5} \int_{-5}^5 u\sin \frac{(10-u)}{5} n\pi \mathrm{d}u$$

$$= (-1)^n \frac{10}{n\pi}, n = 1, 2, \cdots.$$

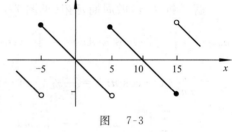

图 7-3

所以 $\qquad 10-x = \frac{10}{\pi} \sum_{n=1}^{\infty} \frac{(-1)^n}{n} \sin \frac{n\pi x}{5}, \quad x \in (5,15).$

在 $x = 5, 15$ 处,函数 $f(x)$ 的傅里叶级数(上式右端)收敛于 $\frac{-5+5}{2} = 0.$

(3)作奇延拓,再作周期延拓,由(1)得

$$f(x) = -x = \sum_{n=1}^{\infty} \frac{(-1)^n}{n} \sin \frac{n\pi x}{5}, x \in [0,5).$$

在 $x = 5$ 处,函数 $f(x)$ 的傅里叶级数(上式右端)收敛于 $\frac{-5+5}{2} = 0.$

注 第(2)小题的另外一种解法:先应用函数的周期性求出 $f(x)$ 在上 $[-5,5]$ 的表达式,然后再用傅里叶系数的一般表达式求 a_n, b_n.

7.4 自 测 题

自 测 题 1

1. 判断下列结论的正误,并说明为什么:

(1) 若 $\sum_{n=1}^{\infty} u_n$ 发散,则 $\sum_{n=1}^{\infty} |u_n|$ 必发散;

(2) $\sum_{n=1}^{\infty} u_n$ 中 u_n 一定有 $\lim_{n \to \infty} u_n = 0$;

（3）若 $\sum\limits_{n=1}^{\infty} u_n$ 的前 n 项和 S_n 有界，则 $\sum\limits_{n=1}^{\infty} u_n$ 收敛.

2. 根据级数收敛与发散的定义判别级数的敛散性：

（1）$\sum\limits_{n=1}^{\infty} \ln \dfrac{n+1}{n}$；

（2）$\dfrac{1}{1 \cdot 3} + \dfrac{1}{3 \cdot 5} + \dfrac{1}{5 \cdot 7} + \cdots + \dfrac{1}{(2n-1)(2n+1)} + \cdots$.

3. 判别下列级数的敛散性：

（1）$\cos 1 + \cos \dfrac{1}{2} + \cos \dfrac{1}{3} + \cdots$；

（2）$1 + 2 + 3 + \cdots + 100 + \dfrac{1}{2} + \dfrac{1}{3} + \cdots + \dfrac{1}{n} + \cdots$；

（3）$\left(\dfrac{1}{2} + \dfrac{1}{3} \right) + \left(\dfrac{1}{2^2} + \dfrac{1}{3^2} \right) + \left(\dfrac{1}{2^3} + \dfrac{1}{3^3} \right) + \cdots$；

（4）$\dfrac{1}{2} + \dfrac{1}{10} + \dfrac{1}{4} + \dfrac{1}{20} + \cdots + \dfrac{1}{2^n} + \dfrac{1}{10n} + \cdots$.

自 测 题 2

1. 判别下列级数的敛散性：

（1）$\sum\limits_{n=1}^{\infty} \left(\sqrt{n^3 + 1} - \sqrt{n^3} \right)$；　　　　（2）$\sum\limits_{n=1}^{\infty} \dfrac{1}{(n+1)(n+4)}$；

（3）$\sum\limits_{n=1}^{\infty} \sin \dfrac{\pi}{2^n}$.

2. 判别下列级数的敛散性.

（1）$\sum\limits_{n=1}^{\infty} \dfrac{n^2}{3^n}$；　　　　　　　　　　（2）$\sum\limits_{n=1}^{\infty} \dfrac{2^n n!}{n^n}$；

（3）$\sum\limits_{n=1}^{\infty} n \tan \dfrac{\pi}{2^{n+1}}$.

3. 判断下列级数的收敛性：

（1）$\sum\limits_{n=1}^{\infty} \dfrac{n!}{n^n}$；　　　　　　　　　（2）$\sum\limits_{n=1}^{\infty} \dfrac{1}{na + b}$　　$(a, b > 0)$.

4. 判别下列级数是否收敛？如果是收敛，是绝对收敛还是条件收敛？

（1）$\sum\limits_{n=1}^{\infty} \dfrac{\sin n}{n^2}$；　　　　　　　　　（2）$\sum\limits_{n=1}^{\infty} (-1)^n \dfrac{n}{2n-1}$；

（3）$\dfrac{1}{\pi^2} \sin \dfrac{\pi}{2} - \dfrac{1}{\pi^3} \sin \dfrac{\pi}{3} + \dfrac{1}{\pi^4} \sin \dfrac{\pi}{4} - \dfrac{1}{\pi^5} \sin \dfrac{\pi}{5} + \cdots$.

自 测 题 3

1. 求下列幂级数的收敛半径，收敛区间及收敛域：

（1）$\dfrac{x}{1} - \dfrac{x^2}{2^2} + \dfrac{x^3}{2^3} - \dfrac{x^4}{2^4} + \cdots$；　　　　（2）$\dfrac{x}{1 \cdot 2} + \dfrac{x^3}{2 \cdot 2^2} + \dfrac{x^5}{3 \cdot 2^3} + \dfrac{x^7}{4 \cdot 2^4} + \cdots$；

(3) $\sum\limits_{n=0}^{\infty} \dfrac{1}{4^n}(x-1)^{2n}$.

2. 求下列函数的和函数(并指出成立的范围):

(1) $\sum\limits_{n=1}^{\infty} nx^n$; 　　　 (2) $\sum\limits_{n=1}^{\infty} \dfrac{x^{4n+1}}{4n+1}$; 　　　 (3) $\sum\limits_{n=0}^{\infty} (2n+1)x^n$.

3. 求级数 $\sum\limits_{n=1}^{\infty} \dfrac{1}{2n4^n}(x-1)^{2n}$ 的收敛半径,收敛区间,收敛域及和函数.

自 测 题 4

1. 将下列函数展成 x 的幂级数,并求展开式成立的区间:

(1) $\mathrm{sh}\, x = \dfrac{\mathrm{e}^x - \mathrm{e}^{-x}}{2}$; 　　　　　　　 (2) $\ln(a+x)$ 　$(a>0)$;

(3) $\cos^2 x$; 　　　　　　　　　　　 (4) $(1+x)\ln(1+x)$.

2. 将函数 $f(x) = \lg x$ 展开成 $(x-1)$ 幂级数,并求展开式成立的区间.

3. 将函数 $f(x) = \dfrac{1}{x^2}$ 展开成 $(x+1)$ 的幂级数(指出成立的区间).

4. 将函数 $f(x) = \dfrac{1}{x^2+3x+2}$ 展开成 $(x+4)$ 的幂级数(指出成立的区间).

5. 将函数 $\ln \dfrac{1+x}{1-x}$ 展成 x 的幂级数(指出成立的区间).

6. 将函数 $\dfrac{x}{1+x-2x^2}$ 展成 x 的幂级数(指出成立的区间).

7. 利用幂级数的展开式求不定积分:

(1) $\displaystyle\int \mathrm{e}^{x^2}\mathrm{d}x$; 　　　　　　　　 (2) $\displaystyle\int \dfrac{\sin x}{x}\mathrm{d}x$.

自 测 题 5

1. 周期函数 $f(x) = \mathrm{e}^{2x}(-\pi \leqslant x < \pi)$ 的周期为 2π,试将 $f(x)$ 展开成傅里叶级数.

2. 将函数 $f(x) = \begin{cases} \pi+x & \text{当} -\pi \leqslant x < 0 \\ 0 & \text{当} x=0 \\ \pi-x & \text{当} 0 < x \leqslant \pi \end{cases}$ 展开成傅里叶级数.

3. 将函数 $f(x) = \cos\dfrac{x}{2}(-\pi \leqslant x \leqslant \pi)$ 展开成傅里叶级数.

4. 将函数 $f(x) = \sin ax(-\pi < x < \pi)(a>0)$ 展开成傅里叶级数.

5. 设 $f(x)$ 是周期为 2π 的周期函数,它在 $[-\pi,\pi]$ 上的表达式为

$$f(x) = \begin{cases} -\dfrac{\pi}{2} & \text{当} -\pi \leqslant x < -\dfrac{\pi}{2} \\ x & \text{当} -\dfrac{\pi}{2} \leqslant x < \dfrac{\pi}{2} \\ \dfrac{\pi}{2} & \text{当} \dfrac{\pi}{2} \leqslant x < \pi \end{cases},$$

将函数 $f(x)$ 展开成傅里叶级数.

6. 将函数 $f(x) = x^2 (0 \leqslant x \leqslant \pi)$ 分别展开成正弦级数和余弦级数,并求出 $\sum\limits_{n=1}^{\infty} \dfrac{(-1)^{n+1}}{n^2}$ 的和.

7. 将函数 $f(x) = 2 + |x| (-1 \leqslant x \leqslant 1)$ 展开成以 2 为周期的傅里叶级数,并求级数 $\sum\limits_{n=1}^{\infty} \dfrac{1}{n^2}$ 的和.

8. 将函数 $f(x) = 1 - x^2 \left(0 \leqslant x < \dfrac{1}{2} \right)$ 展开成正弦级数和余弦级数.

第8章 常微分方程

8.1 基本要求

1. 了解微分方程及其阶、解、通解、初始条件和特解等概念.

2. 掌握变量可分离的微分方程及一阶线性微分方程的解法.

3. 会解齐次微分方程、伯努利(Bernoulli)方程和全微分方程,会用简单的变量代换解某些微分方程.

4. 会用降阶法解微分方程 $y^{(n)}=f(x)$, $y''=f(x,y')$ 和 $y''=f(y,y')$.

5. 理解线性微分方程解的性质及解的结构.

6. 掌握二阶常系数齐次线性微分方程的解法,并会解某些高于二阶的常系数齐次线性微分方程.

7. 会解自由项为多项式、指数函数、正弦函数,以及它们的和与积的二阶常系数非齐次线性微分方程.

8. 会解欧拉方程.

9. 会用微分方程解决一些简单的应用问题.

8.2 知识要点

8.2.1 一阶微分方程的解法

1. 变量可分离方程

$$\frac{\mathrm{d}y}{\mathrm{d}x}=f(x)\varphi(y).$$

解法:先分离变量

$$\frac{\mathrm{d}y}{\varphi(y)}=f(x)\mathrm{d}x,$$

再两边分别积分:

$$\int\frac{\mathrm{d}y}{\varphi(y)}=\int f(x)\mathrm{d}x+C.$$

注 按照微分方程求解习惯,每一个不定积分仅表示一个原函数,因此,需要将任意常数直接给出来. 请注意这个约定.

2. 可化为变量分离的方程

(1)齐次型方程

$$\frac{\mathrm{d}y}{\mathrm{d}x}=f\left(\frac{y}{x}\right).$$

解法:作变量替换 $u=\dfrac{y}{x}$,则 $y'=u+xu'$,使原方程化为 $\dfrac{\mathrm{d}u}{\mathrm{d}x}=f(u)-u$,这是可分离变量的方程,利用变量分离法即可求出方程的通解.

(2)准齐次型方程

$$y'=f\left(\frac{a_1 x+b_1 y+c_1}{a_2 x+b_2 y+c_2}\right)\quad(\text{其中 } c_1,c_2 \text{ 不同时为零}).$$

解法:作适当变换化为齐次型方程.

3. 一阶线性微分方程

$$y'+p(x)y=q(x),$$

当 $q(x)\neq 0$ 时,方程称为非齐次的;当 $q(x)\equiv 0$ 时,方程称为齐次的.

解法:先用分离变量法求解对应齐次方程 $y'+p(x)y=0$,或 $y'=-p(x)y$,得通解

$$y=C\mathrm{e}^{-\int p(x)\mathrm{d}x}\quad(C \text{ 为任意常数}).$$

再设非齐次方程 $y'+p(x)y=q(x)$ 的解为 $y=C(x)\mathrm{e}^{-\int p(x)\mathrm{d}x}$,代入方程得其通解为

$$y=\mathrm{e}^{-\int p(x)\mathrm{d}x}\left[\int q(x)\mathrm{e}^{\int p(x)\mathrm{d}x}\mathrm{d}x+C\right].$$

这一方法称为常数变易法,在高阶线性方程等求解过程中经常使用.

4. 伯努利方程

$$\frac{\mathrm{d}y}{\mathrm{d}x}+p(x)y=q(x)y^n(n\neq 0,1).$$

解法:令 $z=y^{1-n}$,则方程可化为一阶线性微分方程

$$\frac{\mathrm{d}z}{\mathrm{d}x}+(1-n)p(x)z=(1-n)q(x),$$

然后应用线性微分方程的解法求解.

5. 全微分方程(恰当方程)

$$P(x,y)\mathrm{d}x+Q(x,y)\mathrm{d}y=0,\text{满足}\frac{\partial P}{\partial y}=\frac{\partial Q}{\partial x}.$$

由曲线积分与路径无关的 4 个等价条件可知,此时存在一个可微函数 $u=u(x,y)$,使 $\mathrm{d}u=P(x,y)\mathrm{d}x+Q(x,y)\mathrm{d}y$,因此,方程的通解为

$$u(x,y)=C.$$

8.2.2　可降阶的高阶微分方程

1. $y^{(n)}=f(x)$ 型

逐次积分以降阶(每次积分得一个积分常数),n 次积分后得通解.

2. $y''=f(x,y')$ 型

方程的特征是右端不显含 y,令 $y'=p$ 后,原方程化为

$$p'=f(x,p),$$

它可能是任何形式的一阶方程,求解并整理成 $p=\varphi(x,C_1)$,即 $y'=\varphi(x,C_1)$,得原方程的

通解为

$$y = \int \varphi(x, C_1)\, dx + C_2.$$

3. $y'' = f(y, y')$ 型

方程的特征是右端不显含 x. 令 $y' = p$ 后,由于此时 $y'' = \dfrac{dp}{dx} = \dfrac{dp}{dy}\dfrac{dy}{dx} = p\dfrac{dp}{dy}$,原方程可化为

$$p\frac{dp}{dy} = f(y, p),$$

解此一阶方程,得解并整理成 $p = \varphi(y, C_1)$,然后得通解 $\displaystyle\int \frac{dy}{\varphi(y, C_1)} = x + C_2.$

注 后两种形式的方程求特解时,一般需要根据初始条件依次确定任意常数.

8.2.3 高阶线性微分方程

1. 二阶常系数齐次线性方程

$$y'' + py' + qy = 0.$$

解法:(特征根求解法)①写出方程的特征方程:$r^2 + pr + q = 0$. ②求出特征根:r_1,r_2. ③根据 r_1,r_2 的不同情况,写出方程的通解(见表 8-1).

表 8-1

特征根	方程 $y'' + py' + qy = 0$ 的通解
r_1,r_2 为相异实根	$y = c_1 e^{r_1 x} + c_2 e^{r_2 x}$
r 为二重实根	$y = (c_1 + c_2 x) e^{rx}$
$r_{1,2} = \alpha \pm i\beta(\beta \neq 0)$ 为共轭复根	$y = e^{\alpha x}(c_1 \cos \beta x + c_2 \sin \beta x)$

2. n 阶常系数齐次线性方程

$$y^{(n)} + p_1 y^{(n-1)} + p_2 y^{(n-2)} + \cdots + p_{n-1} y' + p_n y = 0 \quad (p_1, p_2, \cdots, p_n \text{ 全为实数}).$$

解法:(特征根求解法)①写出方程的特征方程:$r^n + p_1 r^{n-1} + \cdots + p_{n-1} r + p_n = 0$. ②求出特征根 r. ③根据 r 的不同情况,写出方程的通解(见表 8-2).

表 8-2

特征根	通解中相应的项
r 为一单实根	给出一项:ce^{rx}
r 为 k 重实根	给出 k 项:$(c_1 + c_2 x + \cdots + c_k x^{k-1}) e^{rx}$
一对共轭复根:$r = \alpha \pm i\beta(\beta \neq 0)$	给出两项:$e^{\alpha x}(c_1 \cos \beta x + c_2 \sin \beta x)$
$\alpha \pm i\beta$ 为一对 k 重共轭复根	给出 $2k$ 项: $e^{\alpha x}[(c_1 + c_2 x + \cdots + c_k x^{k-1}) \cos \beta x$ $+ (d_1 + d_2 x + \cdots + d_k x^{k-1}) \sin \beta x]$

原方程通解为上述所有特征根所对应解项之和.

3. 二阶常系数非齐次线性微分方程

$$y'' + py' + qy = f(x).$$

解法:由解的结构知,求非齐次线性方程的解可归结为求对应齐次线性方程 $y'' + py' + qy = 0$ 的通解 $\bar{y}$ 及非齐次线性方程的一个特解 y^*,则 $y = y^* + \bar{y}$ 即为非齐次线性微分方程的通解. 待定系数法求特解.

(1) $f(x) = e^{\lambda x} P_m(x)$ 型:特解形式为

$$y^* = x^k e^{\lambda x} Q_m(x),$$

其中, $k = \begin{cases} 0 & \text{当 } \lambda \text{ 不是特征根} \\ 1 & \text{当 } \lambda \text{ 是单特征根}, Q_m(x) \text{ 为 } m \text{ 次完全待定多项式.} \\ 2 & \text{当 } \lambda \text{ 是重特征根} \end{cases}$

(2) $f(x) = e^{\lambda x}[P_l(x)\cos \omega x + P_n(x)\sin \omega x]$ 型:特解形式为

$$y^* = x^k e^{\lambda x}[Q_m(x)\cos \omega x + R_m(x)\sin \omega x],$$

其中, $k = \begin{cases} 0 & \text{当 } \lambda + \omega i \text{ 不是特征根} \\ 1 & \text{当 } \lambda + \omega i \text{ 是特征根} \end{cases}$, $m = \max\{l, n\}$, $Q_m(x)$, $R_m(x)$ 均为 m 次完全待定多项式.

上述(1)、(2)中的结论可推广到 n 阶常系数非齐次线性微分方程

$$y^{(n)} + p_1 y^{(n-1)} + p_2 y^{(n-2)} + \cdots + p_{n-1} y' + p_n y = f(x).$$

8.2.4 欧拉方程

欧拉方程的形式为

$$x^n y^{(n)} + p_1 x^{n-1} y^{(n-1)} + \cdots + p_{n-1} x y' + p_n y = f(x).$$

解法:作变换 $x = e^t$ 即 $t = \ln x$,方程可化为常系数线性微分方程.

8.3 典型例题

例 8.1 微分方程 $y' = \dfrac{y(1-x)}{x}$ 的通解是( ).

解 分离变量方程得 $\dfrac{\mathrm{d}y}{y} = \left(\dfrac{1}{x} - 1\right)\mathrm{d}x$,则 $\ln |y| = \ln |x| - x + C'$,即通解为

$$y = Cxe^{-x} (c = \pm e^{C'} \text{为任意常数}).$$

例 8.2 求微分方程 $x^2 y' + xy = y^2$ 满足初始条件 $y(1) = 1$ 的特解.

解 首先将方程化为齐次方程的形式 $y' + \dfrac{y}{x} = \dfrac{y^2}{x^2}$,令 $y = xu$,方程化为

$$xu' = u^2 - 2u.$$

分离变量有 $\dfrac{\mathrm{d}u}{u^2 - 2u} = \dfrac{1}{x}\mathrm{d}x$,积分得 $\dfrac{1}{2}[\ln(u-2) - \ln u] = \ln x + C_1$ 即 $\dfrac{u-2}{u} = Cx^2$,所以该方程的通解为 $\dfrac{y - 2x}{y} = Cx^2$. 由 $y(1) = 1$,得 $C = -1$,所以所求的特解为 $\dfrac{y - 2x}{y} = -x^2$,即

$$y = \frac{2x}{1+x^2}.$$

评注 本题也可当作是伯努利方程 $y' + \frac{1}{x}y = \frac{1}{x^2}y^2$ 进行求解.

例 8.3 微分方程 $xy' + 2y = x\ln x$ 满足 $y(1) = -\frac{1}{9}$ 的解为（   ）.

解 原方程可化为一阶线性方程 $y' + \frac{2}{x}y = \ln x$，于是由通解公式得

$$y = e^{-\int \frac{2}{x}dx}\left(\int \ln x \cdot e^{\int \frac{2}{x}dx}dx + c\right) = \frac{1}{x^2}\left(\int x^2 \ln x\, dx + c\right) = \frac{1}{3}x\ln x - \frac{1}{9}x + C,$$

由 $y(1) = -\frac{1}{9}$ 得 $C = 0$，故所求解为 $y = \frac{1}{3}x\ln x - \frac{1}{9}x$.

例 8.4 求方程 $(1+y^2)dx = (\arctan y - x)dy$ 的通解.

解 原方程可化为 $\frac{dx}{dy} + \frac{1}{1+y^2}x = \frac{\arctan y}{1+y^2}$，所以通解为

$$x = e^{-\int \frac{1}{1+y^2}dy}\left(\int \frac{\arctan y}{1+y^2}e^{\int \frac{1}{1+y^2}dy}dy + C\right) = e^{-\arctan y}\left(\int \frac{\arctan y}{1+y^2}e^{\arctan y}dy + C\right)$$

$$= e^{-\arctan y}\left(\int \arctan y\, de^{\arctan y} + C\right) = e^{-\arctan y}[\arctan y e^{\arctan y} - e^{\arctan y} + C]$$

$$= \arctan y - 1 + Ce^{-\arctan y}.$$

评注 判别一阶微分方程的类型时，多数情况下是先解出 $\frac{dy}{dx}$，再判别类型. 在一阶微分方程中，变量 x,y 的地位是对等的，取哪个变量为函数，完全取决于题型的需要，在此题中，将 x 看作 y 的函数，原方程即是一阶线性微分方程.

例 8.5 求方程 $f(xy)y dx + g(xy)x dy = 0$ 的解.

解 令 $u = xy$，$du = x dy + y dx$，将其带入原方程，有 $f(u)\frac{u}{x}dx + g(u)\left(du - \frac{u}{x}dx\right) = 0$，即

$$[f(u) - g(u)]\frac{u}{x}dx + g(u)du = 0, \quad 或 \quad \frac{dx}{x} + \frac{g(u)du}{[f(u)-g(u)]u} = 0.$$

两边积分得

$$\ln x + \int \frac{g(u)du}{u[f(u)-g(u)]} = C.$$

评注 若方程中出现 $f(xy)$，$f(x\pm y)$，$f(x^2+y^2)$ 等形式的项时，通常用变量代换 $u=xy$，$u=x\pm y$，$u=x^2+y^2$ 等可使原方程化简.

例 8.6 求方程 $xy'\ln x\sin y + \cos y(1 - x\cos y) = 0$ 的通解.

解 将原方程化为 $-x\ln x(\cos y)' + \cos y = x\cos^2 y$，令 $z = \cos y$，得伯努利方程

$$\frac{dz}{dx} - \frac{1}{x\ln x}z = -\frac{1}{\ln x}z^2,$$

再令 $u = z^{-1}$，可得 $\frac{du}{dx} + \frac{1}{x\ln x}u = \frac{1}{\ln x}$，所以

$$u = \mathrm{e}^{-\int \frac{1}{x\ln x}\mathrm{d}x}\left(\int \frac{1}{\ln x}\mathrm{e}^{\int \frac{1}{x\ln x}\mathrm{d}x}\mathrm{d}x + C\right) = \frac{1}{\ln x}\left(\int \frac{1}{\ln x}\ln x\mathrm{d}x + C\right) = \frac{1}{\ln x}(x + C).$$

代回原变量,通解为 $(x+C)\cos y = \ln x$.

例 8.7 求解微分方程 $\left(\frac{1}{y}\sin \frac{x}{y} - \frac{y}{x^2}\cos \frac{y}{x} + 1\right)\mathrm{d}x + \left(\frac{1}{x}\cos \frac{y}{x} - \frac{x}{y^2}\sin \frac{x}{y} + \frac{1}{y^2}\right)\mathrm{d}y = 0$.

解 法 1 把方程重新组合为

$$\left(\frac{1}{y}\sin \frac{x}{y}\mathrm{d}x - \frac{x}{y^2}\sin \frac{x}{y}\mathrm{d}y\right) + \left(-\frac{y}{x^2}\cos \frac{y}{x} + \frac{1}{x}\cos \frac{y}{x}\mathrm{d}y\right) + \mathrm{d}x + \frac{1}{y^2}\mathrm{d}y = 0,$$

则有

$$-\mathrm{d}\left(\cos \frac{x}{y}\right) + \mathrm{d}\left(\sin \frac{y}{x}\right) + \mathrm{d}x - \mathrm{d}\frac{1}{y} = 0,$$

故有通解

$$\sin \frac{y}{x} - \cos \frac{x}{y} + x - \frac{1}{y} = C.$$

法 2 令 $P = \frac{1}{y}\sin \frac{x}{y} - \frac{y}{x^2}\cos \frac{y}{x} + 1, Q = \frac{1}{x}\cos \frac{y}{x} - \frac{x}{y^2}\sin \frac{x}{y} + \frac{1}{y^2}$, 则

$$\frac{\partial P}{\partial y} = \frac{\partial Q}{\partial x} = -\frac{x}{y^2}\sin \frac{x}{y} - \frac{x}{y^3}\cos \frac{y}{x} - \frac{1}{x^2}\cos \frac{x}{y} + \frac{y}{x^3}\sin \frac{y}{x},$$

其中 $x \neq 0, y \neq 0$. 所以原方程是全微分方程

$$u(x,y) = \int_{(1,1)}^{(x,y)} P\mathrm{d}x + Q\mathrm{d}y = \int_1^x \left(\sin x - \frac{1}{x^2}\cos \frac{1}{x} + 1\right)\mathrm{d}x + \int_1^y \left(\frac{1}{x}\cos \frac{y}{x} - \frac{x}{y^2}\sin \frac{x}{y} + \frac{1}{y^2}\right)\mathrm{d}y$$

$$= \sin \frac{y}{x} - \cos \frac{x}{y} + x - \frac{1}{y} + \cos 1 - \sin 1.$$

因而原方程的通解为

$$\sin \frac{y}{x} - \cos \frac{x}{y} + x - \frac{1}{y} = C.$$

例 8.8 求微分方程 $xy'' + y' = 0$ 的通解.

解 此方程不显含 y,故令 $y' = p$,则 $y'' = \frac{\mathrm{d}p}{\mathrm{d}x}$,于是所给方程化为

$$x\frac{\mathrm{d}p}{\mathrm{d}x} + p = 0 \quad \text{即} \quad \frac{\mathrm{d}p}{\mathrm{d}x} + \frac{1}{x}p = 0,$$

从而 $y' = p = C_1\mathrm{e}^{-\int \frac{\mathrm{d}x}{x}} = C_1\mathrm{e}^{-\ln x} = \frac{C_1}{x}$,故所求通解为

$$y = \int \frac{C_1}{x}\mathrm{d}x = C_1\ln |x| + C_2.$$

例 8.9 求微分方程满足所给初始条件的特解 $yy'' = 2(y'^2 - y'), y|_{x=0} = 1, y'|_{x=0} = 2$.

解 此方程不显含 x,也不显含 y,令 $y' = p$,则 $y'' = \frac{\mathrm{d}p}{\mathrm{d}x} = \frac{\mathrm{d}p}{\mathrm{d}y}\frac{\mathrm{d}y}{\mathrm{d}x} = p\frac{\mathrm{d}p}{\mathrm{d}y}$,原方程可化为

$$yp\frac{\mathrm{d}p}{\mathrm{d}y} = 2(p^2 - p), \text{及} p|_{y=1} = 2, \frac{\mathrm{d}p}{p-1} = \frac{2}{y}\mathrm{d}y, \text{得} p = 1 + y^2, \text{即} \frac{\mathrm{d}y}{\mathrm{d}x} = 1 + y^2, \text{及} y|_{x=0} = 1.$$

解之有

$$\arctan y = x + c, \quad y = \tan(x + c).$$

由初始条件 $y|_{x=0}=1$，$C=\dfrac{\pi}{4}$，故原方程的特解为

$$y=\tan\left(x+\frac{\pi}{4}\right).$$

评注 由此例可见，采取边解边定常数的方法，会给进一步求解带来很大的方便.

例 8.10 求二阶线性方程的通解：$y''-4y=e^{2x}$.

解 原微分方程对应的齐次方程为 $y''-4y=0$，特征方程是 $r^2-4=0$，解得特征根为 $r=\pm 2$，故齐次方程通解为 $Y=C_1e^{-2x}+C_2e^{2x}$（C_1,C_2 为任意常数），根据原方程的特点可以设其特解为 $y^*=axe^{2x}$，代入原方程可得 $a=\dfrac{1}{4}$，于是原方程的通解为

$$y=C_1e^{-2x}+\left(C_2+\frac{1}{4}x\right)e^{2x}.$$

例 8.11 求二阶线性方程的通解：$y''-4y'+4y=8x^2+e^{2x}+\sin 2x$.

解 特征方程为 $r^2-4r+4=0$，，$r_{1,2}=2$，故齐次方程的通解为

$$Y=(C_1+C_2x)e^{2x} \quad (C_1,C_2 \text{ 为任意常数}).$$

求 $y''-4y'+4y=8x^2$ 的特解. 设 $y_1^*=Ax^2+Bx+C$，代入原方程可得 $A=2,B=4$，$C=3$，故 $y_1^*=2x^2+4x+3$.

求 $y''-4y'+4y=e^{2x}$ 的特解. 因为 $\lambda=2$ 是二重特征根，故设特解是 $y_2^*=Ax^2e^{2x}$，代入原方程可得 $A=\dfrac{1}{2}$，所以 $y_2^*=\dfrac{1}{2}x^2e^{2x}$.

求 $y''-4y'+4y=\sin 2x$ 的特解，$i\omega=2i$ 不是特征根，可设特解形式为 $y_3^*=A\sin 2x+B\cos 2x$，代入原方程可得 $A=0,B=\dfrac{1}{8}$，故特解为 $y_3^*=\dfrac{1}{8}\cos 2x$.

所以原方程的通解为

$$y=(C_1+C_2x)e^{2x}+2x^2+4x+3+\frac{1}{2}x^2e^{2x}+\frac{1}{8}\cos 2x.$$

例 8.12 设 $y=e^x(C_1\sin x+C_2\cos x)$（$C_1,C_2$ 为任意常数）为某二阶常系数齐次线性微分方程的通解，求该微分方程.

解 由题意知 $1\pm i$ 为所求微分方程的特征方程的特征根，从而特征方程是 $r^2-2r+2=0$，故所求方程为

$$y''-2y'+2y=0.$$

评注 从通解的形式可以得出该通解所所对应的特征方程，进而写出该方程.

例 8.13 设 $y''+p(x)y'+q(x)y=f(x)$ 的三个特解是 $y_1=x,y_2=e^x,y_3=e^{2x}$，求此方程满足条件 $y(0)=1,y'(0)=3$ 的特解.

解 非齐次方程的两个特解之差 e^x-x 及 $e^{2x}-x$ 都是对应齐次方程的解，且它们是线性无关的，故齐次方程的通解为 $y=C_1(e^x-x)+C_2(e^{2x}-x)$，又 $y^*=x$ 是非齐次方程的一个特解，故非齐次方程的通解为 $y=C_1(e^x-x)+C_2(e^{2x}-x)+x$，由初始条件 $y(0)=1,y'(0)=3$，可得 $C_1=-2,C_2=3$，故所求特解为

$$y=-2(e^x-x)+3(e^{2x}-x)+x=3e^{2x}-2e^x.$$

例 8.14 设对任意 $x>0$，曲线 $y=f(x)$ 上点 $(x,f(x))$ 处的切线在 y 轴上的截距等

于 $\dfrac{1}{x}\displaystyle\int_0^x f(t)\mathrm{d}t$，求 $f(x)$ 的一般表达式.

解　曲线 $y=f(x)$ 上点 $(x,f(x))$ 处的切线方程为

$$Y-f(x)=f'(x)(X-x),$$

令 $X=0$，得截距 $Y=f(x)-xf'(x)$，由题意知 $\dfrac{1}{x}\displaystyle\int_0^x f(t)\mathrm{d}t = f(x)-xf'(x)$，即

$$\int_0^x f(t)\mathrm{d}t = x[f(x)-xf'(x)].$$

将上式等号两边同时对 x 求导，化简得 $xf''(x)+f'(x)=0$，即 $\dfrac{\mathrm{d}}{\mathrm{d}x}[xf'(x)]=0$. 积分得

$$xf'(x)=C_1,$$

因此

$$f(x)=C_1\ln x+C_2 \quad (\text{其中 } C_1,C_2 \text{ 为任意常数}).$$

***例 8.15**　求欧拉方程 $x^2\dfrac{\mathrm{d}^2 y}{\mathrm{d}x^2}+4x\dfrac{\mathrm{d}y}{\mathrm{d}x}+2y=0(x>0)$ 的通解.

解　令 $x=\mathrm{e}^t$，即 $t=\ln x$，则

$$\frac{\mathrm{d}y}{\mathrm{d}x}=\frac{\mathrm{d}y}{\mathrm{d}t}\frac{\mathrm{d}t}{\mathrm{d}x}=\mathrm{e}^{-t}\frac{\mathrm{d}y}{\mathrm{d}t}=\frac{1}{x}\frac{\mathrm{d}y}{\mathrm{d}t},$$

$$\frac{\mathrm{d}^2 y}{\mathrm{d}x^2}=-\frac{1}{x^2}\frac{\mathrm{d}y}{\mathrm{d}t}+\frac{1}{x}\frac{\mathrm{d}^2 y}{\mathrm{d}t^2}\frac{\mathrm{d}t}{\mathrm{d}x}=\frac{1}{x^2}\left(\frac{\mathrm{d}^2 y}{\mathrm{d}t^2}-\frac{\mathrm{d}y}{\mathrm{d}t}\right),$$

代入原方程得

$$\frac{\mathrm{d}^2 y}{\mathrm{d}t^2}+3\frac{\mathrm{d}y}{\mathrm{d}t}+2y=0,$$

解此方程，得通解为

$$y=C_1\mathrm{e}^{-t}+C_2\mathrm{e}^{-2t}=\frac{C_1}{x}+\frac{C_2}{x^2} \quad (C_1,C_2 \text{ 为任意常数}).$$

8.4　自　测　题

自　测　题　1

1. 指出下列微分方程的阶数，并指出哪些方程是线性微分方程：

(1) $x(y')^2-2yy''+xy=0$；　　　　　　(2) $x^2 y''-xy'+y=0$；

(3) $x^2 y'''+4y''+(\sin x)y=0$；　　　　(4) $\dfrac{\mathrm{d}p}{\mathrm{d}\theta}+p=\sin^2\theta$.

2. 建立由下列条件确定的曲线所满足的微分方程：

(1) 曲线在点 (x,y) 处切线的斜率为 $2x^3$；

(2) 曲线上 $P(x,y)$ 点处法线与 x 轴的交点为 Q，且 PQ 被 y 轴平分.

自测题 2

1. 求下列微分方程的通解：

(1) $xy' - y\ln y = 0$；

(2) $y' = \sqrt{\dfrac{1-y^2}{1-x^2}}$；

(3) $\sec^2 x\tan y\mathrm{d}x + \sec^2 y\tan x\mathrm{d}y = 0$；

(4) $y' = 3^{x+y}$.

2. 求下列微分方程的特解：

(1) $\cos y\mathrm{d}x + (1+\mathrm{e}^{-x})\sin y\mathrm{d}y = 0, y(0) = \dfrac{\pi}{4}$；

(2) $\dfrac{x}{1+y}\mathrm{d}x - \dfrac{y}{1+x}\mathrm{d}y = 0, y(0) = 1$.

3. 一曲线过点 $(2,3)$，它与两坐标轴间的任意切线段均被切点所平分，求这曲线的方程.

4. 求下列微分方程的通解：

(1) $xy' = y(\ln y - \ln x)$；

(2) $(x+y)\mathrm{d}x + x\mathrm{d}y = 0$.

5. 求微分方程 $(x-y-1)\mathrm{d}x + (4y+x-1)\mathrm{d}y = 0$ 的通解：

6. 求下列微分方程的通解：

(1) $y' - y\tan x = \sec^3 x$；

(2) $\dfrac{\mathrm{d}x}{\mathrm{d}y} - 2yx = 2y\mathrm{e}^{y^2}$；

(3) $(2x-y^2)y' = 2y$.

自测题 3

1. 设曲线积分 $\displaystyle\int_L yf(x)\mathrm{d}x + [2xf(x) - x^2]\mathrm{d}y$ 在 $x > 0$ 内与路径无关，其中 $f(x)$ 可导，$f(1) = 1$，求 $f(x)$.

2. 求下列方程的通解：

(1) $y' - 3xy = xy^2$；

(2) $y' + \dfrac{1}{x}y = 2\sqrt{\dfrac{y}{x}}$.

3. 下列方程中哪些是全微分方程？并对全微分方程求通解：

(1) $(1+\mathrm{e}^{2\theta})\mathrm{d}\rho + 2\rho\mathrm{e}^{2\theta}\mathrm{d}\theta = 0$；

(2) $2xy^2\mathrm{d}x + 3x\cos y\mathrm{d}y = 0$.

4. 利用积分因子求下列微分方程的通解：

(1) $y^2(x-3y)\mathrm{d}x + (1-3y^2x)\mathrm{d}y = 0$；

(2) $2y\mathrm{d}x - 3xy^2\mathrm{d}x - x\mathrm{d}y = 0$.

5. 通过变量替换，求下列方程的通解：

(1) $y' = \dfrac{1}{x-y} + 1$；

(2) $xy' + y = y(\ln x + \ln y)$；

(3) $y' = y^2 + 2(\sin x - 1)y + \sin^2 x - 2\sin x - \cos x + 1$.

自测题 4

1. 求下列可降阶的高阶微分方程的通解：

$(1)y'''=x^3+\cos x$;　　　　　　　　　　$(2)y''=y'^2+y'$;

$(3)yy''+1=y'^2,y(0)=1,y'(0)=0$.

2. 求方程 $y''-ay'^2=0,y|_{x=0}=0,y'|_{x=0}=-1$ 的特解.

自 测 题 5

1. 设 $y_1=x,y_2=x+e^{2x},y_3=x(1+e^{2x})$ 是某二阶常系数非齐次线性方程的特解,求该方程及其通解.

2. 设 $y_1=e^{-x},y_2=2xe^{-x},y_3=3e^x$ 某个三阶常系数齐次线性方程的特解,求该方程及其通解.

3. 求下列微分方程的通解:

$(1)y''+y'+y=0$;　　　　　　　　　　$(2)y^{(4)}+2y''+y=0$;

$(3)y^{(4)}+5y''-36y=0$.

4. 求下列微分方程的通解或特解:

$(1)2y''+y'-y=2e^x$;　　　　　　　　$(2)y''+3y'+2y=3xe^{-x}$;

$(3)y''+4y=x\cos x$;　　　　　　　　　$(4)y''-y=\sin^2 x$.

$(5)y''-3y'+2y=5,y(0)=1,y'(0)=2$.

5. 设 $f(x)$ 二阶连续可导且 $f(0)=f'(0)=1$,求 $f(x)$,使方程
$$[5e^{2x}-f(x)]y\mathrm{d}x+[f'(x)-\sin y]\mathrm{d}y=0$$
为全微分方程,并求此方程的通解.

自 测 题 6

1. 求满足 $x\mathrm{d}y+(x-2y)\mathrm{d}x=0$ 的一条曲线 $y=y(x)$,使得它与 $x=1,x=2$ 及 x 轴所围成的平面图形绕 x 轴旋转一周所得旋转体体积最小.

2. 小船从河边点 O 处出发驶向对岸(两岸为平行直线),设船在静水中的速度 a,船行方向始终与河岸垂直. 设河宽为 h,河中任一点处水的流速与该点到两岸距离的乘积成正比,求小船的航行曲线.

3. 设有一盛满水的圆锥形漏斗,高为 10 cm,顶角为 $60°$,漏斗下面有面积为 0.5 cm^2 的小孔,水从小孔中流出,求水面高度变化的规律及流完所需的时间.

4. 设有一高度为 $h(t)$(t 为时间)的雪堆在融化过程中,其侧面满足方程
$$z=h(t)-\frac{2(x^2+y^2)}{h(t)},$$
已知体积减小的速率与侧面积成正比(比例系数 0.9),问高度为 130 cm 的雪堆全部融化需要多少小时?

模拟试卷 1

一、选择题与填空题(含 10 个小题,每小题 3 分,共 30 分)

1. 下列四对函数中,是相同函数的是(   ).

A. $f(x) = e^{\ln(1+\sin^2 x)}$ 与 $g(x) = 1 + \sin^2 x$

B. $f(x) = \dfrac{x^2}{x}$ 与 $g(x) = x$

C. $f(x) = \ln(1+x)^2$ 与 $g(x) = 2\ln(1+x)$

D. $f(x) = \sqrt{x^2}$ 与 $g(x) = x$

2. 下列极限不存在的是(   ).

A. $\lim\limits_{x \to 1} \dfrac{\sin x - \sin 1}{x - 1}$

B. $\lim\limits_{x \to 0} e^{\frac{1}{x}}$

C. $\lim\limits_{x \to 0} x^2 \sin \dfrac{1}{x}$

D. $\lim\limits_{x \to 1} \left(1 + \dfrac{1}{x}\right)^x$

3. 设由 $y = 1 + x e^y$ 确定了 y 是 x 的隐函数,则下列结果正确的是(   ).

A. $\dfrac{\mathrm{d}y}{\mathrm{d}x} = e^y$

B. $\dfrac{\mathrm{d}y}{\mathrm{d}x} = e^y + x e^y$

C. $\dfrac{\mathrm{d}y}{\mathrm{d}x} = \dfrac{e^y}{2 - y}$

D. $\dfrac{\mathrm{d}^2 y}{\mathrm{d}x^2} = 2e^y + x e^y$

4. 设 $f(x)$ 在 $[-1,1]$ 上可导,且 $\lim\limits_{x \to 0} \dfrac{f(x) - f(0)}{(\sin x)^2} = \dfrac{1}{2}$,则 $f(0)$ 是 $f(x)$ 的(   ).

A. 最大值 B. 最小值 C. 极大值 D. 极小值

5. 下列四个积分结果正确的是(   ).

A. $\displaystyle\int_{-5}^{5} x^4 \sin x \, \mathrm{d}x = 0$

B. $\displaystyle\int_{-1}^{1} \dfrac{e^x}{1 + e^x} \sin^4 x \, \mathrm{d}x = 0$

C. $\displaystyle\int_{-1}^{1} \sqrt{\cos x - \cos^3 x} \, \mathrm{d}x = 0$

D. $\displaystyle\int_{0}^{2014\pi} \sqrt{1 - \sin^2 x} \, \mathrm{d}x = 0$

6. 函数 $f(x) = (e^{\frac{x}{x-1}} - 1)^{-1}$ 的两个间断点 $x = 0, 1$ 的类型(   ).

A. 都是第一类

B. $x = 0$ 是第一类,$x = 1$ 是第二类

C. 都是第二类

D. $x = 0$ 是第二类,$x = 1$ 是第一类

7. 若函数 $f(x)=\begin{cases} x^2 & \text{当 } x\leqslant 1 \\ ax+b & \text{当 } x>1 \end{cases}$ 在 $x=1$ 处可导,则 $(a,b)=($).

8. 设 $f(x)$ 在 $x=x_0$ 处可导,且 $\lim\limits_{h\to 0}\dfrac{h}{f(x_0-2h)-f(x_0)}=\dfrac{1}{4}$,则 $f'(x_0)=($).

9. 星形线 $\begin{cases} x=a\cos^3 t \\ y=a\sin^3 t \end{cases}$ $(a>0,t$ 为参数)的全长 $=($).

10. 若 $\lim\limits_{x\to a}f(x)=\infty$,则称 $x=a$ 是函数 $y=f(x)$ 的图像的垂直渐近线;

若 $\lim\limits_{x\to\infty}f(x)=b$,则称 $y=b$ 是函数 $y=f(x)$ 的图像的水平渐近线;

若 $\lim\limits_{x\to\infty}[f(x)-kx-b]=0,k\neq 0$,即 $\lim\limits_{x\to\infty}\dfrac{f(x)}{x}=k,\lim\limits_{x\to\infty}[f(x)-kx]=b$,则称 $y=kx+b$

是函数 $y=f(x)$ 的图像的斜渐近线. 函数 $f(x)=\dfrac{(x-3)^2}{4(x-1)}$ 有几条渐近线( ).

二、计算题(含 6 个小题,每小题 7 分,共 42 分)

1. 求极限 $\lim\limits_{x\to 0}\dfrac{\int_0^x(\tan x-x)\mathrm{d}x}{x^3\mathrm{e}^x\sin x}$.

2. 求由参数方程 $\begin{cases} x-3t^2-2t-3=0 \\ -y+\mathrm{e}^t\sin t+1=0 \end{cases}$ 所确定的函数 $y=f(x)$ 的微分 $\mathrm{d}y$.

3. 已知 $y=x^3\ln x$,求 $y^{(4)}$.

4. 求定积分 $\int_0^1\sqrt{4-x^2}\,\mathrm{d}x$.

5. 设 $f(x)$ 的一个原函数为 $F(x)=\dfrac{\mathrm{e}^x}{x^2}$,求 $\int xf(x^2+1)\mathrm{d}x$.

6. 已知 $f(x)=\begin{cases} \lambda\mathrm{e}^{-\lambda x} & \text{当 } x\geqslant 0 \\ 0 & \text{当 } x<0 \end{cases}$ $(\lambda>0)$,求 $\int_{-\infty}^{+\infty}xf(x)\mathrm{d}x$.

三、解答题(含 2 个小题,每小题 9 分,共 18 分)

1. 讨论 $f(x)=\dfrac{(x-3)^2}{4(x-1)}$ 的单调性、极值、凹凸性、拐点. 列表表示结果.

2. 求由曲线 $y=\mathrm{e}^x,y=\mathrm{e}^{-x}$ 及直线 $y=\mathrm{e}^2$ 所围成平面图形的面积 A,及该平面图形绕 x 轴旋转一周所得旋转体的体积 V.

四、证明题(含 2 个小题,每小题 5 分,共 10 分)

1. $F(x)=\begin{cases} \dfrac{\int_0^x tf(t)\mathrm{d}t}{x^2} & \text{当 } x\neq 0 \\ C & \text{当 } x=0 \end{cases}$ 其中 $f(x)$ 是连续函数且 $f(0)=0$,若 $F(x)$ 在 $x=$

0 处连续,则 $C=0$.

2. 达布定理:设函数 $f(x)$ 在 $[a,b]$ 上可导,且 $f'_+(a)f'_-(b)<0$,则至少存在一点 $c\in$ (a,b) 使得 $f'(c)=0$. 利用达布定理证明:若函数 $f(x)$ 在 $[a,b]$ 上可导,η 是介于 $f'_+(a)$ 与 $f'_-(b)$ 之间的一个数,则至少存在一点 $c\in(a,b)$,使得 $f'(c)=\eta$.

模拟试卷 2

一、选择题与填空题（含 10 个小题，每小题 3 分，共 30 分）

1. 设函数 $f(x)$ 在 $(-\infty, +\infty)$ 单调有界，则对数列 $\{x_n\}$ 下列说法正确的是（   ）.

A. 若 $\{x_n\}$ 收敛，则 $\{f(x_n)\}$ 收敛   B. 若 $\{x_n\}$ 单调，则 $\{f(x_n)\}$ 收敛

C. 若 $\{f(x_n)\}$ 收敛，则 $\{x_n\}$ 收敛   D. 数列 $\{f(x_n)\}$ 与 $\{x_n\}$ 的敛散性无关

2. 设 $f(x) = \dfrac{1}{1+2^{\frac{1}{x}}}$，则下列说法错误的是（   ）.

A. 它有第一类间断点   B. 它有第二类间断点

C. 它有跳跃间断点   D. 它有水平渐近线

3. 设函数 $f(x)$ 在 $[a,b]$ 上可导，则证明下列（   ）等式时，不能使用

$$f(b) - f(a) = \xi f'(\xi) \ln \frac{b}{a} \quad (a < \xi < b).$$

A. 罗尔中值定理   B. 拉格朗日中值定理

C. 柯西中值定理   D. 洛必达法则

4. 设 $f''(x)$ 在点 x_0 连续，且 $\lim\limits_{x \to x_0} \dfrac{f''(x)}{x - x_0} = 1$，则（   ）.

A. x_0 为极小值点   B. x_0 为极大值点

C. x_0 为函数的零点   D. $(x_0, f(x_0))$ 为拐点

5. 设 I 是区间，若对任意区间 $[a,b] \subset I$ 都有 $\int_a^b f(x) \mathrm{d}x = 0$，则在 I 上（   ）.

A. 当 $f(x)$ 连续时，$f(x) \equiv 0$ B. $f(x) \equiv 0$

C. 当 $f(x)$ 可积时，$f(x) \equiv 0$ D. $f(x) \not\equiv 0$

6. 设 $M = \int_{-\frac{\pi}{2}}^{\frac{\pi}{2}} \dfrac{\sin x}{1+x^2} x^4 \mathrm{d}x$，$N = \int_{-\frac{\pi}{2}}^{\frac{\pi}{2}} (x^3 + \cos^4 x) \mathrm{d}x$，$P = \int_{-\frac{\pi}{2}}^{\frac{\pi}{2}} (x^3 - x^4) \mathrm{d}x$，（   ）.

A. $P < M < N$ B. $M < P < N$

C. $N < M < P$ D. $N < P < M$

7. 设极限 $\lim\limits_{x \to 0} \dfrac{1 + \cos x - a \cos 2x}{x^4}$ 存在，则 $a = $（   ）.

8. 位于直线 $x = 1$ 右侧，曲线 $y = \dfrac{1}{x^2}$ 下方，x 轴上方的图形的面积 $A = $（   ）.

9. 设 $f(x)$ 连续，$F(x) = \int_x^{2x} \sin(x-t)^2 \mathrm{d}t$，则 $F'(x) = $（   ）.

10. 设 $f(x) = \dfrac{1}{1+x^2} + \sqrt{1-x^2} \int_0^1 f(x) \mathrm{d}x$，则 $f(x) = $（   ）.

二、计算题（含 8 个小题，每小题 5 分，共 40 分）

1. $\lim\limits_{x \to 0} \dfrac{\mathrm{e}^x - x - 1}{x^2}$.   2. $\lim\limits_{x \to 0} (1 - 2x)^{\frac{1}{x}}$.

3. $\lim\limits_{x \to 0} \dfrac{\int_0^x \sin t^2 \mathrm{d}t}{x \sin x^2}$.

4. 设 $y = y(x)$ 由方程 $y - \mathrm{e}^y + x = 0$ 所确定,求 y''.

5. 设 $\begin{cases} x = a(\cos t + t\sin t) \\ y = a(\sin t - t\cos t) \end{cases}$,求 $\dfrac{\mathrm{d}y}{\mathrm{d}x}, \dfrac{\mathrm{d}^2 y}{\mathrm{d}x^2}$.

6. $\displaystyle\int_1^{\mathrm{e}} \dfrac{\mathrm{d}x}{x\sqrt{1 - \ln^2 x}}$

7. $\displaystyle\int (\ln x)^2 \mathrm{d}x$.

8. 设 n 为非负整数,给出求 $I_n = \displaystyle\int_0^{+\infty} x^n \mathrm{e}^{-x} \mathrm{d}x$ 的递推公式,并求值.

三、解答题(含 3 个小题,每小题 10 分,共 30 分)

1. 设 $f(x) = \begin{cases} \mathrm{e}^x & \text{当 } x \leqslant -1 \\ \dfrac{1}{x^2 + 2x + 5} & \text{当 } x > -1 \end{cases}$,求 $F(x) = \displaystyle\int_{-\infty}^x f(t)\mathrm{d}t$ 的表达式.

2. 设有抛物线 $L: y = \dfrac{1 - ax^2}{2} (a > 0)$. (1)确定常数 a 的值,使得 L 与直线 $y = x + 1$ 相切;(2)求 L 与 x 轴所围图形绕 x 轴旋转而成立体的体积.

3. (1)证明:$x > \ln(1 + x) \quad (x > 0)$;

(2)设曲线 $C: y = f(x)$ 上有一拐点 $(3, 2)$,l_1, l_2 分别是 C 上点 $(0, 0)$,$(3, 2)$ 处的切线,其交点为 $(2, 4)$. 设 $f(x)$ 有三阶连续导数,计算定积分

$$I = \int_0^3 (x^2 + x) f'''(x) \mathrm{d}x.$$

模拟试卷 3

一、选择题与填空题（含 10 个小题，每小题 3 分，共 30 分）

1. 已知数列 $\{x_n\} = [1+(-1)^n]^n$，则（　　）.

   A. $\lim\limits_{n\to\infty} x_n = 0$ 　　　　　　　　　B. $\lim\limits_{n\to\infty} x_n = \infty$

   C. $\lim\limits_{n\to\infty} x_n \neq \infty$，但是数列无界 　　　D. 数列发散但有界

2. 关于函数 $f(x) = \dfrac{e^x - e}{x(x-1)}$ 的间断点，判断正确的是（　　）.

   A. $x=0$ 是可去间断点，$x=1$ 是无穷间断点

   B. $x=0$ 是无穷间断点，$x=1$ 是可去间断点

   C. $x=0$ 是跳跃间断点，$x=1$ 是无穷间断点

   D. $x=0$ 是无穷间断点，$x=1$ 是跳跃间断点

3. 当 $x\to 0$ 时，比 x^2 更高阶的无穷小量为（　　）.

   A. $x^2 + x^3$ 　　　　　　　　　　B. $\sin x - \tan x$

   C. $1 - \cos x$ 　　　　　　　　　　D. $e^{x^2} - 1$

4. 极限 $\lim\limits_{n\to\infty}\left(\dfrac{n+2}{n-3}\right)^{n+4} = $（　　）.

5. $y = x^2 + ax + b$ 与 $2y = -1 + xy^3$ 在点 $(1,-1)$ 处相切，则 $a = $（　　）.

6. 设 $T = \cos(n\theta)$，$\theta = \arccos x$，则 $\lim\limits_{x\to 1^-}\dfrac{\mathrm{d}T}{\mathrm{d}x} = $（　　）.

7. 设 $f(x)$ 在 $x=a$ 处的某个邻域内连续，且 $f(a)$ 为极大值，则存在 $\delta > 0$，当 $x\in(a-\delta, a+\delta)$ 时有（　　）.

   A. $(x-a)[f(x)-f(a)]\geqslant 0$ 　　　　B. $(x-a)[f(x)-f(a)]\leqslant 0$

   C. $\dfrac{[f(x)-f(a)]}{(x-a)^2}\leqslant 0$ 　　　　　　D. $\dfrac{[f(x)-f(a)]}{(x-a)^2}\geqslant 0$

8. 已知 $f'(\ln x) = 1 + x$，则 $f(x) = $（　　）.

9. 星形线 $x = \cos^3 t, y = \sin^3 t$ 的全长为（　　）.

10. 广义积分 $\displaystyle\int_2^{+\infty}\dfrac{1}{x\sqrt{x^2-1}}\mathrm{d}x = $（　　）.

二、计算题（含 8 个小题，每小题 5 分，共 40 分）

1. 计算极限 $\lim\limits_{x\to 0}\dfrac{\displaystyle\int_0^x \sin x - x\,\mathrm{d}x}{x^2\tan x(e^x - 1)}$.

2. 设 $\begin{cases} x = \sin(t^2) \\ y = t\sin(t^2) - \displaystyle\int_1^{t^2}\dfrac{1}{2\sqrt{u}}\sin u\,\mathrm{d}u \end{cases}$，求 $\dfrac{\mathrm{d}y}{\mathrm{d}x}$.

3. 计算不定积分 $\displaystyle\int\dfrac{1+\cos x}{x+\sin x}\mathrm{d}x$.

4. 计算不定积分 $\displaystyle\int x^2 \mathrm{e}^{-x}\,\mathrm{d}x$.

5. 计算定积分 $\displaystyle\int_{-\frac{\pi}{2}}^{\frac{\pi}{2}} (1+\arctan x)\sqrt{1+\cos 2x}\,\mathrm{d}x$.

6. 计算定积分 $\displaystyle\int_{1/4}^{3/4} \frac{\arcsin\sqrt{x}}{\sqrt{x(1-x)}}\,\mathrm{d}x$.

7. 求曲线 $f(x)=x-(x-1)^{\frac{1}{3}}$ 的凹凸区间和拐点.

8. 已知函数 $f(x)=\dfrac{1}{x^2-2x-3}$,求 $f^{(n)}(x)$.

三、解答题(含 3 个小题,每小题 10 分,共 30 分)

1. 通过研究一组学生的学习行为,总结得到公式 $f(t)=-0.1t^2+2.8t+50$,其中 $f(t)$ 是对学生接受能力的一种度量,t 是提出一个新概念后经过的时间(单位:min). 试求:

(1)t 在何范围内,学生的接受能力随 t 增加而提高?

(2)对于最难的概念,教师应在提出后经过多长时间讲解?

(3)若有一个新概念需要学生具有 70 的接受能力,那么它是否适合对这组学生讲授呢? 为什么?

2. 已知 $y=x^2$,$x=a$,$y=0(a>0)$ 所围成的平面图形为 D. 试求:

(1)D 绕 x 轴旋转一周,所得旋转体的体积;

(2)D 绕 y 轴旋转一周,所得旋转体的体积;

(3)若上述两个旋转体的体积相等,a 取何值?

3. 拉格朗日中值定理是微分中值定理的核心,其在微积分理论系统中占有重要地位.

(1)叙述拉格朗日中值定理内容(写清条件和结论);

(2)证明拉格朗日中值定理.

模拟试卷 4

一、选择题与填空题（含 10 个小题，每小题 4 分，共 40 分）

1. 当 $x \to 0^+$ 时，与 $\sqrt{x}$ 等价的无穷小量是（　　）.

A. $1 - e^{\sqrt{x}}$　　　　B. $\sqrt{1 + \sqrt{x}} - 1$　　C. $\ln \dfrac{1+x}{1-\sqrt{x}}$　　　　D. $1 - \cos \sqrt{x}$

2. 函数 $f(x) = \dfrac{x - x^2}{|x|(x^2 - 1)}$ 的第一类间断点个数是（　　）.

A. 0　　　　　　　　B. 1　　　　　　　　C. 2　　　　　　　　D. 3

3. 设 $f(x) = \begin{cases} x^n \sin \dfrac{1}{x} & \text{当 } x \neq 0 \\ 0 & \text{当 } x = 0 \end{cases}$，则在 $x = 0$ 处 $f(x)$（　　）.

A. 当 $n = 0$ 时极限存在　　　　　　　　B. 当 $n = 0$ 时连续

C. 当 $n = 1$ 时连续　　　　　　　　　　D. 当 $n = 1$ 时可导

4. 下列说法正确的是（　　）.

A. 若 $f'(x)$ 在 $(0,1)$ 内连续，则 $f(x)$ 在 $(0,1)$ 内有界

B. 若 $f(x)$ 在 $(0,1)$ 内连续，则 $f(x)$ 在 $(0,1)$ 内有界

C. 若 $f'(x)$ 在 $(0,1)$ 内有界，则 $f(x)$ 在 $(0,1)$ 内有界

D. 若 $f(x)$ 在 $(0,1)$ 内有界，则 $f'(x)$ 在 $(0,1)$ 内有界

5. 极限 $\lim\limits_{n \to \infty} \sum\limits_{k=1}^{n} \dfrac{1}{n+k} = $（　　）.

6. $y = \displaystyle\int_{-\frac{\pi}{2}}^{x} \sqrt{\cos t}\, dt \left(-\dfrac{\pi}{2} \leqslant x \leqslant \dfrac{\pi}{2} \right)$ 的弧长 $s = $（　　）.

7. 设 $f(x) = \begin{cases} 1 & \text{当 } x = 0 \\ \dfrac{1}{x} - \left(\dfrac{1}{x} - a \right) e^x & \text{当 } x \neq 0 \end{cases}$ 在 $x = 0$ 处连续，则 $a = $（　　）.

A. 1　　　　　　　B. 2　　　　　　　C. 3　　　　　　　D. 4

8. 函数 $f(x) = \sqrt[3]{6x^2 - x^3}$ 的极值情况是（　　）.

A. 存在两个极小值　　　　　　　　B. 存在一个极小值和一个极大值

C. 存在两个极大值　　　　　　　　D. 无极值

9. 设由 $L: \begin{cases} x = t^2 + 1 \\ y = 4t - t^2 \end{cases} (t \geqslant 0)$ 确定了函数 $y = y(x)$，则（　　）.

A. $y(x)$ 单增　　　　　　　　　　B. $y(x)$ 单减

C. 曲线 L 是凹的　　　　　　　　D. 曲线 L 是凸的

10. 曲线 $y = \dfrac{1}{x} (x > 0)$ 上任一点处的切线与两坐标所围面积（　　）.

A. 无最小值　　　　　　　　　　B. 无最大值

C. 为无穷大　　　　　　　　　　D. 为常数

二、计算题(含 8 个小题,每小题 5 分,共 40 分)

1. 计算极限 $\lim\limits_{n\to\infty}\left(\dfrac{1}{1\cdot 3}+\dfrac{1}{3\cdot 5}+\cdots+\dfrac{1}{(2n-1)\cdot(2n+1)}\right)$.

2. 计算极限 $\lim\limits_{x\to 0}\dfrac{\displaystyle\int_0^x(t-\sin t)\mathrm{d}t}{x^2\sin x\ln(1+x)}$.

3. 设 $y=x\arctan x-\dfrac{1}{2}\ln(1+x^2)$,求微分 $\mathrm{d}y$.

4. 设 $y=y(x)$ 由方程 $\mathrm{e}^{x+y}+xy-x=\mathrm{e}$ 所确定,求 $y'\big|_{x=0}$.

5. 求不定积分 $\displaystyle\int\sqrt{1-x^2}\,\mathrm{d}x$.

6. 求不定积分 $\displaystyle\int x^3(x^2+1)^{\frac{1}{2}}\,\mathrm{d}x$.

7. 计算定积分 $\displaystyle\int_{-1}^1(3^x-3^{-x}+x\cos x+x\mathrm{e}^x)\,\mathrm{d}x$.

8. 计算广义积分 $\displaystyle\int_{-\infty}^{+\infty}\mathrm{e}^{-2|x|}\,\mathrm{d}x$.

三、解答题(含 4 个小题,每小题 5 分,共 20 分)

1. 求由 $y=\mathrm{e}^x$,$y=\mathrm{e}^{-x}$,$x=1$ 所围图形的面积 A.

2. 求由 $y=\sqrt{x}$,$y=x$ 所围图形绕 x 轴旋转而成的立体的体积 V.

3. 证明:在区间 $\left(0,\dfrac{\pi}{2}\right]$ 上,$\dfrac{\sin x}{x}\geqslant\dfrac{2}{\pi}$.

4. 设 $f(x)$ 在 $[0,1]$ 上可导,且 $f(0)=f(1)=0$,则存在 $\xi\in(0,1)$,使
$$f'(\xi)+3\xi^2 f(\xi)=0.$$

模拟试卷 5

一、选择题与填空题（含 10 个小题，每小题 4 分，共 40 分）

1. 以下说法正确的是（   ）.

A. 无限多个无穷小之和仍是无穷小

B. 无限多个无穷小之积仍是无穷小

C. 无限多个小于 1 的正数之积是无穷小

D. 无限多个不超过 $L(L<1)$ 的正数之积为无穷小

2. 设 $0<x_1<1$，$x_{n+1}=1-\sqrt{1-x_n}$ $(n=1,2,\cdots)$，则 $\lim\limits_{n\to\infty}x_n=$（   ）.

A. 不存在   B. -1

C. 0   D. 1

3. 函数 $f(x)=\dfrac{e^x-e}{x(x-1)}$ 的间断点 $x=0$，$x=1$ 的类型依次是（   ）.

A. 第一类，第一类   B. 第一类，第二类

C. 第二类，第一类   D. 第二类，第二类

4. 设 $y=x^3\sin x$，则 $y^{(100)}(0)=$（   ）.

A. 100   B. $100\cdot99$

C. $100\cdot99\cdot98$ D. $100\cdot99\cdot98\cdot97$

5. 设 $f(x)=\begin{cases}e^x+a & \text{当 }x>0\\ x^b+2 & \text{当 }x\leqslant0\end{cases}$ 连续、可导，则 $(a,b)=$（   ）.

6. 设 $f(x)$ 在 $(0,+\infty)$ 内连续，$f(1)=1$，且对所有 $x,t\in(0,+\infty)$，满足 $\displaystyle\int_1^{xt}f(u)\mathrm{d}u=t\int_1^x f(u)\mathrm{d}u+x\int_1^t f(u)\mathrm{d}u$，则 $f(x)=$（   ）.

7. 曲线 $y=e^{1-x^2}$ 在 $(-1,1)$ 处的切线方程是（   ）.

A. $2x-y+3=0$ B. $2x-y-3=0$

C. $2x+y-3=0$ D. $2x+y+3=0$

8. 设函数 $f(x)$ 在 $[-1,1]$ 上可导，$f'(x)<0$，$f(-1)>0$，$f(1)<0$，则方程 $f(x)=0$ 在 $(-1,1)$ 内（   ）.

A. 至少有两个实根   B. 有且仅有一个实根

C. 没有实根   D. 根的个数不能确定

9. 设 $\lim\limits_{x\to\infty}f'(x)=e$，$\lim\limits_{x\to\infty}\left(\dfrac{x+c}{x-c}\right)^x=\lim\limits_{x\to\infty}[f(x)-f(x-1)]$，则 $c=$（   ）.

A. 0   B. 0.5   C. 1   D. 1.5

10. 曲线 $y=\dfrac{x+1}{x-1}e^{-x^2}$ 的渐近线有（   ）.

A. 1 条   B. 2 条   C. 3 条   D. 0 条

二、计算题（含 8 个小题，每小题 5 分，共 40 分）

1. 计算 $\displaystyle\lim_{n\to\infty}\dfrac{1+2+\cdots+n}{n^2}$.

2. 求 $\displaystyle\lim_{x\to\infty}\left(1+\dfrac{2}{x}\right)^x$.

3. 求 $\displaystyle\lim_{x\to 0}\dfrac{\displaystyle\int_0^x(e^x+\sin x-1)\mathrm{d}x}{x^2}$.

4. 直接计算 $y=(6x^2-x^3)^{\frac{1}{3}}$ 的高阶导数比较复杂，可以先将两边 3 次方，然后再按照隐函数求导法计算．试按这种方法计算 y'，y''.

5. 利用二阶导数判断星形线 $\begin{cases}x=a\cos^3 t\\ y=a\sin^3 t\end{cases}$ 对应 $0\leqslant t\leqslant\dfrac{\pi}{4}$ 段的凹凸性．

6. 计算 $\displaystyle\int\dfrac{\mathrm{d}x}{x\ln x\cdot\ln\ln x}$.

7. 利用换元法计算 $I=\displaystyle\int_0^1\dfrac{1}{\sqrt{1+x^2}}\mathrm{d}x$.

8. 计算 $I=\displaystyle\int_0^{+\infty}x^2 e^{-x}\mathrm{d}x$.

三、解答题（含 2 个小题，每小题 10 分，共 20 分）

1. 在 $[0,1]$ 上给定函数 $y=x^2$，问 t 为何值时，图 5.1 中的阴影部分 S_1 与 S_2 的面积之和 S 最小？最小值是多少？

2. (1) 证明：方程 $x^5+3x^3+x-3=0$ 有且仅有一个正根．

(2) 设 $f(x)$ 为奇函数，证明 $F(x)=\displaystyle\int_0^x f(t)\mathrm{d}t$ 为偶函数．

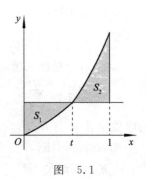

图 5.1

模拟试卷 6

一、选择题与填空题（含 10 个小题，每小题 3 分，共 30 分）

1. 设 $f(x,y)=\begin{cases} \dfrac{xy}{x^2+y^2} & \text{当 } x^2+y^2\neq 0 \\ 0 & \text{当 } x^2+y^2=0 \end{cases}$ 在 $O(0,0)$ 处（　　）.

A. 存在极限　　　　　　　　　　B. 连续但偏导数不存在

C. 可微　　　　　　　　　　　　D. 偏导数存在，但不可微

2. 设函数 $z=f(x,y)$ 在点 (x_0,y_0) 处沿任意方向的方向导数都存在，则 $z=f(x,y)$ 在点 (x_0,y_0) 处的情况为（　　）.

A. 一定可微　　　　　　　　　　B. 不一定可微

C. 两个偏导数存在　　　　　　　D. 连续，但不可微

3. 曲面 $z=x^2+2y^2$ 上点 $(1,1,3)$ 处的切平面方程是（　　）.

A. $2x+4y-z-3=0$　　　　　　B. $4x+2y-z-3=0$

C. $x+2y-z=0$　　　　　　　　D. $2x+3y-z-1=0$

4. 已知函数 $f(x,y)$ 在点 $(0,0)$ 连续，且 $\lim\limits_{\substack{x\to 0 \\ y\to 0}}\dfrac{f(x,y)}{x^2+y^2}=1$，则（　　）.

A. $f(0,0)$ 不是极值　　　　　　B. $f(0,0)$ 是极小值

C. $f(0,0)$ 是极大值　　　　　　D. 无法判断点 $f(0,0)$ 是否为极值

5. 设幂级数 $\sum\limits_{n=0}^{\infty}a_n x^n$ 与 $\sum\limits_{n=0}^{\infty}b_n x^n$ 的收敛半径分别为 R_1,R_2，则幂级数 $\sum\limits_{n=0}^{\infty}(a_n+b_n)x^n$ 的收敛半径 R 与 R_1,R_2 的关系是（　　）.

A. $R\leqslant\max\{R_1,R_2\}$　　　　　B. $R\leqslant\min\{R_1,R_2\}$

C. $R\geqslant\min\{R_1,R_2\}$　　　　　D. $R=\min\{R_1,R_2\}$

6. 设 $y_1=x$，$y_2=x+e^{2x}$，$y_3=x(1+e^{2x})$ 是某二阶常系数非齐次线性方程的特解，则其通解表达式不正确的是（　　）.

A. $y=(C_1+C_2 x)e^{2x}+x$

B. $y=C_1(y_2-y_1)+C_2(y_3-y_1)+y_1$

C. $y=C_1 e^{2x}+C_2 e^{2x}+x$

D. $y=C_1(y_1-y_2)+C_2(y_2-y_3)+\dfrac{y_1+y_3}{2}$

7. 设 $f(x,y)$ 在 $D:0\leqslant x,y\leqslant 1$ 上连续，且 $f(x,y)=y+x\iint\limits_D f(x,y)\mathrm{d}\sigma$，则 $f(x,y)=$（　　）.

8. 设 $\Sigma:x^2+y^2+z^2=a^2$，则 $\iint\limits_S[(x-a)^2+y^2+z^2]\mathrm{d}S=$（　　）.

9. 设数列 $\{a_n\}$ $(a_n>0)$ 单减，且 $\sum\limits_{n=1}^{\infty}(-1)^n a_n$ 发散，问 $\sum\limits_{n=1}^{\infty}\left(\dfrac{1}{1+a_n}\right)^n$ 是收敛还是发

散? ( ).

10. 设 $x^2 = \sum_{n=0}^{\infty} a_n \cos nx (-\pi \leqslant x \leqslant \pi)$, 则 $a_2 = ($).

二、计算题(含 6 个小题,每小题 5 分,共 30 分)

1. 设 f 具有二阶连续偏导数, $z = f(x+y, x-y)$, 求 $\dfrac{\partial^2 z}{\partial x \partial y}$.

2. 计算 $\iint_D \sqrt{(x-y)^2}\,\mathrm{d}\sigma$, 其中 D 是圆 $x^2 + y^2 \leqslant 1$ 在第一象限的部分.

3. 判定级数 $\sum_{n=1}^{\infty} \dfrac{2^n}{7^{\ln n}}$ 的敛散性.

4. 解方程 $2x\cos y\mathrm{d}x + (1+x^2)\sin y\mathrm{d}y = 0, y(0) = 0$.

5. 计算 $\oint_L xy\mathrm{d}y$, 其中 L 为圆周 $(x-a)^2 + y^2 = a^2$, 逆时针方向.

6. 将 $f(x) = \dfrac{1}{x^2 - 2x - 3}$ 展为 x 的幂级数,并给出收敛域

三、解答题(含 4 个小题,每小题 10 分,共 40 分)

1. 利用点到平面的距离公式,求旋转抛物面 $z = x^2 + y^2$ 与平面 $x + y - 2z = 2$ 之间的最短距离.

2. 设曲线积分 $\int_L 2yf(x)\mathrm{d}x + [xf(x) - x^2]\mathrm{d}y$ 在 $x > 0$ 内与路径无关,其中 $f(x)$ 可导, $f(1) = 1$, 求 $f(x)$.

3. 计算曲面积分 $I = \iint_{\Sigma} x^2\mathrm{d}y\mathrm{d}z + y^2\mathrm{d}z\mathrm{d}x + (z^2 - 1)\mathrm{d}x\mathrm{d}y$, 其中 $\sum$ 是曲面 $z = 1 - x^2 - y^2 (z \geqslant 0)$ 的上侧.

4. (1)设 $f(x, y)$ 具有一阶连续偏导数,且 $\mathrm{grad}\, f = 0$, 证明: $f(x, y) \equiv C$.

(2)设 $z = z(x, y)$ 具有二阶连续偏导数, D 由简单光滑闭曲线 L 所围成. 证明:
$$\iint_D \left(\frac{\partial^2 z}{\partial x^2} + \frac{\partial^2 z}{\partial y^2} \right)\mathrm{d}x\mathrm{d}y = \int_L \frac{\partial z}{\partial n}\mathrm{d}s,$$ 其中 $\boldsymbol{n}$ 是 D 的正向边界曲线 L 的外法线向量.

模拟试卷 7

一、选择题与填空题（含 10 个小题，每小题 3 分，共 30 分）

1. 设函数 $f(u,v)$ 具有二阶连续导数，$z=f(x,g(x))$，且 $g(x)$ 可导. 若 $f_1'(1,1)=1$，又 $g(1)=1$ 是极值，则 $\dfrac{\mathrm{d}z}{\mathrm{d}x}\Big|_{x=1}=$（　　）.

A. 0　　　　　　　　　　　　　B. 1

C. 2　　　　　　　　　　　　　D. 不存在

2. 曲面 $z=x^2+y^2$ 上法向量平行于 $\dfrac{x}{2}=\dfrac{y-1}{4}=\dfrac{z+2}{-1}$ 的点是（　　）.

A. $(1,1,2)$　　　　　　　　　B. $(1,2,5)$

C. $(1,2,-1)$　　　　　　　　D. $(2,4,-1)$

3. 设函数 $z=f(x,y)$ 的全微分为 $\mathrm{d}z=x\mathrm{d}x+y\mathrm{d}y$，则点 $(0,0)$（　　）.

A. 不是 $f(x,y)$ 的连续点　　　　B. 不是 $f(x,y)$ 的极值点

C. 是 $f(x,y)$ 的极小值点　　　　D. 是 $f(x,y)$ 的极大值点

4. 设曲线 $L:f(x,y)=1(f(x,y)$ 具有一阶连续偏导数)，过第 Ⅱ 象限内的点 M 和第 Ⅳ 象限内的点 N，T 为 L 上从点 M 到点 N 的一段弧，则下列小于零的是（　　）.

A. $\displaystyle\int_T f_x'(x,y)\mathrm{d}x+f_y'(x,y)\mathrm{d}y$　　　B. $\displaystyle\int_T f(x,y)\mathrm{d}x$

C. $\displaystyle\int_T f(x,y)\mathrm{d}s$　　　　　　　　　D. $\displaystyle\int_T f(x,y)\mathrm{d}y$

5. 下列级数中，条件收敛的是（　　）.

A. $\displaystyle\sum_{n=1}^{\infty}(-1)^n\frac{n!}{n^n}$　　　　　　　B. $\displaystyle\sum_{n=1}^{\infty}n\left(1-\cos\frac{n\pi}{2}\right)$

C. $\displaystyle\sum_{n=1}^{\infty}\frac{\cos n\pi}{n^2}$　　　　　　　　D. $\displaystyle\sum_{n=1}^{\infty}\frac{1}{\sqrt{n}}\sin\frac{n\pi}{2}$

6. 设 $L:x^2+\dfrac{y^2}{4}=1$，逆时针，则 $\displaystyle\int_L \mathrm{e}^x y^2\mathrm{d}x+(x+2\mathrm{e}^x y)\mathrm{d}y=$（　　）.

7. 设曲面 $\sum$ 为球面 $x^2+y^2+z^2=1$，则沿该球面外侧的曲面积分 $I=\displaystyle\oiint\limits_{\Sigma}(x-y)^2\mathrm{d}y\mathrm{d}z-2xy\mathrm{d}z\mathrm{d}x+(2y+3)z\mathrm{d}x\mathrm{d}y=$（　　）.

8. 对于下列常数项级数，说法正确的是（　　）.

A. 若 $\displaystyle\sum_{n=1}^{\infty}u_n^2,\sum_{n=1}^{\infty}v_n^2$ 收敛，则 $\displaystyle\sum_{n=1}^{\infty}(u_n+v_n)^2$ 收敛

B. 若 $\displaystyle\sum_{n=1}^{\infty}|u_nv_n|$ 收敛，则 $\displaystyle\sum_{n=1}^{\infty}u_n^2,\sum_{n=1}^{\infty}v_n^2$ 收敛

C. 若 $\displaystyle\sum_{n=1}^{\infty}u_n(u_n>0)$ 发散，则 $u_n\geqslant\dfrac{1}{n}$

D. 若 $\sum\limits_{n=1}^{\infty} u_n$ 收敛，且 $u_n \geqslant v_n$，则 $\sum\limits_{n=1}^{\infty} v_n$ 收敛

9. 设数列 $\{a_n\}$ 单调减少，$\lim\limits_{n\to\infty} a_n = 0$，$S_n = \sum\limits_{k=1}^{n} a_k (n = 1, 2, \cdots)$ 无界，则幂级数 $\sum\limits_{n=1}^{\infty} a_n (x-1)^n$ 的收敛域为（　　）.

A. $[0, 2)$　　　　　　　　　　　　B. $(0, 2]$

C. $(-1, 1]$　　　　　　　　　　　D. $[-1, 1)$

10. 设 $f(x) = |x - \pi|$，$b_n = \dfrac{2}{\pi} \int_0^\pi f(x) \sin nx \, \mathrm{d}x$. 令 $s(x) = \sum\limits_{n=1}^{\infty} b_n \sin nx$，则 $s\left(\dfrac{3}{2}\pi\right) = （　　）$.

A. $-\dfrac{\pi}{2}$　　　　　　　　　　B. 0

C. $\dfrac{\pi}{2}$　　　　　　　　　　D. π

二、计算题（含 8 个小题，每小题 5 分，共 40 分）

1. 设 $z = \mathrm{e}^{xy} + \dfrac{1}{4} x^2 y^2$，计算 $\dfrac{\partial^2 z}{\partial x \partial y}\Big|_{(1,1)}$.

2. 设方程 $\mathrm{e}^z + xyz = 1$ 确定了隐函数 $z = z(x, y)$，利用隐函数求导法计算 $\dfrac{\partial z}{\partial x}$.

3. 计算 $\displaystyle\int_0^1 \mathrm{d}x \int_x^1 \mathrm{e}^{y^2} \mathrm{d}y$.

4. 计算二重积分 $\displaystyle\iint\limits_{D} x^2 \mathrm{d}x \mathrm{d}y$，$D: x^2 + y^2 \leqslant 4$.

5. 设 Ω 是由曲面 $x^2 + y^2 = 1, z = 0, z = 1$ 所围区域，计算 $\displaystyle\iiint\limits_{\Omega} z^2 \mathrm{d}V$.

6. 设曲面 $\Sigma: z = \sqrt{a^2 - x^2 - y^2}$，计算曲面积分 $\displaystyle\iint\limits_{\Sigma} z \mathrm{d}S$.

7. 将 $f(x) = \ln \dfrac{1+x}{1-x}$ 展开为 x 的幂级数，并给出收敛域.

8. 解微分方程 $\dfrac{\mathrm{d}y}{\mathrm{d}x} = \dfrac{y}{x} + \tan \dfrac{y}{x}$.

三、解答题（含 3 个小题，每题 10 分，共 30 分）

1. 求二元函数 $f(x, y) = x^2 + y \ln y$ 的极值.

2. 设求 $\Sigma: z = \sqrt{x^2 + y^2} (0 \leqslant z \leqslant 1)$，取下侧，计算曲面积分 $\displaystyle\iint\limits_{\Sigma} \dfrac{1}{z} \mathrm{d}x \mathrm{d}y$.

3. 二阶微分方程 $y'' - 4y' + 3y = 2\mathrm{e}^{2x}$ 的通解.

模拟试卷 8

一、选择题与填空题(含 10 个小题,每小题 4 分,共 40 分)

1. 函数 $f(x,y)=\begin{cases}\dfrac{xy}{x^2+y^2} & \text{当 } x^2+y^2\neq0 \\ 0 & \text{当 } x^2+y^2=0\end{cases}$ 在 $O(0,0)$ 处( ).

A. 极限存在　　　　　　　　　　B. 连续

C. 偏导数存在　　　　　　　　　D. 可微

2. 设 $\Phi(cx-az,cy-bz)=0$,Φ 具有连续偏导数,则 $a\dfrac{\partial z}{\partial x}+b\dfrac{\partial z}{\partial y}=$( ).

A. a　　　　　　　　　　　　B. b

C. c　　　　　　　　　　　　D. $a+b+c$

3. 函数 $f(x,y)=3-x^2-y^2$ 在点 $(1,1)$ 处沿过该点的曲线 $x^2+y^2=2$ 的内法向量的方向导数为( ).

A. 2　　　　　　　　　　　　B. $2\sqrt{2}$

C. 4　　　　　　　　　　　　D. $4\sqrt{2}$

4. 设 D 是直线 $y=x$,$y=0$,$x=\pi$ 所围成的闭区域,则 $\iint\limits_{D}\dfrac{\sin x}{x}\mathrm{d}x\mathrm{d}y=$( ).

A. 1　　　　　　　　　　　　B. 2

C. 3　　　　　　　　　　　　D. 4

5. 设 $f(x)=x(0\leqslant x\leqslant\pi)$,且 $f(x)=\dfrac{a_0}{2}+\sum\limits_{n=1}^{\infty}a_n\cos nx$,则 $a_2=$( ).

6. 设 $s(x)=\sum\limits_{n=1}^{\infty}nx^{n-1}$,则 $s\left(\dfrac{1}{2}\right)=$( ).

7. 设曲线积分 $I=\int_{L}(x^3+4xy^3)\mathrm{d}x+(6x^{\lambda-1}y^2-5y^4)\mathrm{d}y$ 与路径 L 无关,则 $\lambda=$( ).

A. 0　　　　　　　　　　　　B. 1

C. 2　　　　　　　　　　　　D. 3

8. 下列级数中条件收敛的是( ).

A. $\sum\limits_{n=2}^{\infty}\dfrac{\sin n}{n^2}$　　　　　　　　B. $\sum\limits_{n=1}^{\infty}(-1)^{n-1}\dfrac{2^{n^2}}{n!}$

C. $\sum\limits_{n=1}^{\infty}(-1)^{n+1}\dfrac{\ln\left(1+\dfrac{1}{n}\right)}{\sqrt{(3n-2)(3n+2)}}$　　　　D. $\sum\limits_{n=2}^{\infty}\dfrac{\ln^2 n}{n}\cos n\pi$

9. 曲面 $z=\mathrm{e}^{x+1}y+(y-1)\arctan x$ 上点 $(0,1,\mathrm{e})$ 处的法线方程为( ).

A. $\mathrm{e}x+\mathrm{e}y-z=0$　　　　　　B. $\mathrm{e}x+\mathrm{e}(y-1)-(z-\mathrm{e})=0$

C. $\dfrac{x-0}{1}=\dfrac{y-1}{1}=\dfrac{z-\mathrm{e}}{-\mathrm{e}}$　　　　D. $\dfrac{x-0}{\mathrm{e}}=\dfrac{y-1}{\mathrm{e}}=\dfrac{z-\mathrm{e}}{-1}$

10. 方程 $y'' - 2y' - 3y = e^x + 2e^{3x}$ 的特解形式是( ).

A. $Axe^{-x} + Be^{3x}$ B. $Ae^{-x} + Bxe^{3x}$

C. $Axe^x + Be^{3x}$ D. $Ae^x + Bxe^{3x}$

二、计算题（含 5 个小题，每小题 6 分，共 30 分）

1. 设 $z = \ln(1 + e^{xy}) + \arctan x(y-1)$，计算 $\dfrac{\partial z}{\partial x}\Big|_{(0,1)}$.

2. $z = f(x, xy)$，f 具有二阶连续偏导数，计算 $\dfrac{\partial^2 z}{\partial x \partial y}$.

3. 将函数 $f(x) = \dfrac{1}{x} + \ln x$ 展开为关于 $x - 1$ 的幂级数.

4. 求由曲面 $z = x^2 + y^2, z = 0, |x| + |y| = 1$ 所围曲顶柱体的体积.

5. 计算 $\displaystyle\int_L \dfrac{(x+y)\mathrm{d}x + (-x+y)\mathrm{d}y}{x^2 + y^2}$，其中 $L: x^2 + y^2 = a^2$，逆时针方向.

三、解答题（含 3 个小题，每小题 10 分，共 30 分）

1. 在力场 $\boldsymbol{F} = (yz, zx, xy)$ 作用下，质点由原点沿直线运动到椭球面 $\dfrac{x^2}{a^2} + \dfrac{y^2}{b^2} + \dfrac{z^2}{c^2} = 1$ 上第一卦限的点 $M(\xi, \eta, \zeta)$ 处，问当 ξ, η, ζ 取何值时，$\boldsymbol{F}$ 所做功 W 最大？并求 W 的最大值.

2. 用高斯公式计算 $\varPhi = \displaystyle\oiint_{\Sigma} 2xy e^{y^2}\mathrm{d}y\mathrm{d}z - e^{y^2}\mathrm{d}z\mathrm{d}x + z^2\mathrm{d}x\mathrm{d}y$，其中 Σ 为锥面 $z = \sqrt{x^2 + y^2}$ 与球面 $z = \sqrt{2 - x^2 - y^2}$ 所围立体表面的外侧.

3. $y = y(x)$ 上点 $P(x, y)$ 处的法线与 x 轴交点为 Q，且线段 PQ 被 y 轴平分. 求该曲线满足的微分方程，并求满足条件 $y(1) = 0$ 的解.

模拟试卷 9

一、选择题与填空题（含 10 个小题，每小题 4 分，共 40 分）

1. 设函数 $f(x,y)=\dfrac{y-e^x}{|y-e^x|}$，则下列选项正确的是（　　）.

   A. $f(x,y)=1$ 　　　　　　　　　B. $f(x,y)=-1$

   C. $f(x,y)=\pm 1$ 　　　　　　　D. $y\neq e^x$

2. 函数 $z=\sqrt{x^2+y^2}$ 在点 $O(0,0)$ 的情况是（　　）.

   A. 偏导数存在，可微 　　　　　　B. 偏导数存在，但不可微

   C. 连续，且偏导数存在 　　　　　D. 连续，但不可微

3. 设 f 具有连续导数，则曲面 $z=xf\left(\dfrac{y-1}{x}\right)$ 上任一点处的切平面都经过的固定点是（　　）.

   A. $(0,0,0)$ 　　　B. $(0,0,1)$ 　　　C. $(0,1,0)$ 　　　D. $(1,0,0)$

4. 由 $z=e^{xy}+\sin xy^2$ 确定的 $z=z(x,y)$ 在点 $(0,1)$ 处梯度为（　　）.

   A. $(2,1)$ 　　　　　　　　　　　B. $(1,2)$

   C. $(2,0)$ 　　　　　　　　　　　D. $(0,2)$

5. 级数 $1-1+\dfrac{1}{2!}-\dfrac{1}{3!}+\dfrac{1}{4!}+\cdots+(-1)^n\dfrac{1}{n!}+\cdots$ 收敛于（　　）.

6. 设 $D:x^2+y^2\leqslant 1$，$M=\displaystyle\iint_D e^{2xy}\,d\sigma$，$N=\displaystyle\iint_D e^{x^2+y^2}\,d\sigma$，则（　　）.

   A. $M>N$ 　　　　　　　　　　　B. $M=N$

   C. $M<N$ 　　　　　　　　　　　D. $M=0$

7. 设 $L:x^2+y^2=1$，则 $\displaystyle\oint_L (x^2+y^2-x)\,ds=$（　　）.

   A. $-\pi$ 　　　　　　　　　　　　B. π

   C. 2π 　　　　　　　　　　　　D. 4π

8. 下列级数发散的是（　　）.

   A. $\displaystyle\sum_{n=1}^{\infty}\left(1-\cos\dfrac{2a}{n}\right)$ 　　　　　B. $\displaystyle\sum_{n=2}^{\infty}(-1)^{n-1}\dfrac{1}{\ln^{10} n}$

   C. $\displaystyle\sum_{n=1}^{\infty}\sqrt{n}\ln\dfrac{n^2+1}{n^2}$ 　　　　　　D. $\displaystyle\sum_{n=1}^{\infty}\dfrac{n!e^n}{n^n}$

9. 利用函数 $f(x)=\dfrac{1}{1+x^2}$ 的泰勒展开式，得到 $f^{(4)}(0)=$（　　）.

   A. 0 　　　　　　B. 1 　　　　　　C. $\dfrac{1}{4!}$ 　　　　　　D. $4!$

10. 微分方程 $\begin{cases}y'-\dfrac{1}{x+1}y=x+1\\ y(0)=1\end{cases}$ 的解是（　　）.

二、计算题(含 5 个小题,每小题 6 分,共 30 分)

1. 设 $f(x,y)=\ln(x^2+y^2)+y\arctan e^{x(1-y)}$,求 $f'_x(x,1)$.

2. 求曲面 $z=4-x^2-y^2$ 与 $z=3x^2+3y^2$ 所围立体的体积.

3. 求球面 $x^2+y^2+z^2=2$ 被平面 $z=1$ 截得的较小部分的面积.

4. 求幂级数 $\sum\limits_{n=1}^{\infty}\dfrac{x^n}{n}$ 的收敛域及和函数 $s(x)$,并求 $\sum\limits_{n=1}^{\infty}\dfrac{1}{n\cdot 2^n}$ 的和.

5. 求二阶微分方程 $y''+2y'-3y=0$ 的通解.

三、解答题(含 3 个小题,每小题 10 分,共 30 分)

1. 一根长为 $l=2(\pi+4+3\sqrt{3})$ 的铁丝截成三段,分别弯成圆形、正方形、等边三角形.利用拉格朗日乘数法,求这三段分别是多长时,面积之和最小,并求该最小值.

2. 利用格林公式计算曲线积分 $I=\oint_L(e^x\sin y-y^2)dx+(e^x\cos y+x^2)dy$,其中 L:$x^2+y^2=2x$,逆时针方向.

3. 利用高斯公式计算曲面积分 $\varPhi=\iint\limits_{\Sigma}x^2dydz+(y^2+z)dzdx+zdxdy$,其中 Σ:$z=\sqrt{1-x^2-y^2}$,取上侧.

模拟试卷 10

一、选择题与填空题(含 10 个小题,每小题 4 分,共 40 分)

1. 曲线 $\begin{cases} x^2+2y^2+3z^2=6 \\ x+y+z=3 \end{cases}$ 上点 $M(1,1,1)$ 处的切向量是( ).

   A. $(2,-2,2)$ B. $(-2,4,-2)$ C. $(1,2,1)$ D. $(2,4,2)$

2. 已知函数 $f(x,y)$ 在点 $(0,0)$ 连续,且 $\lim\limits_{\substack{x\to 0 \\ y\to 0}}\dfrac{f(x,y)}{x^2+y^2}=2$,则( ).

   A. $f(0,0)$ 不是极值   B. $f(0,0)$ 是极小值

   C. $f(0,0)$ 是极大值   D. $f'_x(0,0)$ 不存在

3. 设 $D:(x-1)^2+(y-1)^2\leqslant 2$,则 $\iint\limits_{D}(x-y)\mathrm{d}\sigma=$ ( ).

   A. 0   B. 1   C. 1.5   D. 2

4. 二次积分 $\displaystyle\int_0^{\sqrt{\pi}}\mathrm{d}y\int_y^{\sqrt{\pi}}\sin x^2\,\mathrm{d}x=$ ( ).

   A. 1   B. $\dfrac{\sqrt{\pi}}{2}$ C. $\dfrac{1-\cos\sqrt{\pi}}{2}$ D. $1-\cos\sqrt{\pi}$

5. 函数 $z=2+ax^2+by^2$ 在点 $(1,1)$ 处的方向导数中,沿方向 $\boldsymbol{l}=2\boldsymbol{i}+4\boldsymbol{j}$ 的方向导数最大,最大值为 $\sqrt{20}$,则 $(a,b)=$( ).

6. 设 $L:x^2+\dfrac{y^2}{4}=1$,逆时针方向,则 $\displaystyle\int_L\dfrac{x\,\mathrm{d}y-y\,\mathrm{d}x}{4x^2+y^2}=$ ( ).

   A. $-\pi$ B. 0   C. π D. 2π

7. 设 f 连续,Σ 是 $x-y+z=1$ 在第四卦限部分,取上侧,则由两类曲面积分间联系得 $\iint\limits_{\Sigma}(f+x)\mathrm{d}y\mathrm{d}z+(2f+y)\mathrm{d}z\mathrm{d}x+(f+z)\mathrm{d}x\mathrm{d}y=$ ( ).

   A. $-\pi$ B. 0   C. 0.5   D. 1

8. 幂级数 $\displaystyle\sum_{n=1}^{\infty}\dfrac{(-1)^n}{n}x^n$ 的和函数是( ).

   A. $\ln(1+x),(-1,1]$ B. $-\ln(1+x),[-1,1)$

   C. $\ln(1-x),[-1,1)$ D. $-\ln(1+x),(-1,1]$

9. 设 $\{u_n\}$ 是单调增加的有界数列,则下列级数中收敛的是( ).

   A. $\displaystyle\sum_{n=1}^{\infty}u_n$ B. $\displaystyle\sum_{n=1}^{\infty}(-1)^n\dfrac{1}{u_n}$ C. $\displaystyle\sum_{n=1}^{\infty}\dfrac{u_{n+1}}{u_n}$ D. $\displaystyle\sum_{n=1}^{\infty}(u_{n+1}^2-u_n^2)$

10. 设曲线积分 $\displaystyle\int_L 2yf(x)\mathrm{d}x+[xf(x)-x^3]\mathrm{d}y$ 在 $x>0$ 内与路径无关,其中 $f(x)$ 可导,$f(1)=3$,则 $f(x)=$ ( ).

二、计算题(含 6 个小题,每小题 5 分,共 30 分)

1. 设 $f(u)$ 可导,$z=f(\sin y-\sin x)+xy$,求 $\dfrac{1}{\cos x}\dfrac{\partial z}{\partial x}+\dfrac{1}{\cos y}\dfrac{\partial z}{\partial y}$.

2. 设 f 具有二阶连续偏导数，$z=f(x+y,x-y)$，求 $\dfrac{\partial^2 z}{\partial y^2}$.

3. 设 D 由 $y=x^2$，$y=4$ 所围成，计算 $I=\displaystyle\iint\limits_{D}(x+y)\mathrm{d}\sigma$.

4. 求曲面 $z=2-x^2-y^2(z\geqslant 0)$ 的面积.

5. 设 $\Sigma:x^2+y^2+z^2=1(z\geqslant 0)$，取上侧，计算 $\displaystyle\iint\limits_{\Sigma}z^2\mathrm{d}x\mathrm{d}y$.

6. 求解微分方程 $2yy'-y^2-2=0$，$y(0)=1$.

三、解答题（含 3 个小题，每小题 10 分，共 30 分）

1. 利用高斯公式计算 $I=\displaystyle\iint\limits_{\Sigma}x^2\mathrm{d}y\mathrm{d}z+y^2\mathrm{d}z\mathrm{d}x+z^2\mathrm{d}x\mathrm{d}y$，其中 Σ 为 $z=\sqrt{x^2+y^2}$ 与 $z=2$ 所围区域 Ω 的表面，取外侧.

2. 将函数 $f(x)=\dfrac{1}{2}\ln\dfrac{1-x}{1+x}$ 展开为 x 的幂级数，并给出收敛域.

3. 求解二阶常系数非齐次线性微分方程 $y''-4y'+3y=4xe^{3x}$.

参考答案

第 1 章

自 测 题 1

一、

1. B. 由题意,需满足 $9-x^2 \geqslant 0$ 及 $x+2 > 0$ 且 $x+2 \neq 1$,从而得解.

2. C. 因为 $y = x^2 \sin x$ 为奇函数,所以图像关于原点对称.

3. D. 由复合函数的定义,可知需满足 $1 \leqslant 1+x^2 \leqslant 5$,从而计算得到答案 D.

4. D. 若 $g(x) = \frac{1}{2}$,则 $x = -\frac{1}{2}$;由 $f(g(x)) = \frac{1-x}{x}$,得 $f\left(\frac{1}{2}\right) = f\left(g\left(-\frac{1}{2}\right)\right) = -3$.

5. C. 由定义直接可得.

6. A. 两个函数相同,不仅要求函数表达式相同,而且要求函数的定义域也相同.

7. D. 由 $0 \leqslant x+\frac{1}{4} \leqslant 1$ 和 $0 \leqslant x-\frac{1}{4} \leqslant 1$ 可得结果.

8. B. 令 $f(x) = \ln(x+\sqrt{x^2+a^2}) - \ln a (a > 0)$,则 $f(x) + f(-x) = \ln(\sqrt{x^2+a^2} + x) + \ln(\sqrt{x^2+a^2} - x) - 2\ln a = \ln[(\sqrt{x^2+a^2})^2 - x^2] - 2\ln a = 0$,所以,$f(x)$ 为奇函数.

评注 判断函数 $f(x)$ 的奇偶性,除了考察 $f(-x)$ 与 $f(x)$ 的关系方法外,还有考察 $f(x) + f(-x)$ 的方法,若为 0 则是奇函数,若为 $2f(x)$ 则为偶函数.请同学们自行总结两种方法的适用环境.

9. D. 由奇偶函数的定义直接可得.

10. B. 由复合函数和余弦函数的定义直接可得.

二、

1. (1) $A \times B$ 为阴影部分

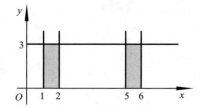

(2) $A \times B$ 为阴影部分

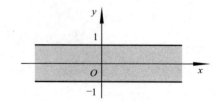

2. (1) 不同, 因为定义域不同;

(2) 不同, 因为对应法则不同;

(3) 相同, 因为定义域及对应法则均相同.

3. 因为 $|x| = \left| \dfrac{\pi}{6} \right| < \dfrac{\pi}{3}$, 所以 $\varphi\left(\dfrac{\pi}{6} \right) = \left| \sin \dfrac{\pi}{6} \right| = \dfrac{1}{2}$.

同理, $\varphi\left(\dfrac{\pi}{4} \right) = \left| \sin \dfrac{\pi}{4} \right| = \dfrac{\sqrt{2}}{2}$. $\varphi\left(\dfrac{\pi}{2} \right) = 0$.

易见函数是偶函数, 只需画出 $x > 0$ 部分, 然后利用对称性画出另一半即可, 图像略.

4. (1) 令 $f(x) = e^x - e^{-x}$, 则 $f(-x) = e^{-x} - e^x = -(e^x - e^{-x}) = -f(x)$, 故 $f(x)$ 为奇函数;

(2) 令 $f(x) = \dfrac{|x + x^3|}{x^2 + 2}$, 则 $f(-x) = \dfrac{|-x - x^3|}{x^2 + 2} = \dfrac{|x + x^3|}{x^2 + 2} = f(x)$, 故 $f(x)$ 为偶函数.

5. 因为 $\varphi(-x) = \dfrac{1}{2}[f(-x) + f(x)] = \varphi(x)$, 所以 $\varphi(x)$ 为偶函数; 同理, $\psi(x)$ 为奇函数. 显然有 $\varphi(x) + \psi(x) = \dfrac{f(x) + f(-x)}{2} + \dfrac{f(x) - f(-x)}{2} = f(x)$.

结论 任意一个定义在关于原点对称的集合上的函数, 都可以表示成该集合上一个奇函数与一个偶函数之和.

6. $f(x) = \begin{cases} 0.15x & \text{当 } 0 < x \leqslant 50 \\ 0.15 \times 50 + (x - 50) \times 0.25 & \text{当 } x > 50 \end{cases} = \begin{cases} 0.15x & \text{当 } 0 < x \leqslant 50 \\ 0.25x - 5 & \text{当 } x > 50 \end{cases}$.

图像略.

自 测 题 2

---

1. $\lim\limits_{n \to \infty} x_n = 0$.

因为 $|x_n - 0| = \left| \dfrac{1}{n} \cos \dfrac{n\pi}{2} \right| \leqslant \dfrac{1}{n}$, 所以 $\forall \varepsilon > 0$, 要使 $|x_n - 0| < \varepsilon$, 只要 $\dfrac{1}{n} < \varepsilon$, 即 $n > \dfrac{1}{\varepsilon}$, 故取 $N = \left[\dfrac{1}{\varepsilon} \right] + 1$ 即可.

2. (1) $\forall \varepsilon > 0$, 要使 $\left| \dfrac{1}{n^2} - 0 \right| = \dfrac{1}{n^2} < \varepsilon$, 只要 $n^2 > \dfrac{1}{\varepsilon}$, 即 $n > \dfrac{1}{\sqrt{\varepsilon}}$. 所以, 对 $\forall \varepsilon > 0$, 取 $N = \left[\dfrac{1}{\sqrt{\varepsilon}} \right] + 1$, 当 $n > N$ 时, 就有 $\left| \dfrac{1}{n^2} - 0 \right| < \varepsilon$, 故 $\lim\limits_{n \to \infty} \dfrac{1}{n^2} = 0$.

(2) $\forall \varepsilon > 0$, 要使 $\left| \dfrac{2n + 1}{3n + 1} - \dfrac{2}{3} \right| = \dfrac{1}{9n + 3} < \dfrac{1}{9n} < \varepsilon$, 只要 $n > \dfrac{1}{9\varepsilon}$. 所以对 $\forall \varepsilon > 0$, 取 $N > \dfrac{1}{9\varepsilon}$, 当 $n > N$ 时, 就有 $\left| \dfrac{2n + 1}{3n + 1} - \dfrac{2}{3} \right| < \varepsilon$, 故 $\lim\limits_{n \to \infty} \dfrac{2n + 1}{3n + 1} = \dfrac{2}{3}$.

评注 1 和 2 两题主要考察数列极限的严格定义, 即 $\varepsilon - N$ 定义 (教学大纲和考试大纲只要求了解即可). 证明 $\lim\limits_{n \to \infty} x_n = a$, 关键是对 $\forall \varepsilon > 0$, 通过 $|x_n - a| < \varepsilon$ 来求解 N. 由于 N

的不唯一性,还可以对 $|x_n-a|$ 进行必要的放大来找 N.

3.(1)正确.

因为 $\lim\limits_{n\to\infty}a_n=A$,则根据定义,对任给的 $\varepsilon>0$,总能找到一个正整数 N,使当 $n>N$ 时,有 $|a_n-A|<\varepsilon$ 成立.又因为 $||a_n|-|A||\leqslant|a_n-A|$ 始终成立,所以对任给的 $\varepsilon>0$,总能找到一个正整数 N,使当 $n>N$ 时,有 $||a_n|-|A||<\varepsilon$ 成立.根据定义,即可证明 $\lim\limits_{n\to\infty}|a_n|=|A|$.

(2)正确.

因为 $\lim\limits_{n\to\infty}|a_n|=0$,则根据定义,对任给的 $\varepsilon>0$,总能找到一个正整数 N,使当 $n>N$ 时,有 $||a_n|-0|<\varepsilon$ 成立.即 $|a_n|<\varepsilon$,根据定义,即可证明 $\lim\limits_{n\to\infty}a_n=0$.

(3)不正确.

例如,对于这样一个数列 $\{a_n\}$,其中 $a_n=(-1)^n$,满足 $\lim\limits_{n\to\infty}|a_n|=1$,但 $\{a_n\}$ 的极限不存在(提示:分别考察它的奇子列和偶子列的极限).

(4)不正确.

前一部分总成立,因为 $\lim\limits_{n\to\infty}a_n=A$,所以 $\forall\varepsilon>0$,$\exists N\in H$,使当 $n>N$ 时,恒有 $|a_n-A|<\varepsilon$ 成立,也有 $|a_{n+1}-A|<\varepsilon$ 成立,所以 $\lim\limits_{n\to\infty}a_{n+1}=A$.

对后一部分,当 $A=0$ 时不一定成立,如 $a_n=\dfrac{1}{2^n}$;而当 $A\neq0$ 时,由四则运算知结论显然成立.

评注 本题正确部分的证明不作要求,但不正确的反例要求掌握.

4.(1)$\lim\limits_{n\to\infty}\dfrac{3^n+(-2)^n}{3^{n+1}+(-2)^{n+1}}=\lim\limits_{n\to\infty}\dfrac{\dfrac{1}{3}+\dfrac{1}{3}\left(-\dfrac{2}{3}\right)^n}{1+\left(-\dfrac{2}{3}\right)^{n+1}}=\dfrac{\dfrac{1}{3}+0}{1+0}=\dfrac{1}{3}$.

(2)$\lim\limits_{n\to\infty}\left(\dfrac{1+2+\cdots+n}{n+2}-\dfrac{n}{2}\right)=\lim\limits_{n\to\infty}\left[\dfrac{2(1+2+\cdots+n)-n(n+2)}{2(n+2)}\right]=\lim\limits_{n\to\infty}\dfrac{-n}{2(n+2)}=-\dfrac{1}{2}$.

(3)$\lim\limits_{n\to\infty}\sqrt{n}\left(\sqrt{n+4}-\sqrt{n}\right)=\lim\limits_{n\to\infty}\sqrt{n}\dfrac{4}{\sqrt{n+4}+\sqrt{n}}=\lim\limits_{n\to\infty}\dfrac{4}{\sqrt{1+\dfrac{4}{n}}+1}=2$.

(4)$\lim\limits_{n\to\infty}\left(1-\dfrac{1}{n}\right)^n=\lim\limits_{n\to\infty}\left(\dfrac{n-1}{n}\right)^n=\dfrac{1}{\lim\limits_{n\to\infty}\left(\dfrac{n}{n-1}\right)^n}=\dfrac{1}{\lim\limits_{n\to\infty}\left(1+\dfrac{1}{n-1}\right)^{n-1}\cdot\lim\limits_{n\to\infty}\left(1+\dfrac{1}{n-1}\right)}=\mathrm{e}^{-1}$.

(5)$\lim\limits_{n\to\infty}\left(1+\dfrac{1}{n-4}\right)^{n+4}=\lim\limits_{n\to\infty}\left[\left(1+\dfrac{1}{n-4}\right)^{n-4}\cdot\left(1+\dfrac{1}{n-4}\right)^8\right]=\mathrm{e}$.

评注 第(4)小题的求解目前只能套公式 $\lim\limits_{n\to\infty}\left(1+\dfrac{1}{n}\right)^n=\mathrm{e}$,这里 n 是正整数,而不能套用 $\lim\limits_{n\to\infty}\left(1+\dfrac{1}{-n}\right)^{-n}=\mathrm{e}$(其中"$-n$"为负整数)得到 $\lim\limits_{n\to\infty}\left(1-\dfrac{1}{n}\right)^n=\lim\limits_{n\to\infty}\left[\left(1+\dfrac{1}{-n}\right)^{-n}\right]^{-1}=\mathrm{e}^{-1}$.

(6)$\lim\limits_{n\to\infty}\left(\sqrt{n^2+3n-1}-\sqrt{n^2-5n+2}\right)=\lim\limits_{n\to\infty}\dfrac{8n-3}{\sqrt{n^2+3n-1}+\sqrt{n^2-5n+2}}$

$$=\lim_{n\to\infty}\frac{8-\dfrac{3}{n}}{\sqrt{1+\dfrac{3}{n}-\dfrac{1}{n^2}}+\sqrt{1-\dfrac{5}{n}+\dfrac{2}{n^2}}}=4.$$

5. 充分非必要.

根据准则:单调有界数列必有极限,可知充分性. 但反过来不一定成立,例如,$x_n=$ $(-1)^n\dfrac{1}{n}$,$\{x_n\}$收敛于 0,但并不单调.

6.(1) $\displaystyle\lim_{n\to\infty}\Big[\frac{1}{1\cdot2}+\frac{1}{2\cdot3}+\frac{1}{3\cdot4}+\cdots+\frac{1}{n\cdot(n+1)}\Big]$

$$=\lim_{n\to\infty}\Big(1-\frac{1}{2}+\frac{1}{2}-\frac{1}{3}+\frac{1}{3}-\frac{1}{4}+\cdots+\frac{1}{n}-\frac{1}{n+1}\Big)$$

$$=\lim_{n\to\infty}\Big(1-\frac{1}{n+1}\Big)=1.$$

(2) $\displaystyle\lim_{n\to\infty}\Big(\frac{1}{4}+\frac{1}{28}+\frac{1}{70}+\cdots+\frac{1}{9n^2-3n-2}\Big)$

$$=\lim_{n\to\infty}\Big[\frac{1}{1\times4}+\frac{1}{4\times7}+\cdots+\frac{1}{(3n-2)(3n+1)}\Big]=\frac{1}{3}\lim_{n\to\infty}\Big(1-\frac{1}{3n+1}\Big)=\frac{1}{3}.$$

7.(1) 由于 $\dfrac{n}{n^2+n\pi}\leqslant\dfrac{1}{n^2+\pi}+\cdots+\dfrac{1}{n^2+n\pi}\leqslant\dfrac{n}{n^2+\pi}$,又 $\displaystyle\lim_{n\to\infty}\frac{n}{n^2+n\pi}=0,\lim_{n\to\infty}\frac{n}{n^2+\pi}=0$,依

夹逼定理 $\displaystyle\lim_{n\to\infty}\Big(\frac{1}{n^2+\pi}+\cdots+\frac{1}{n^2+n\pi}\Big)=0$,即 $\{x_n\}$ 极限存在,且极限等于 0.

(2) 由于 $\dfrac{1+2+\cdots+n}{n^2+n}\leqslant\dfrac{1}{n^2+1}+\dfrac{2}{n^2+2}+\cdots+\dfrac{n}{n^2+n}\leqslant\dfrac{1+2+\cdots+n}{n^2+1}$,又

$$\lim_{n\to\infty}\frac{1+2+\cdots+n}{n^2+n}=\lim_{n\to\infty}\frac{\frac{n(n+1)}{2}}{n(n+1)}=\frac{1}{2},\lim_{n\to\infty}\frac{1+2+\cdots+n}{n^2+1}=\lim_{n\to\infty}\frac{\frac{n(n+1)}{2}}{n^2+1}=\frac{1}{2},$$

依夹逼定理

$$\lim_{n\to\infty}\Big(\frac{1}{n^2+1}+\frac{2}{n^2+2}+\cdots+\frac{n}{n^2+n}\Big)=\frac{1}{2},即 \{x_n\} 极限存在,且极限等于 \frac{1}{2}.$$

(3) $z_n=\sqrt[n]{1+2^n+3^n}$. 因为 $\sqrt[n]{0+0+3^n}<\sqrt[n]{1+2^n+3^n}<\sqrt[n]{3^n+3^n+3^n}$,所以 $3\leqslant$ $\sqrt[n]{1+2^n+3^n}\leqslant3\sqrt[n]{3}$,又 $\displaystyle\lim_{n\to\infty}\sqrt[n]{3}=1$,所以 $\displaystyle\lim_{n\to\infty}\sqrt[n]{1+2^n+3^n}=3$.

自 测 题 3

一、

1. C. 因为 $\displaystyle\lim_{x\to+\infty}\frac{x+1}{x+2}=1,\lim_{x\to+\infty}\arctan x=\frac{\pi}{2}$,由极限运算法则,得答案 C.

2. C. 因为 $\displaystyle\lim_{x\to+\infty}\frac{2x^2+3x+1}{x^2-1}=\lim_{x\to+\infty}\frac{2+3/x+1/x^2}{1-1/x^2}=2$,所以有水平渐近线 $y=2$;

因为 $\displaystyle\lim_{x\to1}\frac{2x^2+3x+1}{x^2-1}=\infty$,所以有垂直渐近线 $x=1$;

因为 $\lim\limits_{x \to -1} \dfrac{2x^2+3x+1}{x^2-1} = \lim\limits_{x \to -1} \dfrac{(2x+1)(x+1)}{(x-1)(x+1)} = \lim\limits_{x \to -1} \dfrac{2x+1}{x-1} = \dfrac{1}{2}$，所以 $x=-1$ 不是渐近线.

二、

1. $\forall \varepsilon > 0$，要使 $|(3x-2)-1| = 3|x-1| < \varepsilon$，只要 $|x-1| < \dfrac{\varepsilon}{3}$，所以，对 $\forall \varepsilon > 0$，取 $\delta = \dfrac{\varepsilon}{3}$，当 $0 < |x-1| < \dfrac{\varepsilon}{3}$ 时，有 $|(3x-2)-1| < \varepsilon$ 成立，故 $\lim\limits_{x \to 1}(3x-2) = 1$.

2. 因为 $x \to 2$，所以 $|x-2| \to 0$. 不妨设 $|x-2| < 1$，即 $1 < x < 3$. 又由 $|x^2-4| = |x+2||x-2| \leqslant 5|x-2| < 0.001$，只要 $|x-2| < \dfrac{0.001}{5} = 0.0002$，故取 $\delta = 0.0002$，当 $0 < |x-2| < \delta$ 时，就有 $|y-4| < 0.001$.

3. 不正确.

$\lim\limits_{x \to x_0} |f(x)| = |a|$ 是 $\lim\limits_{x \to x_0} f(x) = a$ 的必要非充分条件.

首先证明 $\lim\limits_{x \to x_0} |f(x)| = |a|$ 是 $\lim\limits_{x \to x_0} f(x) = a$ 的必要条件：若 $\lim\limits_{x \to x_0} f(x) = a$，则对任给的 $\varepsilon > 0$，总能找到正数 δ，使得当 $|x-x_0| < \delta$ 时，有 $|f(x)-a| < \varepsilon$ 成立. 又因为 $||f(x)|-|a|| \leqslant |f(x)-a| < \varepsilon$，则根据定义，有 $\lim\limits_{x \to x_0} |f(x)| = |a|$.

但 $\lim\limits_{x \to x_0} |f(x)| = |a|$ 却不是 $\lim\limits_{x \to x_0} f(x) = a$ 的充分条件. 例如，对于符号函数 $f(x) = \operatorname{sgn}(x)$，有 $\lim\limits_{x \to 0} |f(x)| = 1$，但 $\lim\limits_{x \to 0} f(x)$ 不存在，这是因为 $\lim\limits_{x \to 0^-} f(x) = -1$，$\lim\limits_{x \to 0^+} f(x) = 1$.

4. 因为 $x \to 2$，所以 $|x-2| \to 0$. 不妨设 $|x-2| < 1$，即 $1 < x < 3$. 又由于对 $\forall \varepsilon > 0$，$\left| \dfrac{x-2}{x} - 0 \right| = \left| \dfrac{x-2}{x} \right| \leqslant |x-2| < \varepsilon$，只要 $|x-2| < \varepsilon$ 和 $|x-2| < 1$ 同时成立，故取 $\delta = \min\{\varepsilon, 1\}$，当 $0 < |x-2| < \delta$ 时，有 $\left| \dfrac{x-2}{x} - 0 \right| < \varepsilon$ 成立，即 $\lim\limits_{x \to 2} \dfrac{x-2}{x} = 0$，所以当 $x \to 2$ 时，$y = \dfrac{x-2}{x}$ 是无穷小.

评注 1、2 和 4 题主要考察函数极限的严格定义，即 ε-δ 定义. 证明 $\lim\limits_{x \to x_0} f(x) = A$. 关键是对 $\forall \varepsilon > 0$，通过 $|f(x)-A| < \varepsilon$ 来求解 δ，并且由于 δ 的不唯一性还可以对 $|f(x)-A|$ 进行放大，由于 $x \to x_0$，可以适当地限制 $|x-x_0|$ 来找 δ.

5. (1) $\lim\limits_{x \to 0} \dfrac{4x^3-2x^2+x}{3x^2+2x} = \lim\limits_{x \to 0} \dfrac{4x^2-2x+1}{3x+2} = \dfrac{1}{2}$.

(2) $\lim\limits_{h \to 0} \dfrac{(x+h)^3-x^3}{h} = \lim\limits_{h \to 0} \dfrac{x^3+3x^2h+3xh^2+h^3-x^3}{h} = \lim\limits_{h \to 0}(3x^2+3xh+h^2) = 3x^2$.

注意 该题是 $h \to 0$，不是 $x \to 0$，因此 x 应当作为常数处理.

(3) $\lim\limits_{x \to 1}\left(\dfrac{1}{1-x} - \dfrac{3}{1-x^3} \right) = \lim\limits_{x \to 1} \dfrac{x^2+x-2}{1-x^3} = -\lim\limits_{x \to 1} \dfrac{x+2}{1+x+x^2} = -1$.

(4) 因为 $\lim\limits_{x \to 0} x^2 = 0$，$\left| \sin \dfrac{1}{x} \right| \leqslant 1$，所以 $\lim\limits_{x \to 0} x^2 \sin \dfrac{1}{x} = 0$.

(5) 因为 $\lim\limits_{x \to \infty} \dfrac{1}{2x^3-x+1} = \lim\limits_{x \to \infty} \dfrac{1/x^3}{2-1/x^2+1/x^3} = \dfrac{0}{2-0+0} = 0$，所以 $\lim\limits_{x \to \infty}(2x^3-x+1) = \infty$.

$(6)\lim_{x\to 0}\dfrac{\sqrt{x+1}-1}{x}=\lim_{x\to 0}\dfrac{1}{\sqrt{x+1}+1}=\dfrac{1}{\sqrt{0+1}+1}=\dfrac{1}{2}.$

6. 因为 $\lim_{x\to -\infty}\dfrac{1+e^x}{2+e^{x-1}}=\dfrac{1+0}{2+0}=\dfrac{1}{2}$；$\lim_{x\to +\infty}\dfrac{1+e^x}{2+e^{x-1}}=\lim_{x\to +\infty}\dfrac{e^{-x}+1}{2e^{-x}+e^{-1}}=\dfrac{0+1}{0+e^{-1}}=e.$ 所以 $\lim_{x\to \infty}\dfrac{1+e^x}{2+e^{x-1}}$ 不存在.

7. 令 $t=\dfrac{1}{x}$，则右极限 $\lim_{x\to 0^+}e^{\frac{1}{x}}=\lim_{t\to +\infty}e^t=+\infty$，左极限 $\lim_{x\to 0^-}e^{\frac{1}{x}}=\lim_{t\to -\infty}e^t=0$，故 $\lim_{x\to 0}e^{\frac{1}{x}}$ 不存在.

8. 法 1 因为 $\lim_{x\to 1}\dfrac{x}{1-x}=\infty$，所以 $\lim_{x\to 1}\dfrac{1}{1-\frac{x}{1-x}}=0$，故 $\lim_{x\to 1}e^{\frac{1}{1-\frac{x}{1-x}}}=e^0=1$，存在；

法 2 因为 $\lim_{x\to 1}e^{\frac{1}{1-\frac{x}{1-x}}}=\lim_{x\to 1}e^{\frac{1-x}{1-2x}}=e^0=1$，所以 $\lim_{x\to 1}e^{\frac{1}{1-\frac{x}{1-x}}}$ 存在.

自 测 题 4

一、

1. C. 令 $\dfrac{x}{a}=u$，则 $\lim_{x\to \infty}\left(1+\dfrac{a}{x}\right)^{bx+d}=\lim_{u\to \infty}\left(1+\dfrac{1}{u}\right)^{abu+d}=\lim_{u\to \infty}\left[\left(1+\dfrac{1}{u}\right)^u\right]^{ab}\cdot \left(1+\dfrac{1}{u}\right)^d=e^{ab}.$

或 $\lim_{x\to \infty}\left(1+\dfrac{a}{x}\right)^{bx+d}=\lim_{x\to \infty}\left[\left(1+\dfrac{a}{x}\right)^{\frac{x}{a}\cdot ab}\cdot \left(1+\dfrac{a}{x}\right)^d\right]=e^{ab}.$

2. B. 因为 $\lim_{x\to 0}(x^2+\sin x)=0$，极限为 0，所以为无穷小；

A 不是. 因为 $\lim_{x\to 0}\dfrac{\sin x}{x}=1.$

C 不是. 由重要极限 $\lim_{x\to 0}(1+x)^{\frac{1}{x}}=e$，则有 $\lim_{x\to 0}\dfrac{1}{x}\ln(1+x)=\lim_{x\to 0}\ln(1+x)^{\frac{1}{x}}=\ln e=1.$

D 不是. 因为 $\lim_{x\to 0}(2x-1)=-1.$

3. B. 因为 $\lim_{x\to 0}\left(\dfrac{1-x}{1+x}\right)^{\frac{1}{x}}=\lim_{x\to 0}\dfrac{(1-x)^{\frac{1}{x}}}{(1+x)^{\frac{1}{x}}}=\dfrac{e^{-1}}{e}=e^{-2}.$

4. D. 令 $u=-\dfrac{2}{x}$，则 $\lim_{x\to +\infty}f(x)=\lim_{x\to +\infty}\left(1-\dfrac{2}{x}\right)^x=\lim_{u\to 0}(1+u)^{-\frac{2}{u}}=\left[\lim_{u\to 0}(1+u)^{\frac{1}{u}}\right]^{-2}=e^{-2}.$

或 $\lim_{x\to +\infty}f(x)=\lim_{x\to +\infty}\left(1-\dfrac{2}{x}\right)^x=\lim_{x\to +\infty}\left(1-\dfrac{2}{x}\right)^{-\frac{x}{2}\cdot(-2)}=e^{-2}.$

5. B. 因为 $\lim_{x\to 0}\dfrac{e^x+2^x-2}{x}=\lim_{x\to 0}\dfrac{e^x-1+2^x-1}{x}=\lim_{x\to 0}\left(\dfrac{e^x-1}{x}+\dfrac{2^x-1}{x}\right)=1+\ln 2\neq 1$，即 $f(x)$ 为与 x 同阶非等价的无穷小量.

6. A. 因为 $\lim_{n\to \infty}\dfrac{\sin \frac{2}{n^2+1}}{\frac{2}{n^2+1}}=1.$

二、

1. (1) $\lim\limits_{x \to 0} \dfrac{\tan x - \sin x}{x^3} = \lim\limits_{x \to 0} \dfrac{\tan x(1 - \cos x)}{x^3}$

$\qquad\qquad = \lim\limits_{x \to 0} \dfrac{\tan x}{x} \cdot \lim\limits_{x \to 0} \dfrac{1 - \cos x}{x^2} = 1 \cdot \lim\limits_{x \to 0} \dfrac{1 - \cos x}{x^2}$

$\qquad\qquad = \lim\limits_{x \to 0} \dfrac{2\sin^2 \dfrac{x}{2}}{x^2} = \dfrac{1}{2} \lim\limits_{x \to 0} \left(\dfrac{\sin \dfrac{x}{2}}{\dfrac{x}{2}} \right)^2 = \dfrac{1}{2}.$

(2) 令 $x - n\pi = t$, 则 $\lim\limits_{x \to n\pi} \dfrac{\sin x}{x - n\pi} = \lim\limits_{t \to 0} \dfrac{\sin(t + n\pi)}{t} = \lim\limits_{t \to 0} (-1)^n \dfrac{\sin t}{t} = (-1)^n.$

(3) $\lim\limits_{x \to 0} \dfrac{1 - \cos 2x}{x \sin x} = \lim\limits_{x \to 0} \dfrac{2\sin^2 x}{x \sin x} = \lim\limits_{x \to 0} \dfrac{2\sin x}{x} = 2.$

(4)(在此题中, n 变化, 视 x 为任一"固定数")

当 $x = 0$ 时, $\lim\limits_{n \to \infty} 2^n \sin \dfrac{x}{2^n} = \lim\limits_{n \to \infty} 2^n \sin \dfrac{0}{2^n} = 0$;

当 $x \neq 0$ 时, $\lim\limits_{n \to \infty} 2^n \sin \dfrac{x}{2^n} = \lim\limits_{n \to \infty} \dfrac{\sin \dfrac{x}{2^n}}{\dfrac{x}{2^n}} \cdot x = x.$ (视 n 连续变化, 用重要极限)

综上, 原式 $= x$.

(5) 令 $u = -2x$, 则 $\lim\limits_{x \to 0} (1 - 2x)^{\frac{1}{x}} = \lim\limits_{u \to 0} (1 + u)^{\frac{-2}{u}} = \lim\limits_{u \to 0} \left[(1 + u)^{\frac{1}{u}} \right]^{-2} = e^{-2}.$

(6) $\lim\limits_{n \to \infty} \left(1 + \dfrac{2}{3^n} \right)^{3^n} = \left[\lim\limits_{n \to \infty} \left(1 + \dfrac{2}{3^n} \right)^{\frac{3^n}{2}} \right]^2 = e^2.$

或令 $x = \dfrac{3^n}{2}$, 则原式 $= \lim\limits_{x \to +\infty} \left(1 + \dfrac{1}{x} \right)^{2x} = e^2.$

(7) 法 1 $\quad \lim\limits_{x \to \infty} \left(\dfrac{x+2}{x-1} \right)^{2x} = \lim\limits_{x \to \infty} \left(\dfrac{1 + \dfrac{2}{x}}{1 - \dfrac{1}{x}} \right)^{2x} = \dfrac{\lim\limits_{x \to \infty} \left(1 + \dfrac{2}{x} \right)^{2x}}{\lim\limits_{x \to \infty} \left(1 - \dfrac{1}{x} \right)^{2x}} = \dfrac{e^4}{e^{-2}} = e^6.$

法 2 $\quad \lim\limits_{x \to \infty} \left(\dfrac{x+2}{x-1} \right)^{2x} = \lim\limits_{x \to \infty} \left(\dfrac{x-1+3}{x-1} \right)^{2x} = \lim\limits_{x \to \infty} \left(1 + \dfrac{3}{x-1} \right)^{2x}.$

令 $\dfrac{3}{x-1} = u$, 则上式 $= \lim\limits_{u \to 0} (1 + u)^{\frac{6}{u} + 2} = \lim\limits_{u \to 0} (1 + u)^{\frac{6}{u}} \cdot \lim\limits_{u \to 0} (1 + u)^2 = e^6.$

2. 因为 $\lim\limits_{x \to 0} (x^2 - x^3) = 0$, $\lim\limits_{x \to 0} (2x - x^2) = 0$, 所以当 $x \to 0$ 时 $x^2 - x^3$ 与 $2x - x^2$ 皆为无穷小. 又由 $\lim\limits_{x \to 0} \dfrac{x^2 - x^3}{2x - x^2} = \lim\limits_{x \to 0} \dfrac{x - x^2}{2 - x} = 0$, 所以当 $x \to 0$ 时 $x^2 - x^3$ 是比 $2x - x^2$ 高阶的无穷小.

3. (1) $\lim\limits_{x \to 1} \dfrac{1 - x}{1 - x^3} = \lim\limits_{x \to 1} \dfrac{1 - x}{(1 - x)(1 + x + x^2)} = \dfrac{1}{3} \neq 1$, 所以当 $x \to 1$ 时无穷小 $1 - x$ 与 $1 - x^3$ 同阶但不等价.

(2)$\lim\limits_{x\to 1}\dfrac{1-x}{\frac{1}{2}(1-x^2)}=\lim\limits_{x\to 1}\dfrac{2(1-x)}{(1-x)(1+x)}=\lim\limits_{x\to 1}\dfrac{2}{1+x}=1$，所以当 $x\to 1$ 时无穷小 $1-x$ 与

$\frac{1}{2}(1-x^2)$ 等价.

4.（1）因为 $\lim\limits_{x\to 0}\dfrac{1-\cos x}{\frac{x^2}{2}}=\lim\limits_{x\to 0}\dfrac{2\sin^2\frac{x}{2}}{\frac{x^2}{2}}=\lim\limits_{x\to 0}\left(\dfrac{\sin\frac{x}{2}}{\frac{x}{2}}\right)^2=1$，所以 $1-\cos x\sim\dfrac{x^2}{2}\,(x\to 0)$.

（2）因为 $\lim\limits_{x\to 0}\dfrac{\sqrt{1+\tan x}-\sqrt{1+\sin x}}{\frac{1}{4}x^3}=\lim\limits_{x\to 0}\dfrac{\tan x-\sin x}{\frac{1}{4}x^3(\sqrt{1+\tan x}+\sqrt{1+\sin x})}$

$=\lim\limits_{x\to 0}\dfrac{4\tan x}{x}\cdot\dfrac{1-\cos x}{x^2}\cdot\dfrac{1}{(\sqrt{1+\tan x}+\sqrt{1+\sin x})}=1.$

所以 $\sqrt{1+\tan x}-\sqrt{1+\sin x}\sim\dfrac{1}{4}x^3\quad(x\to 0)$.

5. 法1　$\lim\limits_{x\to+\infty}(\sqrt{x^2-x+1}-ax+b)=\lim\limits_{x\to+\infty}x\cdot\left(\sqrt{1-\dfrac{1}{x}+\dfrac{1}{x^2}}-a+\dfrac{b}{x}\right).$

因为 $\lim\limits_{x\to+\infty}(\sqrt{x^2-x+1}-ax+b)=0$，所以 $\lim\limits_{x\to+\infty}\left(\sqrt{1-\dfrac{1}{x}+\dfrac{1}{x^2}}-a+\dfrac{b}{x}\right)=0$，由极限

的运算法则，可知 $a=\lim\limits_{x\to+\infty}\left(\sqrt{1-\dfrac{1}{x}+\dfrac{1}{x^2}}+\dfrac{b}{x}\right)=1$，将 $a=1$ 代入原式，得到

$$b=\lim\limits_{x\to+\infty}(x-\sqrt{x^2-x+1})=\lim\limits_{x\to+\infty}\dfrac{x-1}{\sqrt{x^2-x+1}+x}=\dfrac{1}{2}.$$

法2　$\lim\limits_{x\to+\infty}(\sqrt{x^2-x+1}-ax+b)=\lim\limits_{x\to+\infty}\dfrac{x^2-x+1-(ax-b)^2}{\sqrt{x^2-x+1}+ax-b}$

$=\lim\limits_{x\to+\infty}\dfrac{(1-a^2)x^2+(2ab-1)x+1-b^2}{\sqrt{x^2-x+1}+ax-b}$

$=\lim\limits_{x\to+\infty}\dfrac{(1-a^2)x+(2ab-1)+\frac{1-b^2}{x}}{\sqrt{1-\frac{1}{x}+\frac{1}{x^2}}+a-\frac{b}{x}}=0,$

因此 $1-a^2=0,1+a\neq 0,\dfrac{2ab-1}{1+a}=0$，解得 $a=1,b=\dfrac{1}{2}$.

6.（1）$\lim\limits_{x\to 0}\dfrac{3-\sqrt{9-x^2}}{\sin^2 x}=\lim\limits_{x\to 0}\dfrac{x^2}{\sin^2 x\cdot(3+\sqrt{9-x^2})}=\lim\limits_{x\to 0}\left(\dfrac{x}{\sin x}\right)^2\lim\limits_{x\to 0}\dfrac{1}{3+\sqrt{9-x^2}}=\dfrac{1}{6}.$

（2）令 $\dfrac{1}{x-1}=t$，则当 $x\to 1^-$ 时，$t\to-\infty$，则

$\lim\limits_{x\to 1^-}\dfrac{1}{1-\mathrm{e}^{\frac{1}{x-1}}}=\lim\limits_{t\to-\infty}\dfrac{1}{1-\mathrm{e}^t}=\dfrac{1}{1-0}=1.$

自 测 题 5

一、

1. C. $\lim\limits_{x\to 2}\dfrac{x^2+ax+b}{x-2}=5\Rightarrow\lim\limits_{x\to 2}(x^2+ax+b)=0\Rightarrow 4+2a+b=0\Rightarrow b=-4-2a$，代入极

限 $5=\lim\limits_{x\to 2}\dfrac{x^2+ax+b}{x-2}=\lim\limits_{x\to 2}\dfrac{x^2+ax-4-2a}{x-2}=\lim\limits_{x\to 2}(x+2+a)=4+a\Rightarrow a=1$，则 $b=-6$．

或因为 $\lim\limits_{x\to 2}\dfrac{x^2+ax+b}{x-2}=5$，且 $\lim\limits_{x\to 2}(x-2)=0$，从而推断 $x^2+ax+b=(x-2)(x+c)$，且

$\lim\limits_{x\to 2}(x+c)=5$，从而得出 $c=3$，由于 $(x-2)(x+3)=x^2+ax+b$，得到 $a=1,b=-6$．

2. C. $\lim\limits_{x\to 0}\dfrac{x^2\sin\dfrac{2}{x}}{\tan x}=\lim\limits_{x\to 0}\left(\dfrac{x}{\tan x}\right)\left(x\sin\dfrac{2}{x}\right)=1\times 0=0$．

评注   常犯错误 $\lim\limits_{x\to 0}\dfrac{x^2\sin\dfrac{2}{x}}{\tan x}=\lim\limits_{x\to 0}\left[\dfrac{x}{\tan x}\cdot\dfrac{\sin\dfrac{2}{x}}{\dfrac{2}{x}}\cdot 2\right]=1\times 1\times 2=2$．

3. B.   因 $\lim\limits_{x\to 0}\dfrac{a^x-1}{x}=\lim\limits_{x\to 0}\dfrac{e^{\ln a^x}-1}{x}=\lim\limits_{x\to 0}\dfrac{x\ln a}{x}=\ln a$．

4. B.   因为在 $(-1,1)$ 内，$\dfrac{e^x-1}{e^x+1}$ 与 $\ln\dfrac{1-x}{1+x}$ 都是奇函数．

注   也可以用定义式 $f(-x)=\pm f(x)$，或通过考察 $f(x)+f(-x)$ 讨论．

二、

1. $(1)\lim\limits_{x\to 0}\dfrac{\tan^2 3x}{x\sin 2x}=\lim\limits_{x\to 0}\dfrac{(3x)^2}{x\cdot 2x}=\dfrac{9}{2}$ （使用等价无穷小替换）．

$(2)\lim\limits_{n\to\infty}\dfrac{\sqrt{2^n}+\sqrt{3^n}}{\sqrt{2^n}-\sqrt{3^n}}=\lim\limits_{n\to\infty}\dfrac{\sqrt{\left(\dfrac{2}{3}\right)^n}+1}{\sqrt{\left(\dfrac{2}{3}\right)^n}-1}=-1$．

$(3)\quad\lim\limits_{n\to\infty}\left(1-\dfrac{1}{2^2}\right)\left(1-\dfrac{1}{3^2}\right)\cdots\left(1-\dfrac{1}{n^2}\right)$

$=\lim\limits_{n\to\infty}\left(1-\dfrac{1}{2}\right)\left(1+\dfrac{1}{2}\right)\left(1-\dfrac{1}{3}\right)\left(1+\dfrac{1}{3}\right)\cdots\left(1-\dfrac{1}{n}\right)\left(1+\dfrac{1}{n}\right)$

$=\lim\limits_{n\to\infty}\dfrac{1}{2}\cdot\dfrac{3}{2}\cdot\dfrac{2}{3}\cdot\dfrac{4}{3}\cdot\cdots\cdot\dfrac{n-1}{n}\cdot\dfrac{n+1}{n}$

$=\lim\limits_{n\to\infty}\dfrac{1}{2}\cdot\dfrac{n+1}{n}=\dfrac{1}{2}$．

$(4)\lim\limits_{n\to\infty}\left(\dfrac{1}{n}+e^{\frac{1}{n}}\right)^n=\exp\left[\lim\limits_{n\to\infty}\dfrac{\ln\left(\dfrac{1}{n}+e^{\frac{1}{n}}\right)}{\dfrac{1}{n}}\right]=\exp\left[\lim\limits_{n\to\infty}\dfrac{\dfrac{1}{n}+e^{\frac{1}{n}}-1}{\dfrac{1}{n}}\right]=e^2$．

或令 $t=\dfrac{1}{n}$，则原式 $=\lim\limits_{t\to 0}(t+e^t)^{\frac{1}{t}}=\exp\left[\lim\limits_{t\to 0}\dfrac{\ln(t+e^t)}{t}\right]=\exp\left(\lim\limits_{t\to 0}\dfrac{t+e^t-1}{t}\right)=e^2$．

$(5) \lim\limits_{x \to 0} \dfrac{\sqrt{1+x\sin x} - \sqrt{\cos x}}{x \tan x} = \lim\limits_{x \to 0} \dfrac{1+x\sin x - \cos x}{x\tan x(\sqrt{1+x\sin x} + \sqrt{\cos x})}$

$\qquad = \lim\limits_{x \to 0} \dfrac{1}{(\sqrt{1+x\sin x} + \sqrt{\cos x})} \cdot \lim\limits_{x \to 0} \dfrac{x\sin x + 1 - \cos x}{x\tan x}$

$\qquad = \dfrac{1}{2}\left(\lim\limits_{x \to 0}\dfrac{\sin x}{\tan x} + \lim\limits_{x \to 0}\dfrac{1-\cos x}{x\tan x}\right)$

$\qquad = \dfrac{1}{2}\left(1 + \lim\limits_{x \to 0}\dfrac{\frac{x^2}{2}}{x \cdot x}\right) = \dfrac{3}{4}.$

(6) 令 $t = 1 - x$，则 $\tan\dfrac{\pi}{2}x = \tan\dfrac{\pi}{2}(1-t) = \dfrac{\cos\frac{\pi}{2}t}{\sin\frac{\pi}{2}t} = \dfrac{1}{\tan\frac{\pi}{2}t}$，当 $x \to 1$ 时 $t \to 0$，所以

$$\lim\limits_{x \to 1}(1-x)\tan\dfrac{\pi}{2}x = \lim\limits_{t \to 0}\dfrac{t}{\tan\frac{\pi}{2}t} = \lim\limits_{t \to 0}\dfrac{t}{\frac{\pi}{2}t} = \dfrac{2}{\pi}.$$

$(7) \lim\limits_{x \to 0}(\cos^2 x)^{\frac{1}{\sin^2 x}} = \lim\limits_{x \to 0}\left[(1-\sin^2 x)^{\frac{-1}{\sin^2 x}}\right]^{-1} = \mathrm{e}^{-1}.$

$(8) \lim\limits_{x \to 1}x^{\frac{1}{x-1}} = \lim\limits_{x \to 1}[1+(x-1)]^{\frac{1}{x-1}} \xlongequal{\text{令 } u=x-1} \lim\limits_{u \to 0}(1+u)^{\frac{1}{u}} = \mathrm{e}.$

或 $\lim\limits_{x \to 1}x^{\frac{1}{x-1}} = \lim\limits_{x \to 1}\mathrm{e}^{\ln x^{\frac{1}{x-1}}} = \mathrm{e}^{\lim\limits_{x \to 1}\frac{\ln x}{x-1}} = \mathrm{e}^{\lim\limits_{x \to 1}\frac{x-1}{x-1}} = \mathrm{e}$ （当 $x \to 1$ 时 $\ln x \sim x-1$）.

(9) 若 $x = 1$，则 $\lim\limits_{n \to \infty}(1+x)(1+x^2)\cdots(1+x^{2^n}) = \lim\limits_{n \to \infty}2^{n+1} = +\infty$；

若 $x = -1$，则 $\lim\limits_{n \to \infty}(1+x)(1+x^2)\cdots(1+x^{2^n}) = 0$；

若 $|x| \neq 1$，则

$(1+x)(1+x^2)\cdots(1+x^{2^n}) = \dfrac{1-x}{1-x}(1+x)(1+x^2)\cdots(1+x^{2^n}) = \dfrac{1-x^2}{1-x}(1+x^2)\cdots(1+x^{2^n})$

$\qquad = \dfrac{1-x^4}{1-x}(1+x^4)\cdots(1+x^{2^n}) = \cdots = \dfrac{1-x^{2^{n+1}}}{1-x}.$

当 $|x| > 1$ 时，$\lim\limits_{n \to \infty}x^{2^{n+1}} = \infty$，则 $\lim\limits_{n \to \infty}(1+x)(1+x^2)\cdots(1+x^{2^n}) = \infty$；

当 $|x| < 1$ 时，$\lim\limits_{n \to \infty}x^{2^{n+1}} = 0$，则 $\lim\limits_{n \to \infty}(1+x)(1+x^2)\cdots(1+x^{2^n}) = \dfrac{1}{1-x}.$

综上 $\qquad \lim\limits_{n \to \infty}(1+x)(1+x^2)\cdots(1+x^{2^n}) = \begin{cases} \infty & \text{当 } |x| > 1 \\ \dfrac{1}{1-x} & \text{当 } |x| < 1 \\ +\infty & \text{当 } x = 1 \\ 0 & \text{当 } x = -1 \end{cases}.$

2. $\lim\limits_{n \to \infty}\dfrac{1}{n^2}\ln[f(1)f(2)\cdots f(n)] = \lim\limits_{n \to \infty}\dfrac{1}{n^2}\ln(a^1 a^2 \cdots a^n) = \lim\limits_{n \to \infty}\dfrac{1}{n^2}\ln a^{\frac{n(n+1)}{2}}$

$\qquad = \lim\limits_{n \to \infty}\dfrac{n(n+1)}{2n^2}\ln a = \dfrac{1}{2}\ln a.$

或
$$\lim_{n\to\infty}\frac{1}{n^2}\ln[f(1)f(2)\cdots f(n)] = \lim_{n\to\infty}\frac{1}{n^2}\sum_{k=1}^{n}\ln f(k) = \lim_{n\to\infty}\frac{1}{n^2}\sum_{k=1}^{n}\ln a^k$$
$$= \ln a \cdot \lim_{n\to\infty}\sum_{k=1}^{n}\frac{k}{n^2} = \frac{1}{2}\ln a.$$

3. 若 $0 \leqslant a < 1$，则 $\lim\limits_{n\to\infty}\dfrac{a^n}{1+a^n} = \dfrac{0}{1+0} = 0$；

若 $a > 1$，则 $\lim\limits_{n\to\infty}\dfrac{a^n}{1+a^n} = \lim\limits_{n\to\infty}\dfrac{1}{1+\left(\dfrac{1}{a}\right)^n} = \dfrac{1}{1+0} = 1$；

若 $a = 1$，则 $\lim\limits_{n\to\infty}\dfrac{a^n}{1+a^n} = \dfrac{1}{2}$.

4. $\lim\limits_{n\to\infty}\sum\limits_{k=1}^{n}\dfrac{1}{1+2+\cdots+k} = \lim\limits_{n\to\infty}\sum\limits_{k=1}^{n}\dfrac{2}{k(k+1)} = \lim\limits_{n\to\infty}2\left[\dfrac{1}{1\times 2}+\dfrac{1}{2\times 3}+\cdots+\dfrac{1}{n\times(n+1)}\right]$
$$= \lim_{n\to\infty}2\left(1-\frac{1}{n+1}\right) = 2.$$

5. 当 $a > 1$ 时，因为 $\lim\limits_{x\to-\infty}\dfrac{a^x}{1+a^{2x}} = \dfrac{0}{1+0} = 0$，$\lim\limits_{x\to+\infty}\dfrac{a^x}{1+a^{2x}} = \lim\limits_{x\to+\infty}\dfrac{a^{-x}}{a^{-2x}+1} = \dfrac{0}{0+1} = 0$，

所以 $\lim\limits_{x\to\infty}\dfrac{a^x}{1+a^{2x}} = 0$；

当 $a < 1$ 时，因为 $\lim\limits_{x\to-\infty}\dfrac{a^x}{1+a^{2x}} = \lim\limits_{x\to-\infty}\dfrac{a^{-x}}{a^{-2x}+1} = \dfrac{0}{0+1} = 0$，$\lim\limits_{x\to+\infty}\dfrac{a^x}{1+a^{2x}} = \dfrac{0}{1+0} = 0$，所

以 $\lim\limits_{x\to\infty}\dfrac{a^x}{1+a^{2x}} = 0$.

综上有 $\lim\limits_{x\to\infty}\dfrac{a^x}{1+a^{2x}} = 0 \quad (a > 0, a \neq 1)$.

评注 (1)由于形式的特殊性，当 $a > 1$，$a < 1$，$x\to+\infty$，$x\to-\infty$ 时极限相同.

(2)解法 $\lim\limits_{x\to\infty}\dfrac{a^x}{1+a^{2x}} = \lim\limits_{x\to\infty}\dfrac{1}{a^{-x}+a^x} = 0$ 省略的步骤太多，尤其最后一步，不显然.

6. 因为 $\lim\limits_{x\to-\infty}\dfrac{1}{1-\mathrm{e}^x} = 1 \neq 0$，又 $\lim\limits_{x\to-\infty}(1+\cos^2 x)$ 不存在，所以 $\lim\limits_{x\to-\infty}\dfrac{1+\cos^2 x}{1-\mathrm{e}^x}$ 不存在，从

而 $\lim\limits_{x\to\infty}\dfrac{1+\cos^2 x}{1-\mathrm{e}^x}$ 不存在.

7. 因为 $\dfrac{1}{x}-1 \leqslant \left[\dfrac{1}{x}\right] \leqslant \dfrac{1}{x}+1$，所以，当 $x > 0$ 时，$1-x \leqslant x\left[\dfrac{1}{x}\right] \leqslant 1+x$.

又因为 $\lim\limits_{x\to 0^+}(1-x) = \lim\limits_{x\to 0^+}(1+x) = 1$，所以 $\lim\limits_{x\to 0^+}x\left[\dfrac{1}{x}\right] = 1$.

同理，当 $x < 0$ 时，$1+x \leqslant x\left[\dfrac{1}{x}\right] \leqslant 1-x$.

又因为 $\lim\limits_{x\to 0^-}(1-x) = \lim\limits_{x\to 0^-}(1+x) = 1$，所以 $\lim\limits_{x\to 0^-}x\left[\dfrac{1}{x}\right] = 1$.

综上，$\lim\limits_{x\to 0}x\left[\dfrac{1}{x}\right] = 1$.

评注 常见错误是没有讨论左右极限就直接得到结论；出现中间过程错误但最后结

论正确的"奇怪"现象,极易给人错觉,请同学们警惕.

8. $x_{n+1}=2^{\frac{1}{2}}x_n^{\frac{1}{2}}$: $x_0=1, x_1=2^{\frac{1}{2}}x_0^{\frac{1}{2}}=2^{\frac{1}{2}}, x_2=2^{\frac{1}{2}}x_1^{\frac{1}{2}}=2^{\frac{1}{2}} \cdot 2^{\frac{1}{2^2}}=2^{\frac{1}{2}+\frac{1}{2^2}}, \cdots$.

由此推得 $x_n=2^{\frac{1}{2}+\frac{1}{2^2}+\cdots+\frac{1}{2^n}}=2^{1-\frac{1}{2^n}}$, 故 $\lim\limits_{n\to\infty}x_n=2$.

评注 作为计算题,找到通项公式后直接求极限就可以了.但如果将题改为证明,则要用到数列极限存在准则:单调有界数列必有极限.为此需要考察数列的单调性及有界性,这种题目的技巧很强,教学大纲和考试大纲对此段内容要求到了解.

证明过程如下:

因 $1=x_0, x_1=\sqrt{2 \cdot 1}=\sqrt{2}<2, x_2=\sqrt{2 \cdot x_1}<\sqrt{2} \cdot \sqrt{2}=2, x_3=\sqrt{2 \cdot x_2}<\sqrt{2} \cdot \sqrt{2}=2$, 由递推性可知, $1<x_n<2(n=0,1,2,\cdots)$, 即 $\{x_n\}$ 有界;由此又得 $x_{n+1}=\sqrt{2x_n}>\sqrt{x_n \cdot x_n}=x_n(n=1,2,\cdots)$(或 $x_{n+1}^2=2x_n \Rightarrow \dfrac{x_{n+1}}{x_n}=\dfrac{2}{x_{n+1}}>1$), 所以 $\{x_n\}$ 单调增加,故 $\{x_n\}$ 有极限.记 $\lim\limits_{n\to\infty}x_n=a$, 则有 $\lim\limits_{n\to\infty}x_{n+1}=\sqrt{2\lim\limits_{n\to\infty}x_n}$, 即 $a=\sqrt{2a}$, 从而推出 $a=0$ 或 $a=2$. $a=0$ 显然不合题意,舍去,所以 $a=2$, 即 $\lim\limits_{n\to\infty}x_n=2$.

9. 因为 $\lim\limits_{x\to\infty}\left(\dfrac{x+c}{x-c}\right)^x=\lim\limits_{x\to\infty}\dfrac{\left(1+\dfrac{c}{x}\right)^x}{\left(1-\dfrac{c}{x}\right)^x}=\dfrac{\mathrm{e}^c}{\mathrm{e}^{-c}}=\mathrm{e}^{2c}$, 由题意, $\mathrm{e}^{2c}=4$, 从而推出 $c=\ln 2$.

10. $\lim\limits_{x\to+\infty}\arccos\left(\sqrt{x^2+x}-x\right)=\lim\limits_{x\to+\infty}\arccos\left(\dfrac{x}{\sqrt{x^2+x}+x}\right)$

$$=\lim\limits_{x\to+\infty}\arccos\left(\dfrac{1}{\sqrt{1+\dfrac{1}{x}}+1}\right)=\arccos\dfrac{1}{2}=\dfrac{\pi}{3}.$$

自 测 题 6

一、

1. A. 由连续的定义,函数 $f(x)$ 在 $x=0$ 处连续,意味着 $\lim\limits_{x\to 0^+}f(x)=\lim\limits_{x\to 0^-}f(x)=f(0)$, 而 $\lim\limits_{x\to 0^-}f(x)=\lim\limits_{x\to 0^-}(x^{100}+b)=b$, $\lim\limits_{x\to 0^+}f(x)=\lim\limits_{x\to 0^+}\dfrac{\tan kx^2}{x^2}=\lim\limits_{x\to 0^+}\dfrac{kx^2}{x^2}=k, f(0)=1$, 故 $b=k=1$.

2. B. 因为 $\lim\limits_{x\to 1}\dfrac{\sqrt[3]{x}-1}{x-1}=\lim\limits_{x\to 1}\dfrac{\sqrt[3]{x}-1}{(\sqrt[3]{x}-1)(\sqrt[3]{x^2}+\sqrt[3]{x}+1)}=\lim\limits_{x\to 1}\dfrac{1}{(\sqrt[3]{x^2}+\sqrt[3]{x}+1)}=\dfrac{1}{3}$, 而在 $x=1$ 处,函数 $y=\dfrac{\sqrt[3]{x}-1}{x-1}$ 无定义.所以, $x=1$ 为可去间断点(也是第一类间断点).

3. D. $f(x)$ 在 $(-\infty,+\infty)$ 上连续,考察 $x=0$, $\lim\limits_{x\to 0^-}f(x)=\lim\limits_{x\to 0^-}\mathrm{e}^x=1$, $\lim\limits_{x\to 0^+}f(x)=\lim\limits_{x\to 0^+}(a+x)=a$, 则由连续的定义,可求得 $a=1$.

4. C. $\lim\limits_{x\to 0}F(x)=\lim\limits_{x\to 0}f(x)=\lim\limits_{x\to 0}\dfrac{1-\cos^2 x}{x^2}=\lim\limits_{x\to 0}\dfrac{\sin^2 x}{x^2}=1$, 由连续定义知 $F(0)=1$.

二、

1.(1)$f(x)=\dfrac{x^2-1}{x^2-3x+2}=\dfrac{(x-1)(x+1)}{(x-2)(x-1)}$,易见除 $x=1,2$ 外均连续;在 $x=1$ 处 $f(x)$

无定义,且$\lim\limits_{x\to1}f(x)=\lim\limits_{x\to1}\dfrac{(x-1)(x+1)}{(x-2)(x-1)}=\lim\limits_{x\to1}\dfrac{x+1}{x-2}=-2$;所以 $x=1$ 是 $f(x)$ 的第一类间

断点(可去间断点).在 $x=2$ 处 $f(x)$ 无定义,且$\lim\limits_{x\to2}f(x)=\lim\limits_{x\to2}\dfrac{(x-1)(x+1)}{(x-2)(x-1)}=\infty$,所以

$x=2$ 是 $f(x)$ 的第二类间断点(无穷间断点).

(2)$f(x)=\begin{cases}x\sin\dfrac{1}{x} & \text{当 }x\neq0 \\ 1 & \text{当 }x=0\end{cases}$,易见除 $x=0$ 外均连续;在 $x=0$ 处.因为$\lim\limits_{x\to0}f(x)=$

$\lim\limits_{x\to0}x\sin\dfrac{1}{x}=0$,而 $f(0)=1$,所以 $x=0$ 是 $f(x)$ 的第一类间断点(可去间断点).

2.(1)由题意,若使 $f(x)$ 在 $x=0$ 处连续,需有 $\lim\limits_{x\to0^-}f(x)=\lim\limits_{x\to0^+}f(x)=f(0)$,而

$\lim\limits_{x\to0^-}f(x)=\lim\limits_{x\to0^-}(a+x)=a$,$\lim\limits_{x\to0^+}f(x)=\lim\limits_{x\to0^+}\sin x=0$,$f(0)=a$,所以 $a=0$.

(2)由题意,若使 $f(x)$ 在 $x=0$ 处连续,需有 $\lim\limits_{x\to0^-}f(x)=\lim\limits_{x\to0^+}f(x)=f(0)$,而

$\lim\limits_{x\to0^-}f(x)=\lim\limits_{x\to0^-}\dfrac{1}{bx}\ln(1-3x)=\lim\limits_{x\to0^-}\dfrac{-3x}{bx}=-\dfrac{3}{b}$,$\lim\limits_{x\to0^+}f(x)=\lim\limits_{x\to0^+}\dfrac{\sin ax}{x}=\lim\limits_{x\to0^+}\dfrac{ax}{x}=a$,

$f(0)=2$,从而由 $-\dfrac{3}{b}=a=2$,解出 $a=2$,$b=-\dfrac{3}{2}$.

3.若 $|x|>1$,则 $f(x)=x\cdot\lim\limits_{n\to\infty}\dfrac{1-x^{2n}}{1+x^{2n}}=x\cdot\lim\limits_{n\to\infty}\dfrac{\left(\dfrac{1}{x}\right)^{2n}-1}{\left(\dfrac{1}{x}\right)^{2n}+1}=x\cdot\dfrac{0-1}{0+1}=-x$;

若 $|x|<1$,则 $f(x)=x\cdot\lim\limits_{n\to\infty}\dfrac{1-x^{2n}}{1+x^{2n}}=x$;

若 $|x|=1$,则 $f(x)=0$.

综上得 $f(x)=\begin{cases}x & \text{当 }|x|<1 \\ 0 & \text{当 }|x|=1 \\ -x & \text{当 }|x|>1\end{cases}$.图像如右图所示.

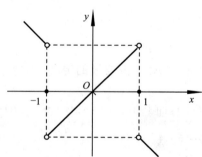

我们只需讨论 $x=1$ 和 $x=-1$ 这两点,其他点显

然连续.

在 $x=1$ 处,$\lim\limits_{x\to1^+}f(x)=\lim\limits_{x\to1^+}(-x)=-1$,$\lim\limits_{x\to1^-}f(x)=\lim\limits_{x\to1^-}x=1$;

在 $x=-1$ 处,$\lim\limits_{x\to-1^+}f(x)=\lim\limits_{x\to-1^+}x=-1$,$\lim\limits_{x\to-1^-}f(x)=\lim\limits_{x\to-1^-}(-x)=1$;

所以 $x=1$ 和 $x=-1$ 均为第一类间断点.

4.(1)$\lim\limits_{n\to\infty}\sin^2(\pi\sqrt{n^2+1})=\lim\limits_{n\to\infty}\left[(-1)^n\sin(\pi\sqrt{n^2+1}-n\pi)\right]^2=\lim\limits_{n\to\infty}\sin^2\pi(\sqrt{n^2+1}-n)$

$$=\lim\limits_{n\to\infty}\sin^2\dfrac{\pi}{\sqrt{n^2+1}+n}=0.$$

(2) $\lim\limits_{x\to+\infty}\arcsin(\sqrt{x^2+1}-x)=\lim\limits_{x\to+\infty}\arcsin\dfrac{1}{\sqrt{x^2+1}+x}=\arcsin\left(\lim\limits_{x\to+\infty}\dfrac{1}{\sqrt{x^2+1}+x}\right)=0.$

(3) $\lim\limits_{x\to0}\sqrt[x]{1-2x}=\lim\limits_{x\to0}(1-2x)^{\frac{1}{x}}=\lim\limits_{x\to0}[(1-2x)^{-\frac{1}{2x}}]^{-2}=\mathrm{e}^{-2}.$

或 $\lim\limits_{x\to0}\sqrt[x]{1-2x}=\mathrm{e}^{\lim\limits_{x\to0}\frac{\ln(1-2x)}{x}}=\mathrm{e}^{\lim\limits_{x\to0}\frac{-2x}{x}}=\mathrm{e}^{-2}.$

5. 令 $f(x)=a\sin x+b-x$，则 $f(x)$ 在 $[0,a+b]$ 上为连续函数. 因为 $f(0)=b>0$，$f(a+b)=a\sin(a+b)+b-a-b=a[\sin(a+b)-1]$. 若 a,b 满足：$\sin(a+b)=1$，则 $a+b$ ($a+b>0$) 即为所求；$\sin(a+b)<1$，则 $f(a+b)<0$，由零点存在定理知至少存在一点 $\xi\in(0,a+b)$，使得 $f(\xi)=0$. 命题得证.

6. $f(x)=\dfrac{x-x^3}{|x|(x^3-1)}=\dfrac{-x(x-1)(x+1)}{|x|(x-1)(x^2+x+1)}$，易见只有 $x=0$ 和 $x=1$ 是间断点.

在 $x=0$ 处，$\lim\limits_{x\to0^+}f(x)=\lim\limits_{x\to0^+}\dfrac{-(x+1)}{x^2+x+1}=-1$，$\lim\limits_{x\to0^-}f(x)=\lim\limits_{x\to0^-}\dfrac{x+1}{x^2+x+1}=1$，所以，$x=0$ 为第一类间断点（跳跃间断点）.

在 $x=1$ 处，$\lim\limits_{x\to1}f(x)=\lim\limits_{x\to1}\dfrac{-(x+1)}{x^2+x+1}=-\dfrac{2}{3}$，所以，$x=1$ 为第一类间断点（可去间断点）.

7. 用反证法. 假设 $f(x)$ 在 $[a,b]$ 上不恒为正，也不恒为负，则在 $[a,b]$ 内至少存在两点 x_1 和 x_2（不妨令 $x_1<x_2$），使得 $f(x_1)\cdot f(x_2)<0$，又由于 $f(x)$ 在 $[a,b]$ 上连续，则由零点存在定理，至少存在一点 $\xi\in(x_1,x_2)\subset[a,b]$，使得 $f(\xi)=0$，这与 $f(x)$ 在 $[a,b]$ 内无零点矛盾，所以命题得证.

8. 构造函数 $g(x)=f(x)-f(x+a)$，由于 $f(x)$ 在 $[0,2a]$ 上连续，那么 $g(x)$ 在 $[0,a]$ 上连续，且 $g(0)=f(0)-f(a)$，$g(a)=f(a)-f(2a)$. 下面分析 $g(0)$ 与 $g(a)$ 的取值情况.

若 $f(a)\neq f(0)$，因为 $f(2a)=f(0)$，所以 $g(a)=-g(0)$，即 $g(a)$ 与 $g(0)$ 异号，则由零点存在定理，在 $(0,a)$ 内至少存在一点 ξ，使 $g(\xi)=0$，即 $f(x)=f(x+a)$ 在 $[0,a]$ 上至少有一个根.

若 $f(a)=f(0)$，则 $g(a)=g(0)=0$，取 $\xi=a$ 或 $\xi=0$ 即可.

9. 令 $A=\dfrac{f(a)+f(b)}{2}$，由于 $A\leqslant\max\{f(a),f(b)\}\leqslant\max\{f(x)\,|\,x\in[a,b]\}=M$，且 $A\geqslant\min\{f(a),f(b)\}\geqslant\min\{f(x)\,|\,x\in[a,b]\}=m$；又 $f(x)$ 在 $[a,b]$ 上连续，那么，根据介值定理的推论，在 $[a,b]$ 上至少存在一点 ξ，使得 $f(\xi)=A$（因为 A 为介于 $f(x)$ 在 $[a,b]$ 上的最大值 M 与最小值 m 之间的一个值），即存在 $\xi\in[a,b]$，使得 $2f(\xi)=f(a)+f(b)$，命题得证.

第 2 章

自 测 题 1

一、

1. D. 由导数的几何意义——该点导数为该点切线斜率即可求得.

2. A.　因 $\lim\limits_{h \to 0} \dfrac{f(2+h)-f(2-h)}{2h} = \lim\limits_{h \to 0} \dfrac{f(2+h)-f(2)+f(2)-f(2-h)}{2h}$

$$= \lim\limits_{h \to 0} \dfrac{f(2+h)-f(2)}{2h} + \lim\limits_{h \to 0} \dfrac{f(2-h)-f(2)}{-2h}$$

$$= f'(2).$$

3. B.　因 $\lim\limits_{h \to 0} \dfrac{h}{f(x_0-2h)-f(x_0)} = \dfrac{1}{4} \Rightarrow \lim\limits_{h \to 0} \dfrac{f(x_0-2h)-f(x_0)}{h} = 4$，而 $f'(x_0) = $

$\lim\limits_{h \to 0} \dfrac{f(x_0-2h)-f(x_0)}{-2h} \Rightarrow \lim\limits_{h \to 0} \dfrac{f(x_0-2h)-f(x_0)}{h} = -2f'(x_0)$.

4. D.　因直线 l 与 x 轴平行,直线的斜率为 0,直线又与曲线 $y = x - \mathrm{e}^x$ 相切,这说明曲线上这一点 $(x,\,y)$ 处切线的斜率为 0,再根据导数的几何意义,有 $1 - \mathrm{e}^x = 0$,解得 $x = 0$. 此曲线上的切点坐标为 $(0,-1)$.

思考　$f(x)$ 在点 x_0 处的导数存在是否是曲线上 $(x_0, f(x_0))$ 点处有切线的充要条件?

5. C.　因 $\lim\limits_{x \to 0} x\sin\dfrac{1}{x} = 0$ 说明 $f(x)$ 在 $x = 0$ 连续,但 $\lim\limits_{\Delta x \to 0} \dfrac{\Delta x \sin\dfrac{1}{\Delta x} - 0}{\Delta x}$ 不存在,所以 $f(x)$ 在 $x = 0$ 不可导.

评注　考察分段函数在分段点的导数必须使用导数的定义.

6. B.　$\lim\limits_{x \to 0} \dfrac{f(x)}{x} = \lim\limits_{x \to 0} \dfrac{f(x)-f(0)}{x-0} = f'(0)$.

二、

1. 因为 $\lim\limits_{x \to 0} \dfrac{f(x)-f(0)}{x} = \lim\limits_{x \to 0} \dfrac{x^2\sin\dfrac{1}{x}}{x} = \lim\limits_{x \to 0} x\sin\dfrac{1}{x} = 0$,所以 $f'(0) = 0$.

2. (1) $A = 2f'(x_0)$；(2) $A = x_0 f'(x_0) - f(x_0)$；(3) $A = 3f'(x_0)$.

3. $f'_+(0) = \lim\limits_{x \to 0^+} \dfrac{f(x)-f(0)}{x} = \lim\limits_{x \to 0^+} \dfrac{\ln(1+x)}{x} = 1$，$f'_-(0) = \lim\limits_{x \to 0^-} \dfrac{f(x)-f(0)}{x} = \lim\limits_{x \to 0^-} \dfrac{x}{x} = 1$,于是 $f'(0) = 1$.

4. 由 $f(x)$ 在 $x = 1$ 处连续,有 $\lim\limits_{x \to 1^-} f(x) = \lim\limits_{x \to 1^+} f(x) = f(1)$,而

$$\lim\limits_{x \to 1^-} f(x) = \lim\limits_{x \to 1^-} x^2 = 1, \quad \lim\limits_{x \to 1^+} f(x) = \lim\limits_{x \to 1^+} (ax+b) = a+b, \quad f(1) = 1,$$

故 $a+b = 1$；

又由 $f(x)$ 在 $x = 1$ 可导,有 $f'_+(1) = f'_-(1)$,而

$$f'_+(1) = \lim\limits_{h \to 0^+} \dfrac{[a(1+h)+b]-1}{h} = \lim\limits_{h \to 0^+} \dfrac{ah+a+b-1}{h} = a, \quad f'_-(1) = \lim\limits_{h \to 0^-} \dfrac{(1+h)^2-1}{h} = 2,$$

故 $a = 2$.

综上可得 $b = -1$.

5. 因该割线不垂直于 x 轴,故割线和切线平行就是要求斜率相等,设该点为 (x_0, y_0),由切线斜率 $y'\big|_{x=x_0} = 2x\big|_{x=x_0} = 2x_0$,割线斜率 $\dfrac{3^2-1^2}{3-1} = 4$,得 $x_0 = 2$,故所求点为 $(2,4)$.

评注 结果一定要写成点的坐标的形式.

6. 由 $f(x)$ 在 $x=0$ 处连续知

$$f(0)=0=\lim_{x\to 0}f(x)=\lim_{x\to 0}\frac{\varphi(x)}{x}=\lim_{x\to 0}\frac{\varphi(x)-\varphi(0)}{x-0}=\varphi'(0),$$

故 $\varphi'(0)=0$.

评注 也可以先给出 $\varphi(x)$ 的表达式 $\varphi(x)=xf(x)$,然后由导数的定义和 $f(x)$ 的连续性求解,注意不可以用导数四则运算求解,因为不知道 $f(x)$ 是否可导.

7. 用定义法求解.

$$\begin{aligned}
f'(k)&=\lim_{x\to k}\frac{f(x)-f(k)}{x-k}=\lim_{x\to k}\frac{(x-1)(x-2)\cdots(x-k)\cdots(x-n)-0}{x-k}\\
&=\lim_{x\to k}(x-1)(x-2)\cdots(x-k+1)(x-k-1)\cdots(x-n)\\
&=(k-1)(k-2)\cdots\cdot 2\cdot 1\cdot(-1)\cdot(-2)\cdots[-(n-k)]\\
&=(k-1)!\ \cdot(-1)^{n-k}(n-k)!.
\end{aligned}$$

评注 本题也可用另一定义形式求

$$\begin{aligned}
f'(k)&=\lim_{\Delta x\to 0}\frac{f(k+\Delta x)-f(k)}{\Delta x}=\lim_{\Delta x\to 0}\frac{[(k+\Delta x)-1]\cdots[(k+\Delta x)-k]\cdots[(k+\Delta x)-n]-0}{\Delta x}\\
&=(k-1)(k-2)\cdots\cdot 2\cdot 1\cdot 1\cdot(-1)\cdot(-2)\cdots(-(n-k))\\
&=(-1)^{n-k}(k-1)!\ \cdot(n-k)!.
\end{aligned}$$

也可以用四则运算求 $f'(x)$,再求 $f'(k)$;还可以用对数求导法求 $f'(x)$,再求 $f'(k)$. 比较一下几种方法的特点.

自 测 题 2

1. (1) $y=x^{-\frac{1}{2}}-x^{\frac{1}{2}}$,故 $y'=-\dfrac{1}{2}x^{-\frac{3}{2}}-\dfrac{1}{2}x^{-\frac{1}{2}}=-\dfrac{1}{2\sqrt{x}}\left(\dfrac{1}{x}+1\right).$

(2) $y=\dfrac{2-1-x}{1+x}=\dfrac{2}{1+x}-1=2(1+x)^{-1}-1$,故 $y'=-2(1+x)^{-2}=\dfrac{-2}{(1+x)^2}.$

(3) $y'=3\mathrm{e}^x\sin x+3\mathrm{e}^x\cos x=3\sqrt{2}\,\mathrm{e}^x\sin\left(x+\dfrac{\pi}{4}\right).$

(4) $y=2(1+\cos x)^{-1}-1$,故 $y'=\dfrac{2\sin x}{(1+\cos x)^2}.$

(5) $y'=a^x\ln a+\mathrm{e}^x.$

(6) $y=\mathrm{e}^x x^{-2}+\ln 3$,故 $y'=\mathrm{e}^x x^{-2}+\mathrm{e}^x(-2)x^{-3}+0=x^{-2}\mathrm{e}^x-2x^{-3}\mathrm{e}^x.$

评注 上述题目先化简函数为符合公式形式的简单形式,然后再求导,而不是直接由所给题目求导,和直接求导比较一下难易;$\ln 3$ 是常数,$(\ln 3)'=0$,而不是 $(\ln 3)'=1/3.$

(7) $y'=\dfrac{-2\csc x(x^2\cot x+\cot x+2x)}{(1+x^2)^2}.$

(8) $y'=\dfrac{\mathrm{e}^x}{x}+\mathrm{e}^x\ln x.$

2. (1) $y'=\cos x+\sin x,y'\big|_{x=\pi/6}=\dfrac{\sqrt{3}}{2}+\dfrac{1}{2}=\dfrac{1+\sqrt{3}}{2}.$

(2) $y=\dfrac{2}{1+\sqrt{x}}-1, y'=-\dfrac{2}{(1+\sqrt{x})^2}\dfrac{1}{\sqrt{x}}, y'\big|_{x=4}=-\dfrac{2}{9}\dfrac{1}{2\cdot 2}=-\dfrac{1}{18}.$

3. (1) 令 $u=3-2x$，则 $y=u^{\frac{1}{2}}$，由复合函数求导法则得

$$\dfrac{\mathrm{d}y}{\mathrm{d}x}=\dfrac{\mathrm{d}y}{\mathrm{d}u}\cdot\dfrac{\mathrm{d}u}{\mathrm{d}x}=\dfrac{1}{2\sqrt{u}}\cdot(-2)=\dfrac{-1}{\sqrt{3-2x}}.$$

评注 建议同学们在解答前 6 个小题时，仿照该题的解答，写全函数的复合过程和求导过程.

(2) $y'=\dfrac{-x}{\sqrt{a-x^2}}.$ (3) $y'=8(2x+3)^3.$

(4) $y'=\dfrac{1}{\sqrt{1+x^2}}.$ (5) $y'=6\sin^5 x\cos x.$

(6) $y'=6x^5\cos x^6.$

评注 注意比较 (5) 和 (6) 的差别.

(7) $y=(1+x)^{\frac{1}{3}}\cdot(1-x)^{-\frac{1}{3}}$，故 $y'=\dfrac{1}{3}(1+x)^{-\frac{2}{3}}(1-x)^{-\frac{1}{3}}+\dfrac{1}{3}(1+x)^{\frac{1}{3}}(1-x)^{-\frac{4}{3}}.$

(8) $y=\left(x+(x+\sqrt{x})^{\frac{1}{2}}\right)^{\frac{1}{2}}$，故

$$y'=\dfrac{1}{2}\left[x+(x+\sqrt{x})^{\frac{1}{2}}\right]^{-\frac{1}{2}}\cdot\left(1+\dfrac{1}{2}(x+\sqrt{x})^{-\frac{1}{2}}\cdot\left(1+\dfrac{1}{2\sqrt{x}}\right)\right)$$

$$=\dfrac{1}{2\sqrt{x+\sqrt{x+\sqrt{x}}}}\left(1+\dfrac{2\sqrt{x}+1}{2\sqrt{x+\sqrt{x}}\cdot 2\sqrt{x}}\right)$$

$$=\dfrac{1+2\sqrt{x}+4\sqrt{x}\cdot\sqrt{x+\sqrt{x}}}{8\sqrt{x}\cdot\sqrt{x+\sqrt{x}}\cdot\sqrt{x+\sqrt{x+\sqrt{x}}}}.$$

(9) $y'=\dfrac{1}{2\sqrt{x-x^2}}.$ (10) $y'=\sec x.$

(11) $y'=\mathrm{e}^{\alpha x}[\alpha\sin(\omega x+\beta)+\omega\cos(\omega x+\beta)].$

(12) $y'=\mathrm{e}^{\sin\frac{1}{x}}\left(\dfrac{1}{3}x^{-\frac{2}{3}}-x^{-\frac{5}{3}}\cos\dfrac{1}{x}\right).$

(13) $y'=\dfrac{\arctan\sqrt{x}}{\sqrt{x}(1+x)}.$ (14) $y'=\dfrac{1}{\sin x}.$

(15) $y'=\dfrac{2}{4+x^2}\mathrm{e}^{\arctan\frac{x}{2}}.$ (16) $y'=\dfrac{-1}{1+x^2}.$

(17) $y'=\dfrac{1}{x\cdot\ln x\cdot\ln(\ln x)}.$ (18) $y=\dfrac{x}{1+\sqrt{1-x^2}}=\dfrac{1-\sqrt{1-x^2}}{x}.$

4. (1) $y'=2xf'(x^2).$ (2) $y'=\dfrac{f(x)f'(x)+g(x)g'(x)}{\sqrt{f^2(x)+g^2(x)}}.$

(3) $y'=\sin 2x[f'(\sin^2 x)-f'(\cos^2 x)].$

(4) $y'=f'(\mathrm{e}^x)\mathrm{e}^x\mathrm{e}^{g(x)}+f(\mathrm{e}^x)\mathrm{e}^{g(x)}g'(x).$

5. $f'_+(0) = \lim\limits_{x \to 0^+} \dfrac{f(x)-f(0)}{x} = \lim\limits_{x \to 0^+} \dfrac{\frac{x}{1+\mathrm{e}^{\frac{1}{x}}}-0}{x} = \lim\limits_{t \to +\infty} \dfrac{1}{1+\mathrm{e}^t} = 0 \quad \left(t=\dfrac{1}{x}\right);$

$f'_-(0) = \lim\limits_{x \to 0^-} \dfrac{f(x)-f(0)}{x} = \lim\limits_{x \to 0^-} \dfrac{1}{1+\mathrm{e}^{\frac{1}{x}}} = \lim\limits_{t \to -\infty} \dfrac{1}{1+\mathrm{e}^t} = \dfrac{1}{1+0} = 1.$

故 $f(x)$在 $x=0$ 处不可导. 于是 $f'(x) = \dfrac{1+\mathrm{e}^{\frac{1}{x}}+\frac{1}{x}\mathrm{e}^{\frac{1}{x}}}{(1+\mathrm{e}^{\frac{1}{x}})^2}, x \neq 0.$

6. (1) $y' = \cosh x \cdot \sinh(\sinh x).$

(2) $y' = \cosh x \cdot \cosh \mathrm{e}^{2x} + 2\mathrm{e}^{2x} \cdot \sinh x \cdot \sinh \mathrm{e}^{2x}.$

自 测 题 3

1. (1) $y^{(10)} = 10\cosh x + x\sinh x.$ 仿照典型例题例 2.7.

(2) $y^{(4)} = \dfrac{6}{x}.$ 依次求导,可得.

(3) $y^{(10)} = \dfrac{10!}{(x-a)^{11}}.$ 仿照典型例题例 2.6,依次求导到 3 阶,观察规律可得.

(4) $y^{(100)} = \dfrac{100!}{4}\left[\dfrac{1}{(x-2)^{101}} - \dfrac{1}{(x+2)^{101}}\right].$ 由于 $y = \dfrac{1}{4}\left(\dfrac{1}{x-2} - \dfrac{1}{x+2}\right),$利用上题规律.

2. (1) $y^{(n)} = n!.$

(2) $y^{(n)} = 2^{n-1}\sin\left(2x+(n-1)\dfrac{\pi}{2}\right);$参见典型例题例 2.6.

(3) $y' = \ln x + 1, y^{(n)} = \dfrac{(-1)^{n-2}(n-2)!}{x^{n-1}} = \dfrac{(-1)^n(n-2)!}{x^{n-1}}, (n \geqslant 2);$仿照典型例题例 2.7.

(4) $y^{(n)} = (-1)^n n!\left[\dfrac{1}{(x-2)^{n+1}} - \dfrac{1}{(x-1)^{n+1}}\right];$注意到 $y = \dfrac{1}{x-2} - \dfrac{1}{x-1},$仿照 1(4)题.

(5) $y^{(n)} = 10^x \cdot \ln^n 10.$

3. $y' = \mathrm{e}^x(\sin x + \cos x), y'' = 2\mathrm{e}^x \cos x,$代入即得结论.

4. (1) $\dfrac{\mathrm{d}y}{\mathrm{d}x} = \dfrac{\mathrm{e}^{x+y}-y}{x-\mathrm{e}^{x+y}}.$ (2) $\dfrac{\mathrm{d}y}{\mathrm{d}x} = \dfrac{-\mathrm{e}^y}{1+x\mathrm{e}^y}.$

5. 方程两边对 x 求导,有 $\dfrac{\mathrm{d}y}{\mathrm{d}x} = 0 + \mathrm{e}^y + x\mathrm{e}^y\dfrac{\mathrm{d}y}{\mathrm{d}x},$解得

$\dfrac{\mathrm{d}y}{\mathrm{d}x} = \dfrac{\mathrm{e}^y}{1-x\mathrm{e}^y},$

$\dfrac{\mathrm{d}^2 y}{\mathrm{d}x^2} = \dfrac{\mathrm{e}^y\dfrac{\mathrm{d}y}{\mathrm{d}x}(1-x\mathrm{e}^y) - \mathrm{e}^y(-\mathrm{e}^y+x\mathrm{e}^y\dfrac{\mathrm{d}y}{\mathrm{d}x})}{(1-x\mathrm{e}^y)^2} = \dfrac{\mathrm{e}^{2y}(2-x\mathrm{e}^y)}{(1-x\mathrm{e}^y)^3}.$

评注 注意求二阶导数时,y 是 x 的函数,此时易出错,如果能够用原式化简,可以减少出错,参见如下解法:

因为 $\dfrac{\mathrm{d}y}{\mathrm{d}x}=\dfrac{\mathrm{e}^y}{1-x\mathrm{e}^y}=\dfrac{\mathrm{e}^y}{2-y}$（因为 $y=1+x\mathrm{e}^y$），所以

$$\dfrac{\mathrm{d}^2 y}{\mathrm{d}x^2}=\dfrac{\mathrm{d}}{\mathrm{d}y}\left(\dfrac{\mathrm{d}y}{\mathrm{d}x}\right)\cdot\dfrac{\mathrm{d}y}{\mathrm{d}x}=\dfrac{\mathrm{d}}{\mathrm{d}y}\left(\dfrac{\mathrm{e}^y}{2-y}\right)\cdot\dfrac{\mathrm{d}y}{\mathrm{d}x}=\dfrac{\mathrm{e}^y(2-y)+\mathrm{e}^y}{(2-y)^2}\cdot\dfrac{\mathrm{d}y}{\mathrm{d}x}=\dfrac{\mathrm{e}^{2y}(3-y)}{(2-y)^3}.$$

6. (1) $\dfrac{\mathrm{d}y}{\mathrm{d}x}=\dfrac{3bt}{2a}$;　　　　　　　　(2) $\dfrac{\mathrm{d}y}{\mathrm{d}x}=\dfrac{\cos t-\sin t}{\cos t+\sin t}$.

7. (1) $\dfrac{\mathrm{d}y}{\mathrm{d}x}=\dfrac{y'_t}{x'_t}=\dfrac{f'(t)+tf''(t)-f'(t)}{f''(t)}=t,\ \dfrac{\mathrm{d}^2 y}{\mathrm{d}x^2}=\dfrac{\left(\dfrac{\mathrm{d}y}{\mathrm{d}x}\right)'_t}{x'_t}=\dfrac{1}{f''(t)}.$

评注　此题解法不是最好的，放到微分知识讲完后再作会更好；求参数方程所确定的函数的一阶导数和二阶导数一定要用微分法，利用导数就是微商的思想.

$$\begin{cases}\mathrm{d}y=\left[f'(t)+tf''(t)-f'(t)\right]\mathrm{d}t\\ \mathrm{d}x=f''(t)\mathrm{d}t\end{cases}\Rightarrow\dfrac{\mathrm{d}y}{\mathrm{d}x}=\dfrac{f'(t)+tf''(t)-f'(t)}{f''(t)}=t,$$

$$\begin{cases}\mathrm{d}\left(\dfrac{\mathrm{d}y}{\mathrm{d}x}\right)=\mathrm{d}t\\ \mathrm{d}x=f''(t)\mathrm{d}t\end{cases}\Rightarrow\dfrac{\mathrm{d}^2 y}{\mathrm{d}x^2}=\dfrac{\mathrm{d}\left(\dfrac{\mathrm{d}y}{\mathrm{d}x}\right)}{\mathrm{d}x}=\dfrac{1}{f''(t)}.$$

(2) $\dfrac{\mathrm{d}y}{\mathrm{d}x}=\dfrac{2+t^2}{2t},\ \dfrac{\mathrm{d}^2 y}{\mathrm{d}x^2}=\dfrac{t^4-t^2-2}{4t^3}.$

8. 对 $x^2-y^2=a$ 两边求导，有 $y'=\dfrac{x}{y}$，于是 $k_1\Big|_{\substack{x=x_0\\ y=y_0}}=\dfrac{x_0}{y_0}$;

对 $xy=b$ 两边求导，有 $y'=-\dfrac{y}{x}$，于是 $k_2\Big|_{\substack{x=x_0\\ y=y_0}}=-\dfrac{y_0}{x_0}$.

故 $k_1\cdot k_2=-1$，即两条曲线交点处的切线互相垂直，结论得证.

自 测 题 4

1. $\Delta y=0.011\,006\,001,\quad \mathrm{d}y=0.011.$

2. (1) $\mathrm{d}y=(\sin 2x+2x\cos 2x)\mathrm{d}x.$　　(2) $\mathrm{d}y=8x\cdot\tan(1+2x^2)\cdot\sec^2(1+2x^2)\mathrm{d}x.$

(3) $\mathrm{d}y=\dfrac{-2x}{1+x^4}\mathrm{d}x.$　　　　　　(4) $\mathrm{d}y=-\dfrac{2}{3}(1-x)^{-\frac{2}{3}}(1+x)^{-\frac{4}{3}}\mathrm{d}x.$

3. (1) $\cos x+C.$　　　　　　　　　(2) $-\dfrac{1}{2}\mathrm{e}^{-2x}+C.$

(3) $\dfrac{1}{3}\tan 3x+C.$　　　　　　　(4) $\dfrac{1}{2}\arctan\dfrac{x}{2}+C.$

(5) $2\sqrt{x}+C.$　　　　　　　　　(6) $\dfrac{1}{2}\ln^2 x+C.$

4. (1) $\mathrm{d}y=\dfrac{-4\sin 2x\cdot\ln(1+\cos 2x)}{1+\cos 2x}\mathrm{d}x.$ (2) $\mathrm{d}y=3\,(x^2+\mathrm{e}^{2x})^2\cdot(2x+2\mathrm{e}^{2x})\mathrm{d}x.$

5. 利用一阶微分形式不变性得 $\mathrm{e}^{x+y}\mathrm{d}(x+y)-x\mathrm{d}y-y\mathrm{d}x=0$，即

$$(\mathrm{e}^{x+y}-x)\mathrm{d}y+(\mathrm{e}^{x+y}-y)\mathrm{d}x=0,$$

故

$$\mathrm{d}y=\dfrac{y-\mathrm{e}^{x+y}}{\mathrm{e}^{x+y}-x}\mathrm{d}x.$$

评注 也可以先求出导数,再求微分.比较两种方法的差异.

6. $\mathrm{d}y = e^t(\sin t + \cos t)\mathrm{d}t = \dfrac{e^t(\sin t + \cos t)}{6t+2}\mathrm{d}x$;注意到 $\mathrm{d}t = \dfrac{1}{6t+2}\mathrm{d}x$.

7. 略.

自 测 题 5

1. $16x - 4y - 17 = 0$.

2. $f'(0) = \lim\limits_{x \to 0} \dfrac{f(x) - f(0)}{x} = \lim\limits_{x \to 0} \dfrac{\varphi(a+bx) - \varphi(a-bx)}{x}$

$\qquad = \lim\limits_{x \to 0}\left[b\dfrac{\varphi(a+bx) - \varphi(a)}{bx} + b\dfrac{\varphi(a-bx) - \varphi(a)}{-bx} \right] = 2b\varphi'(a)$.

注意 不能由 $f'(x) = b\varphi'(a+bx) + b\varphi'(a-bx)$ 得 $f'(0) = 2b\varphi'(a)$,因 $\varphi'(x)$ 未必存在.

3. **法 1** 按导数定义计算.

$$[f(\varphi(x))]'\big|_{x=0} = \lim\limits_{x \to 0} \dfrac{f(\varphi(x)) - f(\varphi(0))}{x-0} = \lim\limits_{x \to 0}\left[\dfrac{f\left(x^2\sin\dfrac{1}{x}\right) - f(0)}{x^2\sin\dfrac{1}{x}} \cdot x\sin\dfrac{1}{x} \right]$$

$$= \lim\limits_{x \to 0} \dfrac{f\left(x^2\sin\dfrac{1}{x}\right) - f(0)}{x^2\sin\dfrac{1}{x}} \cdot \lim\limits_{x \to 0} x\sin\dfrac{1}{x} = f'(0) \times 0 = 0.$$

法 2 按复合函数求导法.

因 $\varphi'(0) = \lim\limits_{x \to 0} \dfrac{\varphi(x) - \varphi(0)}{x-0} = \lim\limits_{x \to 0} \dfrac{x^2\sin\dfrac{1}{x} - 0}{x} = \lim\limits_{x \to 0} x\sin\dfrac{1}{x} = 0$ 及 $f'(\varphi(0)) = f'(0)$ 存在,得

$$[f(\varphi(x))]'\big|_{x=0} = f'(\varphi(0)) \cdot \varphi'(0) = f'(0) \cdot 0 = 0.$$

4. 由莱布尼茨公式先求 $f(x)$ 的 $n-1$ 阶导数

$$f^{(n-1)}(x) = \sum_{k=0}^{n-1} C_{n-1}^k \varphi^{(k)}(x)[(x-a)^n]^{(n-k)} = \sum_{k=0}^{n-1} C_{n-1}^k \dfrac{n!}{(k+1)!}(x-a)^{k+1}\varphi^{(k)}(x),$$

于是 $f^{(n-1)}(a) = 0$,而 $\lim\limits_{x \to a} \dfrac{f^{(n-1)}(x) - f^{(n-1)}(a)}{x-a} = \lim\limits_{x \to a} \sum\limits_{k=0}^{n-1} C_{n-1}^k \dfrac{n!}{(k+1)!}(x-a)^k \varphi^{(k)}(x) = n!\varphi(a)$,于是 $f^{(n)}(a) = n!\,\varphi(a)$.

评注 注意在式子 $\sum\limits_{k=0}^{n-1} C_{n-1}^k \dfrac{n!}{(k+1)!}(x-a)^k\varphi^{(k)}(x)$ 中 $k=0$ 时该项为 $n!\,\varphi(x)$,$k \neq 0$ 时均有因子 $(x-a)$;能否由莱布尼茨公式先求 $f(x)$ 的 n 阶导再代入值求 $f^{(n)}(a)$?和你的任课老师交流.

5. $\dfrac{\mathrm{d}y}{\mathrm{d}\cos x} = 2\cos x[f'(\cos^2 x) - f'(\sin^2 x)]$.利用一阶微分形式不变性.

6. $y^{(100)} = (1+x)\dfrac{1}{2} \cdot \dfrac{3}{2} \cdot \cdots \cdot \dfrac{199}{2}(1-x)^{-\frac{201}{2}} + 100 \cdot \dfrac{1}{2} \cdot \dfrac{3}{2} \cdot \cdots \cdot \dfrac{197}{2}(1-x)^{-\frac{199}{2}}$.

提示：$y=(1+x) \cdot (1-x)^{-\frac{1}{2}}$，$(1+x)'=1$，$(1+x)^{(k)}=0$，$k=2,3,\cdots$，应用莱布尼茨公式或由 $y=2(1-x)^{-\frac{1}{2}}-(1-x)^{\frac{1}{2}}$，套用公式求之.

7. $y^{(n)}=(\sqrt{2})^n \mathrm{e}^x \sin\left(x+n\frac{\pi}{4}\right)$；观察 $y'=\mathrm{e}^x(\sin x+\cos x)=\sqrt{2}\,\mathrm{e}^x\sin\left(x+\frac{\pi}{4}\right)$，再求二阶和三阶导数，然后推出一般规律. 参照典型例题例 2.6.

8. $\dfrac{1}{27}\left[x \cdot (1+\sqrt[3]{x}) \cdot (1+\sqrt[3]{1+\sqrt[3]{x}})\right]^{-\frac{2}{3}}$. 注意复合过程.

9. $\dfrac{\mathrm{d}y}{\mathrm{d}x}\Big|_{x=0}=-\dfrac{1}{7}$. 提示：$y'=f'(x^2+y^2)(2x+2yy')+f'(x+y)(1+y')$.

10. $y+1=\dfrac{x}{\mathrm{e}}$. 注意参数方程和隐函数求导.

11. 直角坐标系 xOy 和极坐标系 $O\rho\varphi$ 的变换公式为 $\begin{cases} x=\rho\cos\varphi \\ y=\rho\sin\varphi \end{cases}$，故心脏线的方程可表示成参数方程

$$\begin{cases} x=a(1+\cos\varphi)\cos\varphi, \\ y=a(1+\cos\varphi)\sin\varphi, \end{cases}$$

由

$$\begin{cases} \mathrm{d}x=-a(\sin\varphi+\sin 2\varphi)\mathrm{d}\varphi, \\ \mathrm{d}y=a(\cos\varphi+\cos 2\varphi)\mathrm{d}\varphi, \end{cases}$$

得

$$\frac{\mathrm{d}y}{\mathrm{d}x}=\frac{a(\cos\varphi+\cos 2\varphi)\mathrm{d}\varphi}{-a(\sin\varphi+\sin 2\varphi)\mathrm{d}\varphi}=-\frac{\cos\varphi+\cos 2\varphi}{\sin\varphi+\sin 2\varphi}.$$

自 测 题 6

1.（1）满足，$\xi=0$.　（2）满足，$\xi=\dfrac{\pi}{2}$.　（3）不满足，相应的 ξ 也不存在.

2. $\xi=\dfrac{5\pm\sqrt{13}}{12}$.

3. 由 $f(1)=f(2)=f(3)=f(4)=0$ 知 $(1,2)$，$(2,3)$，$(3,4)$ 内都有方程 $f'(x)=0$ 的根. 又 $f'(x)$ 为 x 的三次多项式，故方程 $f'(x)=0$ 有三个根，分别在区间 $(1,2)$，$(2,3)$ 和 $(3,4)$ 内.

4. 设 $f(x)=a_0x^n+a_1x^{n-1}+\cdots+a_{n-1}x$，则 $f'(x)=na_0x^{n-1}+a_1(n-1)x^{n-2}+\cdots+a_{n-1}$，又 $f(x_0)=f(0)=0$，故 $f'(x)=0$ 在 $(0,x_0)$ 内有一个根，结论得证.

5.（1）若 $\alpha=\beta$，则 $|\arctan\beta-\arctan\alpha|=|\beta-\alpha|=0$；

若 $\alpha\ne\beta$，记 $f(x)=\arctan x$，$x\in(-\infty,+\infty)$，则 $f(x)$ 满足 Lagrange 中值定理条件，故至少存在一点 ξ 位于 α 与 β 之间（注意此处不能写成 $\xi\in(\alpha,\beta)$，因为没有 $\alpha<\beta$ 的条件，如果想写，可在之前加条件"不妨假定 $\alpha<\beta$"），使得

$$\arctan\beta-\arctan\alpha=\frac{1}{1+\xi^2}(\beta-\alpha).$$

因 $\dfrac{1}{1+\xi^2}<1$，所以 $|\arctan\beta-\arctan\alpha|<|\beta-\alpha|$.

综上得 $|\arctan\beta-\arctan\alpha|\leqslant|\beta-\alpha|$.

评注 证明不等式时，可以根据要证明的不等式的特点，构造一个函数，利用微分中值定理证明. 类似的题目如：

证明 $\dfrac{a-b}{a}<\ln\dfrac{a}{b}<\dfrac{a-b}{b}$ $(a>b>0)$； $x>\ln(1+x)>\dfrac{x}{1+x}$ $(-1<x<0)$.

（2）证法 1 令 $f(x)=e^x-ex$，则对任意的 $x>1,f(x)$ 在 $[1,x]$ 上连续，在 $(1,x)$ 内可导，根据 Lagrange 中值定理得
$$f(x)=f(x)-f(1)=f'(\xi)(x-1), \quad \xi\in(1,x),$$
从而有
$$f(x)=(e^\xi-e)(x-1)>0.$$
所以，当 $x>1$ 时，$e^x>ex$，结论得证.

证法 2 令 $f(x)=e^x-ex$，则 $f'(x)=e^x-e>0(x>1)$，所以 $f(x)$ 在 $(1,+\infty)$ 内严格单调增加，又 $f(1)=0$，所以当 $x>1$ 时 $f(x)>f(0)=0$，即当 $x>1$ 时，$e^x>ex$，结论得证.（此方法需要学了后面的知识才可以用.）

评注 证明不等式的一个方法是左右两边相减，判断其符号；利用 Lagrange 中值定理证明，这里还可以构造函数 $f(x)=e^x$，在区间 $[1,x]$ 上满足 Lagrange 中值定理，有 $\dfrac{f(x)-f(1)}{x-1}=f'(\xi)$ $(1<\xi<x)$，即 $\dfrac{e^x-e}{x-1}=e^\xi>e\Rightarrow e^x-e>e(x-1)=ex-e$，于是证明了 $e^x>ex$. 构造函数有一些技巧，要从题目的已知和求证中分析、总结，逐渐积累经验.

6. 令 $F(x)=f(x)e^{-x}$，则 $F(x)$ 在 $(-\infty,+\infty)$ 内连续，可导. 而
$$F'(x)=f'(x)e^{-x}-f(x)e^{-x}=0,$$
于是 $F(x)=C$ 在 $(-\infty,+\infty)$ 内成立. 又 $F(0)=1$，即 $F(x)=1$，从而 $f(x)e^{-x}=1$，即 $f(x)=e^x$.

7. 证法 1 令 $f(x)=\sin\ln x,g(x)=\ln x$，在 $[1,e]$ 上应用柯西中值定理，有
$$\sin 1=\dfrac{\sin\ln e-\sin\ln 1}{\ln e-\ln 1}=\dfrac{\dfrac{1}{\xi}\cos\ln\xi}{\dfrac{1}{\xi}}=\cos\ln\xi, \quad \xi\text{ 介于 }1,e\text{ 之间}.$$

证法 2 根据 Lagrange 中值定理，对 $\sin x$，有 $\sin 1-\sin 0=\cos\xi_1,\xi_1\in(0,1)$；当 $1<x<e$ 时，$0<\ln x<1$，$\ln x$ 在闭区间 $[1,e]$ 连续，根据介值定理，$\exists\xi\in(1,e)$ 使 $\ln\xi=\xi_1$，即在 1 与 e 之间 $\exists\xi$，使 $\sin 1=\cos\ln\xi$.

评注 证明题中如果有函数（值）和导数（值），存在某一点 ξ 的特点时，要想到微分中值定理，利用微分中值定理一般要构造辅助函数，构造辅助函数有一定的技巧或困难. 看了上述解答，要思考是怎样想出辅助函数的. 一般的，从结论出发，将要证明的式子变形，从而决定是使用 Lagrange 中值定理还是 Cauchy 中值定理，并从变形构造相应的辅助函数. 例如：设 $f(x)$ 在 $[a,b]$ 上连续，在 (a,b) 内可导，其中 $ab>0$，求证：$\exists\xi\in(a,b)$，使
$$af(b)-bf(a)=(b-a)[f(\xi)-\xi f'(\xi)].$$

分析:将 $af(b)-bf(a)=(b-a)[f(\xi)-\xi f'(\xi)]$ 变形为

$$\frac{\dfrac{f(b)}{b}-\dfrac{f(a)}{a}}{\dfrac{1}{b}-\dfrac{1}{a}}=\frac{f'(\xi)\xi-f(\xi)\cdot 1}{-\dfrac{1}{\xi^2}},$$

故可取 $g(x)=\dfrac{f(x)}{x}$，$h(x)=\dfrac{1}{x}$，对 $g(x),h(x)$ 在 $[a,b]$ 上应用柯西中值定理.

自 测 题 7

1. 倒数第二个等号不一定成立，因为由已知得不到 $f''(x_0\pm h)$ 一定存在. 可改为原式 $=\lim\limits_{h\to 0}\dfrac{f'(x_0+h)-f'(x_0)}{2h}+\lim\limits_{h\to 0}\dfrac{f'(x_0-h)-f'(x_0)}{2(-h)}=\dfrac{1}{2}f''(x_0)+\dfrac{1}{2}f''(x_0)=f''(x_0)$. 也可将已知条件改为 $f(x)$ 在 x_0 处附近有二阶连续导数，或 $f(x)$ 在 x_0 处三阶可导.

2.(1) $\dfrac{1}{2}$. (2) $\dfrac{1}{e}$. (3) $-\dfrac{1}{2}$. 通分化简即可.

(4)0. 应将 $\sin x$ 放到分母上. (5) $\dfrac{1}{e}$. 注意幂指函数的处理方法.

(6) $\dfrac{e}{2}$. 注意到 $\lim\limits_{x\to 0}\dfrac{e-(1+x)^{\frac{1}{x}}}{x}=\lim\limits_{x\to 0}\dfrac{e-e^{\frac{1}{x}\ln(1+x)}}{x}=\lim\limits_{x\to 0}\dfrac{e(1-e^{\frac{1}{x}\ln(1+x)-1})}{x}$，先用等价无穷小替换，然后再进行求解.

(7)0. 注意不能对 n 求导.先求 $\lim\limits_{x\to +\infty}\dfrac{x}{3^x}$，然后再进行求解.(8)2. 先处理绝对值.

(9)原式 $=\lim\limits_{x\to 0}\dfrac{[\tan(\tan x)-\sin(\tan x)]+[\sin(\tan x)-\sin(\sin x)]}{x^3}$

$\qquad =\lim\limits_{x\to 0}\dfrac{1}{x^3}\left[\tan(\tan x)\cdot\dfrac{1-\cos(\tan x)}{2}+2\cos\dfrac{\tan x+\sin x}{2}\cdot\sin\dfrac{\tan x-\sin x}{2}\right]$

$\qquad =\lim\limits_{x\to 0}\dfrac{1}{x^3}\tan(\tan x)\cdot\dfrac{\tan^2 x}{2}+\lim\limits_{x\to 0}\dfrac{2}{x^3}\dfrac{\tan x-\sin x}{2}=\dfrac{1}{2}+\dfrac{1}{2}=1.$

评注 该题不是难，而是繁(烦)，注意锻炼自己的细心和耐心.也可通过两次洛必达法则求得.

(10)2. 直接用法则. (11) $\dfrac{2}{3}$. (12) $\ln 700$.

3. 连续.利用连续的定义，讨论左右极限.

自 测 题 8

1. $P_n(x)=-2-12(x-1)-8(x-1)^2-(x-1)^3+(x-1)^4$.

2.(1)由 $\dfrac{1}{1+x}$ 的麦克劳林公式可得

$$\frac{1}{1-x}=1+x+x^2+\cdots+x^n+\frac{1}{(1-\theta x)^{n+2}}x^{n+1},\quad 0<\theta<1.$$

(2)由 e^x 的麦克劳林公式可得

$$xe^x = x + x^2 + \frac{1}{2!}x^3 + \cdots + \frac{1}{(n-1)!}x^n + \frac{1}{n!}x^{n+1} + \frac{e^{\theta x}}{(n+1)!}x^{n+2}, \quad 0<\theta<1.$$

3. $\dfrac{1}{x} = -\dfrac{1}{1-(x+1)} = -[1+(x+1)+(x+1)^2+\cdots+(x+1)^n] + o((x+1)^n).$

4. $\dfrac{22}{45}$. 注意到 $\cos^2 x \sin^2 x = \dfrac{1-\cos 4x}{8} = x^2 - \dfrac{4}{3}x^4 + \dfrac{32}{45}x^6 + o(x^6)$，和 $x^2(1-x^2)^{\frac{4}{3}} =$

$x^2 - \dfrac{4}{3}x^4 + \dfrac{2}{9}x^6 + o(x^6)$，代入整理求解.

自 测 题 9

一、

1. C. 由 $\lim\limits_{x\to a}\dfrac{f(x)-f(a)}{(x-a)^2}=1$ 可分别得到以下结论：

$\lim\limits_{x\to a}[f(x)-f(a)]=0$，即 $\lim\limits_{x\to a}f(x)=f(a)$，这说明了 $f(x)$ 在 $x=a$ 处连续；

$\lim\limits_{x\to a}\dfrac{f(x)-f(a)}{x-a}=0$，即 $f'(a)=0$，这说明 a 是驻点，于是 A 与 D 错误；

$\lim\limits_{x\to a}\dfrac{f(x)-f(a)}{(x-a)^2}(=1)>0$，得在 a 的两侧邻近 $f(x)>f(a)$，这说明 $f(a)$ 是极小值.

注 这是一道典型题，要学会以上的分析方法.

2. A. 由该点导数为零可求之.

3. B.

二、

1. (1)单调增加. (2)单调增加.

2. (1)令 $f(x)=x-\ln(1+x)$，$f(x)$ 在 $[0,+\infty)$ 连续；在 $(0,+\infty)$ 上 $f'(x)=\dfrac{x}{1+x}>$

0，故 $f(x)$ 在 $[0,+\infty)$ 上严格单增；由 $f(0)=0$ 知，当 $x>0$ 时，$f(x)=x-\ln(1+x)>0$，即 $\ln(1+x)<x$.

(2)令 $f(x)=x-\ln(1+x)$，则 $f(x)$ 在 $[0,+\infty)$ 连续，由 $f'(x)=\dfrac{x}{1+x}$ 知在 $(-1,0]$ 减，在 $[0,+\infty)$ 增，从而最小值为 $f(0)=0$，故当 $x>-1$ 时，$f(x)=x-\ln(1+x)\geqslant0$，即 $\ln(1+x)\leqslant x$.

(3)提示：仿(1)，说明 $f(x)$ 在 $\left[0,\dfrac{\pi}{2}\right]$ 连续，用初等变形或二阶导数证明在 $\left(0,\dfrac{\pi}{2}\right)$ 内 $f'(x)>0$；由 $f(0)=0$.

(4)提示：将结果变形成 $x\ln 2>2\ln x$，仿(1)，在 $[4,+\infty)$ 上完成证明过程.

3. 易见当 $|x|>1$ 时 $\sin x\neq x$，本题只需在 $|x|\leqslant1$ 内讨论.

设 $f(x)=\sin x-x$，则 $f'(x)=\cos x-1<0$ （$|x|\leqslant1,x\neq0$），于是 $f(x)$ 在 $|x|\leqslant1$ 内严格单调减少，又 $f(0)=0$，故方程 $\sin x=x$ 只有一个实根.

评注 该题的证明难点是唯一性，如何准确地论述尤为关键.

4. (1)$f(-1)=28$ 为极大值，$f(2)=1$ 为极小值. (2)无极值.

5. 由于 $y'=3ax^2+2bx+c$ 且处处存在,当 $b^2-3ac<0$ 时 $3ax^2+2bx+c=0$ 无解,即函数无可能驻点,从而无极值.

6. 提示:由已知条件可得极值点的二阶导数,由第二充分条件可判断出为极小值.

自 测 题 10

1. 极值. 因为极限给出的是局部性质.

2.(1)$y|_{x=-1}=-5$ 为最小值,$y|_{x=4}=80$ 为最大值;

(2)$y|_{x=\frac{1}{2}}=\frac{1}{4}$ 为最小值,$y|_{x=1或0}=1$ 为最大值.

评注 第(2)小题是分段函数求最值(极值)问题.

3. $x=-3$； 4. $x=\sqrt{\dfrac{8a}{4+\pi}}$； 5. $C(-1,3),S_{\max}=8$； 6. $L_{最大}(300)=25\,000$.

自 测 题 11

1. 设 $f(x)=x-\ln x^{\mathrm{e}}=x-\mathrm{e}\ln x,f'(x)=1-\dfrac{\mathrm{e}}{x}$,当 $f'(x)=0$ 时,$x=\mathrm{e}$. 又 $x>\mathrm{e}$ 时 $f'(x)>0$,即 $f(x)$ 在$(\mathrm{e},+\infty)$内严格单调增加;而 $\pi>\mathrm{e}\Rightarrow f(\pi)>f(\mathrm{e}),\pi-\mathrm{e}\ln\pi>0$,故 $\mathrm{e}^{\pi}>\pi^{\mathrm{e}}$.也可参照典型例题例 2.12.

2. 令 $f(x)=\cosh x-x^2-\cos x$,则 $f(x)$ 为偶函数,且有各阶连续导数:$f'(x)=\sinh x-2x+\sin x,f''(x)=\cosh x-2+\cos x,f'''(x)=\sinh x-\sin x,f^{(4)}(x)=\cosh x-\cos x>0$. 由在$(0,+\infty)$内 $f^{(4)}(x)=\cosh x-\cos x>0$,$f'''(x)$ 连续知,在$[0,+\infty)$上 $f'''(x)$ 严格增加. 从而由 $f'''(0)=0$ 得在$(0,+\infty)$内 $f'''(x)>0$. 利用 $f''(x)$ 连续知在$[0,+\infty)$上 $f''(x)$ 严格增加. 从而由 $f''(0)=0$ 得在$(0,+\infty)$内 $f''(x)>0$. 利用 $f'(x)$ 连续知在$[0,+\infty)$上 $f'(x)$ 严格增加. 从而由 $f'(0)=0$ 得在$(0,+\infty)$内 $f'(x)>0$. 利用 $f(x)$ 连续知在$[0,+\infty)$上 $f(x)$ 严格增加. 从而由 $f(0)=0$ 得在$(0,+\infty)$内 $f(x)>0$. 最后,在$[0,+\infty)$上 $f(x)\geqslant0$,即不等式在$(-\infty,+\infty)$成立.

3. 略.

4. $f(2)=3$ 为 $f(x)$ 的极大值.

5. $y_{\max}(-4)=2\ln 2,y_{\min}(-1)=-\dfrac{3}{2}$.

6. $y_{\max}(2)=4,\quad y_{\min}(-2)=0$. 提示:隐函数导数 $y'=\dfrac{-(x^2-4)(x^2+1)}{3y^2+8}$,求驻点,判断单调性,利用第一充分条件判断极值.

自 测 题 12

一、

1. B.

A. 错误. 反例:$x=0$ 点不是 $y=x^4$ 的拐点.   B. 正确. 费马定理的结论.

C. 错误. 反例:$x=0$ 点不是 $y=x^3$ 的极值点.   D. 错误. 极值是局部性的概念.

2. A.

$\lim\limits_{x\to\infty}x\sin\dfrac{1}{x}=1$,所以 $y=1$ 是水平渐近线;注意$\lim\limits_{x\to 0}x\sin\dfrac{1}{x}=0$,$x=0$ 不是垂直渐近线.

3. B.

4. B.　$f(0)=\pi\Rightarrow b=2$. 又 $f'(x)=a+\dfrac{-2}{\sqrt{1-x^2}}$ 在 $x=0$ 两侧不变号,故 $x=0$ 非极值点.

5. C.

二、

1. (1)函数图形在$(-\infty,0)$上凸,在$\left(0,\dfrac{1}{2}\right)$下凸,在$\left(\dfrac{1}{2},+\infty\right)$上凸.

(2)函数图形在$(-\infty,-\sqrt{3})$上凸,在$(-\sqrt{3},0)$下凸,在$(0,\sqrt{3})$上凸,在$(\sqrt{3},+\infty)$下凸.

2. 在$(-\infty,2)$上凸,在$(2,+\infty)$上凹,在$(2,2e^{-2})$为拐点.

*3. 提示　(1)令 $f(x)=x^n$,$f''(x)=n(n-1)x^{n-2}>0$　$(x>0)$,当 $x>0$ 时 $f(x)$ 图形是上凹的,从而$\left(\dfrac{x+y}{2}\right)^n<\dfrac{x^n+y^n}{2}$　$(x>0,y>0,x\neq y,n>1)$.

(2)令 $f(x)=x\ln x$,验证其图形为上凹的即可.

评注　证明不等式又添一种方法——函数的凹凸性,超出考试大纲要求.

小结证明不等式的方法:利用中值定理;利用函数单调性;利用最值;引入辅助函数把常值不等式变成函数不等式;利用函数凹凸性;利用泰勒公式等.

4. $(1,-4)$和$(1,4)$为拐点.

5. $y'=\sin x+x\cos x$,$y''=2\cos x-x\sin x$. 曲线 $y=x\sin x$ 的拐点满足 $y''=0$,即 $2\cos x=x\sin x$,代入曲线方程 $y^2(x^2+4)=4x^2$.

左边 $=y^2(x^2+4)=x^2\sin^2 x(x^2+4)=4\cos^2 x(x^2+4)=(4-4\sin^2 x)(x^2+4)$
$\qquad=4x^2+16-4x^2\sin^2 x-16\sin^2 x=4x^2+4(2\cos x)^2-4(x\sin x)^2$
$\qquad=4x^2=$右边.

6. $k=\pm\dfrac{\sqrt{2}}{8}$.

7. 略.

自 测 题 13

1. $\dfrac{\sqrt{x^2+2x}}{2}\mathrm{d}x$.

2. (1)$\mathrm{d}s=\sqrt{1+(\sin x+x\cos x)^2}\,\mathrm{d}x$. 　(2)$\mathrm{d}s=\sqrt{2a^2(1-\cos t)}\,\mathrm{d}t$.

3. $k=1$.　　　　4. $\left(\dfrac{\pi}{2},1\right)$点曲率最大,$\rho=1$.　　　5. 略.

第 3 章

自 测 题 1

1. 将区间 $[0,1]$ 作 n 等分，则每一小区间等长为 $\dfrac{1}{n}$，分点取 $\dfrac{i}{n}(i=1,2,\cdots,n)$，于是有

$$\int_0^1 x\mathrm{d}x = \lim_{n\to\infty}\sum_{i=1}^n \frac{i}{n}\cdot\frac{1}{n} = \lim_{n\to\infty}\sum_{i=1}^n \frac{i}{n^2} = \lim_{n\to\infty}\frac{n(n+1)}{2n^2} = \frac{1}{2}.$$

评注 利用定义计算定积分，一般先根据可积性的两个充分条件来说明积分存在，然后取便于计算的区间分法和特殊的取点，使和式较简单，最后求和式的极限.

2. (1) B. (2) 左边恰为单位圆的面积的 1/4.

3. 略.

4. 因为 $(1^2+1)(4-1)\leqslant\displaystyle\int_1^4(x^2+1)\mathrm{d}x\leqslant(4^2+1)(4-1)$，所以 $6\leqslant\displaystyle\int_1^4(x^2+1)\mathrm{d}x\leqslant51$.

5. (1) 因为 $[0,1]$ 上，$x^2\geqslant x^3$，所以 $\displaystyle\int_0^1 x^2\mathrm{d}x\geqslant\int_0^1 x^3\mathrm{d}x$.

(2) 因为 $[0,1]$ 上，$x\geqslant\ln(1+x)$，所以 $\displaystyle\int_0^1 x\mathrm{d}x\geqslant\int_0^1\ln(1+x)\mathrm{d}x$.

评注 本节主要考察定积分的定义、几何意义、估值定理、定积分的性质，以及积分中值定理.

自 测 题 2

一、

1. B. 本题考察原函数的定义，注意区分原函数和不定积分的概念.

2. C. $F'(x)=\left[\displaystyle\int_0^{x^2}f(t^2)\mathrm{d}t\right]'_x=2x\cdot f(x^4)$ 积分上限函数复合函数求导.

3. C. 因为 $\left[\displaystyle\int_x^0 f(t)\mathrm{d}t\right]'=\left[-\int_0^x f(t)\mathrm{d}t\right]'=-f(x)$，所以 $f(x)=-2\sin x\cos x$，

$f\left(\dfrac{\pi}{4}\right)=-2\cdot\dfrac{\sqrt{2}}{2}\cdot\dfrac{\sqrt{2}}{2}=-1$.

4. B. 注意到 $f(0)=\displaystyle\int_0^0 \mathrm{e}^{-t^2}\mathrm{d}t=0,f'(x)=\mathrm{e}^{-x^2}>0$.

5. C. $\mathrm{d}y=2t\mathrm{e}^{t^4}\mathrm{d}t,\mathrm{d}x=(1+\tan^2 t)\mathrm{d}t$，所以 $\dfrac{\mathrm{d}y}{\mathrm{d}x}\Big|_{t=0}=\dfrac{2t\mathrm{e}^{t^4}}{(1+\tan^2 t)}\Big|_{t=0}=0$.

二、

1. (1) $\dfrac{\mathrm{d}y}{\mathrm{d}x}=\ln(1+x^2)\cdot 2x$；　　　　(2) $\dfrac{\mathrm{d}y}{\mathrm{d}x}=\dfrac{\cos t^2}{\sin t^2}=\cot t^2$；

(3) 方程两边求导：$\mathrm{e}^y\cdot y'+\cos xy\cdot(y+xy')=0\Rightarrow y'=\dfrac{-y\cos xy}{\mathrm{e}^y+x\cos xy}$.

评注 积分上限函数求导,分清楚对哪个变量求导,区分积分上限函数的自变量和积分变量,对积分上限函数求导是对积分上限函数的自变量求导,与积分变量无关;要注意区分积分上下限为 x 的函数的复合函数的情况.

2. (1) $\lim\limits_{x \to 0^+} \dfrac{\displaystyle\int_0^{x^2} t^{\frac{3}{2}} \,\mathrm{d}t}{\displaystyle\int_0^x t(t - \sin t) \,\mathrm{d}t} = \lim\limits_{x \to 0^+} \dfrac{x^3 \cdot 2x}{x(x - \sin x)} = 2\lim\limits_{x \to 0^+} \dfrac{x^3}{x - \sin x} = 2\lim\limits_{x \to 0^+} \dfrac{3x^2}{1 - \cos x} = 12.$

(2) $\lim\limits_{x \to 1} \dfrac{\displaystyle\int_1^x \mathrm{e}^{t^2} \,\mathrm{d}t}{\ln x} = \lim\limits_{x \to 1} \dfrac{\mathrm{e}^{x^2}}{\dfrac{1}{x}} = \lim\limits_{x \to 1} x \mathrm{e}^{x^2} = \mathrm{e}.$

(3) $\lim\limits_{x \to 0} \dfrac{\displaystyle\int_0^x 2t^4 \,\mathrm{d}t}{\displaystyle\int_0^x t(t - \sin t) \,\mathrm{d}t} = \lim\limits_{x \to 0} \dfrac{2x^4}{x(x - \sin x)} = 2\lim\limits_{x \to 0^+} \dfrac{x^3}{x - \sin x} = 12.$

(4) 由 $f(x)$ 在 $x = 0$ 处可导知,$f(x)$ 在 $x = 0$ 处连续,故由 $f(0) = 0$ 知有 $\lim\limits_{x \to 0} f(x) = 0$,

故有 $\lim\limits_{x \to 0} \dfrac{\displaystyle\int_0^x f(t) \,\mathrm{d}t}{x^2} = \lim\limits_{x \to 0} \dfrac{f(x)}{2x} = \dfrac{1}{2} \lim\limits_{x \to 0} \dfrac{f(x) - f(0)}{x} = \dfrac{1}{2} f'(0) = 1.$

评注 该题由第三步到第四步如下解法是错误的,为什么?

$$\lim\limits_{x \to 0} \dfrac{\displaystyle\int_0^x f(t) \,\mathrm{d}t}{x^2} = \lim\limits_{x \to 0} \dfrac{f(x)}{2x} = \dfrac{1}{2} \lim\limits_{x \to 0} \dfrac{f(x)}{x} = \dfrac{1}{2} \lim\limits_{x \to 0} \dfrac{f'(x)}{1} = \dfrac{1}{2} f'(0) = 1.$$

3. (1) $\displaystyle\int_1^2 \left(x^2 + \dfrac{1}{x^2}\right) \mathrm{d}x = \dfrac{17}{6};$

(2) $\displaystyle\int_{1/\sqrt{3}}^{\sqrt{3}} \dfrac{x^2}{1 + x^2} \,\mathrm{d}x = \int_{1/\sqrt{3}}^{\sqrt{3}} \left(1 - \dfrac{1}{1 + x^2}\right) \mathrm{d}x = \left[x - \arctan x\right]_{1/\sqrt{3}}^{\sqrt{3}} = \dfrac{2\sqrt{3}}{3} - \dfrac{\pi}{6};$

(3) $\displaystyle\int_{-2}^5 f(x) \,\mathrm{d}x = \int_{-2}^2 f(x) \,\mathrm{d}x + \int_2^5 f(x) \,\mathrm{d}x = \int_{-2}^2 (13 - x^2) \,\mathrm{d}x + \int_2^5 (1 + x^2) \,\mathrm{d}x = \dfrac{266}{3}.$

评注 分段函数的积分首先根据函数的分段将积分区间分段,然后再积分.

4. $\left| \displaystyle\int_1^{\sqrt{3}} \dfrac{\sin x}{\mathrm{e}^x (x^2 + 1)} \,\mathrm{d}x \right| \leqslant \int_1^{\sqrt{3}} \left| \dfrac{\sin x}{\mathrm{e}^x (x^2 + 1)} \right| \mathrm{d}x \leqslant \int_1^{\sqrt{3}} \dfrac{1}{\mathrm{e}^1 (x^2 + 1)} \,\mathrm{d}x$

$$= \dfrac{1}{\mathrm{e}} \arctan x \Big|_1^{\sqrt{3}} = \dfrac{1}{\mathrm{e}} \cdot \dfrac{\pi}{12} = \dfrac{\pi}{12\mathrm{e}}.$$

评注 该类题目首先观察要证的结论特点,然后适当放大被积函数达到目的;积分和 π 比较,必然原函数有反三角函数,在 $[1, \sqrt{3}]$ 上自然有 $\dfrac{1}{\mathrm{e}^x} \leqslant \dfrac{1}{\mathrm{e}}$ 了,$\sin x$ 在其中"捣乱"那就去掉它.

自 测 题 3

一、

1. C. 对称区间上奇函数的定积分为零.

2. B. 直接计算. 令 $t=\dfrac{1}{x}$,则 $f(t)=\dfrac{1}{t+1}\Rightarrow\displaystyle\int_0^1 f(x)\mathrm{d}x=\int_0^1\dfrac{1}{1+x}\mathrm{d}x=\ln(x+1)\big|_0^1=\ln 2.$

3. C. 凑微分法. $\displaystyle\int\dfrac{f(-\sqrt{x})}{\sqrt{x}}\mathrm{d}x=-2\int f(-\sqrt{x})\mathrm{d}(-\sqrt{x})=-2F(-\sqrt{x})+C.$

二、

(1) $\displaystyle\int(3-3x)^3\mathrm{d}x=-\dfrac{27}{4}(1-x)^4+C.$

(2) $\displaystyle\int\dfrac{\sin\sqrt{t}}{\sqrt{t}}\mathrm{d}t=-2\cos\sqrt{t}+C.$

(3) $\displaystyle\int\dfrac{\mathrm{d}x}{x\ln x\ln\ln x}=\ln|\ln\ln x|+C.$

((1),(2),(3)解法见典型例题例 3.10)

(4) $\displaystyle\int\dfrac{\mathrm{d}x}{\mathrm{e}^x+\mathrm{e}^{-x}}=\int\dfrac{\mathrm{e}^x\mathrm{d}x}{\mathrm{e}^{2x}+1}=\int\dfrac{\mathrm{d}\mathrm{e}^x}{(\mathrm{e}^x)^2+1}=\arctan \mathrm{e}^x+C.$

(5) $\displaystyle\int\dfrac{x\mathrm{d}x}{x^2+2}=\dfrac{1}{2}\ln(x^2+2)+C.$（对数函数的绝对值就不用加了.）

(6) $\displaystyle\int\dfrac{\sin x\cos x}{1+\sin^4 x}\mathrm{d}x=\dfrac{1}{2}\int\dfrac{\mathrm{d}\sin^2 x}{1+(\sin^2 x)^2}=\dfrac{1}{2}\arctan(\sin^2 x)+C.$

(7)法 1　$\displaystyle\int\dfrac{\sin x}{\cos^3 x}\mathrm{d}x=-\int\cos^{-3}x\mathrm{d}\cos x=-\dfrac{1}{-3+1}\cos^{-3+1}x+C=\dfrac{1}{2}\sec^2 x+C.$

法 2　原式 $=\displaystyle\int\sec^2 x\tan x\mathrm{d}x=\int\sec x\mathrm{d}\sec x=\dfrac{1}{2}\sec^2 x+C.$

法 3　原式 $=\displaystyle\int\sec^2 x\tan x\,\mathrm{d}x=\int\tan x\mathrm{d}\tan x=\dfrac{1}{2}\tan^2 x+C.$

评注　本题用不同的方法解得的结果形式有所不同,但法 2 和法 3 仅差一个常数,正好符合一个函数的不同的原函数之间仅差一个常数的结论.

(8) $\displaystyle\int\dfrac{\sin x+\cos x}{\sqrt[3]{\sin x-\cos x}}\mathrm{d}x=\int\dfrac{\mathrm{d}(-\cos x+\sin x)}{\sqrt[3]{\sin x-\cos x}}=\int(\sin x-\cos x)^{-\frac{1}{3}}\mathrm{d}(\sin x-\cos x)$

$$=\dfrac{1}{-1/3+1}(\sin x-\cos x)^{-\frac{1}{3}+1}+C=\dfrac{3}{2}(\sin x-\cos x)^{\frac{2}{3}}+C.$$

(9)法 1　$\displaystyle\int\dfrac{\mathrm{d}x}{x(x^6+4)}=\int\dfrac{x^5\mathrm{d}x}{x^6(x^6+4)}=\dfrac{1}{6}\int\dfrac{1}{4}\left(\dfrac{1}{x^6}-\dfrac{1}{x^6+4}\right)\mathrm{d}x^6$

$$=\dfrac{1}{24}\left[\ln x^6-\ln(x^6+4)\right]+C.$$

法 2　原式 $=\displaystyle\int\dfrac{\mathrm{d}x}{x^7(1+4x^{-6})}=\dfrac{1}{-24}\int\dfrac{\mathrm{d}(1+4x^{-6})}{1+4x^{-6}}=-\dfrac{1}{24}\ln(1+4x^{-6})+C.$

法 3　原式 $=\int \frac{1}{4}\left(\frac{1}{x}-\frac{x^5}{x^6+4}\right)\mathrm{d}x=\frac{1}{4}\left[\ln|x|-\frac{1}{6}\ln(x^6+4)\right]+C.$

(10) $\int \sin 5x\sin 7x\mathrm{d}x=\int \frac{1}{2}(\cos 2x-\cos 12x)\mathrm{d}x=\frac{1}{4}\sin 2x-\frac{1}{24}\sin 12x+C.$

(11) $\int \frac{10^{2\arccos x}}{\sqrt{1-x^2}}\mathrm{d}x=-\int 100^{\arccos x}\mathrm{d}\arccos x=-\frac{1}{2\ln 10}10^{2\arccos x}+C.$

(12) $\int \frac{\arctan\sqrt{x}}{\sqrt{x}(1+x)}\mathrm{d}x=2\int \frac{\arctan\sqrt{x}}{1+(\sqrt{x})^2}\mathrm{d}\sqrt{x}=2\int \arctan\sqrt{x}\,\mathrm{d}\arctan\sqrt{x}=(\arctan\sqrt{x})^2+C.$

(13) $\int \frac{1+\ln x}{(x\ln x)^2}\mathrm{d}x=\int \frac{\mathrm{d}(x\ln x)}{(x\ln x)^2}=-\frac{1}{x\ln x}+C.$

强调　有些解答只是参考,不是标准解答.有缺步现象,请同学们自行补齐.

自 测 题 4

1.

(1) $\arccos \frac{1}{x}+C.$ 　　(2) $\frac{x}{\sqrt{1+x^2}}+C.$

((1)(2)解法见典型例题例 3.11)

(3) 法 1　令 $x=3\sec t\left(0\leqslant t<\frac{\pi}{2}\right)$,则

$$I=\int \frac{3|\tan t|}{3\sec t}3\sec t\tan t\mathrm{d}t=3\int \tan^2 t\mathrm{d}t=3\int (\sec^2 t-1)\mathrm{d}t$$

$$=3(\tan t-t)+C=3\left[\sqrt{\left(\frac{x}{3}\right)^2-1}-\arccos \frac{3}{x}\right]+C$$

$$=\sqrt{x^2-9}-3\arccos \frac{3}{x}+C.$$

法 2　令 $x=3\sec t\left(\frac{\pi}{2}<t\leqslant \pi\right)$,则

$$I=\int \frac{3|\tan t|}{3\sec t}3\sec t\tan t\mathrm{d}t=-3\int \tan^2 t\mathrm{d}t=-3\int (\sec^2 t-1)\mathrm{d}t$$

$$=-3(\tan t-t)+C=-3\left[-\sqrt{\left(\frac{x}{3}\right)^2-1}-\arccos \frac{3}{x}\right]+C$$

$$=\sqrt{x^2-9}+3\arccos \frac{3}{x}+C.$$

(4) 令 $y=2\sin t(-\pi/2<t<\pi/2),\mathrm{d}y=2\cos t\mathrm{d}t.$

原式 $=\int \sqrt{8-2\sin^2 t}\cdot 2\cos t\mathrm{d}t=\int 4\sqrt{2}\cos^2 t\mathrm{d}t=2\sqrt{2}\int (\cos 2t+1)\mathrm{d}t$

$$=2\sqrt{2}\int \cos 2t\mathrm{d}t+2\sqrt{2}\int \mathrm{d}t=\sqrt{2}\sin 2t+2\sqrt{2}t+C$$

$$=\frac{\sqrt{2}}{2}y\sqrt{4-y^2}+2\sqrt{2}\arcsin \frac{y}{2}+C.$$

(5) $\int \frac{\sqrt{1-x^2}}{x^2}\mathrm{d}x=-\int \tan^2 t\mathrm{d}t=-\frac{\sqrt{1-x^2}}{x}+\arccos x+C\quad (x=\cos t).$

(6) $\int \sqrt{a^2 - x^2}\,\mathrm{d}x = \int a^2 \cos^2 t\,\mathrm{d}t = \dfrac{1}{2}x\,\sqrt{a^2 - x^2} + \dfrac{a^2}{2}\arcsin\dfrac{x}{a} + C \quad (x = a\sin t).$

(7) 令 $t = \sqrt{2x}$，则 $x = \dfrac{1}{2}t^2$，$\mathrm{d}x = t\mathrm{d}t$，于是

$$原式 = \int \dfrac{t\mathrm{d}t}{1 + t} = \int \left(1 - \dfrac{1}{1 + t}\right)\mathrm{d}t = t - \ln|1 + t| + C = \sqrt{2x} - \ln(1 + \sqrt{2x}) + C.$$

(8) 令 $x = \sin t\,(-\pi/2 < t < \pi/2)$，则 $\mathrm{d}x = \cos t\mathrm{d}t$，于是

$$原式 = \int \dfrac{\cos t\mathrm{d}t}{1 + \cos t} = \int \left(1 - \dfrac{1}{1 + \cos t}\right)\mathrm{d}t = t - \int \dfrac{1 - \cos t}{\sin^2 t}\mathrm{d}t = t - \int (\csc^2 t - \csc t\cot t)\,\mathrm{d}t$$

$$= t + \cot t - \csc t + C = \arcsin x + \dfrac{\sqrt{1 - x^2}}{x} - \dfrac{1}{x} + C$$

$$= \arcsin x - \dfrac{x}{1 + \sqrt{1 - x^2}} + C.$$

2. (1) $\displaystyle\int_{-2}^{1} \dfrac{\mathrm{d}x}{(11 + 5x)^3} = \dfrac{1}{10}\dfrac{1}{(11 + 5x)^2}\bigg|_1^{-2} = \dfrac{51}{512}$;

(2) $\displaystyle\int_{-1}^{1} \dfrac{x\mathrm{d}x}{\sqrt{5 - 4x}} = \dfrac{1}{6} \quad (令 \sqrt{5 - 4x} = t).$

(3) $\displaystyle\int_{\frac{3}{4}}^{1} \dfrac{\mathrm{d}x}{\sqrt{1 - x} - 1} = 1 - 2\ln 2 \quad (令 \sqrt{1 - x} - 1 = t \text{ 或 } \sqrt{1 - x} = t).$

(4) $\displaystyle\int_{1}^{e^2} \dfrac{\mathrm{d}x}{x\,\sqrt{1 + \ln x}} = 2(\sqrt{3} - 1) \quad (令 \sqrt{1 + \ln x} = t \Rightarrow x = e^{t^2 - 1}).$

(5) $\displaystyle\int_{-2}^{0} \dfrac{\mathrm{d}x}{x^2 + 2x + 2} = \dfrac{\pi}{2} \quad (注意 x^2 + 2x + 2 = (x + 1)^2 + 1).$

(6) $\displaystyle\int_{-\frac{\pi}{2}}^{\frac{\pi}{2}} \sqrt{\cos x - \cos^3 x}\,\mathrm{d}x = \dfrac{4}{3} \quad (解法见典型例题例 3.10).$

自 测 题 5

1. B. 直接计算 $\displaystyle\int xf''(x)\mathrm{d}x = \int x\mathrm{d}f'(x) = xf'(x) - \int f'(x)\mathrm{d}x = xf'(x) - f(x) + C.$

2. (1) $\displaystyle\int x\sin x\mathrm{d}x = -x\cos x + \sin x + C.$

(2) $\displaystyle\int x\arctan x\mathrm{d}x = \dfrac{1}{2}(1 + x^2)\arctan x - \dfrac{x}{2} + C.$

(3) $\displaystyle\int \arcsin x\mathrm{d}x = x\arcsin x + \sqrt{1 - x^2} + C.$

(4) $\displaystyle\int x^2\ln x\mathrm{d}x = \dfrac{1}{3}x^3\ln x - \dfrac{1}{9}x^3 + C.$

((1)(2)(3)(4)解法参见典型例题例 3.13)

(5) $\displaystyle\int (\ln x)^2\mathrm{d}x = x(\ln x)2 - \int x\mathrm{d}(\ln x)^2 = x(\ln x)2 - \int x \cdot 2\ln x \cdot \dfrac{1}{x}\mathrm{d}x$

$$= x(\ln x)^2 - 2\int \ln x\mathrm{d}x = x(\ln x)^2 - 2(x\ln x - x) + C.$$

(6) $\int x\sin x\cos x\mathrm{d}x = \int x \cdot \frac{1}{2}\sin 2x\mathrm{d}x = -\frac{1}{4}\int x\mathrm{d}\cos 2x$

$$= -\frac{1}{4}\left(x\cos 2x - \int \cos 2x\mathrm{d}x\right)$$

$$= -\frac{1}{4}\left(x\cos 2x - \frac{1}{2}\sin 2x\right) + C$$

$$= \frac{1}{8}\sin 2x - \frac{x}{4}\cos 2x + C.$$

提示 其实 $\sin x\cos x\mathrm{d}x = \frac{1}{2}\mathrm{d}\sin^2 x$ $\Rightarrow \int x\sin x\cos x\mathrm{d}x = \frac{1}{2}\int x\mathrm{d}\sin^2 x = \frac{1}{2}x$

$\sin^2 x - \frac{1}{2}\int \sin^2 x\mathrm{d}x$，这样积分也求出来了.

(7) 因为 $\int \cos(\ln x)\mathrm{d}x = x\cos(\ln x) - \int x[-\sin(\ln x)] \cdot \frac{1}{x}\mathrm{d}x$

$$= x\cos(\ln x) + \int \sin(\ln x)\mathrm{d}x$$

$$= x\cos(\ln x) + \left[x\sin(\ln x) - \int x\cos(\ln x) \cdot \frac{1}{x}\mathrm{d}x\right]$$

$$= x\cos(\ln x) + x\sin(\ln x) - \int \cos(\ln x)\mathrm{d}x,$$

所以 $\int \cos(\ln x)\mathrm{d}x = \frac{1}{2}x[\cos(\ln x) + \sin(\ln x)] + C.$

(8) $\int x\ln(1 + x^2)\mathrm{d}x = \frac{1}{2}\int \ln(1 + x^2)\mathrm{d}(1 + x^2)$

$$= \frac{1}{2}(1 + x^2)\ln(1 + x^2) - \frac{1}{2}\int(1 + x^2)\frac{2x}{1 + x^2}\mathrm{d}x$$

$$= \frac{1}{2}(1 + x^2)\ln(1 + x^2) - \frac{x^2}{2} + C.$$

3. (1) $\int_{\frac{\pi}{4}}^{\frac{\pi}{3}} \frac{x}{\sin^2 x}\mathrm{d}x = \int_{\frac{\pi}{4}}^{\frac{\pi}{3}} x\csc^2 x\mathrm{d}x = \int_{\frac{\pi}{4}}^{\frac{\pi}{3}} x\mathrm{d}(-\cot x) = x(-\cot x)\Big|_{\frac{\pi}{4}}^{\frac{\pi}{3}} + \int_{\frac{\pi}{4}}^{\frac{\pi}{3}} \cot x\mathrm{d}x$

$$= \frac{\pi}{3}\left(-\frac{\sqrt{3}}{3}\right) + \frac{\pi}{4} \cdot 1 + \ln\sin x\Big|_{\frac{\pi}{4}}^{\frac{\pi}{3}} = -\frac{\sqrt{3}\pi}{9} + \frac{\pi}{4} + \ln\frac{\sqrt{6}}{2};$$

(2) $\int_1^2 x\log_2^x\mathrm{d}x = \frac{1}{2\ln 2}\int_1^2 \ln x\mathrm{d}x^2 = \frac{1}{2\ln 2}\left(x^2\ln x\big|_1^2 - \int_1^2 x^2 \cdot \frac{1}{x}\mathrm{d}x\right) = 2 - \frac{3}{4\ln 2};$

(3) $\int_1^e \sin(\ln x)\mathrm{d}x = x\sin\ln x\big|_1^e - \int_1^e x \cdot \cos\ln x \cdot \frac{1}{x}\mathrm{d}x = e\sin 1 - \int_1^e \cos\ln x\mathrm{d}x$

$$= e\sin 1 - x\cos\ln x\big|_1^e - \int_1^e \sin\ln x\mathrm{d}x$$

$$= e\sin 1 - e\cos 1 + 1 - \int_1^e \sin\ln x\mathrm{d}x.$$

$$\Rightarrow \int_1^e \sin(\ln x)\mathrm{d}x = \frac{e}{2}(\sin 1 - \cos 1) + \frac{1}{2};$$

(4) $\int_{\frac{1}{e}}^e |\ln x|\mathrm{d}x = 2 - \frac{2}{e}$ （解法见典型例题例 3.14）.

自 测 题 6

1. (1) $\displaystyle\int \frac{2x+3}{x^2+3x-10}\mathrm{d}x = \int \frac{\mathrm{d}(x^2+3x-10)}{x^2+3x-10} = \ln|x^2+3x-10|+C.$

评注 该题用分解方法反而麻烦. 一定要具体问题具体分析.

$$\int \frac{2x+3}{(x+5)(x-2)}\mathrm{d}x = \int \left(\frac{1}{x+5}+\frac{1}{x-2}\right)\mathrm{d}x$$
$$= \ln|x+5|+\ln|x-2|+C = \ln|(x+5)(x-2)|+C.$$

(2) $\displaystyle\int \frac{3}{x^3+1}\mathrm{d}x = \int \frac{3}{(x+1)(x^2-x+1)}\mathrm{d}x = \int \left(\frac{1}{x+1}-\frac{x-2}{x^2-x+1}\right)\mathrm{d}x$

$$= \ln|x+1|-\frac{1}{2}\int \frac{(2x-1)-3}{x^2-x+1}\mathrm{d}x$$

$$= \ln|x+1|-\frac{1}{2}\left[\int \frac{\mathrm{d}(x^2-x+1)}{x^2-x+1}-6\int \frac{\mathrm{d}(2x-1)}{(2x-1)^2+3}\right]$$

$$= \ln \frac{|x+1|}{\sqrt{x^2-x+1}}+\sqrt{3}\arctan \frac{2x-1}{\sqrt{3}}+C.$$

(3) 令 $u=\sqrt[4]{x}$, 则 $x=u^4, \mathrm{d}x=4u^3\mathrm{d}u$, 于是

$$\int \frac{\mathrm{d}x}{\sqrt{x}+\sqrt[4]{x}} = \int \frac{4u^3\mathrm{d}u}{u^2+u} = 4\int \frac{u^2\mathrm{d}u}{u+1} = 4\int \frac{u^2-1+1\mathrm{d}u}{u+1} = 4\int \left(u-1+\frac{1}{u+1}\right)\mathrm{d}u$$

$$= 2u^2-4u+4\ln|1+u|+C = 2\sqrt{x}-4\sqrt[4]{x}+4\ln(1+\sqrt[4]{x})+C.$$

(4) 令 $u=\sqrt{\dfrac{1-x}{1+x}}$, 则 $x=\dfrac{1-u^2}{1+u^2}=\dfrac{2}{1+u^2}-1, \mathrm{d}x=\dfrac{-4u\mathrm{d}u}{(1+u^2)^2}$, 于是

$$\int \sqrt{\frac{1-x}{1+x}}\,\frac{1}{x}\mathrm{d}x = \int u \cdot \frac{1+u^2}{1-u^2}\cdot\frac{-4u\mathrm{d}u}{(1+u^2)^2} = \int \frac{-4u^2\mathrm{d}u}{(1-u^2)(1+u^2)} = 2\int \left(\frac{1}{1+u^2}-\frac{1}{1-u^2}\right)\mathrm{d}u$$

$$= 2\left[\arctan u+\frac{1}{2}\ln\left|\frac{u-1}{u+1}\right|\right]+C = 2\arctan\sqrt{\frac{1-x}{1+x}}+\ln\frac{|x|}{1+\sqrt{1-x^2}}+C.$$

2. (1) $\displaystyle\int_{-\pi}^{\pi} x^4\sin x\mathrm{d}x = 0;$　　　(2) $\displaystyle\int_{-\pi}^{\pi} \frac{x^3\sin^2 x}{x^4+2x^2+1}\mathrm{d}x = 0.$

评注 本题考查定积分的积分区间关于原点对称, 被积函数为奇函数的性质.

3. 令 $t=a+b-x$, 则 $x=a$ 时, $t=b$; $x=b$ 时, $t=a$; 于是

$$左边 = \int_a^b f(a+b-x)\mathrm{d}x = \int_b^a f(t)\mathrm{d}(-t) = -\int_b^a f(t)\mathrm{d}t$$

$$= \int_a^b f(t)\mathrm{d}t = \int_a^b f(x)\mathrm{d}x = 右边.$$

结论得证.

4. 令 $1-x=t$ 则 $x=1-t, \mathrm{d}x=-\mathrm{d}t$; $x=1$ 时 $t=0, x=0$ 时 $t=1$, 从而

$$左边 = \int_1^0 (1-t)^m t^n \mathrm{d}(1-t) = \int_0^1 t^n(1-t)^m \mathrm{d}t = \int_0^1 x^n(1-x)^m \mathrm{d}x = 右边.$$

结论得证.

自 测 题 7

(1) $\displaystyle\int \frac{\mathrm{d}x}{\mathrm{e}^x-\mathrm{e}^{-x}} = \int \frac{\mathrm{e}^x\,\mathrm{d}x}{(\mathrm{e}^x)^2-1} = \int \frac{\mathrm{d}\mathrm{e}^x}{(\mathrm{e}^x)^2-1} = \frac{1}{2}\ln\left|\frac{\mathrm{e}^x-1}{\mathrm{e}^x+1}\right| + C.$

(2) $\displaystyle\int \frac{x^2\,\mathrm{d}x}{a^6-x^6} = \frac{1}{3}\int \frac{\mathrm{d}x^3}{(a^3)^2-(x^3)^2} = -\frac{1}{3}\int \frac{\mathrm{d}x^3}{(x^3)^2-(a^3)^2}$

$\displaystyle\qquad = -\frac{1}{3}\cdot\frac{1}{2a^3}\ln\left|\frac{x^3-a^3}{x^3+a^3}\right| + C = \frac{1}{6a^3}\ln\left|\frac{a^3+x^3}{a^3-x^3}\right| + C.$

(3) $\displaystyle\int \frac{\ln(\ln x)}{x}\,\mathrm{d}x = \int \ln(\ln x)\,\mathrm{d}\ln x = \ln(\ln x)\cdot\ln x - \int \ln x\,\mathrm{d}\ln(\ln x)$

$\displaystyle\qquad = \ln(\ln x)\cdot\ln x - \int \ln x\cdot\frac{1}{\ln x}\cdot\frac{1}{x}\,\mathrm{d}x$

$\displaystyle\qquad = \ln(\ln x)\cdot\ln x - \ln x + C.$

(4) 令 $u=\sqrt{x}$，则 $x=u^2$，$\mathrm{d}x=2u\,\mathrm{d}u$，所以

$\displaystyle\int \sqrt{x}\sin\sqrt{x}\,\mathrm{d}x = \int u\sin u\cdot 2u\,\mathrm{d}u = 2\int u^2(-\mathrm{d}\cos u) = -2\left[u^2\cos u - \int \cos u\cdot 2u\,\mathrm{d}u\right]$

$\displaystyle\qquad = -2u^2\cos u + 4\int u\,\mathrm{d}\sin u = -2u^2\cos u + 4\left[u\sin u - \int \sin u\,\mathrm{d}u\right]$

$\displaystyle\qquad = -2u^2\cos u + 4u\sin u + 4\cos u + C$

$\displaystyle\qquad = -2x\cos\sqrt{x} + 4\sqrt{x}\sin\sqrt{x} + 4\cos\sqrt{x} + C.$

评注 遇到类似的情况，先换元再分部积分不容易出错.

(5) $\displaystyle\int \ln(1+x^2)\,\mathrm{d}x = \ln(1+x^2)\cdot x - \int x\,\mathrm{d}\ln(1+x^2) = x\ln(1+x^2) - \int x\cdot\frac{2x}{1+x^2}\,\mathrm{d}x$

$\displaystyle\qquad = x\ln(1+x^2) - 2\int\left(1-\frac{1}{1+x^2}\right)\mathrm{d}x$

$\displaystyle\qquad = x\ln(1+x^2) - 2(x-\arctan x) + C.$

(6) $\displaystyle\int \frac{\sqrt{1+\cos x}}{\sin x}\,\mathrm{d}x = \sqrt{2}\ln\left|\csc\frac{x}{2}-\cot\frac{x}{2}\right| + C.$

提示 注意到 $\sqrt{1+\cos x}=\sqrt{2\cos^2\frac{x}{2}}=\sqrt{2}\left|\cos\frac{x}{2}\right|$，$\sin x=2\sin\frac{x}{2}\cos\frac{x}{2}$.

(7) $\displaystyle\int \frac{x^{11}}{x^8+3x^4+2}\,\mathrm{d}x = \frac{x^4}{4} + \ln\frac{\sqrt[4]{x^4+1}}{x^4+2} + C.$（令 $x^4=t$ 将被积函数降阶，余下的工作也不少呢，要有耐心.）

(8) $\displaystyle\int \frac{1}{(1+\mathrm{e}^x)^2}\,\mathrm{d}x = \int \frac{1+\mathrm{e}^x-\mathrm{e}^x}{(1+\mathrm{e}^x)^2}\,\mathrm{d}x = \int \frac{1}{1+\mathrm{e}^x}\,\mathrm{d}x - \int \frac{\mathrm{e}^x}{(1+\mathrm{e}^x)^2}\,\mathrm{d}x$

$\displaystyle\qquad = \int \frac{-\mathrm{d}\mathrm{e}^{-x}}{1+\mathrm{e}^{-x}} - \int \frac{\mathrm{d}(1+\mathrm{e}^x)}{(1+\mathrm{e}^x)^2}$

$\displaystyle\qquad = -\ln(1+\mathrm{e}^{-x}) + \frac{1}{1+\mathrm{e}^x} + C = x - \ln(1+\mathrm{e}^x) + \frac{1}{1+\mathrm{e}^x} + C.$

(9) 令 $x=\sin t\left(-\frac{\pi}{2}<t<\frac{\pi}{2}\right)$，则 $\mathrm{d}x=\cos t\,\mathrm{d}t$，$\sqrt{1-x^2}=\cos t$，所以

$$\int \sqrt{1-x^2}\arcsin x \mathrm{d}x = \int \cos t \cdot t \cdot \cos t \mathrm{d}t = \frac{1}{2}\int t(1+\cos 2t)\mathrm{d}t$$

$$= \frac{t^2}{4} + \frac{1}{4}\left[t\sin 2t + \frac{1}{2}\cos 2t\right] + C_1$$

$$= \frac{t^2}{4} + \frac{1}{2}t\sin t\cos t + \frac{1}{8}(1-2\sin^2 t) + C_1$$

$$= \frac{1}{4}(\arcsin x)^2 + \frac{x}{2}\sqrt{1-x^2}\arcsin x - \frac{x^2}{4} + C.$$

(10) $\displaystyle\int \frac{\mathrm{d}x}{\sin^3 x\cos x} = \int \frac{\sin^2 x + \cos^2 x}{\sin^3 x\cos x}\mathrm{d}x = \int\left(\frac{1}{\sin x\cos x} + \frac{\cos x}{\sin^3 x}\right)\mathrm{d}x$

$$= \int \frac{\mathrm{d}\tan x}{\tan x} + \int \frac{\mathrm{d}\sin x}{\sin^3 x} = \ln|\tan x| - \frac{1}{2\sin^2 x} + C.$$

尝试一下 $\displaystyle\int \frac{\mathrm{d}x}{\sin^3 x\cos x} = \int \frac{\cos x}{\sin^3 x\cos^2 x}\mathrm{d}x = \int \frac{\mathrm{d}t}{t^3(1-t^2)} = \frac{1}{2}\int \frac{\mathrm{d}t^2}{t^4(1-t^2)}.$

自 测 题 8

1.（1）原式＝0.（这么复杂的被积函数你不会想求出原函数吧！积分区间为对称区间，被积函数为奇函数，原来这么容易就求出来了.）

（2）原式＝$\dfrac{\pi}{12}$.（方法显而易见——凑微分）

（3）令 $\sin^2 x = t$，则 $\cos^2 x = 1-t$，所以 $f'(t) = 1-t$ 即 $f'(x) = 1-x$，于是

$$f(x) = \int(1-x)\mathrm{d}x = x - \frac{x^2}{2} + C.$$

（4）因为 $|x|\mathrm{e}^{|x|}$ 是偶函数，$x\mathrm{e}^{|x|}$ 是奇函数，所以

$$\text{原式} = 2\int_0^2 x\mathrm{e}^x\mathrm{d}x = 2(x\mathrm{e}^x - \mathrm{e}^x)\big|_0^2 = 2\mathrm{e}^2 + 2.$$

（5）原式＝12.

（6）原式 $= \displaystyle\int_0^{\frac{\pi}{2}}\left(\frac{\mathrm{e}^x}{1+\mathrm{e}^x}\sin^4 x + \frac{\mathrm{e}^{-x}}{1+\mathrm{e}^{-x}}\sin^4(-x)\right)\mathrm{d}x = \int_0^{\frac{\pi}{2}}\sin^4 x\mathrm{d}x$

$$= \int_0^{\frac{\pi}{2}}\left(\frac{1-\cos 2x}{2}\right)^2\mathrm{d}x$$

$$= \frac{1}{4}\int_0^{\frac{\pi}{2}}\left(1 - 2\cos 2x + \frac{1+\cos 4x}{4}\right)\mathrm{d}x = \frac{3\pi}{16}.$$

评注 遇到积分区间为对称区间，不管被积函数是否为奇偶函数，都想到用公式

$$\int_{-a}^a f(x)\mathrm{d}x = \int_0^a [f(x) + f(-x)]\mathrm{d}x.$$

（7）原式＝0. 因为 $f(x) + f(-x) = \ln\dfrac{1-x}{1+x} + \ln\dfrac{1+x}{1-x} = 0$，即 $f(x)$ 显然为奇函数.

2. 由积分中值定理得，存在 $\xi \in (n, n+p)$ 使得 $\displaystyle\int_n^{n+p}\frac{\sin x}{x}\mathrm{d}x = \frac{\sin\xi}{\xi}p$，所以

$$\lim_{n\to\infty}\int_n^{n+p}\frac{\sin x}{x}\mathrm{d}x = \lim_{n\to\infty}\frac{\sin\xi}{\xi}p = \lim_{\xi\to\infty}\frac{\sin\xi}{\xi}p = 0.$$

3. 由题意得 $F'(x)=f(x)$，$f(x)F(x)=\sin^2 2x$，两边积分得

$$\int f(x)F(x)\mathrm{d}x = \int \sin^2 2x\mathrm{d}x,$$

$$\int F(x)\mathrm{d}F(x) = \int \frac{1-\cos 4x}{2}\mathrm{d}x,$$

$$\frac{1}{2}F^2(x) = \frac{1}{2}\int(1-\cos 4x)\mathrm{d}x = \frac{1}{2}\left(x-\frac{1}{4}\sin 4x\right)+C_1.$$

由 $F(0)=1$，得 $C_1=\frac{1}{2}$，又 $F(x)>0$，所以 $F(x)=\sqrt{x-\frac{1}{4}\sin 4x+1}$.

4. $x\geqslant 0$，$\int \mathrm{e}^{-|x|}\mathrm{d}x = \int \mathrm{e}^{-x}\mathrm{d}x = -\mathrm{e}^{-x}+C_1$；$x<0$，$\int \mathrm{e}^{-|x|}\mathrm{d}x = \int \mathrm{e}^{x}\mathrm{d}x = \mathrm{e}^x+C_2$.

原函数可导必连续，则有

$$\lim_{x\to 0^+}(-\mathrm{e}^{-x}+C_1) = -1+C_1 = \lim_{x\to 0^-}(\mathrm{e}^x+C_2) = 1+C_2,$$

即 $C_2=C_1-2$，所以

$$\int \mathrm{e}^{-|x|}\mathrm{d}x = \begin{cases} -\mathrm{e}^{-x}+C_1, & \text{当 } x\geqslant 0 \\ \mathrm{e}^x-2+C_1, & \text{当 } x<0 \end{cases}.$$

5. 由 $F(x)$ 在 $x=0$ 处连续知 $\lim\limits_{x\to 0}F(x)=F(0)=C$，即

$$C = \lim_{x\to 0}F(x) = \lim_{x\to 0}\frac{\int_0^x tf(t)\mathrm{d}t}{x^2} = \lim_{x\to 0}\frac{xf(x)}{2x} = \frac{1}{2}\lim_{x\to 0}f(x) = \frac{1}{2}f(0) = 0.$$

6. $\int_0^1 (x-1)^2 f(x)\mathrm{d}x = \frac{1}{3}\int_0^1 f(x)\mathrm{d}(x-1)^3 = \frac{1}{3}\left[(x-1)^3 f(x)\Big|_0^1 - \int_0^1 (x-1)^3 \mathrm{d}f(x)\right]$

$$= \frac{1}{3}\left[0 - \int_0^1 (x-1)^3 f'(x)\mathrm{d}x\right] = -\frac{1}{3}\int_0^1 (x-1)^3 \mathrm{e}^{-x^2+2x}\mathrm{d}x$$

$$= -\frac{1}{3\cdot 2}\int_0^1 (x-1)^2 \mathrm{e}^{-(x-1)^2}\cdot\mathrm{e}\,\mathrm{d}(x-1)^2$$

$$= \frac{\mathrm{e}}{6}\int_1^0 u\mathrm{e}^{-u}\mathrm{d}u = \frac{\mathrm{e}}{6}\int_1^0 u\mathrm{d}\mathrm{e}^{-u}$$

$$= \frac{\mathrm{e}}{6}\left[u\mathrm{e}^{-u}\Big|_1^0 - \int_1^0 \mathrm{e}^{-u}\mathrm{d}u\right] = \frac{\mathrm{e}}{6}\left[0 - \mathrm{e}^{-1} + \mathrm{e}^{-u}\Big|_1^0\right]$$

$$= \frac{\mathrm{e}}{6}\left[-\mathrm{e}^{-1}+1-\mathrm{e}^{-1}\right]$$

$$= \frac{1}{6}(\mathrm{e}-2).$$

评注 由于 $\int_0^x \mathrm{e}^{-y^2+2y}\mathrm{d}y$ 属"积不出"的类型 $\int \mathrm{e}^{-y^2}\mathrm{d}y$，因此希望求出 $f(x)$ 的表达式代入求解的想法行不通.

7. $\dfrac{1}{2}\left(\dfrac{1}{2}+\dfrac{1}{\pi+2}-A\right).$ $\displaystyle\int_0^{\frac{\pi}{2}}\dfrac{\sin x\cos x}{x+1}\mathrm{d}x=\int_0^{\frac{\pi}{2}}\dfrac{\sin 2x}{2x+2}\mathrm{d}x\xrightarrow{\text{令}2x=t}\dfrac{1}{2}\int_0^{\pi}\dfrac{\sin t}{t+2}\mathrm{d}t$

$$=-\dfrac{1}{2}\int_0^{\pi}\dfrac{\mathrm{d}\cos t}{t+2}$$

$$=-\dfrac{1}{2}\left(\dfrac{\cos t}{t+2}\Big|_0^{\pi}-\int_0^{\pi}\dfrac{-\cos t}{(t+2)^2}\mathrm{d}t\right).$$

8. $a=4,b=1$

自 测 题 9

一、

1. D.　计算得：A. $\displaystyle\int_0^{+\infty}x\mathrm{d}x=\lim_{a\to+\infty}\int_0^a x\mathrm{d}x=\lim_{a\to+\infty}\dfrac{1}{2}x^2\Big|_0^a=+\infty$，发散；B、C 类似.

   D. $\displaystyle\int_1^{+\infty}\dfrac{1}{x^2}\mathrm{d}x=\lim_{a\to+\infty}\int_1^a\dfrac{1}{x^2}\mathrm{d}x=\lim_{a\to+\infty}\dfrac{1}{x}\Big|_a^1=1$，收敛.

2. A.　$\displaystyle\int_0^{+\infty}\dfrac{1}{1+x^2}\mathrm{d}x=\lim_{a\to+\infty}\int_0^a\dfrac{1}{1+x^2}\mathrm{d}x=\lim_{a\to+\infty}\arctan x\big|_0^a=\dfrac{\pi}{2}.$

3. B.　$\displaystyle\int_1^{+\infty}\dfrac{1}{x^p}\mathrm{d}x$，当 $p>1$ 时，级数收敛；当 $p\leqslant 1$，级数发散. 故选 B.

4. B.　参考上题.

二、

1. (1) $\displaystyle\int_{-\infty}^{\infty}\dfrac{\mathrm{d}x}{x^2+2x+2}=\int_{-\infty}^{\infty}\dfrac{\mathrm{d}(x+1)}{(x+1)^2+1}=\arctan(x+1)\big|_{-\infty}^{\infty}=\dfrac{\pi}{2}-\left(-\dfrac{\pi}{2}\right)=\pi;$

   (2) $\displaystyle\int_0^{+\infty}\mathrm{e}^{kt}\cdot\mathrm{e}^{-pt}\mathrm{d}t=\dfrac{1}{k-p}\mathrm{e}^{k-p}\big|_0^{+\infty}=-\dfrac{1}{k-p}\quad(p>k);$

   (3) $\displaystyle\int_0^1\dfrac{x\mathrm{d}x}{\sqrt{1-x^2}}=\int_0^1\dfrac{x\mathrm{d}x}{\sqrt{1-x^2}}=-\sqrt{1-x^2}\big|_0^1=1;$

   (4) $\displaystyle\int_1^{\mathrm{e}}\dfrac{\mathrm{d}x}{x\sqrt{1-(\ln x)^2}}=\int_1^{\mathrm{e}}\dfrac{\mathrm{d}\ln x}{\sqrt{1-(\ln x)^2}}=\arcsin\ln x\big|_1^{\mathrm{e}}=\dfrac{\pi}{2};$

   (5) $\displaystyle\int_0^{\pi/2}\ln\sin x\mathrm{d}x=-\dfrac{\pi}{2}\ln 2.$　解法见典型例题例 3.23.

评注　收敛的广义积分的计算也可以采用如上的简洁写法.

2. 当 $k=1$ 时，$I=\displaystyle\int_2^{+\infty}\dfrac{\mathrm{d}x}{x\ln x}=\ln\ln x\big|_2^{+\infty}=+\infty.$

当 $k\neq 1$ 时，$I=\displaystyle\int_2^{+\infty}\dfrac{\mathrm{d}x}{x(\ln x)^k}=\dfrac{1}{1-k}(\ln x)^{1-k}\big|_2^{+\infty}=\begin{cases}\dfrac{1}{k-1}(\ln 2)^{1-k}&\text{当}\ k>1\\[2mm]+\infty&\text{当}\ k<1\end{cases}.$

综上，当 $k\leqslant 1$ 广义积分发散；当 $k>1$ 时，广义积分收敛.

由于 $I'(k)=\dfrac{-1}{(k-1)^2}(\ln 2)^{1-k}+\dfrac{1}{k-1}(\ln 2)^{1-k}\ln\ln 2\cdot(-1)$

$$= \frac{-(\ln 2)^{1-k}}{(k-1)^2}[1+(k-1)\ln\ln 2]$$

得驻点 $k_0 = 1 - \dfrac{1}{\ln\ln 2}(>1)$. 由 $I'(k)$ 在 k_0 左右两侧的符号由负变正知当 $k_0 = 1 - \dfrac{1}{\ln\ln 2}$ 时广义积分值最小.

3. $I_n = \displaystyle\int_0^{+\infty} x^n e^{-x} dx = -x^n e^{-x}\Big|_0^{+\infty} + \int_0^{+\infty} n x^{n-1} e^{-x} dx = n I_{n-1} \Rightarrow I_n = n! I_1.$

因为 $I_1 = \displaystyle\int_0^{+\infty} x e^{-x} dx = 1$,所以 $I_n = n!$.

4. $c = \dfrac{5}{2}$.

5. $\forall x, x+\Delta x \in (-\infty, x), \Delta\Phi(x) = \Phi(x+\Delta x) - \Phi(x) = \displaystyle\int_x^{x+\Delta x} f(t) dt = f(\xi)\Delta x,$

$$\lim_{\Delta x \to 0} \frac{\Delta\Phi(x)}{\Delta x} = \lim_{\Delta x \to 0} \frac{f(\xi)\Delta x}{\Delta x} = \lim_{\xi \to x} \frac{f(\xi)\Delta x}{\Delta x} = f(x),$$

$$\Phi'(x) = \frac{d}{dx}\int_{-\infty}^x f(t) dt = f(x).$$

6. $I = \dfrac{\pi}{4}$. 解法见典型例题例 3.24.

自 测 题 10

1. (1) $y = \dfrac{1}{2}x^2$ 与 $x^2 + y^2 = 8$ 的交点为 $(2,2),(-2,2)$,如右图.

取 x 为积分变量,$x \in [-2,2], dA = \left(\sqrt{8-x^2} - \dfrac{1}{2}x^2\right)dx$

$A_{上} = 2\displaystyle\int_0^2 \left(\sqrt{8-x^2} - \dfrac{1}{2}x^2\right)dx = 2\int_0^2 \sqrt{8-x^2}\, dx - \int_0^2 x^2 dx$

$= \left(x\sqrt{8-x^2} + 8\arcsin\dfrac{x}{2\sqrt{2}}\right)\Big|_0^2 - \dfrac{x^3}{3}\Big|_0^2 = \dfrac{4}{3} + 2\pi;$

$A_{下} = \pi r^2 - A_{上} = 6\pi - \dfrac{4}{3}.$

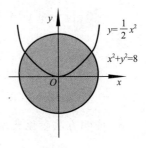

(2) 取 y 为积分变量,$y \in [\ln a, \ln b], dA = e^y dy, A = \displaystyle\int_{\ln a}^{\ln b} e^y dy = b - a.$

建议 做几何应用题目尽量画出几何图形,帮助"直观思维".

2. $A = \dfrac{9}{4}$.

3. $A = \dfrac{16}{3}p^2$. 先求法线方程然后求解.

4. 实际上该封闭区域是由两条直线 $y = ex, y = e^{-1}x$ 和两条曲线曲线 $xy = e, xy = e^{-1}$ 围成,如右图,取 x 为积分变量,面积由两部分组成.

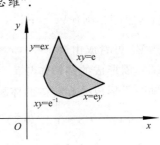

当 $\frac{1}{e}<x<1$ 时,$dA_1=\left(ex-\frac{1}{ex}\right)dx$;

当 $1<x<e$ 时,$dA_2=\left(\frac{e}{x}-\frac{x}{e}\right)dx$;

$$A=A_1+A_2=\int_{\frac{1}{e}}^1\left(ex-\frac{1}{ex}\right)dx+\int_1^e\left(\frac{e}{x}-\frac{x}{e}\right)dx=e-\frac{1}{e}.$$

5. 所给曲线方程为极坐标方程,取 θ 为积分变量,$\theta\in[-\pi,\pi]$,则

$$dA=\frac{1}{2}\left[2a(2+\cos\theta)\right]^2d\theta;$$

所以所求面积为

$$A=\int_{-\pi}^\pi\frac{1}{2}\left[2a(2+\cos\theta)\right]^2d\theta=4a^2\int_0^\pi\left[4+4\cos\theta+\cos^2\theta\right]d\theta=18\pi a^2.$$

评注 该曲线为心形线.

6. $A=\frac{1}{2}\int_{-\pi}^\pi(ae^\theta)^2d\theta=\frac{1}{2}a^2\int_{-\pi}^\pi e^{2\theta}d\theta=\frac{1}{4}a^2\int_{-\pi}^\pi e^{2\theta}d2\theta=\frac{1}{4}a^2(e^{2\pi}-e^{-2\pi}).$

7. 两个曲线方程联立 $\begin{cases}r=3\\r=2(1+\cos\theta)\end{cases}$,解得 $\theta=$

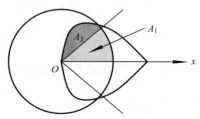

$\pm\frac{\pi}{3}$;如右图,当 $\theta\in\left(0,\frac{\pi}{3}\right)$ 时曲线为 $r=3$;当 $\theta\in\left(\frac{\pi}{3},\pi\right)$ 时曲线为 $r=2(1+\cos\theta)$.

$$\begin{aligned}A&=2(A_1+A_2)=2\left\{\int_0^{\frac{\pi}{3}}\frac{1}{2}r^2d\theta+\int_{\frac{\pi}{3}}^\pi\frac{1}{2}\left[2(1+\cos\theta)\right]^2d\theta\right\}\\&=2\left\{\int_0^{\frac{\pi}{3}}\frac{1}{2}3^2d\theta+\int_{\frac{\pi}{3}}^\pi\frac{1}{2}\left[2(1+\cos\theta)\right]^2d\theta\right\}\\&=3\pi+4\int_{\frac{\pi}{3}}^\pi(1+2\cos\theta+\cos^2\theta)d\theta=3\pi+4\pi-\frac{9\sqrt{3}}{2}\\&=7\pi-\frac{9\sqrt{3}}{2}.\end{aligned}$$

8. 证明方法参见典型例题例 3.29.

自 测 题 Ⅱ

1. 设绕 x 轴及绕 y 轴旋转,所得的旋转体的体积分别为 V_x 和 V_y,如右图,则有 $V_x=\pi\int_0^2(x^3)^2dx=\frac{1}{7}\pi x^7\Big|_0^2=\frac{128}{7}\pi.$

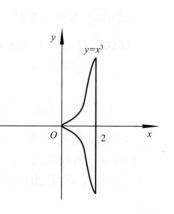

V_y 可看成由以 $x=0,x=2,y=0,y=8$ 围成的矩形绕 y 轴一周形成的圆柱体与 $x=0,y=8,y=x^3$ 围成的图形绕 y 轴一周形成的旋转体的体积之差,所以

$$V_y=\pi(2)^2\cdot8-\pi\int_0^8(y^{\frac{1}{3}})^2dy=32\pi-\frac{3\pi}{5}\pi y^{\frac{5}{3}}\Big|_0^8=\frac{64}{5}\pi.$$

评注 参见典型例题例 3.22(2)中的简易解法——柱

壳法.

2.(1)设绕 x 轴所得的旋转体的体积为 V_x,则

$$V_x = \pi \int_{-4}^{4} (5 + \sqrt{16-x^2})^2 \, \mathrm{d}x - \pi \int_{-4}^{4} (5 - \sqrt{16-x^2})^2 \, \mathrm{d}x$$
$$= 40\pi \int_{0}^{4} \sqrt{16-x^2} \, \mathrm{d}x$$
$$= 160\pi^2.$$

评注 注意到该曲线为 x 轴上方的圆周,因此绕 x 轴所得的立体形状为"救生圈";本题积分计算时单独计算特别烦琐,首先进行整理,消去一部分,再计算,做题时要注意整理积分形式;$\int_{0}^{4} \sqrt{16-x^2} \, \mathrm{d}x$ 是半径为 4 的圆的面积的 1/4,即 $\int_{0}^{4} \sqrt{16-x^2} \, \mathrm{d}x = 4\pi$,利用定积分的几何意义计算比直接计算简单得多.

(2)将 x 轴向上平移 $2a$ 个单位得新坐系 $uO'v$,问题转换为求在新坐标系中 $\begin{cases} u = a(t - \sin t) \\ v = a(1 - \cos t) - 2a \end{cases} t \in [0, 2\pi]$ 与 $v = -2a$ 围成的图形绕 u 轴旋转所得旋转体的体积.

$$V = \int_{0}^{2\pi} \pi \{ (-2a)^2 - [a(1-\cos t) - 2a]^2 \} \, \mathrm{d}t = \cdots\cdots = 7\pi^2 a^3.$$

3. $s = \int_{\sqrt{3}}^{\sqrt{8}} \sqrt{1 + [y'(x)]^2} \, \mathrm{d}x = \int_{\sqrt{3}}^{\sqrt{8}} \sqrt{1 + [(\ln x)']^2} \, \mathrm{d}x = \int_{\sqrt{3}}^{\sqrt{8}} \frac{\sqrt{1+x^2}}{x} \, \mathrm{d}x.$

令 $\sqrt{1+x^2} = t$,则 $x = \sqrt{t^2-1}$,$\mathrm{d}x = \frac{t}{\sqrt{t^2-1}} \mathrm{d}t$,当 $x = \sqrt{3}$,时 $t = 2$,当 $x = \sqrt{8}$,时 $t = 3$,于是

$$s = \int_{2}^{3} \frac{t}{\sqrt{t^2-1}} \cdot \frac{t}{\sqrt{t^2-1}} \mathrm{d}t = \int_{2}^{3} \frac{t^2-1+1}{t^2-1} \mathrm{d}t = \int_{2}^{3} \mathrm{d}t + \int_{2}^{3} \frac{1}{t^2-1} \mathrm{d}t = 1 + \frac{1}{2} \ln \frac{3}{2}.$$

4. $s = \frac{8}{9} \left[\left(\frac{5}{2} \right)^{\frac{3}{2}} - 1 \right].$

5. $s = \frac{\sqrt{1+a^2}}{a} [e^{a\varphi} - 1].$

6. $s = 8a.$

第 4 章

自 测 题 1

1.B. 因为当点 $P(x,y)$ 沿直线 $y = kx$(k 为任意实数)趋于点 $(0,0)$ 时,有

$$\lim_{\substack{x \to 0 \\ y=kx}} f(x,y) = \lim_{\substack{x \to 0 \\ y=kx}} \frac{xy}{x^2+y^2} = \lim_{\substack{x \to 0 \\ y=kx}} \frac{3kx^2}{x^2(1+k^2)} = \frac{3k}{1+k^2},$$

即极限随 k 不同而变化,所以 $\lim_{\substack{x \to 0 \\ y \to 0}} f(x,y)$ 不存在,因此 $f(x,y)$ 在 $(0,0)$ 不连续.

2.C. 因为(A),(B),(D)都不一定成立.

3. A. 因为 $\lim\limits_{\substack{x\to x_0 \\ y\to y_0}} f(x,y)=f(x_0,y_0)=\lim\limits_{\substack{x=x_0 \\ y\to y_0}} f(x,y)=\lim\limits_{\substack{x\to x_0 \\ y=y_0}} f(x,y)$,,从而(C),(D)不

对,因在(B)中未必有 $kx_0=y_0$,从而对 k 未必有 $(x,kx)\to(x_0,y_0)$,故(B)也不正确.

4. (1) 31;

(2) $-2x+3h+6y$.

5. $f(tx,ty)=t^2x^2+t^2y^2-t^2xy\tan\dfrac{x}{y}=t^2f(x,y)$,

$f(x,x)=x^2+x^2-x^2\tan 1=x^2(2-\tan 1)$,

$f(x,f(x,x))=x^2+x^4(^2-\tan 1)^2-x^3(2-\tan 1)\tan\dfrac{1}{x(2-\tan 1)}$.

6. 令 $\begin{cases}u=x+y \\ v=\dfrac{y}{x}\end{cases}$,则 $\begin{cases}u=x+y \\ y=xv\end{cases}\Rightarrow\begin{cases}u=x+xv \\ y=xv\end{cases}\Rightarrow\begin{cases}x=\dfrac{u}{1+v} \\ y=xv\end{cases}\Rightarrow\begin{cases}x=\dfrac{u}{1+v} \\ y=\dfrac{uv}{1+v}\end{cases}$,所以 $f(u,v)=$

$\left(\dfrac{u}{1+v}\right)^2-\left(\dfrac{uv}{1+v}\right)^2=\dfrac{u^2(1-v^2)}{(1+v)^2}=\dfrac{u^2(1-v)}{1+v}$,故 $f(x,y)=\dfrac{x^2(1-y)}{1+y}$.

注 此题若用直接凑出复合关系的方法,较为困难.

7. $f(x,0)=x+g(x)=x^2\Rightarrow g(x)=x^2-x$,所以 $g(x-y)=(x-y)^2-(x-y)$,所以
$f(x,y)=x+y+(x-y)^2-(x-y)=(x-y)^2+2y$.

8. (1) $D:\begin{cases}y+x>0 \\ 1-x\geqslant 0 \\ 4-x^2-y^2>0\end{cases}\Rightarrow D:\begin{cases}y>-x \\ 1\geqslant x \\ 4>x^2+y^2\end{cases}$,即

$D=\{(x,y)\mid -x<y<\sqrt{4-x^2-y^2},-\sqrt{2}<x\leqslant 1\}$,
如右图所示.

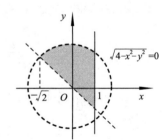

(2) $D:x-\sqrt{y}\geqslant 0\Rightarrow\begin{cases}x\geqslant\sqrt{y} \\ y\geqslant 0\end{cases}$,

即 $D=\{(x,y)\mid x\geqslant\sqrt{y},y\geqslant 0\}$,
如右图所示.

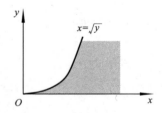

9. (1) $D:\begin{cases}1-x^2\geqslant 0 \\ y^2-1\geqslant 0\end{cases}$

$\Rightarrow D:\begin{cases}|x|\leqslant 1 \\ |y|\geqslant 1\end{cases}$ 或 $D=\{(x,y)\mid |x|\leqslant 1,|y|\geqslant 1\}$,

如右图所示.

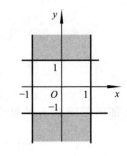

(2) $D:\begin{cases}16-x^2-y^2>0 \\ x^2+y^2-4>0\end{cases}$

或 $\begin{cases}16-x^2-y^2<0 \\ x^2+y^2-4<0\end{cases}$ (舍),

得
$$D:4<x^2+y^2<16(圆环形),$$
如下左图所示.

(3)$D:x^2-2xy>0 \Rightarrow x(x-2y)>0$,得

$$D: \begin{cases} x>0 \\ x>2y \end{cases} \quad 或 \quad \begin{cases} x<0 \\ x<2y \end{cases},$$

如下右图所示.

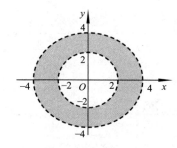 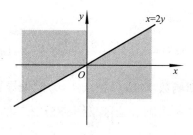

10. 不对. 这只是从两条路径 $x=0,y=0$ 得出的极限,至于其他路径并没涉及. 例如,
$f(x,y)=\dfrac{xy}{x^2+y^2}$,虽 $\lim\limits_{x\to 0}f(x,0)=0=\lim\limits_{y\to 0}f(0,y)$,但 $\lim\limits_{\substack{x\to 0 \\ y\to 0}}\dfrac{xy}{x^2+y^2}$ 不存在.

11. (1)因为 $\lim\limits_{\substack{x\to\infty \\ y\to\infty}}(x^2+y^2)=\infty$,所以 $\lim\limits_{\substack{x\to\infty \\ y\to\infty}}\dfrac{1}{x^2+y^2}=0$.

(2)$\lim\limits_{\substack{x\to 0 \\ y\to 0}}\dfrac{2-\sqrt{xy+4}}{xy}=\lim\limits_{\substack{x\to 0 \\ y\to 0}}\dfrac{-xy}{xy(2+\sqrt{xy+4})}=\lim\limits_{\substack{x\to 0 \\ y\to 0}}\dfrac{-1}{2+\sqrt{xy+4}}=\dfrac{-1}{2+\sqrt{0+4}}=-\dfrac{1}{4}.$

(3)因为 $0 \leqslant \left|\dfrac{\sin xy}{x}\right| \leqslant \left|\dfrac{xy}{x}\right|=|y|$,而 $\lim\limits_{\substack{x\to 0 \\ y\to 0}}|y|=0$,所以 $\lim\limits_{\substack{x\to 0 \\ y\to 0}}\left|\dfrac{\sin xy}{x}\right|=0$,从而
$\lim\limits_{\substack{x\to 0 \\ y\to 0}}\dfrac{\sin xy}{x}=0.$

注 (1)$\lim\limits_{\substack{x\to 0 \\ y\to 0}}\dfrac{\sin xy}{x}=\lim\limits_{\substack{x\to 0 \\ y\to 0}}\dfrac{\sin xy}{xy}y=0$ 的算法不合适,因这是在缩小了的定义域上进行

的. 应讨论 $y=0$. 但 $\lim\limits_{\substack{x\to 0 \\ y\to 2}}\dfrac{\sin xy}{x}=\lim\limits_{\substack{x\to 0 \\ y\to 2}}\dfrac{\sin xy}{xy}y=\lim\limits_{\substack{x\to 0 \\ y\to 2}}\dfrac{\sin xy}{xy}\cdot\lim\limits_{y\to 2}y=1\cdot 2=2$ 的算法正确.

(2)用等价代换也不合适.$\lim\limits_{\substack{x\to 0 \\ y\to 0}}\dfrac{\sin xy}{x}=\lim\limits_{\substack{x\to 0 \\ y\to 0}}\dfrac{xy}{x}=\lim\limits_{\substack{x\to 0 \\ y\to 0}}y=0$. 因原来的分子、分母不一致.

12. 因为沿 x 轴:$\lim\limits_{\substack{x\to 0 \\ y=0}}\dfrac{x+y}{x-y}=\lim\limits_{x\to 0}\dfrac{x+0}{x-0}=1$;沿 y 轴:$\lim\limits_{\substack{y\to 0 \\ x=0}}\dfrac{x+y}{x-y}=\lim\limits_{\substack{y\to 0 \\ x=0}}\dfrac{0+y}{0-y}=-1.$

所以 $\lim\limits_{\substack{x\to 0 \\ y\to 0}}\dfrac{x+y}{x-y}$ 不存在.

注 也可沿路径 $y=2x,y=-2x$ 分别求得极限为 $-3,\dfrac{1}{3}$,由此说明极限不存在.

13. 由 $f(x,y)$ 在 $x^2+y^2=1$ 上每一点连续当且仅当

$$\lim_{x^2+y^2\to1^-}(x^2+y^2)=\lim_{x^2+y^2\to1^+}(a-x^2-y^2)=(x^2+y^2)\big|_{x^2+y^2=1},$$

解得 $a=2$.

自 测 题 2

1. B. $\lim\limits_{\substack{x\to0\\y\to0}}f(x,y)$ 不存在，从而函数在点 $(0,0)$ 不连续. 但由

$$f'_x(0,0)=\lim_{x\to0}\frac{f(x,0)-f(0,0)}{x}=\lim_{x\to0}\frac{\frac{x\cdot0}{x^2+0^2}-0}{x}=0,\quad f'_y(0,0)=\lim_{y\to0}\frac{\frac{0\cdot y}{0^2+y^2}-0}{y}=0,$$

知函数 $f(x,y)$ 在点 $(0,0)$ 的偏导数存在.

2. C. 原式 $=\lim\limits_{x\to0}\dfrac{f(a+x,b)-f(a,b)}{x}+\lim\limits_{x\to0}\dfrac{f(a-x,b)-f(a,b)}{-x}=2f'_x(a,b)$.

3. (1) $\dfrac{\partial z}{\partial x}=\dfrac{1}{2x\sqrt{\ln xy}}$; $\quad\dfrac{\partial z}{\partial y}=\dfrac{1}{2y\sqrt{\ln xy}}$.

(2) $\dfrac{\partial u}{\partial x}=\dfrac{y}{z}x^{\frac{y}{z}-1}$; $\quad\dfrac{\partial u}{\partial y}=\dfrac{1}{z}x^{\frac{y}{z}}\ln x$; $\quad\dfrac{\partial u}{\partial z}=-\dfrac{x^{\frac{y}{z}}y}{z^2}\ln x$.

(3) $\dfrac{\partial u}{\partial x}=y^z x^{y^z-1}$; $\quad\dfrac{\partial u}{\partial y}=x^{y^z}y^{z-1}z\ln x$; $\quad\dfrac{\partial u}{\partial z}=x^{y^z}y^z\ln x\ln y$.

(4) $\dfrac{\partial u}{\partial x}=\dfrac{z(x-y)^{z-1}}{1+(x-y)^{2z}}$; $\quad\dfrac{\partial u}{\partial y}=\dfrac{-z(x-y)^{z-1}}{1+(x-y)^{2z}}$; $\quad\dfrac{\partial u}{\partial z}=\dfrac{(x-y)^z\ln(x-y)}{1+(x-y)^{2z}}$.

(5) $\dfrac{\partial u}{\partial x}=yx^{y-1}y^z z^x+x^y y^z z^x\ln z=x^{y-1}y^{z+1}z^x+x^y y^z z^x\ln z$;

$$\frac{\partial u}{\partial y}=x^y\ln x\cdot y^z z^x+x^y y^{z-1}z z^x=x^y y^{z-1}z^{x+1}+x^y y^z z^x\ln x;$$

$$\frac{\partial u}{\partial z}=x^y y^z\ln y\cdot z^x+x^y y^z x z^{x-1}=x^{y+1}y^z z^{x-1}+x^y y^z z^x\ln y.$$

4. 因为 $T=2\pi\sqrt{l}\dfrac{1}{\sqrt{g}}$, $\quad\dfrac{\partial T}{\partial l}=2\pi\cdot\dfrac{1}{2\sqrt{l}}\dfrac{1}{\sqrt{g}}=\pi\dfrac{1}{\sqrt{l}\sqrt{g}}$, $\quad\dfrac{\partial T}{\partial g}=2\pi\sqrt{l}\dfrac{-1}{(\sqrt{g})^2}\dfrac{1}{2\sqrt{g}}=-\pi\dfrac{1}{g}\dfrac{\sqrt{l}}{\sqrt{g}}$,

所以 $l\dfrac{\partial T}{\partial l}+g\dfrac{\partial T}{\partial g}=l\cdot\pi\dfrac{1}{\sqrt{l}\sqrt{g}}+g\cdot\left(-\pi\dfrac{-1}{g}\dfrac{\sqrt{l}}{\sqrt{g}}\right)=\pi\dfrac{\sqrt{l}}{\sqrt{g}}-\pi\dfrac{\sqrt{l}}{\sqrt{g}}=0$.

5. 法 1 由函数对 x 求偏导数与 y 无关可知，可先求出 $f(x,1)$，再对它求对 x 的偏导数，即因为

$$f(x,1)=x+(1-1)\arctan\sqrt{\frac{x}{y}}=x,$$

所以 $f'_x(x,1)=1$.

法 2 利用定义.

$$f'_x(x,1)=\lim_{\Delta x\to 0}\frac{f(x+\Delta x,1)-f(x,1)}{\Delta x}=\lim_{\Delta x\to 0}\frac{(x+\Delta x+0)-(x+0)}{\Delta x}=1.$$

法 3　先求偏导函数,再代入得 $y=1$.

6. (1) $\dfrac{\partial z}{\partial x}=4x^3-4xy^2,\dfrac{\partial z}{\partial y}=4y^3-4x^2y,\dfrac{\partial^2 z}{\partial x^2}=12x^2-8y^2,\dfrac{\partial^2 z}{\partial y\partial x}=\dfrac{\partial^2 z}{\partial x\partial y}=-8xy,$

$\dfrac{\partial^2 z}{\partial y^2}=12y^2-8x^2.$

(2) $\dfrac{\partial^2 z}{\partial x^2}=y^x(\ln y)^2;\dfrac{\partial^2 z}{\partial y^2}=x(x-1)y^{x-2};\dfrac{\partial^2 z}{\partial x\partial y}=y^{x-1}(1+x\ln y).$

7. 因为 $f(x,0,1)=x^2$(不能先将 $x=0$ 代入,再求对 x 的偏导数),所以 $f''_{xx}(x,0,1)$ $=2,f''_{xx}(0,0,1)=2;$

因为 $f(x,0,z)=x^2z$(不能先代入 $x=1,z=2$),所以 $f''_{xz}(x,0,z)=2x,f''_{xz}(1,0,2)$ $=2;$

因为 $f(0,y,z)=yz^2$(不能先代入 $y=-1,z=0$),所以 $f''_{yz}(0,y,z)=2z,f''_{yz}(0,-1,$ $0)=0;$

因为 $f(x,0,z)=zx^2$(不能先代入 $x=2,z=1$),所以 $f'''_{zzx}(x,0,z)=0,f'''_{zzx}(2,0,1)=0.$

8. $\dfrac{\partial r}{\partial x}=\dfrac{2x}{2\sqrt{x^2+y^2+z^2}}=\dfrac{x}{r},\dfrac{\partial^2 r}{\partial x^2}=\dfrac{1\cdot r-x\cdot\dfrac{\partial r}{\partial x}}{r^2}=\dfrac{1\cdot r-x\cdot\dfrac{x}{r}}{r^2}=\dfrac{r^2-x^2}{r^3};$

由函数 r 关于 x,y,z 的轮换对称性得

$$\frac{\partial^2 r}{\partial y^2}=\frac{r^2-y^2}{r^3};\quad\frac{\partial^2 r}{\partial z^2}=\frac{r^2-z^2}{r^3}.$$

故有

$$\frac{\partial^2 r}{\partial x^2}+\frac{\partial^2 r}{\partial y^2}+\frac{\partial^2 r}{\partial z^2}=\frac{3r^2-(x^2+y^2+z^2)}{r^3}=\frac{3r^2-r^2}{r^3}=\frac{2}{r}.$$

9. 先求 $f_x(x,y)$:当 $x^2+y^2\neq 0$ 时,

$$f'_x(x,y)=\frac{y\cdot\sqrt{x^2+y^2}-xy\cdot\dfrac{x}{\sqrt{x^2+y^2}}}{(\sqrt{x^2+y^2})^2}=\frac{y(x^2+y^2)-x^2y}{(\sqrt{x^2+y^2})^3}=\frac{y^3}{(x^2+y^2)^{\frac{3}{2}}};$$

又

$$f'_x(0,0)=\lim_{\Delta x\to 0}\frac{f(0+\Delta x,0)-f(0,0)}{\Delta x}=\lim_{\Delta x\to 0}\frac{\dfrac{(0+\Delta x)\cdot 0}{\sqrt{(0+\Delta x)^2+0^2}}-0}{\Delta x}=0.$$

故有

$$f'_x(x,y)=\begin{cases}\dfrac{y^3}{(x^2+y^2)^{\frac{3}{2}}} & \text{当 } x^2+y^2\neq0 \\[3mm] 0 & \text{当 } x^2+y^2=0\end{cases};$$

由于函数 $f(x,y)$ 关于 x,y 轮换对称,故也有

$$f'_y(x,y)=\begin{cases}\dfrac{x^3}{(x^2+y^2)^{\frac{3}{2}}} & \text{当 } x^2+y^2\neq0 \\[3mm] 0 & \text{当 } x^2+y^2=0\end{cases}.$$

自 测 题 3

1. 连续时偏导未必存在,如 $z=\sqrt{x^2+y^2}$ 在 $(0,0)$ 处连续,但偏导不存在;反之,偏导存在未必连续,如 $f(x,y)=\begin{cases}\dfrac{xy}{x^2+y^2} & \text{当 } x^2+y^2\neq0 \\[2mm] 0 & \text{当 } x^2+y^2=0\end{cases}$ 在 $(0,0)$ 处.

偏导存在未必可微,如上面的函数在 $(0,0)$ 处偏导数 $f'_x(0,0)=f'_y(0,0)=0$,但

$$\lim_{\rho\to0}\frac{\Delta z-[f'_x(0,0)\Delta x+f'_y(0,0)\Delta y]}{\rho}=\lim_{\substack{x\to0\\y\to0}}\frac{[f(x,y)-f(0,0)]-[0\cdot\Delta x+0\cdot\Delta y]}{\sqrt{x^2+y^2}}$$

$$=\lim_{\substack{x\to0\\y\to0}}\frac{\left(\dfrac{xy}{x^2+y^2}-0\right)-0}{\sqrt{x^2+y^2}}=\lim_{\substack{x\to0\\y\to0}}\frac{xy}{(x^2+y^2)^{3/2}}$$

不存在. 因 $\lim\limits_{\substack{x\to0\\y=kx}}\dfrac{xy}{(x^2+y^2)^{3/2}}=\lim\limits_{x\to0}\dfrac{kx^2}{(x^2+k^2x^2)^{3/2}}=\lim\limits_{x\to0}\dfrac{k}{(1+k^2)^{3/2}|x|}=\infty.$

2. (1) $dz=\left(y+\dfrac{1}{y}\right)dx+x\left(1-\dfrac{1}{y^2}\right)dy$;　　(2) $du=a^{xyz}\ln a(yzdx+xzdy+xydz).$

3. $\dfrac{\partial z}{\partial x}=\dfrac{2x}{1+x^2+y^2}$;　$\dfrac{\partial z}{\partial y}=\dfrac{2y}{1+x^2+y^2}.$　$dz\big|_{(2,1)}=\dfrac{1}{3}dx+\dfrac{2}{3}dy.$

4. 因为 $dz=z'_x\Delta x+z'_y\Delta y=(2x+y)\Delta x+(x+2y)\Delta y$,所以 $\Delta z=z\big|_{x=2+0.1,y=1+(-0.2)}-z\big|_{x=2,y=1}=-0.27$;$dz\big|_{x=2,y=1,\Delta x=0.1,\Delta y=-0.2}=-0.3.$

5. 因为底面圆半径为 r,高为 h 的圆柱体体积公式为 $V=\pi r^2h$,它对 r,h 的偏导数均连续,从而可微,由此可知当 $|\Delta r|$,$|\Delta h|$ 均很小时,有

$$\Delta V\approx dV=V'_r\Delta r+V'_h\Delta h=2\pi rh\Delta r+\pi r^2\Delta h,$$

所以 $\Delta V\approx dV\big|_{r=4,h=20,\Delta r=\Delta h=0.1}=2\pi rh\Delta r+\pi r^2\Delta h\big|_{r=4,h=20,\Delta r=\Delta h=0.1}=55.3(\text{cm}^3).$

自 测 题 4

1. $\dfrac{\partial z}{\partial x}=(2uv-v^2)\cdot\cos y+(u^2-2uv)\cdot\sin y=3x^2(\sin y\cos^2 y-\sin^2 y\cos y)$;

$$\frac{\partial z}{\partial y} = (2uv - v^2) \cdot (-x\sin y) + (u^2 - 2uv) \cdot x\cos y = x^3 [\cos^3 y + \sin^3 y - (\cos y +$$

$$\sin y)\sin 2y].$$

2. $\dfrac{\mathrm{d}z}{\mathrm{d}t} = \dfrac{3(1-4t^2)}{\sqrt{1-(3t-4t^3)^2}}.$

3. 略.

4. (1) $\dfrac{\partial u}{\partial x} = f_1' + yf_2' + yzf_3', \dfrac{\partial u}{\partial y} = xf_2' + xzf_3', \dfrac{\partial u}{\partial z} = xyf_3';$

(2) $\dfrac{\partial u}{\partial x} = f_1' + 2xf_2', \dfrac{\partial u}{\partial y} = f_1' + 2yf_2', \dfrac{\partial u}{\partial z} = f_1' + 2zf_2'.$

5. $\dfrac{\partial z}{\partial x} = y + F(u) + xF'(u) \cdot \left(-\dfrac{y}{x^2}\right) = y + F(u) - \dfrac{y}{x}F'(u),$

$$\frac{\partial z}{\partial y} = x + xF'(u) \cdot \frac{1}{x} = x + F'(u).$$

所以 $x\dfrac{\partial z}{\partial x} + y\dfrac{\partial z}{\partial y} = xy + xF(u) - yF'(u) + xy + yF'(u) = z + xy.$

6. $\dfrac{\partial z}{\partial x} = f' \cdot (x^2 + y^2)_x' = f' \cdot 2x, \quad \dfrac{\partial z}{\partial y} = f' \cdot (x^2 + y^2)_y' = f' \cdot 2y,$

$$\frac{\partial^2 z}{\partial x^2} = (f' \cdot 2x)_x' = [f'' \cdot (x^2 + y^2)_x'] \cdot 2x + f' \cdot 2 = 4x^2 f'' + 2f';$$

$$\frac{\partial^2 z}{\partial y^2} = 4y^2 f'' + 2f'.$$

由 f 具有二阶连续偏导数得

$$\frac{\partial^2 z}{\partial y \partial x} = \frac{\partial^2 z}{\partial x \partial y} = (f' \cdot 2x)_y' = [f'' \cdot (x^2 + y^2)_y'] \cdot 2x = 4xyf''.$$

7. $\dfrac{\partial z}{\partial x} = f_1' \cdot y^2 + f_2' \cdot 2xy; \quad \dfrac{\partial z}{\partial y} = f_1' \cdot 2xy + f_2' \cdot x^2.$

由 f 具有二阶连续偏导数得

$$\frac{\partial^2 z}{\partial x^2} = (f_1' \cdot y^2)_x' + (f_2' \cdot 2xy)_x' = (f_1')_x' \cdot y^2 + [(f_2')_x' \cdot 2xy + f_2' \cdot (2xy)_x']$$

$$= (f_{11}'' \cdot y^2 + f_{12}'' \cdot 2xy) \cdot y^2 + [(f_{21}'' \cdot y^2 + f_{22}'' \cdot 2xy) \cdot 2xy + f_2' \cdot 2y]$$

$$= y^4 f_{11}'' + 4xy^3 f_{12}'' + 4x^2 y^2 f_{22}'' + 2yf_2';$$

$$\frac{\partial^2 z}{\partial x \partial y} = \frac{\partial^2 z}{\partial y \partial x} = z_{yx}'' = [(f_1')_x' \cdot 2xy + f_1' \cdot (2xy)_x'] + [(f_2')_x' \cdot x^2 + f_2' \cdot (x^2)']$$

$$= (f_{11}'' \cdot y^2 + f_{12}'' \cdot 2xy) \cdot 2xy + f_1' \cdot 2y + [(f_{21}'' \cdot y^2 + f_{22}'' \cdot 2xy) \cdot x^2 + f_2' \cdot 2x]$$

$$=2xy^3f''_{11}+5x^2y^2f''_{12}+2x^3yf''_{22}+2yf'_1+2xf'_2;$$

$$\frac{\partial^2 z}{\partial y^2}=[(f'_1)'_y\cdot 2xy+f'_1\cdot 2x]+(f'_2)'_y\cdot x^2=[(f''_{11}\cdot 2xy+f''_{12}\cdot x^2)\cdot 2xy+f'_1\cdot 2x]+$$

$$[(f''_{21}\cdot 2xy+f''_{22}\cdot x^2)\cdot x^2]=4x^2y^2f''_{11}+4x^3yf''_{12}+x^4f''_{22}+2xf'_1.$$

8. 变换 $\begin{cases}x=r\cos\theta\\y=r\sin\theta\end{cases}$ 的逆变换为 $\begin{cases}r=\sqrt{x^2+y^2}\\\theta=\arctan\dfrac{y}{x}\end{cases}$，则 $u=u(x,y)=u_1(r,\theta)$．由题设有

$$\frac{\partial u}{\partial x}=\frac{\partial u_1(r,\theta)}{\partial r}\frac{\partial r}{\partial x}+\frac{\partial u_1(r,\theta)}{\partial\theta}\frac{\partial\theta}{\partial x}=\frac{\partial u}{\partial r}\frac{x}{r}+\frac{\partial u}{\partial\theta}\frac{-y}{r^2},$$

$$\frac{\partial^2 u}{\partial x^2}=\left(\frac{\partial u}{\partial r}\right)'_x\frac{x}{r}+\frac{\partial u}{\partial r}\left(\frac{x}{r}\right)'_x+\left(\frac{\partial u}{\partial\theta}\right)'_x\frac{-y}{r^2}+\frac{\partial u}{\partial\theta}\left(\frac{-y}{r^2}\right)'_x$$

$$=\left(\frac{\partial^2 u}{\partial r^2}\frac{x}{r}+\frac{\partial^2 u}{\partial r\partial\theta}\frac{-y}{r^2}\right)\frac{x}{r}+\frac{\partial u}{\partial r}\frac{1\cdot r-x\cdot x/r}{r^2}+\left(\frac{\partial^2 u}{\partial\theta\partial r}\frac{x}{r}+\frac{\partial^2 u}{\partial\theta^2}\frac{-y}{r^2}\right)\frac{-y}{r^2}+\frac{\partial u}{\partial\theta}\frac{2xy}{r^4}$$

$$=\frac{\partial^2 u}{\partial r^2}\frac{x^2}{r^2}+\frac{\partial^2 u}{\partial r\partial\theta}\frac{-2xy}{r^3}+\frac{\partial u}{\partial r}\frac{y^2}{r^3}+\frac{\partial^2 u}{\partial\theta^2}\frac{y^2}{r^4}+\frac{\partial u}{\partial\theta}\frac{2xy}{r^4};$$

$$\frac{\partial u}{\partial y}=\frac{\partial u}{\partial r}\frac{y}{r}+\frac{\partial u}{\partial\theta}\frac{x}{r^2},$$

$$\frac{\partial^2 u}{\partial y^2}=\left(\frac{\partial^2 u}{\partial r^2}\frac{y}{r}+\frac{\partial^2 u}{\partial r\partial\theta}\frac{x}{r^2}\right)\frac{y}{r}+\frac{\partial u}{\partial r}\frac{r^2-y^2}{r^3}+\left(\frac{\partial^2 u}{\partial\theta\partial r}\frac{y}{r}+\frac{\partial^2 u}{\partial\theta^2}\frac{x}{r^2}\right)\frac{x}{r^2}+\frac{\partial u}{\partial\theta}\frac{-2xy}{r^4}$$

$$=\frac{\partial^2 u}{\partial r^2}\frac{y^2}{r^2}+\frac{\partial^2 u}{\partial r\partial\theta}\frac{2xy}{r^3}+\frac{\partial u}{\partial r}\frac{x^2}{r^3}+\frac{\partial^2 u}{\partial\theta^2}\frac{x^2}{r^4}+\frac{\partial u}{\partial\theta}\frac{-2xy}{r^4}.$$

所以 左端 $=\dfrac{\partial^2 u}{\partial r^2}\dfrac{x^2}{r^2}+\dfrac{\partial u}{\partial r}\dfrac{y^2}{r^3}\dfrac{\partial^2 u}{\partial\theta^2}\dfrac{y^2}{r^4}+\dfrac{\partial^2 u}{\partial r^2}\dfrac{y^2}{r^2}+\dfrac{\partial u}{\partial r}\dfrac{x^2}{r^3}+\dfrac{\partial^2 u}{\partial\theta^2}\dfrac{x^2}{r^4}=\dfrac{\partial^2 u}{\partial r^2}+\dfrac{1}{r}\dfrac{\partial u}{\partial r}+\dfrac{1}{r^2}\dfrac{\partial^2 u}{\partial\theta^2}.$

自 测 题 5

1.（1）法 1 记 $F(x,y,z)=x+2y+z-4\sqrt{xyz}$，则（视 x,y,z 无关）

$$\frac{\partial z}{\partial x}=-\frac{F_x}{F_z}=-\frac{1+0+0-4\cdot\dfrac{yz}{2\sqrt{xyz}}}{0+0+1-4\cdot\dfrac{xy}{2\sqrt{xyz}}}=-\frac{1-\dfrac{2yz}{\sqrt{xyz}}}{1-\dfrac{2xy}{\sqrt{xyz}}},\qquad \frac{\partial z}{\partial y}=-\frac{F_y}{F_z}=-\frac{2-\dfrac{2xz}{\sqrt{xyz}}}{1-\dfrac{2xy}{\sqrt{xyz}}}.$$

法 2 在原方程中视 z 为 x 的隐函数，y 为参数，并两边关于 x 求导数，得

$$1+0+z'_x-4\frac{1}{2\sqrt{xyz}}(zyz)'_x=0,$$

即

$$1+z'_x-4\frac{1}{2\sqrt{xyz}}(1\cdot yz+xy\cdot 1\cdot z'_x)=0.$$

解得
$$\frac{\partial z}{\partial x}=z'_x=-\frac{1-2\sqrt{yz/x}}{1-2\sqrt{xy/z}},$$

同理
$$\frac{\partial z}{\partial y}=z'_y=-\frac{2-2\sqrt{xz/y}}{1-2\sqrt{xy/z}}.$$

注 考虑到 z 的定义域,法 2 表示的结果不如法 1 的恰当.

2. 记 $F=x+y^2+z^3-xy-2z$,则 $\dfrac{\partial z}{\partial x}=-\dfrac{F_x}{F_z}=-\dfrac{1-y}{3z^2-2}$; $\dfrac{\partial z}{\partial y}=-\dfrac{F_y}{F_z}=-\dfrac{2y-x}{3z^2-2}$,

$\dfrac{\partial z}{\partial x}\Big|_{(1,1,1)}=-\dfrac{1-1}{3\cdot1^2-2}=0$; $\dfrac{\partial z}{\partial y}\Big|_{(1,1,1)}=-\dfrac{2\cdot1-1}{3\cdot1^2-2}=-1$.

3. 先视 $F(x,y,z)=0$,确定函数 $x=x(y,z)$,则 $\dfrac{\partial x}{\partial y}=-\dfrac{F_y}{F_x}$;

再视 $F(x,y,z)=0$,确定函数 $y=y(x,z)$,则 $\dfrac{\partial y}{\partial z}=-\dfrac{F_z}{F_y}$;

最后视 $F(x,y,z)=0$,确定函数 $z=z(x,y)$,则 $\dfrac{\partial z}{\partial x}=-\dfrac{F_x}{F_z}$.

所以 $\dfrac{\partial x}{\partial y}\dfrac{\partial y}{\partial z}\dfrac{\partial z}{\partial x}=\left(-\dfrac{F_y}{F_x}\right)\cdot\left(-\dfrac{F_z}{F_y}\right)\cdot\left(-\dfrac{F_x}{F_z}\right)=-1$.

4. 记 $F(x,y,z)=e^z-xyz$,则 $\dfrac{\partial z}{\partial x}=-\dfrac{F_x}{F_z}=-\dfrac{-yz}{e^z-xy}=\dfrac{yz}{e^z-xy}$,(视 z 是 x,y 的函数)

$$\frac{\partial^2 z}{\partial x^2}=\left(\frac{yz}{e^z-xy}\right)'_x=\frac{(yz)'_x\cdot(e^z-xy)-yz(e^z-xy)'_x}{(e^z-xy)^2}$$
$$=\frac{yz'_x\cdot(e^z-xy)-yz(e^z z'_x-y)}{(e^z-xy)^2}=\frac{y^2z[2(e^z-xy)-ze^z]}{(e^z-xy)^3}$$
$$=\frac{y^2z[2(xyz-xy)-zxyz]}{(xyz-xy)^3}=\frac{z[2(z-1)-z^2]}{x^2(z-1)^3}=-\frac{z[z^2-2z+2]}{x^2(z-1)^3}.$$

法 2 $\dfrac{\partial z}{\partial x}=-\dfrac{F_x}{F_z}=-\dfrac{-yz}{e^z-xy}=\dfrac{yz}{xyz-xy}=\dfrac{z}{xz-x}$,视 z 是 x,y 的函数,可得

$$\frac{\partial^2 z}{\partial x^2}=\left(\frac{z}{xz-x}\right)'_x=\frac{z'_x\cdot(xz-x)-z(z+xz'_x-1)}{(xz-x)^2}=\frac{z-z\left(z+\dfrac{z}{z-1}-1\right)}{x^2(z-1)^2}$$
$$=\frac{z(z-1)-z[(z-1)^2+z]}{x^2(z-1)^3}=-\frac{z(z^2-2z+2)}{x^2(z-1)^3}.$$

5.

(1)方程组确定了 y,z 均是 x 的隐函数.将各方程两边关于 x 求导数,得

$$\begin{cases}z'=2x+2yy'\\2x+4yy'+6zz'=0\end{cases}\quad\text{或}\quad\begin{cases}-2yy'+z'=2x\\2yy'+3zz'=-x\end{cases}\Rightarrow\frac{dy}{dx}=-\frac{6xz+x}{6yz+2y},\frac{dz}{dx}=\frac{x}{3z+1}.$$

（2）方程组确定了 u,v 均是 x,y 的隐函数. 将各方程两边关于 x 求偏导数，得

$$\begin{cases} u'_x = f'_1 \cdot (ux)'_x + f'_2 \cdot (v+y)'_x \\ v'_x = g'_1 \cdot (u-x)'_x + g'_2 \cdot (v^2 y)'_x \end{cases} \quad 或 \quad \begin{cases} u'_x = f'_1 \cdot (u'_x x + u \cdot 1) + f'_2 \cdot (v'_x + 0) \\ v'_x = g'_1 \cdot (u'_x - 1) + g'_2 \cdot 2vv'_x \cdot y \end{cases}, 即$$

$$\begin{cases} (xf'_1 - 1)u'_x + f'_2 \cdot v'_x = -uf'_1 \\ g'_1 u'_x + (2vyg'_2 - 1)v'_x = g'_1 \end{cases}.$$

由克莱姆法则得

$$\frac{\partial u}{\partial x} = u'_x = \frac{D_1}{D} = \frac{\begin{vmatrix} -uf'_1 & f'_2 \\ g'_1 & 2vyg'_2 - 1 \end{vmatrix}}{\begin{vmatrix} xf'_1 - 1 & f'_2 \\ g'_1 & 2vyg'_2 - 1 \end{vmatrix}},$$

$$\frac{\partial v}{\partial x} = v'_x = \frac{D_2}{D} = \frac{\begin{vmatrix} xf'_1 - 1 & -uf'_1 \\ g'_1 & g'_1 \end{vmatrix}}{\begin{vmatrix} xf'_1 - 1 & f'_2 \\ g'_1 & 2vyg'_2 - 1 \end{vmatrix}}.$$

（3）方程组确定了 u,v 均是 x,y 的隐函数. 先将各方程两边对 x 求偏导数，得

$$\begin{cases} 1 = e^u u'_x + u'_x \sin v + u\cos v \cdot v'_x \\ 0 = e^u u'_x - [u'_x \cos v + u(-\sin v) \cdot v'_x] \end{cases} \quad 或 \quad \begin{cases} (e^u + \sin v)u'_x + u\cos v \cdot v'_x = 1 \\ (e^u - \cos v)u'_x + u\sin v \cdot v'_x = 0 \end{cases},$$

所以 $\dfrac{\partial u}{\partial x} = \dfrac{D_1}{D} = \dfrac{\begin{vmatrix} 1 & u\cos v \\ 0 & u\sin v \end{vmatrix}}{\begin{vmatrix} e^u + \sin v & u\cos v \\ e^u - \cos v & u\sin v \end{vmatrix}} = \dfrac{u\sin v}{u[e^u(\sin v - \cos v) + 1]} = \dfrac{\sin v}{e^u(\sin v - \cos v) + 1}$,

$$\frac{\partial v}{\partial x} = \frac{D_2}{D} = \frac{\begin{vmatrix} e^u + \sin v & 1 \\ e^u - \cos v & 0 \end{vmatrix}}{u[e^u(\sin v - \cos v) + 1]} = \frac{\cos v - e^u}{u[e^u(\sin v - \cos v) + 1]}.$$

同样，将方程组中各方程两边对 y 求偏导数，得

$$\begin{cases} 0 = e^u u'_y + u'_y \sin v + u\cos v \cdot v'_y \\ 1 = e^u u'_y - [u'_y \cos v + u(-\sin v) \cdot v'_y] \end{cases} \quad 或 \quad \begin{cases} (e^u + \sin v)u'_y + u\cos v \cdot v'_y = 0 \\ (e^u - \cos v)u'_y + u\sin v \cdot v'_y = 1 \end{cases},$$

所以 $\dfrac{\partial u}{\partial y} = \dfrac{D_1}{D} = \dfrac{\begin{vmatrix} 0 & u\cos v \\ 1 & u\sin v \end{vmatrix}}{u[e^u(\sin v - \cos v) + 1]} = \dfrac{-\cos v}{e^u(\sin v - \cos v) + 1}$,

$$\frac{\partial v}{\partial y} = \frac{D_2}{D} = \frac{\begin{vmatrix} e^u + \sin v & 0 \\ e^u - \cos v & 1 \end{vmatrix}}{u[e^u(\sin v - \cos v) + 1]} = \frac{e^u + \sin v}{u[e^u(\sin v - \cos v) + 1]}.$$

自 测 题 6

1.(1)所给点 $\left(\dfrac{\pi}{2}, 3, 1\right)$ 对应着参数的唯一值 $t = \dfrac{\pi}{2}$.

取 $\boldsymbol{s} = (x'(t), y'(t), z'(t))|_{t=\frac{\pi}{2}} = (1 + \sin t, 2\cos 2t, -3\sin 3t)|_{t=\frac{\pi}{2}} = (2, -2, 3) = \boldsymbol{n}$, 则所求切线及法平面方程分别为

$$\frac{x - \dfrac{\pi}{2}}{2} = \frac{y-3}{-2} = \frac{z-1}{3}, \quad 2\left(x - \frac{\pi}{2}\right) - 2(y-3) + 3(z-1) = 0.$$

(2)法 1 视 x 为参数,得参数方程,然后关于 x 求偏导数

$$\begin{cases} x'_x = 1 \\ 2x + 2yy'_x + 2zz'_x - 3 = 0 \\ 2 - 3y'_x + 5z'_x = 0 \end{cases} \Rightarrow \begin{cases} x'_x = 1 \\ 2 \cdot 1 + 2 \cdot 1 \cdot y'_x|_{x=1} + 2 \cdot 1 \cdot z'_x|_{x=1} - 3 = 0, \\ 2 - 3y'_x|_{x=1} + 5z'_x|_{x=1} = 0 \end{cases}$$

解得 $x'_x|_{x=1} = 1, y'_x|_{x=1} = \dfrac{D_1}{D} = \dfrac{9}{16}, z'_x|_{x=1} = \dfrac{D_2}{D} = -\dfrac{1}{16}$.

所以取 $\boldsymbol{s} = 16(x'_x, y'_x, z'_x)|_{x=1} = (16, 9, -1) = \boldsymbol{n}$, 故所求的切线方程为

$$\frac{x-1}{16} = \frac{y-1}{9} = \frac{z-1}{-1},$$

法平面方程为

$$16(x-1) + 9(y-1) - (z-1) = 0 \quad 或 \quad 16x + 9y - z - 24 = 0.$$

法 2 切线为第一个方程表示的曲面的切平面与第二个方程表示的平面的交线.

记 $F = x^2 + y^2 + z^2 - 3x$, 则 $\boldsymbol{n}_1 = (F'_x, F'_y, F'_z)|_{(1,1,1)} = (2x - 3, 2y, 2z)|_{(1,1,1)} = (-1, 2, 2)$,

取 $\boldsymbol{s} = \boldsymbol{n}_1 \times \boldsymbol{n}_2 = \begin{vmatrix} \boldsymbol{i} & \boldsymbol{j} & \boldsymbol{k} \\ -1 & 2 & 2 \\ 2 & -3 & 5 \end{vmatrix} = (16, 9, -1)$, 得 $(1,1,1)$ 处的切线法平面方程分别为

$$\frac{x-1}{16} = \frac{y-1}{9} = \frac{z-1}{-1}, \quad 16(x-1) + 9(y-1) - (z-1) = 0.$$

2.(1) $z = x^2 + 2y^2$ 上点 $(1,1,3)$ 处法向量 $\boldsymbol{n} = (-2x, -4y, 1)|_{(1,1,3)} = (-2, -4, 1)$, 该点处切平面方程为

$$-2(x-1) - 4(y-1) + z - 3 = 0, \quad 或 \quad 2x + 4y - z - 3 = 0;$$

法线方程为
$$\frac{x-1}{2}=\frac{y-1}{4}=\frac{z-3}{-1}.$$

(2) $F(x,y,z)=ax^2+by^2+cz^2-1$, $\boldsymbol{n}=\frac{1}{2}(2ax,2by,2cz)\big|_{(x_0,y_0,z_0)}=(ax_0,by_0,cz_0)$. 于是得切平面方程为 $ax_0(x-x_0)+by_0(y-y_0)+cz_0(z-z_0)=0$, 或 $ax_0x+by_0y+cz_0z-1=0$, 法线方程为 $\dfrac{x-x_0}{ax_0}=\dfrac{y-y_0}{by_0}=\dfrac{z-z_0}{cz_0}$.

(3) 记 $F(x,y,z)=y+\ln x-\ln z-z$, $\boldsymbol{n}=\left(\dfrac{1}{x},1,-\dfrac{1}{z}-1\right)\Big|_{(1,1,1)}=(1,1,-2)$, 于是得切平面方程为 $x-1+y-1-2(z-1)=0$, 或 $x+y-2z=0$, 法线方程为 $\dfrac{x-1}{1}=\dfrac{y-1}{1}=\dfrac{z-1}{-2}$.

注 也可用显式 $y=z+\ln z-\ln x$.

3. 设 $F=x^2+2y^2+z^2-1$, 则 $\boldsymbol{n}=(F_x,F_y,F_z)\big|_{(x_0,y_0,z_0)}=(2x_0,4y_0,2z_0)$.

由所求切平面与已给平面平行, 有 $\boldsymbol{n}\parallel\boldsymbol{n}_1$, 设 $\boldsymbol{n}=4k\boldsymbol{n}_1$, 即 $(2x_0,4y_0,2z_0)=4k(1,-1,2)$, 解得 $x_0=2k,y_0=-k,z_0=4k$. 代入椭球面方程得 $k=\pm\dfrac{1}{\sqrt{22}}$, 所求切点为
$$\left(\frac{2}{\sqrt{22}},\frac{-1}{\sqrt{22}},\frac{4}{\sqrt{22}}\right)\quad\text{或}\quad\left(\frac{-2}{\sqrt{22}},\frac{1}{\sqrt{22}},\frac{-4}{\sqrt{22}}\right).$$

所求平面为 $\pi_1:\left(x-\dfrac{2}{\sqrt{22}}\right)-\left(y+\dfrac{1}{\sqrt{22}}\right)+2\left(z-\dfrac{4}{\sqrt{22}}\right)=0$, 或 $x-y+2z-\dfrac{\sqrt{22}}{2}=0$;

或 $\pi_2:\left(x+\dfrac{2}{\sqrt{22}}\right)-\left(y-\dfrac{1}{\sqrt{22}}\right)+2\left(z+\dfrac{4}{\sqrt{22}}\right)=0$, 或 $x-y+2z+\dfrac{\sqrt{22}}{2}=0$.

4. 记 $F(x,y,z)=\sqrt{x}+\sqrt{y}+\sqrt{z}-\sqrt{a}$, 取 $\boldsymbol{n}=2(F_x,F_y,F_z)\big|_{(x_0,y_0,z_0)}=\left(\dfrac{1}{\sqrt{x_0}},\dfrac{1}{\sqrt{y_0}},\dfrac{1}{\sqrt{z_0}}\right)$. 点 (x_0,y_0,z_0) 处切平面方程为
$$\frac{1}{\sqrt{x_0}}(x-x_0)+\frac{1}{\sqrt{y_0}}(y-y_0)+\frac{1}{\sqrt{z_0}}(z-z_0)=0$$

或
$$\frac{x}{\sqrt{x_0}}+\frac{y}{\sqrt{y_0}}+\frac{z}{\sqrt{z_0}}-\sqrt{a}=0$$

或
$$\frac{x}{\sqrt{a}\sqrt{x_0}}+\frac{y}{\sqrt{a}\sqrt{y_0}}+\frac{z}{\sqrt{a}\sqrt{z_0}}=1,$$

所以曲面上任何点 (x_0,y_0,z_0) 处的切平面在各坐标轴上的截距之和
$$\sqrt{a}\sqrt{x_0}+\sqrt{a}\sqrt{y_0}+\sqrt{a}\sqrt{z_0}=\sqrt{a}(\sqrt{x_0}+\sqrt{y_0}+\sqrt{z_0})=\sqrt{a}\cdot\sqrt{a}=a.$$

自 测 题 7

1. (1) 因为 $\boldsymbol{l}=M_1M_2=(1,\sqrt{3})$, 所以 $\boldsymbol{l}^0=\dfrac{1}{|\boldsymbol{l}|}\boldsymbol{l}=\left(\dfrac{1}{2},\dfrac{\sqrt{3}}{2}\right)=(\cos\alpha,\cos\beta)$.

故 $\dfrac{\partial z}{\partial l}\Big|_{M_1} = \left(\dfrac{\partial z}{\partial x}\cos\alpha + \dfrac{\partial z}{\partial y}\cos\beta\right)\Big|_{M_1} = \left(2x\cdot\dfrac{1}{2} + 2y\cdot\dfrac{\sqrt{3}}{2}\right)\Big|_{(1,2)} = 1 + 2\sqrt{3}.$

(2)法 1　如右图所示.

$$k_{\text{切}} = \tan\theta_{\text{切}} = y'\big|_{M_0} = -\dfrac{b}{a},$$

$$k_{\text{法}} = \tan\theta_{\text{法}} = -\dfrac{1}{k_{\text{切}}} = \dfrac{a}{b}.$$

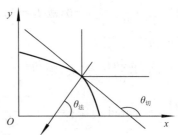

据题意由上可知,法向量的方向余弦

$$\cos\alpha = \cos(\pi - \theta_{\text{法}}) = -\cos\theta_{\text{法}} = -\dfrac{1}{\sec\theta_{\text{法}}} = -\dfrac{1}{\sqrt{1+\tan^2\theta_{\text{法}}}} = -\dfrac{b}{\sqrt{a^2+b^2}},$$

$$\cos\beta = \cos\left(\dfrac{\pi}{2} + \theta_{\text{法}}\right) = -\sin\theta_{\text{法}} = -\sqrt{1-\cos^2\theta_{\text{法}}} = -\dfrac{a}{\sqrt{a^2+b^2}}.$$

所以 $\dfrac{\partial z}{\partial l}\Big|_{M_0} = \left(\dfrac{\partial z}{\partial x}\cos\alpha + \dfrac{\partial z}{\partial y}\cos\beta\right)\Big|_{M_0} = \left(\dfrac{-2x}{a^2}\dfrac{-b}{\sqrt{a^2+b^2}} + \dfrac{-2y}{b^2}\dfrac{-a}{\sqrt{a^2+b^2}}\right)\Big|_{\left(\frac{a}{\sqrt{2}},\frac{b}{\sqrt{2}}\right)}.$

法 2　曲线 $F(x,y) = 1 - \dfrac{x^2}{a^2} - \dfrac{y^2}{b^2} = 0$ 在点 $M_0\left(\dfrac{a}{\sqrt{2}},\dfrac{b}{\sqrt{2}}\right)$ 处内法向量

$$\boldsymbol{n} = (F'_x, F'_y)\big|_{\left(\frac{a}{\sqrt{2}},\frac{b}{\sqrt{2}}\right)} = \left(-\dfrac{2x}{a^2}, -\dfrac{2y}{b^2}\right)\Big|_{\left(\frac{a}{\sqrt{2}},\frac{b}{\sqrt{2}}\right)} = \left(-\dfrac{\sqrt{2}}{a}, -\dfrac{\sqrt{2}}{b}\right),\ 取\ \boldsymbol{l} = \boldsymbol{n}^0.$$

法 3　因曲线恰为曲面上 $z=1$ 的一条等高线,点 $M_0\left(\dfrac{a}{\sqrt{2}},\dfrac{b}{\sqrt{2}}\right)$ 在此等高线上,故其内法线方向恰为梯度方向.故沿 M_0 内法向的方向导数等于函数在该点的梯度的模,于是

$$\mathrm{grad}\,z\big|_{M_0} = \left(\dfrac{\partial z}{\partial x}\boldsymbol{i} + \dfrac{\partial z}{\partial y}\boldsymbol{j}\right)\Big|_{M_0} = \left(\dfrac{-2x}{a^2}\boldsymbol{i} + \dfrac{-2y}{b^2}\boldsymbol{j}\right)\Big|_{\left(\frac{a}{\sqrt{2}},\frac{b}{\sqrt{2}}\right)} = \left(\dfrac{-\sqrt{2}}{a}, \dfrac{-\sqrt{2}}{b}\right),$$

$$\dfrac{\partial z}{\partial l}\Big|_{M_0} = |\,\mathrm{grad}\,z\,|_{M_0}| = \sqrt{\left(\dfrac{-\sqrt{2}}{a}\right)^2 + \left(\dfrac{-\sqrt{2}}{b}\right)^2} = \dfrac{\sqrt{2(a^2+b^2)}}{ab}.$$

注　也可将题目改为求点 M_0 处方向导数的最大值.

2. (1) $\mathrm{grad}\,z\big|_{(1,2)} = (2xy + y^2, x^2 + 2xy)\big|_{(1,2)} = (8,5).$

(2) $\mathrm{grad}\,u\big|_{M_0} = (\mathrm{e}^{xy^2z^3}\cdot y^2z^3, \mathrm{e}^{xy^2z^3}\cdot 2xyz^3, \mathrm{e}^{xy^2z^3}\cdot 3xy^2z^2)\big|_{(1,1,1)} = (\mathrm{e}, 2\mathrm{e}, 3\mathrm{e}).$

3. (1) $\mathrm{grad}\,u\big|_{M_0} = \left(\dfrac{\partial u}{\partial x}, \dfrac{\partial u}{\partial y}, \dfrac{\partial u}{\partial x}\right)\Big|_{M_0} = \left(yz + \dfrac{1}{x\ln 10}, xz + \dfrac{1}{y\ln 10}, xy + \dfrac{1}{z\ln 10}\right)\Big|_{(1,2,1)}$

$$= \left(2 + \dfrac{1}{\ln 10}, 1 + \dfrac{1}{2\ln 10}, 2 + \dfrac{1}{\ln 10}\right),$$

$$\dfrac{\partial u}{\partial l}\Big|_{M_0} = \left(\dfrac{\partial u}{\partial x}, \dfrac{\partial u}{\partial y}, \dfrac{\partial u}{\partial x}\right)\Big|_{M_0}\cdot\boldsymbol{l}^0 = \left(2 + \dfrac{1}{\ln 10}, 1 + \dfrac{1}{2\ln 10}, 2 + \dfrac{1}{\ln 10}\right)\cdot\dfrac{1}{\sqrt{3}}(1,1,1)$$

$$= \dfrac{5}{\sqrt{3}}\left(1 + \dfrac{1}{2\ln 10}\right).$$

（2）设 $l_1=(a,b,c)$，且 $\dfrac{\partial u}{\partial l_1}\Big|_{M_0}=0$，即 $\mathrm{grad}\,u|_{M_0}\cdot\dfrac{1}{|l_1|}l_1=0$，或 $(2a+b+2c)$

$\left(1+\dfrac{1}{2\ln 10}\right)\dfrac{1}{|l_1|}=0$，故 $l_1=(a,-2a-2c,c)=a(1,-2,0)+c(0,-2,1)$ （a,c 为任意

不全为零的实数）.

（3）若 $\dfrac{\partial u}{\partial l}\Big|_{M_0}$ 最大，则 $\dfrac{\partial u}{\partial l}\Big|_{M_0}=|\mathrm{grad}\,u|_{M_0}|$，即沿梯度方向的方向导数最大 k，且最大值

$$\dfrac{\partial u}{\partial l}\Big|_{M_0}=|\mathrm{grad}\,u|_{M_0}|=\sqrt{\left(2+\dfrac{1}{\ln 10}\right)^2+\left(1+\dfrac{1}{2\ln 10}\right)^2+\left(2+\dfrac{1}{\ln 10}\right)^2}=3\left(1+\dfrac{1}{2\ln 10}\right).$$

自 测 题 8

1. $\begin{cases}f'_x=4-2x=0\\f'_y=-4-2y=0\end{cases}\Rightarrow$ 驻点 $(2,-2)$，$A=-2,B=0,C=-2,AC-B^2=4>0$，极大值

$f(2,-2)=8$.

2. 拉格朗日函数 $L=xy+\lambda(x+y-1)$，令 $\begin{cases}L'_x=y+\lambda=0\\L'_y=x+\lambda=0\\x+y=1\end{cases}$，得 $x=y=\dfrac{1}{2}$，由题意知极

大值为

$$z\Big|_{x=\frac{1}{2}}=\dfrac{1}{4}.$$

3. $s=x^2+y^2+\left(\dfrac{|x+2y-16|}{\sqrt{1^2+2^2}}\right)^2=x^2+y^2+\dfrac{1}{5}(x+2y-16)^2,x>0,y>0$.

令 $\begin{cases}s'_x=2x+\dfrac{2}{5}\cdot(x+2y-16)=0\\s'_y=2y+\dfrac{2}{5}\cdot(x+2y-16)\cdot 2=0\end{cases}$ 得驻点 $\left(\dfrac{8}{5},\dfrac{16}{5}\right)$，由驻点唯一且最大距离一定

存在，$\left(\dfrac{8}{5},\dfrac{16}{5}\right)$ 即为所求.

4. 法 1 $L=d^2+\lambda\varphi=x^2+y^2+z^2+\lambda((x-y)2-z^2-1)$，

令 $\begin{cases}L'_x=2x+\lambda\cdot 2(x-y)=0\\L'_y=2y+\lambda\cdot(-2)(x-y)=0\end{cases}\!\!\!\Rightarrow x=-y\\L'_z=2z+\lambda\cdot(-2z)=0\Rightarrow z=0\\(x-y)2-z^2=1\qquad\Rightarrow x-y=\pm 1\end{cases}$，得驻点 $\left(\pm\dfrac{1}{2},\mp\dfrac{1}{2},0\right)$. $d_{\min}=\sqrt{\dfrac{1}{2}}$.

法 2 对曲面作旋转变换（即将左端经正交变换将其化为标准形）$\begin{cases}u=\sqrt{1/2}\,(x-y)\\v=\sqrt{1/2}\,(x+y)\\w=z\end{cases}$，得

uOv 面内曲面 $2u^2-w^2=1$，这是一个母线平行 v 轴的一个双曲柱面，由 u 轴为实轴知 u 轴上

的点的正坐标 $u=\dfrac{\sqrt{2}}{2}$ 为原曲面到原点的最短距离.

注 该方法中也可以对左边通过将二次型化为标准形的一般方法进行.

自 测 题 9

1. B. 因为 $\dfrac{\mathrm{d}y}{\mathrm{d}x}=f'(x^2+y^2)\left(2x+2y\dfrac{\mathrm{d}y}{\mathrm{d}x}\right)+f'(x+y)\left(1+\dfrac{\mathrm{d}y}{\mathrm{d}x}\right)$,所以

$\dfrac{\mathrm{d}y}{\mathrm{d}x}\bigg|_{x=0}=f'(4)\cdot\left(2\cdot0+2\cdot2\dfrac{\mathrm{d}y}{\mathrm{d}x}\bigg|_{x=0}\right)+f'(2)\left(1+\dfrac{\mathrm{d}y}{\mathrm{d}x}\bigg|_{x=0}\right)$,解得 $\dfrac{\mathrm{d}y}{\mathrm{d}x}\bigg|_{x=0}=-\dfrac{1}{7}$.

2. A. 因为可微是方向导数存在的充分条件.

3. B. 题中可微与极值没有必然关系,这是函数在 (x_0,y_0) 处偏导存在的充分条件;即使在 (x_0,y_0) 处两个偏导数为零也只是在该点偏导数存在的函数取得极值的必要条件.

4. A. 因为在某 $\mathring{U}(x_0,y_0)$ 内 $f(x,y)<(x_0,y_0)$,从而沿 $\mathring{U}(x_0,y_0)$ 内直线 $x=x_0$, $y=y_0$ 同样成立.

5. B. 因为由 $z=\sqrt{x^2+y^2}$ 在 $(0,0)$ 沿任何方向的方向导数存在但偏导数不存在,从而不可微. 故 A,C 不对;但 $z=x^2+y^2$ 可微,由此可见 D 不对.

6. B. 由切点 $\left(\dfrac{1}{2},\dfrac{1}{2},\dfrac{5}{4}\right)$ 满足切平面方程解得 $\lambda=2\cdot\dfrac{1}{2}+3\cdot\dfrac{1}{2}-\dfrac{5}{4}=\dfrac{5}{4}$.

7. $\dfrac{\partial u}{\partial x}=\dfrac{1}{\sqrt{1-\left(\dfrac{x}{\sqrt{x^2+y^2}}\right)^2}}\dfrac{1\cdot\sqrt{x^2+y^2}-x\cdot\dfrac{x}{\sqrt{x^2+y^2}}}{\left(\sqrt{x^2+y^2}\right)^2}=\dfrac{y^2}{|y|(x^2+y^2)}$.

$\dfrac{\partial u}{\partial y}=\dfrac{1}{\sqrt{1-\left(\dfrac{x}{\sqrt{x^2+y^2}}\right)^2}}\dfrac{-x}{\left(\sqrt{x^2+y^2}\right)^2}\dfrac{y}{\sqrt{x^2+y^2}}=\dfrac{y}{|y|}\dfrac{-x}{x^2+y^2}$.

根据上式所含因式 $\dfrac{y}{|y|}$ 分析知,对 y 的偏导数在 $(x,0)(x\neq0)$ 即在 $y=0(x\neq0)$ 上不存在.

问题 在 $(x,0)(x\neq0)$ 关于 x 的偏导数情况如何?(答:存在. 由 $u(x,0)$ 推导即知)

8. $\dfrac{\partial^2 u}{\partial x^2}=yz(2+x)\mathrm{e}^{x+y+z}$;$\dfrac{\partial^2 u}{\partial y^2}=xz(2+y)\mathrm{e}^{x+y+z}$;$\dfrac{\partial^2 u}{\partial z^2}=xy(2+z)\mathrm{e}^{x+y+z}$.

9. 略.

10. $\dfrac{\partial z}{\partial x}=\dfrac{xyf'-f}{x^2}+y\varphi'$,

$\dfrac{\partial^2 z}{\partial x\partial y}=\dfrac{1}{x^2}(xf'+x^2yf''-xf')+\varphi'+y\varphi''=yf''+\varphi'+y\varphi''$.

11. 令 $\begin{cases}F(x,y,t)=0\\G(x,y,t)=f(x,t)-y=0\end{cases}$,

$$J=\frac{\partial(F,G)}{\partial(y,t)}=\begin{vmatrix}\dfrac{\partial F}{\partial y}&\dfrac{\partial F}{\partial t}\\[2mm]-1&\dfrac{\partial f}{\partial t}\end{vmatrix}=\frac{\partial f}{\partial t}\frac{\partial F}{\partial y}+\frac{\partial F}{\partial t};\quad\frac{\partial(F,G)}{\partial(x,t)}=\begin{vmatrix}\dfrac{\partial F}{\partial x}&\dfrac{\partial F}{\partial t}\\[2mm]\dfrac{\partial f}{\partial x}&\dfrac{\partial f}{\partial t}\end{vmatrix}=\frac{\partial f}{\partial t}\frac{\partial F}{\partial x}-\frac{\partial f}{\partial x}\frac{\partial F}{\partial t},$$

所以
$$\frac{\mathrm{d}y}{\mathrm{d}x}=-\frac{\dfrac{\partial(F,G)}{\partial(x,t)}}{\dfrac{\partial(F,G)}{\partial(y,t)}}=\frac{\dfrac{\partial f}{\partial x}\dfrac{\partial F}{\partial t}-\dfrac{\partial f}{\partial t}\dfrac{\partial F}{\partial x}}{\dfrac{\partial f}{\partial t}\dfrac{\partial F}{\partial y}+\dfrac{\partial F}{\partial t}}.$$

12. $\dfrac{\mathrm{d}}{\mathrm{d}x}\varphi^3(x)\Big|_{x=1}=3f^2(x,f(x,x))[f_1'(x,f(x,x))+f_2'(x,f(x,x))(f_1'(x,x)+f_2'(x,x))]\big|_{x=1}$

$\qquad=3f^2(1,1)[f_1'(1,1)+f_2'(1,1)(f_1'(1,1)+f_2'(1,1))]$

$\qquad=3[2+3(2+3)]$

$\qquad=51.$

13. $0=\mathrm{e}^{xy}\left(y+x\dfrac{\mathrm{d}y}{\mathrm{d}x}\right)-\left(y+x\dfrac{\mathrm{d}y}{\mathrm{d}x}\right)\Rightarrow\dfrac{\mathrm{d}y}{\mathrm{d}x}=-\dfrac{y}{x},$

$\mathrm{e}^x=\dfrac{\sin(x-z)}{x-z}\left(1-\dfrac{\mathrm{d}z}{\mathrm{d}x}\right)\Rightarrow\dfrac{\mathrm{d}z}{\mathrm{d}x}=1-\dfrac{x-z}{\sin(x-z)}\mathrm{e}^x,$

所以 $\dfrac{\mathrm{d}u}{\mathrm{d}x}=f_x+f_y\left(-\dfrac{y}{x}\right)+f_z\left(1-\dfrac{x-z}{\sin(x-z)}\mathrm{e}^x\right)=f_x-\dfrac{y}{x}f_y+\left[1-\dfrac{x-z}{\sin(x-z)}\mathrm{e}^x\right]f_z.$

14. $\begin{cases}3x^2\dfrac{\mathrm{d}x}{\mathrm{d}t}+2\dfrac{\mathrm{d}y}{\mathrm{d}t}=6t^2\\[2mm]\dfrac{\mathrm{d}x}{\mathrm{d}t}-2y\dfrac{\mathrm{d}y}{\mathrm{d}t}=2t+3\end{cases}\Rightarrow\begin{cases}\dfrac{\mathrm{d}x}{\mathrm{d}t}=\dfrac{6yt^2+2t+3}{3x^2y+1}\\[2mm]\dfrac{\mathrm{d}y}{\mathrm{d}t}=\dfrac{6t^2-6x^2t-9x^2}{6x^2y+2}\end{cases},$ 所以

$\dfrac{\mathrm{d}z}{\mathrm{d}t}=\dfrac{\partial z}{\partial x}\dfrac{\mathrm{d}x}{\mathrm{d}t}+\dfrac{\partial z}{\partial y}\dfrac{\mathrm{d}y}{\mathrm{d}t}=\dfrac{3\cos(3x-y)}{2(3x^2y+1)}(12yt^2+4t+6-2t^2+2tx^2+3x^2)$

第 5 章

自 测 题 1

1. $I_1=\displaystyle\iint\limits_{D_1}(x^2+y^2)^3\mathrm{d}\sigma$ 的被积函数 $f(x,y)=(x^2+y^2)^3$ 在积分区域 D_1 上对应的曲面关于坐标面 zOx,yOz 分别对称,因此以该曲面为顶面的曲顶柱体的体积 $I_1=4I_2$.

2. (1)D 属于区域 $x+y\leqslant1$,故在 D 上 $(x+y)^2\geqslant(x+y)^3$,所以

$$\iint\limits_{D}(x+y)^2\mathrm{d}\sigma\geqslant\iint\limits_{D}(x+y)^3\mathrm{d}\sigma.$$

(2)因所给区域 D 属于区域 $1\leqslant x+y\leqslant e$,如右图.故 $0\leqslant \ln(x+y)\leqslant 1$,从而在 D 上 $\ln(x+y)\geqslant [\ln(x+y)]^2$,于是

$$\iint\limits_{D}\ln(x+y)\mathrm{d}\sigma \geqslant \iint\limits_{D}[\ln(x+y)]^2\mathrm{d}\sigma.$$

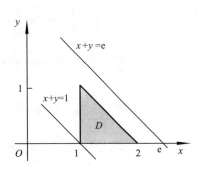

3.(1)在 D 上:因为 $m=0\leqslant xy(x+y)\leqslant 2=M,\sigma=1$,所以 $m\cdot\sigma\leqslant I\leqslant M\cdot\sigma$,即 $0\leqslant I\leqslant 2$.

(2)在 D 上:因为 $1\leqslant x^2+y^2\leqslant 4$,所以 $e^{-4}\leqslant e^{-(x^2+y^2)}\leqslant e^{-1}$,即 $e^{-4}\cdot 3\pi\leqslant I\leqslant e^{-1}\cdot 3\pi$.

自 测 题 2

1.(1)积分区域如下图. $I=\int_0^4\mathrm{d}x\int_x^{\sqrt{4x}}f(x,y)\mathrm{d}y=\int_0^4\mathrm{d}y\int_{\frac{y^2}{4}}^y f(x,y)\mathrm{d}x$;

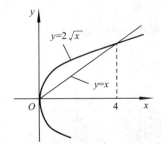
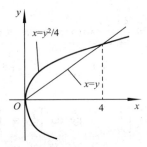

(2)积分区域如下图. $I=\int_0^\pi\mathrm{d}x\int_0^{\sin x}f(x,y)\mathrm{d}y=\int_0^1\mathrm{d}y\int_{\arcsin y}^{\pi-\arcsin y}f(x,y)\mathrm{d}x$,本题少条件 $0\leqslant x\leqslant\pi$.

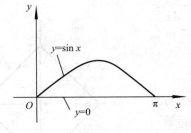
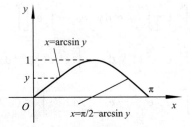

2.(1) $I=\int_{-1}^1\left[\int_{-1}^1(x^2+y^2)\mathrm{d}y\right]\mathrm{d}x=\int_{-1}^1\left[2\int_0^1(x^2+y^2)\mathrm{d}y\right]\mathrm{d}x$

$$=2\int_{-1}^1\left[x^2y+\frac{1}{3}y^3\right]_0^1\mathrm{d}x=\frac{8}{3}.$$

(2) $I=\int_0^\pi\left[\int_0^x x\cos(x+y)\mathrm{d}y\right]\mathrm{d}x=\int_0^\pi x\left[\sin(x+y)\right]_0^x\mathrm{d}x=\int_0^\pi x(\sin 2x-\sin x)\mathrm{d}x$

$$=\int_0^\pi x\mathrm{d}\left(-\frac{1}{2}\cos 2x+\cos x\right)$$

$$= x\left(-\frac{1}{2}\cos 2x + \cos x\right)\Big|_0^\pi - \int_0^\pi \left(-\frac{1}{2}\cos 2x + \cos x\right)\mathrm{d}x$$

$$= -\frac{3}{2}\pi - 0 = -\frac{3}{2}\pi.$$

(3) $I = \int_0^1\left[\int_{y^2}^{\sqrt{y}} x\sqrt{y}\,\mathrm{d}x\right]\mathrm{d}y = \int_0^1 \sqrt{y}\cdot\frac{1}{2}x^2\Big|_{y^2}^{\sqrt{y}}\mathrm{d}y = \frac{1}{2}\int_0^1\sqrt{y}(y - y^4)\mathrm{d}y$

$$= \frac{1}{2}\left[\frac{2}{5}y^{\frac{5}{2}} - \frac{2}{11}y^{\frac{11}{2}}\right]_0^1 = \frac{6}{55}.$$

(4)法 1 $\quad I = \int_0^2\left[\int_{-\sqrt{4-x^2}}^{\sqrt{4-x^2}} xy^2\,\mathrm{d}y\right]\mathrm{d}x = \int_0^2 x\cdot 2\left[\frac{y^3}{3}\right]_0^{\sqrt{4-x^2}}\mathrm{d}x$

$$= \frac{2}{3}\int_0^2 x(4-x^2)^{\frac{3}{2}}\mathrm{d}x \quad (\text{最好凑微分})$$

$$= \frac{2}{3}\int_0^{\frac{\pi}{2}} 2\sin t(4\cos^2 t)^{\frac{3}{2}}\cdot 2\cos t\,\mathrm{d}t$$

$$= \frac{64}{3}\int_0^{\frac{\pi}{2}}\sin t\cos^4 t\,\mathrm{d}t \quad (\text{这里是令 } x = 2\sin t)$$

$$= \frac{64}{3}\frac{-1}{5}\cos^5 t\Big|_0^{\frac{\pi}{2}} = \frac{64}{15}.$$

法 2 $\quad I = \int_{-2}^2\left[\int_0^{\sqrt{4-y^2}} xy^2\,\mathrm{d}x\right]\mathrm{d}y = \int_{-2}^2 y^2\cdot\left[\frac{x^2}{2}\right]_0^{\sqrt{4-y^2}}\mathrm{d}x$

$$= \int_0^2 y^2(4 - y^2)\mathrm{d}x = \frac{64}{15}.$$

(5)法 1 $\quad$ 积分区域如右图.

$$I = \int_{-1}^0 \mathrm{e}^x\left[\int_{-x-1}^{x+1} \mathrm{e}^y\mathrm{d}y\right]\mathrm{d}x + \int_0^1 \mathrm{e}^x\left[\int_{x-1}^{-x+1} \mathrm{e}^y\mathrm{d}y\right]\mathrm{d}x$$

$$= \int_{-1}^0 \mathrm{e}^x\,\mathrm{e}^y\Big|_{-x-1}^{x+1}\mathrm{d}x + \int_0^1 \mathrm{e}^x\,\mathrm{e}^y\Big|_{x-1}^{-x+1}\mathrm{d}x$$

$$= \int_{-1}^0 \mathrm{e}^x(\mathrm{e}^{x+1} - \mathrm{e}^{-x-1})\mathrm{d}x + \int_0^1 \mathrm{e}^x(\mathrm{e}^{-x+1} - \mathrm{e}^{x-1})\mathrm{d}x$$

$$= \int_{-1}^0 (\mathrm{e}^{2x+1} - \mathrm{e}^{-1})\mathrm{d}x + \int_0^1 (\mathrm{e} - \mathrm{e}^{2x-1})\mathrm{d}x = \mathrm{e} - \frac{1}{\mathrm{e}}.$$

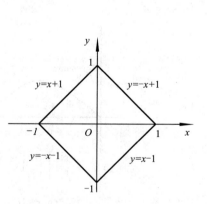

法 2 $\quad$ 换元法.

令 $\begin{cases} u = y + x \\ v = y - x \end{cases} \Rightarrow D_{uv}: \begin{cases} -1 \leqslant u \leqslant 1 \\ -1 \leqslant v \leqslant 1 \end{cases}, \quad J = 1\Big/\dfrac{\partial(u,v)}{\partial(x,y)} = 1\Big/\begin{vmatrix} u_x' & u_y' \\ v_x' & v_y' \end{vmatrix} = \dfrac{1}{2}.$

$$I = \iint\limits_{D_{uv}} \mathrm{e}^u\,|J|\,\mathrm{d}u\mathrm{d}v = \frac{1}{2}\int_{-1}^1\mathrm{d}v\int_{-1}^1\mathrm{e}^u\mathrm{d}u = \frac{1}{2}\int_{-1}^1\mathrm{d}v\cdot\int_{-1}^1\mathrm{e}^u\mathrm{d}u = \mathrm{e} - \frac{1}{\mathrm{e}}.$$

(6)$D:(x-1)^2+y^2\leqslant 1$,如右图.因在关于 x 轴对称的区域 D 上 $xyf(x^2+y^2)$ 为关于 y 的奇函数,故

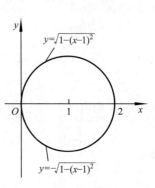

$$I = \iint\limits_D x\,\mathrm{d}\sigma + \iint\limits_D xyf(x^2+y^2)\,\mathrm{d}\sigma = \iint\limits_D x\,\mathrm{d}\sigma + 0$$

$$= \int_0^2 \left[\int_{-\sqrt{1-(x-1)^2}}^{\sqrt{1-(x-1)^2}} x\,\mathrm{d}y\right]\mathrm{d}x = \int_0^2 2x\,\sqrt{1-(x-1)^2}\,\mathrm{d}x$$

$$= \int_{-1}^1 2(t+1)\,\sqrt{1-t^2}\,\mathrm{d}t$$

$$= 2\int_{-1}^1 t\,\sqrt{1-t^2}\,\mathrm{d}t + 2\int_{-1}^1 \sqrt{1-t^2}\,\mathrm{d}t$$

$$= 2\cdot 0 + 2\cdot\frac{1}{2}\pi\cdot 1^2 = \pi.$$

注 利用形心公式可知,$\iint\limits_D x\,\mathrm{d}\sigma = \bar{x}\cdot S_D = 1\cdot\pi\cdot 1^2 = \pi$.

也可作变换 $\begin{cases} x=1+r\cos t \\ y=r\sin t \end{cases}$ $(D': 0\leqslant r\leqslant 1, 0\leqslant t\leqslant 2\pi)$, $J = \dfrac{\partial(x,y)}{\partial(r,t)} =$

$\begin{vmatrix} \cos t & \sin t \\ -r\sin t & r\cos t \end{vmatrix} = r$,

$$I = \iint\limits_D x\,\mathrm{d}\sigma = \iint\limits_{D'}(1+r\cos t)r\,\mathrm{d}r\mathrm{d}t = \iint\limits_{D'}r\,\mathrm{d}r\mathrm{d}t + \iint\limits_{D'}r^2\cos t\,\mathrm{d}r\mathrm{d}t$$

$$= \int_0^{2\pi}\mathrm{d}t\cdot\int_0^1 r\,\mathrm{d}r + \int_0^{2\pi}\cos t\,\mathrm{d}t\cdot\int_0^1 r^2\,\mathrm{d}r = 2\pi\cdot\frac{1}{2} + 0 = \pi.$$

当然,也可以用极坐标法计算.

3.(1)积分区域如下左图. $\displaystyle\int_0^1\mathrm{d}x\int_x^1 f(x,y)\,\mathrm{d}y$.

(2)积分区域如下中图. $\displaystyle\int_0^1\mathrm{d}y\int_{e^y}^e f(x,y)\,\mathrm{d}x$.

(3)积分区域如下右图. $\displaystyle\int_0^2\mathrm{d}x\int_{\frac{x}{2}}^{3-x} f(x,y)\,\mathrm{d}y$.

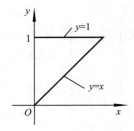
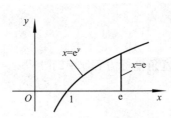
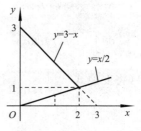

4. D 如右图.

$$M = \iint_D \rho(x,y)\mathrm{d}\sigma = \int_0^1 \mathrm{d}y \int_y^{2-y} (x^2 + y^2)\mathrm{d}x$$

$$= \int_0^1 \left(\frac{1}{3}x^3 + xy^2 \right) \Big|_y^{2-y} \mathrm{d}y$$

$$= \frac{4}{3}.$$

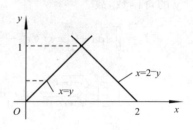

5. D 如右图,

$$V = \iint_D z\mathrm{d}\sigma = \int_0^1 \mathrm{d}x \int_0^{1-x} (6 - x^2 - y^2)\mathrm{d}y$$

$$= \int_0^1 \left(6x - x^2 y - \frac{1}{3}y^3 \right) \Big|_0^{1-x} \mathrm{d}x$$

$$= \frac{17}{6}.$$

6. 如右图. 积分区域 D 被直线 $x+y=\pi, x+y=2\pi$ 分为自下而上的子区域 D_1, D_2, D_3, 在每个子区域上函数 $\sin(x+y)$ 定号, 于是

$$\iint_D \sin(x+y)\mathrm{d}\sigma = \iint_{D_1} \sin(x+y)\mathrm{d}\sigma - \iint_{D_2} \sin(x+y)\mathrm{d}\sigma$$

$$+ \iint_{D_3} \sin(x+y)\mathrm{d}\sigma$$

$$= \int_0^\pi \left[\int_0^{\pi-x} \sin(x+y)\mathrm{d}y \right] \mathrm{d}x$$

$$- \int_0^\pi \left[\int_{\pi-x}^{2\pi-x} \sin(x+y)\mathrm{d}y \right] \mathrm{d}x + \int_0^\pi \left[\int_{2\pi-x}^{2\pi} \sin(x+y)\mathrm{d}y \right] \mathrm{d}x$$

$$= -\int_0^\pi \left[\cos(x+y) \right]_0^{\pi-x} \mathrm{d}x + \int_0^\pi \left[\cos(x+y) \right]_{\pi-x}^{2\pi-x} \mathrm{d}x -$$

$$\int_0^\pi \left[\cos(x+y) \right]_{2\pi-x}^{2\pi} \mathrm{d}x$$

$$= -\int_0^\pi (-1 - \cos x)\mathrm{d}x + \int_0^\pi (1+1)\mathrm{d}x - \int_0^\pi \left[\cos(2\pi+x) - 1 \right]\mathrm{d}x = 4\pi.$$

自 测 题 3

1. 积分区域如右图.

$$\int_{\frac{\pi}{4}}^{\frac{\pi}{3}} \mathrm{d}\theta \int_0^{2\sec\theta} f(r)r\mathrm{d}r.$$

(将变换式 $\begin{cases} x = r\cos\theta \\ y = r\sin\theta \end{cases}$ 代入直角坐标方程 $x=2$,

得 $r\cos\theta = 2$. 下同.)

2.(1)积分区域如右图.

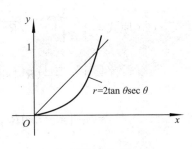

$$\int_0^1 dx \int_{x^2}^x (x^2+y^2)^{-\frac{1}{2}} dy = \int_0^{\frac{\pi}{4}} \left[\int_0^{\tan\theta\sec\theta} r^{-1} r dr\right] d\theta$$

$$= \int_0^{\frac{\pi}{4}} \tan\theta\sec\theta d\theta$$

$$= \sec\theta\Big|_0^{\frac{\pi}{4}} = \sqrt{2}-1.$$

(2)积分区域如右图.

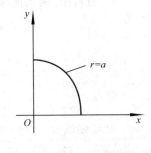

$$\int_0^a dy \int_0^{\sqrt{a^2-y^2}} (x^2+y^2) dx = \int_0^{\frac{\pi}{2}} \left[\int_0^a r^2 r dr\right] d\theta$$

$$= \int_0^{\frac{\pi}{2}} d\theta \cdot \int_0^a r^2 r dr$$

$$= \frac{\pi}{2} \cdot \frac{a^4}{4} = \frac{\pi a^4}{8}.$$

3.(1) 原式 $= \int_0^{2\pi} \left[\int_0^2 e^{r^2} r dr\right] d\theta = \int_0^{2\pi} d\theta \cdot \int_0^2 e^{r^2} r dr = 2\pi \cdot \frac{1}{2} e^{r^2}\Big|_0^2 = (e^4-1)\pi.$

(2)积分区域 D 为圆位于第一象限部分,即 $D: 0 \leqslant r \leqslant 1, 0 \leqslant \theta \leqslant \frac{\pi}{2}$,于是,在极坐标系下有

原式$= \int_0^{\frac{\pi}{2}} \left[\int_0^1 \ln(1+r^2) \cdot r dr\right] d\theta = \int_0^{\frac{\pi}{2}} d\theta \cdot \int_0^1 \ln(1+r^2) \cdot r dr = \frac{\pi}{2} \frac{1}{2} \int_0^1 \ln(1+r^2) d(1+r^2)$

$$= \frac{\pi}{4}\left[(1+r^2)\ln(1+r^2)\Big|_0^1 - \int_0^1 (1+r^2)\frac{2r}{1+r^2} dr\right]$$

$$= \frac{\pi}{4}\left[2\ln 2 - \int_0^1 (1+r^2)\frac{2r}{1+r^2} dr\right]$$

$$= \frac{\pi}{4}[2\ln 2(-24) dr] = \frac{\pi}{4}(2\ln 2-1).$$

4.(1) 原式 $= \int_0^{\frac{\pi}{2}} \left[\int_0^1 \sqrt{\frac{1-r^2}{1+r^2}} r dr\right] d\theta = \int_0^{\frac{\pi}{2}} d\theta \cdot \frac{1}{2}\int_0^1 \sqrt{\frac{1-r^2}{1+r^2}} dr^2$

$$= \frac{\pi}{4}\int_0^1 \sqrt{\frac{1-u}{1+u}} du \quad (\text{令 } u=r^2)$$

$$= \frac{\pi}{4}\int_1^0 t \cdot \frac{-4t}{(1+t^2)^2} dt$$

$$\left(\text{因令 } t=\sqrt{\frac{1-u}{1+u}}, \text{则 } u=\frac{1-t^2}{1+t^2}, du=\frac{-4t}{(1+t^2)^2} dt\right)$$

$$= \frac{\pi}{2}\int_1^0 t d\frac{1}{1+t^2} = \frac{\pi}{2}\left(t \cdot \frac{1}{1+t^2}\Big|_1^0 - \int_1^0 \frac{1}{1+t^2} dt\right) = \frac{\pi}{8}(\pi-2).$$

（2）原式 $= \int_{-\frac{\pi}{2}}^{\frac{\pi}{2}} \left[\int_0^{R\cos\theta} \sqrt{R^2-r^2} \cdot r\mathrm{d}r \right] \mathrm{d}\theta = \int_{-\frac{\pi}{2}}^{\frac{\pi}{2}} \frac{1}{-2} \frac{2}{3} (R^2-r^2)^{\frac{3}{2}} \Big|_0^{R\cos\theta} \mathrm{d}\theta$

$$= \int_{-\frac{\pi}{2}}^{\frac{\pi}{2}} \frac{-1}{3} (R^3 |\sin\theta|^3 - R^3) \mathrm{d}\theta$$

$$= \frac{1}{3} \left(\pi - \frac{4}{3} \right) R^3.$$

5. 如右图. 两条曲线的极坐标方程联立得

$$\begin{cases} r = a \\ r^2 = 2ar\cos\theta \end{cases},$$

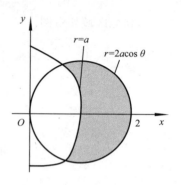

交点：$\begin{cases} r = a \\ \theta = \pi/3 \end{cases}$，$\begin{cases} r = a \\ \theta = -\pi/3 \end{cases}$.

由对称性有

$$S = 2\iint\limits_{D_1} \mathrm{d}\sigma = 2\int_0^{\frac{\pi}{3}} \mathrm{d}\theta \int_a^{2a\cos\theta} r\,\mathrm{d}r = \int_0^{\frac{\pi}{3}} r^2 \Big|_a^{2a\cos\theta} \mathrm{d}\theta$$

$$= a^2 \int_0^{\frac{\pi}{3}} (4\cos^2\theta - 1) \mathrm{d}\theta$$

$$= \left(\frac{\pi}{3} + \frac{\sqrt{3}}{2} \right) a^2.$$

6. 如右图. 交线 $\begin{cases} z = x^2 + 2y^2 \\ z = 6 - 2x^2 - y^2 \end{cases}$ 所在柱面方程为 $x^2 + y^2 = 2$，该方程也是交线的投影线方程，故投影域为 $D: x^2 + y^2 \leqslant 2$.

$$V = \iint\limits_D [(6 - 2x^2 - y^2) - (x^2 + 2y^2)] \mathrm{d}\sigma$$

$$= 6\iint\limits_D \mathrm{d}\sigma - 3\iint\limits_D (x^2 + y^2) \mathrm{d}\sigma$$

$$= 6 \cdot \pi(\sqrt{2})^2 - 3\int_0^{2\pi} \left[\int_0^{\sqrt{2}} r^2 \cdot r\mathrm{d}r \right] \mathrm{d}\theta$$

$$= 12\pi - 3\int_0^{2\pi} \mathrm{d}\theta \cdot \int_0^{\sqrt{2}} r^3 \mathrm{d}r$$

$$= 12\pi - 3 \cdot 2\pi \cdot \left[\frac{1}{4} r^4 \right]_0^{\sqrt{2}}$$

$$= 6\pi.$$

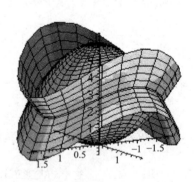

自 测 题 4

1. （1）如下图. 球面含在圆柱面内的第一卦限部分 Σ_1 在 xOy 上的投影域为 $D_1: x^2 + y^2 = ax(y \geqslant 0)$. 极坐标表示为 $D_1: 0 \leqslant r \leqslant a\cos\theta \left(0 \leqslant \theta \leqslant \frac{\pi}{2} \right)$.

 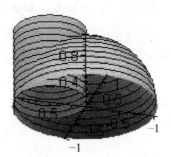

因为 $\mathrm{d}S=\dfrac{\mathrm{d}\sigma}{|\cos\gamma|}=\dfrac{\mathrm{d}\sigma}{\dfrac{|z|}{a}}=\dfrac{a\,\mathrm{d}\sigma}{\sqrt{a^2-x^2-y^2}}$，所以 $S=4\displaystyle\iint_{\Sigma_1}\mathrm{d}S=4\iint_{D_1}\dfrac{a}{\sqrt{a^2-x^2-y^2}}\mathrm{d}\sigma=$

$4\displaystyle\int_0^{\frac{\pi}{2}}\left[\int_0^{a\cos\vartheta}\dfrac{a}{\sqrt{a^2-r^2}}r\mathrm{d}r\right]\mathrm{d}\theta=2(\pi-2)a^2.$

（2）法1　如下左图，柱面含在球面内的第一卦限部分 Σ_2 在 zOx 面上的投影域为 D_2，如下右图.

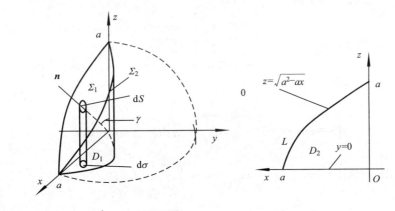

$L:\begin{cases}ax+z^2=a^2\\ y=0\end{cases}\Rightarrow L:\begin{cases}z=\sqrt{a^2-ax}\\ y=0\end{cases}\Rightarrow D_2:0\leqslant z\leqslant\sqrt{a^2-ax}\,,0\leqslant x\leqslant a.$

由 Σ_2 上 $y=\sqrt{ax-x^2}$，得 $\mathrm{d}S=\sqrt{1+y_x^2+y_z^2}\,\mathrm{d}\sigma=\sqrt{1+\left(\dfrac{a-2x}{2\sqrt{ax-x^2}}\right)^2+0^2}\,\mathrm{d}\sigma,$

所以 $S=4\displaystyle\iint_{\Sigma_2}\mathrm{d}S=4\iint_{D_2}\dfrac{a}{2\sqrt{ax-x^2}}\mathrm{d}\sigma=4\int_0^a\left[\int_0^{\sqrt{a^2-ax}}\dfrac{a}{2\sqrt{ax-x^2}}\mathrm{d}z\right]\mathrm{d}x$

$=4\displaystyle\int_0^a\dfrac{a}{2\sqrt{ax-x^2}}\sqrt{a^2-ax}\,\mathrm{d}x$

$=4\displaystyle\int_0^a\dfrac{a\sqrt{a}}{2\sqrt{x}}\mathrm{d}x=4a\sqrt{a}\,\sqrt{x}\,\Big|_0^a$

$=4a^2.$

法 2　如右图，Σ_2 上柱条面积微元 dS 等于柱面 Σ_2 上高 $z=\sqrt{a^2-x^2-y^2}$ 乘准 Σ_2 的投影线 L 上的弧微分 ds，即有 $dS=zds=\sqrt{a^2-x^2-y^2}\,ds$.

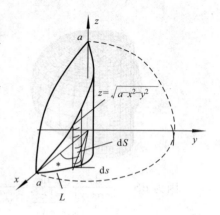

若取 $L: y=\sqrt{ax-x^2}\,(0\leqslant x\leqslant a)$，则 $ds=\sqrt{1+y'^2}\,dx=\dfrac{a}{2\sqrt{ax-x^2}}dx$. 故

$$dS=zds=\sqrt{a^2-x^2-y^2}\,ds$$

$$=\sqrt{a^2-x^2-(ax-x^2)}\cdot\frac{a}{2\sqrt{ax-x^2}}dx$$

$$=\frac{a\sqrt{a}}{2\sqrt{x}}dx.$$

所以 $S=4\displaystyle\int_0^a\frac{a\sqrt{a}}{2\sqrt{x}}dx=4a\sqrt{a}\sqrt{x}\,\Big|_0^a=4a^2$.

若取 $L:\begin{cases}x=\dfrac{a}{2}+\dfrac{a}{2}\cos t\\[2mm]y=\dfrac{a}{2}\sin t\end{cases}(0\leqslant t\leqslant\pi)$，则 $ds=\sqrt{x'^2(t)+y'^2(t)}\,dt=\dfrac{a}{2}dt$. 故

$$dS=zds=\sqrt{\frac{a^2}{2}-\frac{a^2}{2}\cos t}\cdot\frac{a}{2}dt=\frac{a^2}{2}\sin\frac{t}{2}dt,$$

所以 $S=4\displaystyle\int_0^\pi dS=2a^2\int_0^\pi\sin\frac{t}{2}dt=4a^2\left[-\cos\frac{t}{2}\right]_6^\pi=4a^2$.

2. 法 1　$\Sigma: z=c\left(1-\dfrac{x}{a}-\dfrac{y}{b}\right)$ 的投影域为 $D: x=0,y=0,\dfrac{x}{a}+\dfrac{y}{b}=1$. 由 $z_x'=-\dfrac{c}{a}$，$z_y'=-\dfrac{c}{b}$，得

$$dS=\sqrt{1+(z_x')^2+(z_y')^2}\,dxdy=\frac{\sqrt{a^2b^2+c^2b^2+c^2a^2}}{|ab|}dxdy=kdxdy,$$

所以 $S=\displaystyle\iint_\Sigma dS=\iint_D k\,dxdy=k\iint_D dxdy=k\cdot\frac{1}{2}|a|\cdot|b|=\frac{1}{2}\sqrt{a^2b^2+c^2b^2+c^2a^2}$.

法 2　平面法向量 $\boldsymbol{n}=(bc,ca,ab)$，$|\cos\gamma|=\dfrac{|ab|}{|\boldsymbol{n}|}=\dfrac{|ab|}{\sqrt{a^2b^2+c^2b^2+c^2a^2}}$.

因为 $A_D=\dfrac{1}{2}|a||b|$，所以 $S_D=\dfrac{A_D}{\cos\gamma}=\dfrac{1}{2}\sqrt{a^2b^2+c^2b^2+c^2a^2}$.

3. $M=\displaystyle\iint_D dM=\iint_D\rho\,dxdy=\rho\iint_D dxdy=\rho\cdot\frac{1}{2}\pi ab=\frac{1}{2}\pi ab\rho$.

$$M_x = \iint\limits_{D} y \mathrm{d}M = \iint\limits_{D} y\rho \mathrm{d}x\mathrm{d}y = \rho \int_0^\pi \left[\int_0^1 br\sin\theta \cdot abr\mathrm{d}r \right]\mathrm{d}\theta = \frac{2}{3}ab^2\rho.$$

$$\overline{x} = 0, \overline{y} = \frac{M_x}{M} = \frac{4b}{3\pi}.$$

4. 如右图. 设面密度为 ρ(常数),则有

$$M_x = \iint\limits_{D_1} y\rho \mathrm{d}x\mathrm{d}y + \iint\limits_{D_2} y\rho \mathrm{d}x\mathrm{d}y(\text{第 2 项用形心公式})$$

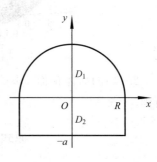

$$= \rho \int_0^\pi \left[\int_0^R r\sin\theta \cdot r\mathrm{d}r \right]\mathrm{d}\theta + \rho\overline{y} \cdot 2Ra = \frac{2}{3}R^3\rho - Ra^2\rho.$$

由题意有 $\overline{x} = 0, \overline{y} = 0 = \dfrac{M_x}{M}$,所以 $M_x = 0$,利用上面的结果解得

$$a = \sqrt{\frac{2}{3}}R.$$

5. $I_x = \displaystyle\iint\limits_{D} y^2\rho \mathrm{d}\sigma = 2\int_0^3 \mathrm{d}y \int_{\frac{2}{9}y^2}^2 y^2 \mathrm{d}x = 2\int_0^3 y^2\left(2 - \frac{2}{9}y^2\right)\mathrm{d}y = \frac{72}{5}.$

$I_y = \displaystyle\iint\limits_{D} x^2\rho \mathrm{d}\sigma = 2\int_0^3 \mathrm{d}y \int_{\frac{2}{9}y^2}^2 x^2 \mathrm{d}x = 2\int_0^3 \frac{1}{3}x^3 \Big|_{\frac{2}{9}y^2}^2 \mathrm{d}y = \frac{2}{3}\int_0^3 \left(8 - \frac{2^3}{9^3}y^6\right)\mathrm{d}y = \frac{96}{7}.$

6. $I_{y=-1} = \displaystyle 2\iint\limits_{D_1} (1+y)^2\rho \mathrm{d}\sigma = 2\rho\int_0^1 \left[\int_{x^2}^1 (1+y)^2 \mathrm{d}y \right]\mathrm{d}x = 2\rho\int_0^1 \frac{1}{3}\left[(1+y)^3 \right]_{x^2}^1 \mathrm{d}x$

$$= \frac{2\rho}{3}\frac{184}{35} = \frac{368}{105}\rho.$$

自 测 题 5

1. (1) 如右图.

$$I = \iint\limits_{D} \left(\int_{x^2+y^2}^1 f(x,y,z)\mathrm{d}z \right)\mathrm{d}x\mathrm{d}y$$

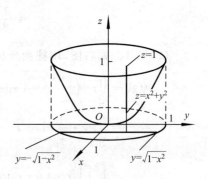

$$= \int_{-1}^1 \mathrm{d}x \int_{-\sqrt{1-x^2}}^{\sqrt{1-x^2}} \mathrm{d}y \int_{x^2+y^2}^1 f(x,y,z)\mathrm{d}z;$$

(2) 如下左图和下右图.

$$I = \iint\limits_{D} \left(\int_0^{x^2+y^2} f(x,y,z)\mathrm{d}z \right)\mathrm{d}x\mathrm{d}y$$

$$= \int_{-1}^1 \mathrm{d}x \int_{x^2}^1 \mathrm{d}y \int_0^{x^2+y^2} f(x,y,z)\mathrm{d}z.$$

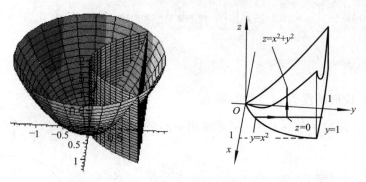

2.(1)四面体顶面 $x+y+z=1$ 在 xOy 面上的投影区域为 D 由 x 轴，y 轴，$x+y=1$ 所围. 于是

$$原式 = \iint\limits_{D}\left(\int_0^{1-(x+y)}\frac{\mathrm{d}z}{(1+x+y+z)^3}\right)\mathrm{d}x\mathrm{d}y$$

$$= \int_0^1\mathrm{d}x\int_0^{1-x}\mathrm{d}y\int_0^{1-(x+y)}\frac{\mathrm{d}z}{(1+x+y+z)^3}$$

$$= \int_0^1\mathrm{d}x\int_0^{1-x}\frac{-1}{2}\frac{1}{(1+x+y+z)^2}\bigg|_0^{1-(x+y)}\mathrm{d}y$$

$$= -\frac{1}{2}\int_0^1\mathrm{d}x\int_0^{1-x}\left[\frac{1}{4}-\frac{1}{(1+x+y)^2}\right]\mathrm{d}y$$

$$= -\frac{1}{2}\int_0^1\left[\frac{1}{4}y+\frac{1}{1+x+y}\right]_0^{1-x}\mathrm{d}x$$

$$= -\frac{1}{2}\int_0^1\left[\frac{1}{4}(1-x)+\frac{1}{2}-\left(0+\frac{1}{1+x}\right)\right]\mathrm{d}x$$

$$= -\frac{1}{2}\left[\frac{3}{4}x-\frac{1}{8}x^3-\ln(1+x)\right]_0^1$$

$$= \frac{1}{2}\left(\ln 2-\frac{5}{8}\right).$$

(2)法 1   如右图，用柱面坐标：

$$原式 = \iint\limits_{D}xy\left(\int_0^{\sqrt{1-x^2-y^2}}z\mathrm{d}z\right)\mathrm{d}\sigma$$

$$= \iint\limits_{D}xy\cdot\frac{1}{2}(1-x^2-y^2)\mathrm{d}\sigma$$

$$= \int_0^{\frac{\pi}{2}}\left[\int_0^1 r\cos\theta\cdot r\sin\theta\cdot\frac{1}{2}(1-r^2)\cdot r\mathrm{d}r\right]\mathrm{d}\theta$$

$$= \frac{1}{48}.$$

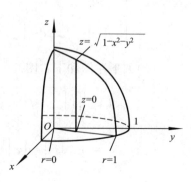

　　法 2　如右图,用过$(0,0,z)$且垂直 z 轴的平面截球体得

截面对应区域 $D_z : x^2 + y^2 \leqslant \dfrac{R^2}{h^2} z^2$.

$$\text{原式} = \int_0^1 \left[\iint\limits_{D_z} xyz\, dx\, dy \right] dz$$

$$= \int_0^1 z \left[\int_0^{\frac{\pi}{2}} d\theta \int_0^{\sqrt{1-z^2}} r\cos\theta \cdot r\sin\theta \cdot r\, dr \right] dz = \frac{1}{48}.$$

　　法 3　如右图,用直角坐标系:

$$\text{原式} = \int_0^1 dx \int_0^{\sqrt{1-x^2}} dy \int_0^{\sqrt{1-x^2-y^2}} xyz\, dz$$

$$= \int_0^1 x\, dx \int_0^{\sqrt{1-x^2}} y\, dy \int_0^{\sqrt{1-x^2-y^2}} z\, dz$$

$$= \int_0^1 x\, dx \int_0^{\sqrt{1-x^2}} y \cdot \frac{1}{2} z^2 \Big|_0^{\sqrt{1-x^2-y^2}} dy$$

$$= \frac{1}{2} \int_0^1 x\, dx \int_0^{\sqrt{1-x^2}} y(1-x^2-y^2)\, dy$$

$$= \frac{1}{2} \int_0^1 x\, dx \int_0^{\sqrt{1-x^2}} (1-x^2-y^2)\left(-\frac{1}{2}\right) d(1-x^2-y^2)$$

$$= \frac{-1}{8} \int_0^1 x\, (1-x^2-y^2)^2 \Big|_0^{\sqrt{1-x^2}} dx$$

$$= -\frac{1}{8} \int_0^1 x[0-(1-x^2)^2]\, dx = -\frac{1}{16} \int_0^1 (1-x^2)^2\, d(1-x^2)$$

$$= -\frac{1}{48} (1-x^2)^3 \Big|_0^1 = \frac{1}{48}.$$

　　*法 4　用球面坐标:原式 $= \displaystyle\int_0^{\frac{\pi}{2}} d\theta \int_0^{\frac{\pi}{2}} d\phi \int_0^1 r^3 \sin^2\phi\cos\phi\cos\theta\sin\theta \cdot r^2 \sin\phi\, dr$

$$= \int_0^{\frac{\pi}{2}} \cos\theta\sin\theta\, d\theta \cdot \int_0^{\frac{\pi}{2}} \sin^3\phi\cos\phi\, d\phi \cdot \int_0^1 r^5\, dr = \frac{1}{2}\sin^2\theta \Big|_0^{\frac{\pi}{2}} \cdot \frac{1}{4}\sin^4\phi \Big|_0^{\frac{\pi}{2}} \cdot \frac{1}{6} r^6 \Big|_0^1$$

$$= \frac{1}{48}.$$

　　3. 如右图. 交线

$$\begin{cases} z = \sqrt{2-r^2} \\ z = r^2 \end{cases} \Rightarrow r = 1,$$

故 $\Omega : 0 \leqslant \theta \leqslant 2\pi,\ 0 \leqslant r \leqslant 1,\ r^2 \leqslant z \leqslant \sqrt{2-r^2}$. 所以

$$\text{原式} = \int_0^{2\pi} d\theta \int_0^1 r\, dr \int_{r^2}^{\sqrt{2-r^2}} z\, dz = \frac{7}{12}\pi.$$

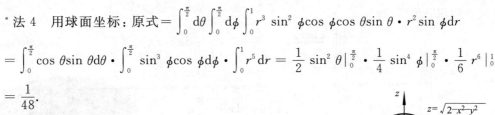

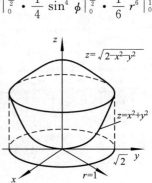

4.(1) 原式 $= \int_0^{2\pi}\Big[\int_0^{\pi}\Big(\int_0^1 r^2 \cdot r^2 \sin\varphi dr\Big)d\varphi\Big]d\theta = \frac{4}{5}\pi.$

(2)由几何关系或将直角坐标与球面坐标变换式代入球面方程化简得 $r=2a\cos\varphi$,如右图.

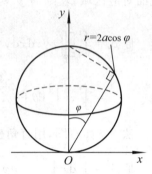

$$原式 = \int_0^{2\pi}\Big[\int_0^{\frac{\pi}{2}}\Big(\int_0^{2a\cos\varphi}\Big(\frac{1}{r}\cdot r^2\sin\varphi\Big)dr\Big)d\varphi\Big]d\theta$$

$$= 2\pi\int_0^{\frac{\pi}{2}}2a^2\cos^2\varphi\sin\varphi d\varphi$$

$$= \frac{4}{3}\pi a^2.$$

5.(1)如右图.

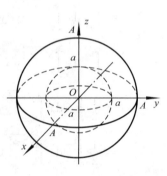

$$原式 = \int_0^{2\pi}\Big[\int_0^{\frac{\pi}{2}}\Big(\int_a^A r^2\sin^2\varphi \cdot r^2\sin\varphi dr\Big)d\varphi\Big]d\theta$$

$$= \frac{4\pi}{15}(A^5 - a^5).$$

(2)法 1

$$原式 = \int_0^{2\pi}\Big\{\int_0^{\pi}\Big[\int_0^1 \frac{r\cos\varphi \cdot \ln(r^2+1)}{r^2+1}\cdot r^2\sin\varphi dr\Big]d\varphi\Big\}d\theta$$

$$= \int_0^{2\pi}d\vartheta \cdot \int_0^{\pi}\cos\varphi \cdot \sin\varphi d\varphi \cdot \int_0^1 \frac{r^3\ln(r^2+1)}{r^2+1}dr$$

$$= 2\pi \cdot 0 \cdot \int_0^1 \frac{r^3\ln(r^2+1)}{r^2+1}dr$$

$$= 0.$$

法 2 设 $f(x,y,z)=z\dfrac{\ln(x^2+y^2+z^2+1)}{x^2+y^2+z^2+1}$,则它是 z 的奇函数.在关于 xOy 对称的区域上的积分为零.故

$$\iiint\limits_{\Omega} \frac{z\ln(x^2+y^2+z^2+1)}{x^2+y^2+z^2+1}dz = 0.$$

6. 见右图.

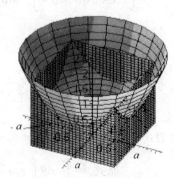

(1) $V = \iiint\limits_{\Omega}dv = 4\int_0^a\Big[\int_0^a\Big(\int_0^{x^2+y^2}dz\Big)dy\Big]dx = \frac{8}{3}a^4.$

(2) $\iiint\limits_{\Omega}z dv = \int_{-a}^a\Big\{\int_{-a}^a\Big[\int_0^{x^2+y^2}z dz\Big]dy\Big\}dx$

$$= \int_{-a}^a dx\int_{-a}^a \frac{1}{2}z^2\Big|_0^{x^2+y^2}dy$$

$$= \int_{-a}^{a} dx \int_{0}^{a} (x^2 + y^2)^2 dy = \frac{56}{45} a^6.$$

$$\bar{x} = 0, \bar{y} = 0, \bar{z} = \frac{\iiint\limits_{\Omega} z \, dv}{V} = \frac{7}{15} a^2.$$

(3) $I_z = \iiint\limits_{\Omega} \rho(x^2 + y^2) dv = \rho \int_{-a}^{a} dx \int_{-a}^{a} dy \int_{0}^{x^2+y^2} (x^2 + y^2) dz = \frac{112}{45} a^6 \rho.$

第 6 章

自 测 题 1

提示　对弧长的曲线积分源于质量等标量问题,因此化为定积分时要使下限小于上限.

1. D.　因 $f(x, y)$ 作为线密度必定为非负函数,而 4 个选项中只有 D 符合这点.

2. 由几何得圆弧微分 $ds = a dt$(或按 $ds = \sqrt{x_t'^2 + y_t'^2} dt$ 算出),原式 $= \int_{0}^{2\pi} a^{2n+1} dt = 2\pi a^{2n+1}$.　　或　原式 $= \int_{L} a^{2n} ds = a^{2n} \int_{L} ds = a^{2n} \cdot 2\pi a = 2\pi a^{2n+1}$.

3. $L_1 : \begin{cases} x = x \\ y = x \end{cases} (0 \leqslant x \leqslant 1); L_2 : \begin{cases} x = x \\ y = x^2 \end{cases} (0 \leqslant x \leqslant 1).$

$$原式 = \int_{L_1} x \, ds + \int_{L_2} x \, ds = \int_{0}^{1} x \sqrt{1 + y'^2} \, dx + \int_{0}^{1} x \sqrt{1 + y'^2} \, dx$$

$$= \int_{0}^{1} x \sqrt{1 + 1^2} \, dx + \int_{0}^{1} x \sqrt{1 + (2x)^2} \, dx$$

$$= \sqrt{2} \cdot \frac{x^2}{2} \Big|_{0}^{1} + \int_{0}^{1} (1 + 4x^2)^{\frac{1}{2}} \cdot \frac{1}{8} d(1 + 4x^2) = \frac{1}{\sqrt{2}} + \frac{1}{12} (1 + 4x^2)^{\frac{3}{2}} \Big|_{0}^{1}$$

$$= \frac{1}{\sqrt{2}} + \frac{1}{12} (5\sqrt{5} - 1).$$

4. $\Gamma : x = e^t \cos t, y = e^t \sin t, z = e^t (0 \leqslant t \leqslant 2),$

$$ds = \sqrt{x_t'^2 + y_t'^2 + z_t'^2} dt = \sqrt{3 e^{2t}} dt = \sqrt{3} e^t dt.$$

$$原式 = \int_{0}^{2} \frac{1}{2e^{2t}} \cdot \sqrt{3} e^t dt = \int_{0}^{2} \frac{\sqrt{3}}{2} \cdot e^{-t} dt = \frac{\sqrt{3}}{2} (1 - e^{-2}).$$

5. $\Gamma_{\overline{AB}} : \begin{cases} x = 0 \\ y = 0 (0 \leqslant z \leqslant 2), ds = dz; \\ z = z \end{cases}$　　$\Gamma_{\overline{BC}} : \begin{cases} x = x \\ y = 0 (0 \leqslant x \leqslant 1), ds = dx; \\ z = 2 \end{cases}$

$$\Gamma_{\overline{CD}}:\begin{cases} x=1 \\ y=y(0\leqslant y\leqslant 3). \\ z=2 \end{cases}$$

原式 $= \int_{\Gamma_{\overline{AB}}+\Gamma_{\overline{BC}}+\Gamma_{\overline{CD}}} x^2 yz\,dz = \int_0^2 0^2\cdot 0\cdot z\,dz + \int_0^1 x^2\cdot 0\cdot 2\,dx + \int_0^3 1^2\cdot y\cdot 2\,dy = 9.$

6. $\Gamma:x=a\cos t,y=a\sin t,z=kt,0\leqslant t\leqslant 2\pi,ds=\sqrt{x_t'^2+y_t'^2+z_t'^2}\,dt=\sqrt{a^2+k^2}\,dt.$

(1) $I_z = \int_\Gamma (x^2+y^2)\rho\,ds = \int_0^{2\pi} a^2(a^2+k^2t^2)\sqrt{a^2+k^2}\,dt = 2\pi a^2\left(a^2+\frac{4}{3}k^2\pi^2\right)\sqrt{a^2+k^2}.$

(2) $M = \int_\Gamma \rho\,ds = \int_0^{2\pi}(a^2+k^2t^2)\sqrt{a^2+k^2}\,dt = 2\pi\left(a^2+\frac{4}{3}k^2\pi^2\right)\sqrt{a^2+k^2},$

$M_{yz} = \int_\Gamma x\cdot\rho\,ds = \int_0^{2\pi} a\cos t\cdot(a^2+k^2t^2)\sqrt{a^2+k^2}\,dt = 0 + ak^2\sqrt{a^2+k^2}\int_0^{2\pi}t^2\,d\sin t$

$= ak^2\sqrt{a^2+k^2}\left(t^2\sin t\Big|_0^{2\pi} - 2\int_0^{2\pi}t\sin t\,dt\right)$

$= 2ak^2\sqrt{a^2+k^2}\left(t\cos t\Big|_0^{2\pi} - 2\int_0^{2\pi}\cos t\,dt\right)$

$= 4\pi ak^2\sqrt{a^2+k^2},$

$M_{zx} = -4\pi^2 ak^2\sqrt{a^2+k^2},$

$M_{xy} = 2k\pi^2(a^2+2k^2\pi^2)\sqrt{a^2+k^2}.$

$\bar{x} = \dfrac{M_{yz}}{M} = \dfrac{6ak^2}{3a^2+4k^2\pi^2},$

$\bar{y} = \dfrac{M_{zx}}{M} = -\dfrac{6\pi ak^2}{3a^2+4k^2\pi^2},$

$\bar{z} = \dfrac{M_{xy}}{M} = \dfrac{3\pi k(a^2+2\pi^2 k^2)}{3a^2+4k^2\pi^2}.$

自测题 2

提示：对坐标的曲线积分源于做功等有向问题,因此化为定积分时要使起点对应的参数值作为下限,终点对应的参数值作为上限.

1. 原式 $= \int_0^{\frac{\pi}{2}}[R\sin t\,d(R\cos t) + R\cos t\,d(R\sin t)] = R^2\int_0^{\frac{\pi}{2}}(-\sin^2 t + \cos^2 t)\,dt$

$= R^2\int_0^{\frac{\pi}{2}}\cos 2t\,dt = 0.$

2. 法1 $L=L_1+L_2,L_1:\begin{cases} x=x \\ y=0 \end{cases}x:0\to 2a;L_2:\begin{cases} x=(2a\cos\theta)\cos\theta \\ y=(2a\cos\theta)\sin\theta \end{cases}\theta:0\to\frac{\pi}{2}.$

原式 $= \int_{L_1} xy\mathrm{d}x + \int_{L_2} xy\mathrm{d}x = \int_0^{2a} x \cdot 0\mathrm{d}x + \int_0^{\frac{\pi}{2}} 2a\cos^2\theta \cdot 2a\cos\theta\sin\theta\mathrm{d}(2a\cos^2\theta)$

$\qquad = -\dfrac{\pi a^3}{2}.$

法 2　$L_2 : \begin{cases} x = a + a\cos t \\ y = a\sin t \end{cases} t : 0 \to \pi. \int_{L_2} xy\mathrm{d}x = \int_0^\pi a(1+\cos t)a\sin t\mathrm{d}a(1+\cos t) =$

$-\dfrac{\pi a^3}{2}.$

3. $L : x = a\cos t, y = a\sin t, t : 0 \to 2\pi.$

原式 $= \int_0^{2\pi} \dfrac{(a\cos t + a\sin t)\mathrm{d}(a\cos t) - (a\cos t - a\sin t)\mathrm{d}(a\sin t)}{(a\cos t)^2 + (a\sin t)^2} = -\int_0^{2\pi}\mathrm{d}t = -2\pi.$

4. 直线的方向向量为 $\boldsymbol{s} = \overrightarrow{AB} = (1,2,3)$，故由直线方程的参数式得

$\qquad \Gamma : x = 1 + 1 \cdot t, y = 1 + 2t, z = 1 + 3t, t : 0 \to 1 (\text{恰对应 } A \to B).$

原式 $= \int_0^1 [(1+t) \cdot \mathrm{d}t + (1+2t) \cdot 2\mathrm{d}t + (1+3t) \cdot 3\mathrm{d}t] = \int_0^1 (6 + 14t)\mathrm{d}t = 13.$

5. $\Gamma = \overrightarrow{AB} + \overrightarrow{BC} + \overrightarrow{CA}.$ 因 $\overrightarrow{AB} = (-1,1,0), \overrightarrow{BC} = (0,-1,1), \overrightarrow{CA} = (1,0,-1)$，解得

$\qquad \Gamma_{\overrightarrow{AB}} : x = 1 + (-1) \cdot t, y = 0 + 1 \cdot t, z = 0 + 0 \cdot t, t : 0 \to 1;$

$\qquad \Gamma_{\overrightarrow{BC}} : x = 0 + 0 \cdot t, y = 1 + (-1) \cdot t, z = 0 + 1 \cdot t, t : 0 \to 1;$

$\qquad \Gamma_{\overrightarrow{CA}} : x = 0 + 1 \cdot t, y = 0 + 0 \cdot t, z = 1 + (-1) \cdot t, t : 0 \to 1;$

原式 $= \int_0^1 (-\mathrm{d}t - \mathrm{d}t + t \cdot 0) + \int_0^1 [0 - (-\mathrm{d}t) + (1-t)\mathrm{d}t] + \int_0^1 [\mathrm{d}t - 0 + 0 \cdot (-\mathrm{d}t)]$

$\qquad = \dfrac{1}{2}.$

6. (1) $L : x = y^2, y = y, y : 1 \to 2$，原式 $= \int_1^2 [(y^2 + y)2y + (y - y^2)]\mathrm{d}y = \dfrac{34}{3};$

(2) $L : x = 3y - 2, y = y, y : 1 \to 2$，原式 $= \int_1^2 [(3y - 2 + y) \cdot 3 + (y - 3y + 2) \cdot 1]\mathrm{d}y = 11;$

(3) 原式 $= \int_1^2 (y-1)\mathrm{d}y + \int_2^4 (x+2)\mathrm{d}x = \dfrac{1}{2} + \dfrac{27}{2} = 14;$

(4) 原式 $= \int_0^1 [(2t^2 + t + 1 + t^2 + 1) \cdot (4t + 1) + (t^2 + 1 - 2t^2 - t - 1) \cdot 2t]\mathrm{d}t = \dfrac{32}{3}.$

7. $L : x = x, y = x^2, x : 0 \to 1, y' = 2x = \tan\alpha, \cos\alpha = +\dfrac{1}{\sqrt{1 + 4x^2}}, \cos\beta = \sin\alpha =$

$+\dfrac{2x}{\sqrt{1 + 4x^2}}.$

原式 $= \int_L [P(x,y)\cos \alpha + Q(x,y)\cos \beta] \mathrm{d}s = \int_L \dfrac{P(x,y) + 2xQ(x,y)}{\sqrt{1+4x^2}} \mathrm{d}s.$

8. $\Gamma: x=t, y=t^2, z=t^3, t:0\to1$. 切线方向向量 $\boldsymbol{\tau} = (x'_t, y'_t, z'_t) = (1, 2t, 3t^2)$,

$\mathrm{d}s = |\mathrm{d}\boldsymbol{s}| = \sqrt{(\mathrm{d}x)^2 + (\mathrm{d}y)^2 + (\mathrm{d}z)^2} = \sqrt{1+4x^2+9y^2} \, \mathrm{d}t \quad (\mathrm{d}t > 0).$

$\cos \alpha = \dfrac{\mathrm{d}x}{\mathrm{d}s} = \dfrac{1}{\sqrt{1+4x^2+9y^2}},$

$\cos \beta = \dfrac{\mathrm{d}y}{\mathrm{d}s} = \dfrac{2x}{\sqrt{1+4x^2+9y^2}},$

$\cos \gamma = \dfrac{3y}{\sqrt{1+4x^2+9y^2}}.$

原式 $= \int_\Gamma [P(x,y,z)\cos \alpha + Q(x,y,z)\cos \beta + R(x,y,z)\cos \gamma] \mathrm{d}s$

$= \int_\Gamma \dfrac{P + 2xQ + 3yR}{\sqrt{1+4x^2+9y^2}} \mathrm{d}s.$

9. 法 1 L 如右图.

$\displaystyle\oint_L \dfrac{\mathrm{d}x+\mathrm{d}y}{|x|+|y|} = \oint_L \dfrac{\mathrm{d}x+\mathrm{d}y}{1} = \oint_L (1,1) \cdot (\mathrm{d}x, \mathrm{d}y)$

$= \displaystyle\oint_L (1,1) \cdot \mathrm{d}\boldsymbol{s}^0 \mathrm{d}s$

$= \displaystyle\oint_{L_1} (1,1) \cdot \mathrm{d}\boldsymbol{s}^0 \mathrm{d}s + \oint_{L_3} (1,1) \cdot \mathrm{d}\boldsymbol{s}^0 \mathrm{d}s +$

$\displaystyle\oint_{L_2} (1,1) \cdot \mathrm{d}\boldsymbol{s}^0 \mathrm{d}s = \oint_{L_4} (1,1) \cdot \mathrm{d}\boldsymbol{s}^0 \mathrm{d}s$

$= \displaystyle\oint_{L_1} 0\mathrm{d}s + \oint_{L_3} 0\mathrm{d}s + \left[\oint_{L_2} (-\sqrt{2})\mathrm{d}s + \oint_{L_4} \sqrt{2}\mathrm{d}s \right] = 0.$

注 虽然本题可分四段计算求和,但本应考虑其他方法计算. 另有:沿闭合曲线 $|x|+|y|=1$,常力 $\boldsymbol{F} = \dfrac{\boldsymbol{i}+\boldsymbol{j}}{|x|+|y|} = \dfrac{\boldsymbol{i}+\boldsymbol{j}}{1} = \boldsymbol{i}+\boldsymbol{j}$ 所做功为零.

法 2 利用格林公式: $\displaystyle\oint_L \dfrac{\mathrm{d}x+\mathrm{d}y}{|x|+|y|} = \oint_L \dfrac{\mathrm{d}x+\mathrm{d}y}{1} = \oint_L \mathrm{d}x + \mathrm{d}y = \iint_D (0-0)\mathrm{d}\sigma = 0.$

自 测 题 3

提示:使用格林公式时要保证:

(1)函数 P, Q 在曲线 L 所围的区域 D 内具有连续偏导数,否则考虑"挖洞";

(2)L 是正向闭曲线,当曲线弧非闭时"补线"构成闭曲线;

（3）D 的外边界曲线应是逆时针，内边界曲线应为顺时针方向（反向则值变号）.

1.（1）$L = L_1 + L_2.$ $L_1 : x = x, y = x^2, x : 0 \to 1; L_2 : x = y^2, y = y, y : 1 \to 0. L_1$ 与 L_1 围成 $D.$ 显然，$P(x, y) = 2xy - x^2, Q(x, y) = x + y^2$ 的偏导数在 D 上连续，于是由格林公式得

$$原式 = \iint\limits_{D} \left[\frac{\partial(x + y^2)}{\partial x} - \frac{\partial(2xy - x^2)}{\partial y} \right] d\sigma = \int_0^1 dx \int_{x^2}^{\sqrt{x}} (1 - 2x) dy = \int_0^1 (1 - 2x)(\sqrt{x} -$$

$$x^2) dx = \frac{1}{30}.$$

又直接计算得：

$$原式 = \int_0^1 \{2xx^2 - x^2) dx + [x + (x^2)^2] d(x^2)\} + \int_1^0 \{[2y^2 y - (y^2)^2] d(y^2) + (y^2 + y^2) dy\}$$

$$= \int_0^1 (2x^5 + 2x^3 + x^2) dx + \int_1^0 (-2y^5 + 4y^4 + 2y^2) dy = \frac{1}{30}.$$

故格林公式对本题是正确的.

（2）原式 $= \iint\limits_{D} [(-2y - (-3xy^2)] d\sigma = \int_0^2 dx \int_0^2 (3xy^2 - 2y) dy = \int_0^2 [xy^3 - y^2]_0^2 dx = 8.$

直接算：原式 $= \int_0^2 x^2 dx + \int_0^2 (y^2 - 2 \cdot 2y) dy + \int_2^0 (x^2 - x \cdot 2^3) dx + \int_2^0 (y^2 - 2 \cdot 0 \cdot y) dy = 8.$

2. $L : x = a\cos^3 t, y = a\sin^3 t, t : 0 \to 2\pi$ 所围面积为 A，则

$$A = \frac{1}{2} \oint_L (-y dx + x dy) = \frac{3\pi a^2}{8}.$$

3.（1）原式 $= \iint\limits_{D} \left[\frac{\partial(5y + 3x - 6)}{\partial x} - \frac{\partial(2x - y + 4)}{\partial y} \right] dx dy = \iint\limits_{D} 4 dx dy$

$$= 4 \left(\frac{1}{2} \cdot 3 \cdot 2 \right) = 12.$$

（2）补线 $L_{x=1} : \begin{cases} x = 1 \\ y = y \end{cases}, y : 1 \to 0; L_{y=0} : \begin{cases} x = x \\ y = 0 \end{cases}, x : 1 \to 0.$ 整个边界为顺时针.

$$原式 = \left(\oint_{L + L_{x=1} + L_{y=0}} - \int_{L_{x=1}} - \int_{L_{y=0}} \right) [(x^2 - y) dx - (x + \sin^2 y) dy]$$

$$= -\iint\limits_{D} [-1 - (-1)] dx dy - \int_1^0 [(1^2 - y) d(1) - (1 + \sin^2 y) dy] -$$

$$\int_1^0 [(x^2 - 0) dx - (x + \sin^2 0) d0]$$

$$= 0 + \int_1^0 \left(\frac{3}{2} + \frac{1}{2} \cos 2y \right) dy - \int_1^0 x^2 dx$$

$$= -\frac{3}{2} + \frac{1}{4} \sin 2 + \frac{1}{3} = \frac{1}{4} \sin 2 - \frac{7}{6}.$$

4. (1) 因为 $\dfrac{\partial Q}{\partial x}=1=\dfrac{\partial P}{\partial y}$，所以积分与路径无关. 故原式 $=\displaystyle\int_1^2 (x+1)\mathrm{d}x+\int_1^3 (2-y)\mathrm{d}y=\dfrac{5}{2}.$

(2) 因为 $\dfrac{\partial Q}{\partial x}=2x-4y^3=\dfrac{\partial P}{\partial y}$，所以积分与路径无关. 故原式 $\displaystyle\int_1^2 3\mathrm{d}x+\int_0^1 (4-8y^3)\mathrm{d}y=5.$

5. (1) 因为 $\dfrac{\partial Q}{\partial x}=6\sin 2x\cos 3y=\dfrac{\partial P}{\partial y}$，所以存在原函数. 取 $(x_0,y_0)=(0,0)$，

$$\text{原式}=\int_{(0,0)}^{(x,y)} P\mathrm{d}x+Q\mathrm{d}y=\int_{(0,0)}^{(x,0)} P\mathrm{d}x+Q\mathrm{d}y+\int_{(x,0)}^{(x,y)} P\mathrm{d}x+Q\mathrm{d}y$$

$$=\int_0^x 0\mathrm{d}x+\int_0^y -3\cos 3y\cos 2x\,\mathrm{d}y=-\cos 2x\sin 3y.$$

(2) 因为 $\dfrac{\partial Q}{\partial x}=2y\cos x-2x\sin y=\dfrac{\partial P}{\partial y}$，所以存在原函数. 取 $(x_0,y_0)=(0,0)$，

$$\text{原式}=\int_{(0,0)}^{(x,y)} P\mathrm{d}x+Q\mathrm{d}y=\int_{(0,0)}^{(x,0)} P\mathrm{d}x+Q\mathrm{d}y+\int_{(x,0)}^{(x,y)} P\mathrm{d}x+Q\mathrm{d}y$$

$$=\int_0^x 2x\mathrm{d}x+\int_0^y (2y\sin x-x^2\sin y)\mathrm{d}y=y^2\sin x+x^2\cos y.$$

6. $P=\dfrac{x+y}{x^2+y^2},\ Q=-\dfrac{x-y}{x^2+y^2}.\ \dfrac{\partial Q}{\partial x}=\dfrac{x^2-2xy-y^2}{(x^2+y^2)^2}=\dfrac{\partial P}{\partial y},\ x^2+y^2\neq 0.$

(1) 由 x,y 满足 $L:x^2+y^2=a^2$，并利用格林公式得

$$\int_L \frac{(x+y)\mathrm{d}x-(x-y)\mathrm{d}y}{x^2+y^2}=\int_L \frac{(x+y)\mathrm{d}x-(x-y)\mathrm{d}y}{a^2}$$

$$=\frac{1}{a^2}\int_L (x+y)\mathrm{d}x-(x-y)\mathrm{d}y$$

$$=\frac{1}{a^2}\iint_D [(-1)-1]\mathrm{d}x\mathrm{d}y$$

$$=-\frac{2}{a^2}\iint_D \mathrm{d}x\mathrm{d}y=-\frac{2}{a^2}\cdot \pi a^2=-2\pi.$$

(2) 因 L 所围 D 内含原点 $(0,0)$，而在此处 $\dfrac{\partial Q}{\partial x},\dfrac{\partial P}{\partial y}$ 不存在，故需补线 $l:x^2+y^2=r^2\left(r<\dfrac{\sqrt{2}}{2}\right)$，取顺时针方向，如右图. 则在 L 与 l 所围 D' 上满足格林公式条件. 于是利用 (1) 在 l 上的结果得

$$\text{原式}=\left(\int_{L+l}-\int_l\right)\frac{(x+y)\mathrm{d}x-(x-y)\mathrm{d}y}{x^2+y^2}$$

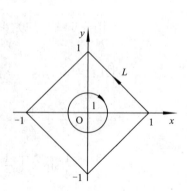

$$= \iint\limits_{D'} 0 \mathrm{d}x \mathrm{d}y + \int_{l^-} \frac{(x+y)\mathrm{d}x - (x-y)\mathrm{d}y}{x^2+y^2}$$

$$= -2\pi.$$

7. $P = \mathrm{e}^x(1-\cos y), Q = \mathrm{e}^x(\sin y - y), \dfrac{\partial Q}{\partial x} = \mathrm{e}^x(\sin y - y), \dfrac{\partial P}{\partial y} = \mathrm{e}^x \sin y.$ 补 L_1：

$$\begin{cases} x = x \\ y = 0 \end{cases} x : \pi \to 0.$$

$$\text{原式} = \int_{L+L_1} P\mathrm{d}x + Q\mathrm{d}y - \int_{L_1} P\mathrm{d}x + Q\mathrm{d}y = -\iint\limits_{D}\left(\frac{\partial Q}{\partial x} - \frac{\partial P}{\partial y}\right)\mathrm{d}x\mathrm{d}y - \int_{\pi}^{0} \mathrm{e}^x(1-\cos 0)\mathrm{d}x$$

$$= -\iint\limits_{D}(-\mathrm{e}^x y)\mathrm{d}x\mathrm{d}y - 0 = \iint\limits_{D} \mathrm{e}^x y \mathrm{d}x\mathrm{d}y = \int_{0}^{\pi} \mathrm{e}^x \mathrm{d}x \int_{0}^{\sin x} y\mathrm{d}y = \int_{0}^{\pi} \mathrm{e}^x \cdot \frac{1}{2} y^2 \Big|_{0}^{\sin x} \mathrm{d}x$$

$$= \frac{1}{2} \int_{0}^{\pi} \mathrm{e}^x \sin^2 x \mathrm{d}x = \frac{1}{4} \int_{0}^{\pi} (\mathrm{e}^x - \mathrm{e}^x \cos 2x)\mathrm{d}x = \frac{\mathrm{e}^\pi - 1}{4} - \frac{1}{4} \int_{0}^{\pi} \mathrm{e}^x \cos 2x \mathrm{d}x.$$

再由 $\displaystyle\int_{0}^{\pi} \mathrm{e}^x \cos 2x \mathrm{d}x = \int_{0}^{\pi} \cos 2x \mathrm{d}\mathrm{e}^x = \left[\mathrm{e}^x \cos 2x\right]_{0}^{\pi} + 2\int_{0}^{\pi} \mathrm{e}^x \sin 2x \mathrm{d}x$

$$= (\mathrm{e}^\pi - 1) + 2\int_{0}^{\pi} \sin 2x \mathrm{d}\mathrm{e}^x$$

$$= (\mathrm{e}^\pi - 1) + 2\left[\left[\mathrm{e}^x \sin 2x\right]_{0}^{\pi} - 2\int_{0}^{\pi} \mathrm{e}^x \cos 2x \mathrm{d}x\right]$$

$$= (\mathrm{e}^\pi - 1) - 4\int_{0}^{\pi} \mathrm{e}^x \cos 2x \mathrm{d}x, \text{得}$$

$$\text{原式} = \frac{\mathrm{e}^\pi - 1}{4} - \frac{1}{4}\frac{\mathrm{e}^\pi - 1}{5} = \frac{\mathrm{e}^\pi - 1}{5}.$$

8. 因 $\dfrac{x\mathrm{d}x + y\mathrm{d}y}{x^2+y^2} = P\mathrm{d}x + Q\mathrm{d}y$ 在所给的 G 内：$\dfrac{\partial Q}{\partial x} = \dfrac{-2xy}{(x^2+y^2)^2} = \dfrac{\partial P}{\partial y}$，故它是某函数 $u(x,y)$ 的全微分. 利用积分与路径无关，得 G（除 y 轴的负半轴及原点）内一个原函数为

$$u(x,y) = \int_{(1,0)}^{(x,y)} \frac{x}{x^2+y^2}\mathrm{d}x + \frac{y}{x^2+y^2}\mathrm{d}y = \int_{1}^{x} \frac{x}{x^2+0^2}\mathrm{d}x + \int_{0}^{y} \frac{y}{x^2+y^2}\mathrm{d}y$$

$$= \ln x \big|_{1}^{x} + \frac{1}{2}\ln(x^2+y^2)\big|_{0}^{y} = \ln x + \frac{1}{2}\left[\ln(x^2+y^2) - \ln(x^2+0^2)\right]$$

$$= \ln x + \frac{1}{2}\ln(x^2+y^2) - \ln x = \ln \sqrt{x^2+y^2}.$$

9. $\boldsymbol{F} = (x+y^2, 2xy-8), W = \displaystyle\int_{L}(x+y^2)\mathrm{d}x + (2xy-8)\mathrm{d}y.$ 因 $\dfrac{\partial Q}{\partial x} = 2y = \dfrac{\partial P}{\partial y}.$ 故功与路无关.

自 测 题 4

1. 因 Σ 是 xOy 面内的闭区域,也可记作 D,在 Σ 上 $z=0$,故

$$\iint_{\Sigma} f(x,y,z)\,\mathrm{d}S = \iint_{D} f(x,y,0)\,\mathrm{d}\sigma.$$

2. $\Sigma:z=\sqrt{3}\sqrt{x^2+y^2}$,其在 xOy 面上的投影域为 $D:x^2+y^2\leqslant 3$,曲面面积微元

$$\mathrm{d}S=\sqrt{1+z'^2_x+z'^2_y}\,\mathrm{d}\sigma=\sqrt{1+3\left(\frac{x}{\sqrt{x^2+y^2}}\right)^2+3\left(\frac{y}{\sqrt{x^2+y^2}}\right)^2}\,\mathrm{d}\sigma=2\mathrm{d}\sigma$$

所以 $\displaystyle\iint_{\Sigma}(x^2+y^2)\,\mathrm{d}S=\iint_{D}(x^2+y^2)\cdot 2\mathrm{d}\sigma=2\int_0^{2\pi}\mathrm{d}\theta\int_0^{\sqrt{3}}r^2\cdot r\mathrm{d}r=2\cdot 2\pi\cdot\frac{9}{4}=9\pi.$

3. $\Sigma:z=2-(x^2+y^2)$ 在 xOy 面上的投影域为 $D:x^2+y^2\leqslant 2$,由 $\mathrm{d}S=\sqrt{1+z'^2_x+z'^2_y}\,\mathrm{d}\sigma$ 得

$$原式=\iint_{\Sigma}(x^2+y^2)\,\mathrm{d}S=\iint_{D}(x^2+y^2)\sqrt{1+4(x^2+y^2)}\,\mathrm{d}\sigma=\int_0^{2\pi}\left[\int_0^{\sqrt{2}}r^2\sqrt{1+4r^2}\cdot r\mathrm{d}r\right]\mathrm{d}\theta$$

$$=\frac{1}{4}\left\{\int_0^{2\pi}\left[\int_0^{\sqrt{2}}(1+4r^2)\sqrt{1+4r^2}\cdot r\mathrm{d}r\right]\mathrm{d}\theta-\int_0^{2\pi}\left[\int_0^{\sqrt{2}}\sqrt{1+4r^2}\cdot r\mathrm{d}r\right]\mathrm{d}\theta\right\}$$

$$=\frac{1}{4}\left\{\int_0^{2\pi}\mathrm{d}\theta\cdot\int_0^{\sqrt{2}}(1+4r^2)^{\frac{3}{2}}\frac{1}{8}\mathrm{d}(1+4r^2)-\frac{13}{3}\pi\right\}=\frac{149}{30}\pi.$$

注 其中的积分也可用换元法:

$$\int_0^{\sqrt{2}}r^3\sqrt{1+4r^2}\,\mathrm{d}r=\int_0^{\arctan 2\sqrt{2}}\frac{1}{8}\tan^3 t\cdot\sec t\cdot\frac{1}{2}\sec^3 t\mathrm{d}t$$

$$=\frac{1}{16}\int_0^{\theta_0}(\sec^4 t-\sec^2 t)\mathrm{d}\sec t=\frac{149}{60}.$$

4. $\Sigma:z=4\left(1-\dfrac{x}{2}-\dfrac{y}{3}\right)$,投影域 D_{xy}:由 $x=0,y=0,\dfrac{x}{2}+\dfrac{y}{3}=1$ 所围.

$$\mathrm{d}S=\sqrt{1+(z'_x)^2+(z'_y)^2}\,\mathrm{d}\sigma=\sqrt{1+(-2)^2+(-4/3)^2}\,\mathrm{d}\sigma=\frac{\sqrt{61}}{3}\mathrm{d}\sigma.$$

$$原式=\iint_{D_{xy}}4\left(\frac{x}{2}+\frac{y}{3}+\frac{z}{4}\right)\frac{\sqrt{61}}{3}\mathrm{d}\sigma=\iint_{D_{xy}}4\cdot\frac{\sqrt{61}}{3}\mathrm{d}\sigma=\frac{4\sqrt{61}}{3}\iint_{D_{xy}}\mathrm{d}\sigma$$

$$=\frac{4\sqrt{61}}{3}\cdot\frac{1}{2}\cdot 2\cdot 3=4\sqrt{61}.$$

5. $\Sigma:z=\sqrt{a^2-x^2-y^2}$,$D_{xy}:x^2+y^2+h^2\leqslant a^2$,$\mathrm{d}S=\dfrac{\mathrm{d}\sigma}{|\cos\gamma|}=\dfrac{\mathrm{d}\sigma}{\dfrac{z}{a}}$

$$= \frac{a}{\sqrt{a^2 - x^2 - y^2}} \mathrm{d}\sigma.$$

$$原式 = \iint\limits_{\Sigma} x \mathrm{d}\sigma + \iint\limits_{\Sigma} y \mathrm{d}\sigma + \iint\limits_{D_{xy}} \sqrt{a^2 - x^2 - y^2} \cdot \frac{a}{\sqrt{a^2 - x^2 - y^2}} \mathrm{d}\sigma = 0 + 0 + \iint\limits_{D_{xy}} a \mathrm{d}\sigma$$

$$= \pi a (a^2 - h^2).$$

或　　$$原式 = 0 + 0 + \int_0^{2\pi} \mathrm{d}\theta \int_\alpha^{\frac{\pi}{2}} a\cos\varphi \cdot a^2 \sin\varphi \mathrm{d}\varphi = a^3 \cdot 2\pi \cdot \frac{1}{2} \sin^2\varphi \Big|_\alpha^{\frac{\pi}{2}}$$

$$= \pi a (a^2 - a^2 \sin^2\alpha)$$

$$= \pi a (a^2 - h^2).$$

自 测 题 5

1. 对于 $\iint\limits_{\Sigma} z \mathrm{d}x\mathrm{d}y$，因曲面 Σ 在 xOy 面上的投影为圆弧曲线 $L: x^2 + y^2 = 1$，故其面积微

元 $\mathrm{d}S$ 在 xOy 上的投影 $\mathrm{d}x\mathrm{d}y = 0$，从而 $\iint\limits_{\Sigma} z \mathrm{d}x\mathrm{d}y = 0$；

对 $\iint\limits_{\Sigma} x \mathrm{d}y\mathrm{d}z$，因曲面 $\Sigma: x = \sqrt{1 - y^2}$ 在 yOz 面上的投影为 $D: 0 \leqslant y \leqslant 1, 0 \leqslant z \leqslant 3$ 所

围，故

$$\iint\limits_{\Sigma} x \mathrm{d}y\mathrm{d}z = \iint\limits_{D} \sqrt{1 - y^2} + \mathrm{d}y\mathrm{d}z = \int_0^1 \left[\int_0^3 \sqrt{1 - y^2} \mathrm{d}z \right] \mathrm{d}y = \int_0^1 3 \sqrt{1 - y^2} \mathrm{d}y = \frac{3\pi}{4};$$

对 $\iint\limits_{\Sigma} y \mathrm{d}z\mathrm{d}x$，类似上面后一情形有 $\iint\limits_{\Sigma} y \mathrm{d}z\mathrm{d}x = \frac{3\pi}{4}$.

$$原式 = 0 + \frac{3\pi}{4} + \frac{3\pi}{4} = \frac{3\pi}{2}.$$

2. 法1　如右图，由 Σ_2, Σ_3 在 xOy 面上的投影均为线段，故面积微元投影 $\mathrm{d}x\mathrm{d}y = 0$；

记 Σ_2, Σ_4 在 xOy 面上的投影域分别为 D_1, D_4. 则

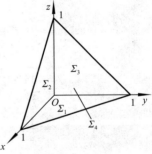

$$\iint\limits_{\Sigma} xz \mathrm{d}x\mathrm{d}y = \iint\limits_{\Sigma_1} xz \mathrm{d}x\mathrm{d}y + \iint\limits_{\Sigma_2} xz \mathrm{d}x\mathrm{d}y + \iint\limits_{\Sigma_3} xz \mathrm{d}x\mathrm{d}y + \iint\limits_{\Sigma_4} xz \mathrm{d}x\mathrm{d}y$$

$$= \iint\limits_{D_1} x \cdot 0 \cdot (-\mathrm{d}x\mathrm{d}y) + 0 + 0 +$$

$$\iint\limits_{D_4} x(1 - x - y)(+\mathrm{d}x\mathrm{d}y)$$

$$= \int_0^1 \mathrm{d}x \int_0^{1-x} x[(1 - x) - y] \mathrm{d}y$$

$$= \int_0^1 x \left[(1 - x)y - \frac{1}{2}y^2 \right] \Big|_0^{1-x} \mathrm{d}x = \frac{1}{24}.$$

类似得 $\displaystyle\iint\limits_{\Sigma} xy\,\mathrm{d}y\mathrm{d}z = \iint\limits_{\Sigma} yz\,\mathrm{d}z\mathrm{d}x = \frac{1}{24}$,

$$原式 = \frac{1}{24} + \frac{1}{24} + \frac{1}{24} = \frac{1}{8}.$$

法 2 利用高斯公式. 因 $P=xz, Q=xy, R=yz$. 则

$$原式 = \iiint\limits_{\Omega}\left(\frac{\partial P}{\partial x}+\frac{\partial Q}{\partial y}+\frac{\partial R}{\partial z}\right)\mathrm{d}v = \iiint\limits_{\Omega}(y+z+x)\mathrm{d}v = \int_0^1\left\{\int_0^{1-x}\left[\int_0^{1-x-y}(y+z+x)\mathrm{d}z\right]\mathrm{d}y\right\}\mathrm{d}x$$

$$= \int_0^1\left\{\int_0^{1-x}\frac{1}{2}\,(y+z+x)^2\Big|_0^{1-x-y}\mathrm{d}y\right\}\mathrm{d}x = \frac{1}{2}\int_0^1\mathrm{d}x\int_0^{1-x}[1-(x+y)^2]\mathrm{d}y$$

$$= \frac{1}{2}\int_0^1\left[y-\frac{1}{3}\,(x+y)^3\right]_0^{1-x}\mathrm{d}x = \frac{1}{2}\int_0^1\left[(1-x)-\frac{1}{3}(1-x^3)\right]\mathrm{d}x = \frac{1}{8}.$$

3. $\Sigma: z = -\sqrt{R^2-x^2-y^2}$ 在 xOy 面上的投影域 $D_{xy}: x^2+y^2 \leqslant R^2$.

$$原式 = \iint\limits_{D_{xy}} x^2 y^2(-\mathrm{d}x\mathrm{d}y) = -\int_0^{2\pi}\left[\int_0^R r^2\cos^2\theta \cdot r^2\sin^2\theta \cdot r\mathrm{d}r\right]\mathrm{d}\theta$$

$$= -\int_0^{2\pi}\frac{1}{4}\sin^2 2\theta\mathrm{d}\theta \cdot \int_0^R r^5\mathrm{d}r = -\frac{1}{8}\int_0^{2\pi}(1-\cos 4\theta)\mathrm{d}\theta \cdot \frac{R^6}{6}$$

$$= -\frac{1}{8}\left[\theta-\frac{1}{4}\sin 4\theta\right]_0^{2\pi}\cdot\frac{R^6}{6} = -\frac{\pi}{24}R^6.$$

4. $\Sigma: x-y+z=1$ 在第四卦限部分上侧的法向量与 z 轴夹角为锐角, 取法向量 $\boldsymbol{n} = (1,-1,1)$, 它的方向余弦 $\cos\alpha = \dfrac{1}{|\boldsymbol{n}|} = \dfrac{1}{\sqrt{3}}, \cos\beta = \dfrac{-1}{|\boldsymbol{n}|} = \dfrac{-1}{\sqrt{3}}, \cos\gamma = \dfrac{1}{|\boldsymbol{n}|} = \dfrac{1}{\sqrt{3}}$. 投影域 D 由 $x-y=1, x=0, y=0$ 所围.

$$原式 = \iint\limits_{\Sigma}[(f+x)\cos\alpha + (2f+y)\cos\beta + (f+z)\cos\gamma]\mathrm{d}S$$

$$= \iint\limits_{\Sigma}[f+x-(2f+y)+f+z]\frac{1}{\sqrt{3}}\mathrm{d}S = \iint\limits_{\Sigma}(x-y+z)\frac{1}{\sqrt{3}}\mathrm{d}S$$

$$= \iint\limits_{\Sigma}1\cdot\frac{1}{\sqrt{3}}\mathrm{d}S = \iint\limits_{D}\mathrm{d}x\mathrm{d}y = S_D = \frac{1}{2}\cdot 1\cdot 1$$

$$= \frac{1}{2}.$$

自 测 题 6

1. (1) 原式 $\displaystyle = 2\iiint\limits_{\Omega}(x+y+z)\mathrm{d}v = 2\int_0^a\left\{\int_0^a\left[\int_0^a(x+y+z)\mathrm{d}z\right]\mathrm{d}y\right\}\mathrm{d}x = 3a^4.$

(2) 原式 $= 3\iiint\limits_{\Omega}(x^2 + y^2 + z^2)\mathrm{d}v = 3\int_0^{2\pi}\left\{\int_0^{\pi}\left[\int_0^a r^2 \cdot r^2\sin\phi\mathrm{d}r\right]\mathrm{d}\phi\right\}\mathrm{d}\theta$

$$= 3\int_0^{2\pi}\mathrm{d}\theta \cdot \int_0^{\pi}\sin\phi\mathrm{d}\phi \cdot \int_0^a r^4\mathrm{d}r = \frac{12}{5}\pi a^6.$$

(3) 补面 $\Sigma_0(z=0, x^2+y^2\leqslant 9)$，取下侧；$\Sigma_3(z=0, x^2+y^2\leqslant 9)$，取上侧. $D: x^2+y^2\leqslant$
9. 则

$$\text{原式} = \left(\iint\limits_{\Sigma+\Sigma_0+\Sigma_3} - \iint\limits_{\Sigma_0} - \iint\limits_{\Sigma_3}\right)x\mathrm{d}y\mathrm{d}z + y\mathrm{d}z\mathrm{d}x + z\mathrm{d}x\mathrm{d}y = \iiint\limits_{\Omega}3\mathrm{d}v - \iint\limits_{D}0(-\mathrm{d}x\mathrm{d}y) - \iint\limits_{D}3\mathrm{d}x\mathrm{d}y$$

$$= 3V - 0 - 3S_D = 3 \cdot \pi \cdot 3^2 \cdot 3 - 3 \cdot \pi \cdot 3^2 = 81\pi - 27\pi$$

$$= 54\pi.$$

2. $\Phi = \iint\limits_{\Sigma}A_n\mathrm{d}S = \iint\limits_{\Sigma}\boldsymbol{A} \cdot \boldsymbol{n}^0\mathrm{d}S = \iint\limits_{\Sigma}(yz\cos\alpha + xz\cos\beta + xy\cos\gamma)\mathrm{d}S$

$$= \iint\limits_{\Sigma}yz\mathrm{d}y\mathrm{d}z + xz\mathrm{d}z\mathrm{d}x + xy\mathrm{d}x\mathrm{d}y$$

$$= \iiint\limits_{\Omega}0\mathrm{d}v = 0.$$

3. $\mathrm{div}\boldsymbol{A} = \dfrac{\partial(x^2+yz)}{\partial x} + \dfrac{\partial(y^2+xz)}{\partial y} + \dfrac{\partial(z^2+xy)}{\partial z} = 2(x+y+z).$

4. $\iint\limits_{\Sigma}(x^3\cos\alpha + y^3\cos\beta + z^3\cos\gamma)\mathrm{d}S = \iint\limits_{\Sigma}x^3\mathrm{d}y\mathrm{d}z + y^3\mathrm{d}z\mathrm{d}x + z^3\mathrm{d}x\mathrm{d}y$

$$= \frac{12}{5}\pi a^5.$$

第 7 章

自 测 题 1

1.(1)对. 因为若 $\sum\limits_{n=1}^{\infty}|u_n|$ 收敛，则必有级数 $\sum\limits_{n=1}^{\infty}u_n$ 收敛.

(2)错. 当级数 $\sum\limits_{n=1}^{\infty}u_n$ 收敛时，必有 $\lim\limits_{n\to\infty}u_n=0$，而级数发散时未必，如 $\sum\limits_{n=1}^{\infty}(-1)^{n-1}$.

(3)错. 对于正项级数正确，而对于任意项级数未必. 如 $\sum\limits_{n=1}^{\infty}(-1)^n$ 的 s_n 有界，但其发散.

2.(1)法 1 因为级数的部分和

$$s_n = \ln\frac{2}{1} + \ln\frac{3}{2} + \cdots + \ln\frac{n+1}{n} = (\ln 2 - \ln 1) + (\ln 3 - \ln 2) + \cdots + [\ln(n+1) - \ln n]$$

$$= \ln(n+1),$$

而 $\lim\limits_{n\to\infty} s_n = \lim\limits_{n\to\infty}\ln(n+1) = \infty$，所以级数发散.

法 2 因为 $\lim\limits_{n\to\infty}\dfrac{\ln\dfrac{n+1}{n}}{\dfrac{1}{n}} = \lim\limits_{n\to\infty}\dfrac{\ln\left(1+\dfrac{1}{n}\right)}{\dfrac{1}{n}} = 1 = l$，而 $\sum\limits_{n=1}^{\infty}\dfrac{1}{n}$ 发散，所以原级数发散.

(2)法 1 $s_n = \dfrac{1}{2}\left[\left(\dfrac{1}{1}-\dfrac{1}{3}\right) + \left(\dfrac{1}{3}-\dfrac{1}{5}\right) + \cdots + \left(\dfrac{1}{2n-1}-\dfrac{1}{2n+1}\right)\right] = \dfrac{1}{2}\left(1-\dfrac{1}{2n-1}\right)$，

$\lim\limits_{n\to\infty} s_n = \dfrac{1}{2}$，因此级数收敛.

法 2 因 $\lim\limits_{n\to\infty}\dfrac{\dfrac{1}{(2n-1)(2n+1)}}{\dfrac{1}{n^2}} = \lim\limits_{n\to\infty}\dfrac{n^2}{(2n-1)(2n+1)} = \dfrac{1}{4} = l$，而 $\sum\limits_{n=1}^{\infty}\dfrac{1}{n^2}$ 收敛，所以原

级数收敛.

3.(1) $\lim\limits_{n\to\infty} u_n = \lim\limits_{n\to\infty}\cos\dfrac{1}{n} = 1 \neq 0$，由级数收敛的必要条件知，原级数发散.

(2) 由 $\sum\limits_{n=1}^{\infty}\dfrac{1}{n}$ 发散知，在其前面加上了 $2+3+\cdots+100$ 这 99 项后所成的原级数仍发散.

(3)法 1 由等差级数 $\sum\limits_{n=1}^{\infty}\dfrac{1}{2^n}$ 及 $\sum\limits_{n=1}^{\infty}\dfrac{1}{3^n}$ 都收敛知，级数 $\sum\limits_{n=1}^{\infty}\left(\dfrac{1}{2^n}+\dfrac{1}{3^n}\right)$ 即原级数收敛.

法 2 $s_n = \left(\dfrac{1}{2}+\dfrac{1}{3}\right) + \left(\dfrac{1}{2^2}+\dfrac{1}{3^2}\right) + \cdots + \left(\dfrac{1}{2^n}+\dfrac{1}{3^n}\right)$

$$= \left(\dfrac{1}{2}+\dfrac{1}{2^2}+\cdots+\dfrac{1}{2^n}\right) + \left(\dfrac{1}{3}+\dfrac{1}{3^2}+\cdots+\dfrac{1}{3^n}\right)$$

$$= \dfrac{\dfrac{1}{2}\left[1-\left(\dfrac{1}{2}\right)^n\right]}{1-\dfrac{1}{2}} + \dfrac{\dfrac{1}{3}\left[1-\left(\dfrac{1}{3}\right)^n\right]}{1-\dfrac{1}{3}}$$

$$= \left(1-\dfrac{1}{2^n}\right) + \dfrac{1}{2}\left(1-\dfrac{1}{3^n}\right) \to \dfrac{3}{2}\ (n\to\infty)，级数收敛.$$

(4) 因为 $\sum\limits_{n=1}^{\infty}\dfrac{1}{2^n}$ 收敛，而 $\sum\limits_{n=1}^{\infty}\dfrac{1}{10n}$ 发散，所以 $\sum\limits_{n=1}^{\infty}\left(\dfrac{1}{2^n}+\dfrac{1}{10n}\right)$ 即原级数发散.

注 若 $\sum\limits_{n=1}^{\infty} u_n$ 发散，而 $\sum\limits_{n=1}^{\infty} v_n$ 收敛，则 $\sum\limits_{n=1}^{\infty}(u_n \pm v_n)$ 发散. 事实上，若 $\sum\limits_{n=1}^{\infty}(u_n+v_n)$ 收敛，则由收敛级数的性质知 $\sum\limits_{n=1}^{\infty} u_n = \sum\limits_{n=1}^{\infty}[(u_n \pm v_n) \mp v_n]$ 收敛，这与 $\sum\limits_{n=1}^{\infty} u_n$ 发散矛盾.

自 测 题 2

1.(1)因为 $\sqrt{n^3+1}-\sqrt{n^3}=\dfrac{1}{\sqrt{n^3+1}+\sqrt{n^3}}\leqslant\dfrac{1}{\sqrt{n^3}}=\dfrac{1}{n^{3/2}}$，而 $\sum\limits_{n=1}^{\infty}\dfrac{1}{n^{3/2}}$ 收敛，所以原级数收敛.

(2)因为 $\dfrac{1}{(n+1)(n+4)}<\dfrac{1}{n^2}$，而 $\sum\limits_{n=1}^{\infty}\dfrac{1}{n^2}$ 收敛，所以原级数收敛.

(3)因为 $\sin\dfrac{\pi}{2^n}<\dfrac{\pi}{2^n}$，而 $\sum\limits_{n=1}^{\infty}\dfrac{\pi}{2^n}$ 收敛，所以原级数收敛.

2.(1)法1　因为 $\lim\limits_{n\to\infty}\dfrac{u_{n+1}}{u_n}=\lim\limits_{n\to\infty}\dfrac{\frac{(n+1)^2}{3^{n+1}}}{\frac{n^2}{3^n}}=\dfrac{1}{3}=\rho<1$，所以原级数收敛.

法2　因为 $\dfrac{n^2}{3^n}\leqslant\dfrac{2^n}{3^n}(n>3)$，而 $\sum\limits_{n=1}^{\infty}\dfrac{2^n}{3^n}$ 收敛，所以原级数收敛.

(2)因为 $\lim\limits_{n\to\infty}\dfrac{u_{n+1}}{u_n}=\lim\limits_{n\to\infty}\dfrac{\frac{2^{n+1}(n+1)!}{(n+1)^{n+1}}}{\frac{2^n n!}{n^n}}=\dfrac{2}{e}=\rho<1$，所以级数收敛.

(3)因为 $\lim\limits_{n\to\infty}\dfrac{u_{n+1}}{u_n}=\lim\limits_{n\to\infty}\dfrac{(n+1)\tan\frac{\pi}{2^{(n+1)+1}}}{n\tan\frac{\pi}{2^{n+1}}}=\lim\limits_{n\to\infty}\dfrac{n+1}{n}\cdot\lim\limits_{n\to\infty}\dfrac{\frac{\pi}{2^{(n+1)+1}}}{\frac{\pi}{2^{n+1}}}=\dfrac{1}{2}=\rho<1$，所以级数收敛.

3.(1)因为 $\lim\limits_{n\to\infty}\dfrac{u_{n+1}}{u_n}=\lim\limits_{n\to\infty}\dfrac{\frac{(n+1)!}{(n+1)^{n+1}}}{\frac{n!}{n^n}}=\dfrac{1}{e}=\rho<1$，所以级数收敛.

(2)因为 $\lim\limits_{n\to\infty}\dfrac{\frac{1}{na+b}}{\frac{1}{n}}=\lim\limits_{n\to\infty}\dfrac{n}{na+b}=\dfrac{1}{a}(a>0)$，而 $\sum\limits_{n=1}^{\infty}\dfrac{1}{n}$ 发散，所以原级数发散.

4.(1)对 $\sum\limits_{n=1}^{\infty}\left|\dfrac{\sin\pi}{n^2}\right|$，因为 $\left|\dfrac{\sin\pi}{n^2}\right|\leqslant\dfrac{1}{n^2}$，而 $\sum\limits_{n=1}^{\infty}\dfrac{1}{n^2}$ 收敛，所以原级数绝对收敛.

(2)因为 $\lim\limits_{n\to\infty}|u_n|=\lim\limits_{n\to\infty}\dfrac{n}{2n-1}=\dfrac{1}{2}\neq0$，所以 $\lim\limits_{n\to\infty}u_n\neq0$，故级数发散.

(3)对 $\sum\limits_{n=1}^{\infty}\left|(-1)^{n-1}\dfrac{1}{\pi^n}\sin\dfrac{\pi}{n+1}\right|=\sum\limits_{n=1}^{\infty}\dfrac{1}{\pi^n}\left|\sin\dfrac{\pi}{n+1}\right|$，因为 $\dfrac{1}{\pi^n}\left|\sin\dfrac{\pi}{n+1}\right|\leqslant\dfrac{1}{\pi^n}$，而 $\sum\limits_{n=1}^{\infty}\dfrac{1}{\pi^n}$ 收，故原级数绝对收敛.

自 测 题 3

1.(1)因为 $R=\lim\limits_{n\to\infty}\left|\dfrac{a_n}{a_{n+1}}\right|=\lim\limits_{n\to\infty}\left|\dfrac{(-1)^{n-1}\dfrac{1}{2^n}}{(-1)^n\dfrac{1}{2^{n+1}}}\right|=2$,所以收敛区间为 $(-2,2)$.

在 $x=\pm 2$ 处级数为 $\sum\limits_{n=1}^{\infty}(-1)^{n-1}\dfrac{(\pm 2)^n}{2^n}$,因为 $\lim\limits_{n\to\infty}\dfrac{(\pm 2)^n}{2^n}\neq 0$,所以级数发散,故收敛域为 $(-2,2)$.

(2)原级数 $\sum\limits_{n=1}^{\infty}\dfrac{x^{2n-1}}{n\cdot 2^n}=x\sum\limits_{n=1}^{\infty}\dfrac{(x^2)^{n-1}}{n\cdot 2^n}$. 因为 $R_{x^2}=\lim\limits_{n\to\infty}\left|\dfrac{\dfrac{1}{n\cdot 2^n}}{\dfrac{1}{(n+1)\cdot 2^{n+1}}}\right|=2$,所以

$R_{x^2}=2$,故 $R=\sqrt{R_{x^2}}=\sqrt{2}$.

因为在 $x=\pm\sqrt{2}$ 处级数为 $(\pm\sqrt{2})\sum\limits_{n=1}^{\infty}\dfrac{1}{n\cdot 2}$,此级数发散,故收敛域为 $(-\sqrt{2},\sqrt{2})$.

(3)$\sum\limits_{n=1}^{\infty}\dfrac{1}{4^n}(x-1)^{2n}=\sum\limits_{n=1}^{\infty}\dfrac{1}{4^n}[(x-1)^2]^n$,因为 $R_{(x-1)^2}=\lim\limits_{n\to\infty}\dfrac{\dfrac{1}{4^n}}{\dfrac{1}{4^{n+1}}}=4$,所以 $R=$

$\sqrt{R_{(x-1)^2}}=2$,

故收敛区域为 $(-1,3)$(由 (x_0-R,x_0-R) 确定.)

因为在 $x=-1,3$ 处级数为 $\sum\limits_{n=1}^{\infty}\dfrac{1}{4^n}(\pm 2)^{2n}=\sum\limits_{n=1}^{\infty}1$,它发散,故收敛域为 $(-1,3)$.

2.(1)$R=\lim\limits_{n\to\infty}\left|\dfrac{a_n}{a_{n+1}}\right|=\lim\limits_{n\to\infty}\dfrac{n}{n+1}=1$,记 $s(x)=\sum\limits_{n=1}^{\infty}nx^n$,$f(x)=\sum\limits_{n=1}^{\infty}nx^{n-1}$,则 $s(x)=xf(x)$.

因为 $\int_0^x f(x)\mathrm{d}x=\sum\limits_{n=1}^{\infty}\int_0^x nx^{n-1}\mathrm{d}x=\sum\limits_{n=1}^{\infty}x^n=-1+\sum\limits_{n=0}^{\infty}x^n=-1+\dfrac{1}{1-x}$,

所以 $f(x)=\left[\int_0^x f(x)\mathrm{d}x\right]'=\left(-1+\dfrac{1}{1-x}\right)'=\dfrac{1}{(1-x)^2}$,即

$$\sum\limits_{n=1}^{\infty}nx^{n-1}=\dfrac{1}{(1-x)^2},(-1,1).$$

故 $s(x)=xf(x)=\dfrac{x}{(1-x)^2}$,即 $\sum\limits_{n=1}^{\infty}nx^n=\dfrac{x}{(1-x)^2},(-1,1)$.

(2)$R=\lim\limits_{n\to\infty}\left|\dfrac{a_n}{a_{n+1}}\right|=\lim\limits_{n\to\infty}\dfrac{\dfrac{1}{4n+1}}{\dfrac{1}{4(n+1)+1}}=1$,记 $s(x)=\sum\limits_{n=1}^{\infty}\dfrac{x^{4n+1}}{4n+1}$.

因为 $s'(x)=\sum\limits_{n=1}^{\infty}\left(\dfrac{x^{4n+1}}{4n+1}\right)'=\sum\limits_{n=1}^{\infty}x^{4n}=\sum\limits_{n=1}^{\infty}(x^4)^n=-1+\sum\limits_{n=0}^{\infty}(x^4)^n=-1+\dfrac{1}{1-x^4}$,

所以 $s(x)-s(0)=\int_0^x s'(x)\mathrm{d}x=\int_0^x\Big(-1+\dfrac{1}{1-x^4}\Big)\mathrm{d}x=-x+\dfrac{1}{2}\int_0^x\Big(\dfrac{1}{1-x^2}+\dfrac{1}{x^2+1}\Big)\mathrm{d}x$,

故 $s(x)=s(0)-x+\dfrac{1}{2}\Big[-\dfrac{1}{2}\ln\Big|\dfrac{x-1}{x+1}\Big|+\arctan x\Big]_0^x=-x-\dfrac{1}{4}\ln\Big|\dfrac{x-1}{x+1}\Big|+\dfrac{1}{2}\arctan x$,

$(-1,1)$.

(3) $R=\lim\limits_{n\to\infty}\Big|\dfrac{a_n}{a_{n+1}}\Big|=\lim\limits_{n\to\infty}\dfrac{2n+1}{2(n+1)+1}=1$. 由第(1)题的结果 $\sum\limits_{n=1}^{\infty}nx^n=\dfrac{x}{(1-x)^2}$ 得

$$\sum_{n=0}^{\infty}(2n+1)x^n=2\sum_{n=0}^{\infty}nx^n+\sum_{n=0}^{\infty}x^n=2\sum_{n=1}^{\infty}nx^n+\dfrac{1}{1-x}=\dfrac{2x}{(1-x)^2}+\dfrac{1}{1-x}$$

$$=\dfrac{1+x}{(1-x)^2},(-1,1).$$

3. $R=\lim\limits_{n\to\infty}\Big|\dfrac{a_n}{a_{n+1}}\Big|=\lim\limits_{n\to\infty}\dfrac{\dfrac{1}{2n4^n}}{\dfrac{1}{2(n+1)4^{n+1}}}=4,R_{(x-1)^2}=4,R=2$, 幂级数的收敛区间为

$(-1,3)$.

因为在 $x=-1,3$ 处, 级数为 $\sum\limits_{n=1}^{\infty}\dfrac{1}{2n4^n}(\mp 2)^{2n}$, 即 $\sum\limits_{n=1}^{\infty}\dfrac{1}{2n}$, 它发散, 所以幂级数的收敛域为 $(-1,3)$.

记 $X=\Big(\dfrac{x-1}{2}\Big)^2$, 则 $\sum\limits_{n=1}^{\infty}\dfrac{1}{2n4^n}(x-1)^{2n}=\sum\limits_{n=1}^{\infty}\dfrac{1}{2n}X^n$, 由

$$\sum_{n=1}^{\infty}\dfrac{1}{2n}X^n=\int_0^X\Big(\sum_{n=1}^{\infty}\dfrac{1}{2n}X^n\Big)'\mathrm{d}X=\dfrac{1}{2}\int_0^X\Big(\sum_{n=1}^{\infty}X^{n-1}\Big)\mathrm{d}X=\dfrac{1}{2}\int_0^X\dfrac{1}{1-X}\mathrm{d}X$$

$$=-\dfrac{1}{2}\ln(1-X),$$

得

$$\sum_{n=1}^{\infty}\dfrac{1}{2n4^n}(x-1)^{2n}=\sum_{n=1}^{\infty}\dfrac{1}{2n}\Big[\Big(\dfrac{x-1}{2}\Big)^2\Big]^n=\sum_{n=1}^{\infty}\dfrac{1}{2n}X^n=-\dfrac{1}{2}\ln(1-X)$$

$$=-\dfrac{1}{2}\ln\Big[1-\Big(\dfrac{x-1}{2}\Big)^2\Big]$$

$$=-\dfrac{1}{2}\Big[\ln\dfrac{4-(x-1)^2}{4}\Big]=\ln 2-\ln\sqrt{4-(x-1)^2}.$$

自 测 题 4

1. (1) $\text{sh } x=\dfrac{\mathrm{e}^x-\mathrm{e}^{-x}}{2}=\dfrac{1}{2}\Big\{\Big(1+x+\dfrac{x^2}{2!}+\cdots+\dfrac{x^3}{n!}+\cdots\Big)-$

$$\left[1+(-x)+\frac{(-x)^2}{2!}+\cdots+\frac{(-x)^3}{n!}+\cdots\right]\right\}$$

$$=\frac{1}{2}\left[2x+\frac{2x^3}{3!}+\cdots+\frac{2x^{2n-1}}{(2n-1)!}+\cdots\right]=x+\frac{x^3}{3!}+\cdots+\frac{x^{2n-1}}{(2n-1)!}+\cdots$$

$$=\sum_{n=1}^{\infty}\frac{x^{2n-1}}{(2n-1)!},\quad(-\infty,+\infty).$$

(2) $\ln(a+x)=\ln a+\ln\left(1+\frac{x}{a}\right)=\ln a+\left(\frac{x}{a}\right)-\frac{1}{2}\left(\frac{x}{a}\right)^2+\cdots+(-1)^{n-1}\frac{1}{n}\left(\frac{x}{a}\right)^n+\cdots$

$$\left(-1<\frac{x}{a}\leqslant1\right)$$

$$=\ln a+\frac{x}{a}-\frac{x^2}{2a^2}+\cdots+(-1)^{n-1}\frac{x^n}{na^n}+\cdots$$

$$=\ln a+\sum_{n=1}^{\infty}(-1)^{n-1}\frac{x^n}{na^n},(-a,a].$$

(3) $\cos^2 x=\frac{1}{2}(1+\cos 2x)=\frac{1}{2}\left[1+\sum_{n=0}^{\infty}\frac{(-1)^n(2x)^{2n}}{(2n)!}\right]=1+\sum_{n=1}^{\infty}\frac{(-1)^n4^n}{2\cdot(2n)!}x^{2n},$

$(-\infty,+\infty).$

(4)法1　$(1+x)\ln(1+x)=\ln(1+x)+x\ln(1+x)$

$$=\left(x-\frac{x^2}{2}+\frac{x^3}{3}-\frac{x^4}{4}\cdots\right)+x\left(x-\frac{x^2}{2}+\frac{x^3}{3}-\cdots\right)$$

$$=x+\left(-\frac{1}{2}+1\right)x^2+\left(\frac{1}{3}-\frac{1}{2}\right)x^3+\left(-\frac{1}{4}+\frac{1}{3}\right)x^4+\cdots$$

$$=x+\sum_{n=1}^{\infty}\frac{(-1)^{n-1}}{n(n+1)}x^{n+1},\quad(-1,1].$$

法2　$(1+x)\ln(1+x)=\int_0^x\left[(1+x)\ln(1+x)\right]'dx=\int_0^x[1+\ln(1+x)]dx$

$$=x+\int_0^x\ln(1+x)dx$$

$$=x+\int_0^x\left[\sum_{n=1}^{\infty}\frac{(-1)^{n-1}}{n}x^n\right]dx=x+\sum_{n=1}^{\infty}\int_0^x\frac{(-1)^{n-1}}{n}x^ndx$$

$$=x+\sum_{n=1}^{\infty}\frac{(-1)^{n-1}}{n(n+1)}x^{n+1},\quad(-1,1].$$

2. $\lg x=\frac{\ln x}{\ln 10}=\frac{1}{\ln 10}\ln[1+(x-1)]=\frac{1}{\ln 10}\sum_{n=1}^{\infty}\frac{(-1)^{n-1}}{n}(x-1)^n,(0,2]$　（因
为 $-1<x-1\leqslant1$).

3. 法1　$\frac{1}{x^2}=\frac{1}{[-1+(x+1)]^2}=\frac{1}{\{1+[-(x+1)]\}^2}=\{1+[-(x+1)]\}^{-2}$

$$= 1 + (-2)[-(x+1)] + \frac{-2(-3)}{2!}[-(x+1)]^2 + \cdots$$

$$+ \frac{-2(-3)\cdots(-2-n+1)}{n!}[-(x+1)]^n + \cdots$$

$$= 1 + 2(x+1) + 3(x+1)^2 + \cdots + n(x+1)^n + \cdots$$

$$= \sum_{n=0}^{\infty} (n+1)(x+1)^n, \quad -2 < x < 0.$$

法2 $\dfrac{1}{x^2} = \left[\dfrac{1}{1-(x+1)}\right]' = \left[\sum_{n=0}^{\infty}(x+1)^n\right]' = \sum_{n=0}^{\infty}[(x+1)^n]'$

$$= \sum_{n=1}^{\infty} n(x+1)^{n-1}, \quad -2 < x < 0.$$

4. $\dfrac{1}{x^2+3x+2} = \dfrac{1}{x+1} - \dfrac{1}{x+2} = \dfrac{1}{-3+(x+4)} - \dfrac{1}{-2+(x+4)}$

$$= \frac{1}{-3}\frac{1}{1-\dfrac{x+4}{3}} + \frac{1}{2}\frac{1}{1-\dfrac{x+4}{2}}$$

$$= \frac{1}{-3}\sum_{n=0}^{\infty}\left(\frac{x+4}{3}\right)^n + \frac{1}{2}\sum_{n=0}^{\infty}\left(\frac{x+4}{2}\right)^n = \sum_{n=0}^{\infty}\left(\frac{1}{2^{n+1}} - \frac{1}{3^{n+1}}\right)(x+4)^n,$$

$$-6 < x < -2.$$

5. 因为 $\ln(1+x) = \sum_{n=0}^{\infty}(-1)^n\dfrac{x^{n+1}}{n+1}, \quad -1 < x \leqslant 1,$

$$\ln(1-x) = \sum_{n=0}^{\infty}(-1)^n\frac{(-x)^{n+1}}{n+1} = \sum_{n=0}^{\infty}(-1)^{2n+1}\frac{x^{n+1}}{n+1} = \sum_{n=0}^{\infty}\frac{-1}{n+1}x^{n+1}, \quad -1 \leqslant x < 1,$$

所以

$$\ln\frac{1+x}{1-x} = \ln(1+x) - \ln(1-x) = \sum_{n=0}^{\infty}[(-1)^n - (-1)]\frac{x^{n+1}}{n+1}$$

$$= 2\sum_{n=0}^{\infty}\frac{x^{2n+1}}{2n+1}, \quad -1 < x < 1.$$

6. $\dfrac{x}{1+x-2x^2} = \dfrac{1}{3}\left(\dfrac{1}{1-x} - \dfrac{1}{1+2x}\right) = \dfrac{1}{3}\left(\sum_{n=0}^{\infty}x^n - \sum_{n=0}^{\infty}(-2x)^n\right)$

$$= \frac{1}{3}\sum_{n=0}^{\infty}[1-(-2)^n]x^n$$

$$= \sum_{n=0}^{\infty}\frac{1-(-2)^n}{3}x^n, \quad -\frac{1}{2} < x < \frac{1}{2}.$$

7. (1) $\displaystyle\int e^{x^2}dx = \int\left[\sum_{n=0}^{\infty}\frac{(x^2)^n}{n!}\right]dx = \sum_{n=0}^{\infty}\int\frac{x^{2n}}{n!}dx = \sum_{n=0}^{\infty}\frac{x^{2n+1}}{(2n+1)n!} + C, \quad (-\infty, \infty);$

$$(2) \int \frac{\sin x}{x} \mathrm{d}x = \int \frac{1}{x} \sin x \mathrm{d}x = \int \frac{1}{x} \Big[\sum_{n=0}^{\infty} (-1)^n \frac{x^{2n+1}}{(2n+1)!} \Big] \mathrm{d}x$$

$$= \int \Big[\sum_{n=0}^{\infty} (-1)^n \frac{x^{2n}}{(2n+1)!} \Big] \mathrm{d}x$$

$$= \sum_{n=0}^{\infty} \int (-1)^n \frac{x^{2n}}{(2n+1)!} \mathrm{d}x$$

$$= \sum_{n=0}^{\infty} (-1)^n \frac{x^{2n+1}}{(2n+1)(2n+1)!} + C, \quad (-\infty, \infty).$$

自 测 题 5

1. 函数 $f(x)$ 满足收敛定理,它的不连续点为 $x = (2k+1)\pi, k \in \mathbf{Z}$.

由于
$$a_n = \frac{1}{\pi} \int_{-\pi}^{\pi} e^{2x} \cos nx \mathrm{d}x = \frac{1}{2\pi} \int_{-\pi}^{\pi} \cos nx \mathrm{d}e^{2x} = \frac{1}{2\pi} \cos nx e^{2x} \Big|_{-\pi}^{\pi} - \frac{1}{2\pi} \int_{-\pi}^{\pi} e^{2x} \mathrm{d}\cos nx$$

$$= \frac{n}{2\pi} \int_{-\pi}^{\pi} e^{2x} \sin nx \mathrm{d}x + \frac{1}{2\pi} \cos n\pi \cdot (e^{2\pi} - e^{-2\pi})$$

$$= \frac{n}{4\pi} \int_{-\pi}^{\pi} \sin nx \mathrm{d}e^{2x} + \frac{1}{2\pi} \cos n\pi \cdot (e^{2\pi} - e^{-2\pi})$$

$$= \frac{n}{4\pi} \sin nx \cdot e^{2x} \Big|_{-\pi}^{\pi} - \frac{n^2}{4\pi} \int_{-\pi}^{\pi} e^{2x} \cos nx \mathrm{d}x + \frac{1}{2\pi} \cos n\pi \cdot (e^{2\pi} - e^{-2\pi})$$

$$= -\frac{n^2}{4\pi} a_n + \frac{1}{2\pi} \cos n\pi (e^{2\pi} - e^{-2\pi}) \quad (n = 0, 1, 2, \cdots),$$

所以
$$a_n = \frac{2(e^{2\pi} - e^{-2\pi})(-1)^n}{\pi} \cdot \frac{1}{4 + n^2}, \quad n = 0, 1, 2, \cdots.$$

类似可得
$$b_n = \frac{1}{\pi} \int_{-\pi}^{\pi} e^{2x} \sin nx \mathrm{d}x = -\frac{1}{\pi} (e^{2\pi} - e^{-2\pi}) \frac{(-1)^n n}{4 + n^2}, \quad n = 1, 2, \cdots.$$

于是,当 $x \neq (2k+1)\pi, k = \pm 1, k = \pm 2, \cdots$ 时,$f(x)$ 的傅里叶级数收敛于 $f(x)$,即

$$f(x) = \frac{e^{2\pi} - e^{-2\pi}}{4\pi} + \frac{e^{2\pi} - e^{-2\pi}}{\pi} \sum_{n=1}^{\infty} \frac{(-1)^n}{4 + n^2} (2\cos nx - n\sin nx).$$

而在点 $x = (2k+1)\pi, k = \pm 1, k = \pm 2, \cdots$ 处,上式右端级数收敛于 $\frac{e^{-2\pi} + e^{2\pi}}{2}$.

2. 所给函数在 $[-\pi, \pi]$ 上满足收敛定理. 将 $f(x)$ 进行**周期延拓**(见右图). 由于 $f(x)$ 为偶函数,所以其傅里叶展开式为余弦级数. 因为

$$a_n = \frac{2}{\pi} \int_0^{\pi} (\pi - x) \cos nx \mathrm{d}x$$

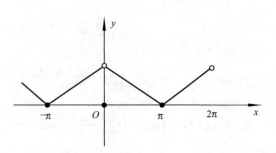

$$= \frac{2}{\pi} \int_0^\pi \pi \cos nx \, dx - \frac{2}{\pi} \int_0^\pi x \cos nx \, dx = \frac{2}{n} \left[\sin nx \right]_0^\pi - \frac{2}{n\pi} \int_0^\pi x \, d\sin nx$$

$$= 0 - \frac{2}{n\pi} \left(\left[x \sin nx \right]_0^\pi - \int_0^\pi \sin nx \, dx \right) = 0 - \frac{2}{n^2 \pi} \left[\cos nx \right]_0^\pi = -\frac{2}{n^2 \pi} (\cos n\pi - 1)$$

$$= \frac{-2}{n^2 \pi} \left[(-1)^n - 1 \right] = \begin{cases} \dfrac{4}{n^2 \pi} & \text{当 } n = 1,3,5,\cdots \\[2mm] 0 & \text{当 } n = 2,4,\cdots \end{cases}.$$

$$a_0 = \frac{2}{\pi} \int_0^\pi (\pi - x) \, dx = \pi.$$

所以,当 $x \in [-\pi, \pi]$, $x \neq 0$ 时,傅里叶级数收敛于 $f(x)$,即

$$f(x) = \frac{\pi}{2} + \sum_{n=1}^\infty \frac{4}{(2n-1)^2 \pi} \cos(2n-1)x, \quad -\pi \leqslant x \leqslant \pi, \quad x \neq 0.$$

在不连续点 $x = 0$ 处,右端级数收敛于 $\dfrac{\pi + \pi}{2} = \pi$.

3. 将 $f(x)$ 进行周期延拓后在 $(-\infty, +\infty)$ 上连续,延拓的周期函数在 $[-\pi, \pi]$ 上收敛于 $f(x)$. 由于 $f(x)$ 为偶函数,所以函数将展为余弦级数. 由于

$$a_n = \frac{2}{\pi} \int_0^\pi \cos \frac{x}{2} \cos nx \, dx = \frac{1}{\pi} \int_0^\pi \left[\cos\left(\frac{1}{2} + n\right)x + \cos\left(\frac{1}{2} - n\right)x \right] dx$$

$$= \frac{2}{\pi} \left[(-1)^n \frac{1}{1+2n} + (-1)^n \frac{1}{1-2n} \right] = (-1)^n \frac{4}{\pi} \frac{1}{1-4n^2}, \quad n = 0,1,2,\cdots,$$

所以
$$f(x) = \frac{2}{\pi} + \frac{4}{\pi} \sum_{n=1}^\infty \frac{(-1)^n}{1-4n^2} \cos nx, \quad -\pi \leqslant x \leqslant \pi.$$

4. 将 $f(x)$ 进行周期延拓,$f(x)$ 为奇函数,函数将展为正弦级数.

当 $a = n_0$(正整数)时,有 $b_{n_0} = \dfrac{2}{\pi} \int_0^\pi \sin^2 n_0 x \, dx = \dfrac{1}{\pi} \cdot \pi = 1$;

$$b_n = \frac{2}{\pi} \int_0^\pi \sin n_0 x \sin nx \, dx = \frac{1}{\pi} \int_0^\pi \left[\cos(n_0 + n)x - \cos(n_0 - n)x \right] dx$$

$$= -\frac{1}{\pi} \left[\frac{1}{n_0 + n} \sin(n_0 + n)x \Big|_0^\pi - \frac{1}{n_0 - n} \sin(n_0 - n)x \Big|_0^\pi \right] = 0, \quad n \neq n_0.$$

所以
$$f(x) = \sin \alpha x;$$

当 $a \neq 1, 2, \cdots$ 时,有

$$b_n = \frac{2}{\pi} \int_0^\pi \sin \alpha x \sin nx \, dx = -\frac{1}{\pi} \int_0^\pi \left[\cos(a + n)x - \cos(a - n)x \right] dx$$

$$= -\frac{1}{\pi} \left[\frac{1}{a + n} \sin(a + n)x \Big|_0^\pi - \frac{1}{a - n} \sin(a - n)x \Big|_0^\pi \right] = \frac{(-1)^n 2n}{(\alpha^2 - n^2)\pi} \sin a\pi$$

所以
$$f(x) = \sum_{n=1}^{\infty} \frac{(-1)^n 2n\sin a\pi}{(a^2 - n^2)\pi} \sin nx, \quad -\pi < x < \pi.$$

5. 函数 $f(x)$ 为奇函数,其傅里叶级数为正弦级数.由于

$$b_n = \frac{2}{\pi}\int_0^{\pi} f(x)\sin nx\,\mathrm{d}x = \frac{2}{\pi}\int_0^{\frac{\pi}{2}} x\sin nx\,\mathrm{d}x + \frac{2}{\pi}\int_{\frac{\pi}{2}}^{\pi}\frac{\pi}{2}\sin nx\,\mathrm{d}x$$

$$= \frac{2}{\pi}\left[\frac{\sin nx}{n^2}\Big|_0^{\frac{\pi}{2}} - \frac{x\cos nx}{n}\Big|_{\frac{\pi}{2}}^{\pi}\right] - \frac{1}{n}\cos nx\Big|_{\frac{\pi}{2}}^{\pi}$$

$$= \frac{2}{\pi}\left[\frac{\sin\frac{n\pi}{2}}{n^2} + (-1)^{n+1}\frac{\pi}{2n}\right], \quad n = 1,2,\cdots,$$

所以,在 $x \neq (2k+1)\pi, k=0,\pm 1,\pm 2,\cdots$ 处函数 $f(x)$ 连续,有

$$f(x) = \sum_{n=1}^{\infty}\left[\frac{2}{n^2\pi}\sin\frac{n\pi}{2} + \frac{(-1)^{n+1}}{n}\right]\sin nx.$$

在不连续点 $x=(2k+1)\pi, k=0,\pm 1,\pm 2,\cdots$ 处,$f(x)$ 的傅里叶级数收敛于 0.

6. 先求正弦级数.$f(x)$ 进行奇延拓后在 $(-\pi,\pi)$ 上连续.

$$b_n = \frac{2}{\pi}\int_0^{\pi} x^2\sin nx\,\mathrm{d}x = \frac{-2}{n\pi}\int_0^{\pi} x^2\,\mathrm{d}\cos nx = \frac{-2}{n\pi}\left[x^2\cos nx\Big|_0^{\pi} - 2\int_0^{\pi} x\cos nx\,\mathrm{d}x\right]$$

$$= \frac{-2}{n\pi}\left[(-1)^n\pi^2 - \frac{2}{n}\int_0^{\pi} x\,\mathrm{d}\sin nx\right]$$

$$= (-1)^{n-1}\frac{2\pi}{n} + \frac{4}{n^2\pi}\left(x\sin nx\Big|_0^{\pi} + \frac{1}{n}\cos nx\Big|_0^{\pi}\right)$$

$$= (-1)^{n-1}\frac{2\pi}{n} + \frac{4}{n^2\pi}\left\{0 + \frac{1}{n}[(-1)^n - 1]\right\}$$

$$= (-1)^n\left(\frac{4}{n^3\pi} - \frac{2\pi}{n}\right) - \frac{4}{n^3\pi}, \quad n = 1,2,\cdots,$$

所以
$$f(x) = \sum_{n=1}^{\infty}\left[(-1)^n\left(\frac{4}{n^3\pi} - \frac{2\pi}{n}\right) - \frac{4}{n^3\pi}\right]\sin nx, \quad 0 < x < \pi.$$

求余弦级数.将 $f(x)$ 作偶延拓得到的函数在 $[-\pi,\pi]$ 上连续.

$$a_n = \frac{2}{\pi}\int_0^{\pi} x^2\cos nx\,\mathrm{d}x = \frac{2}{n\pi}\left[x^2\sin nx\Big|_0^{\pi} - \int_0^{\pi} 2x\sin nx\,\mathrm{d}x\right] = \frac{4}{n^2\pi}\int_0^{\pi} x\,\mathrm{d}\cos nx$$

$$= (-1)^n\frac{4}{n^2}, \quad n = 1,2,\cdots,$$

$$a_0 = \frac{1}{\pi}\int_{-\pi}^{\pi} x^2\,\mathrm{d}x = \frac{2}{3}\pi^2,$$

所以
$$f(x) = \frac{\pi^2}{3} + \sum_{n=1}^{\infty} (-1)^n\frac{4}{n^2}\cos nx, \quad [0,\pi].$$

取 $x=0$,得 $0=\dfrac{\pi^2}{3}+\displaystyle\sum_{n=1}^{\infty}(-1)^n\dfrac{4}{n^2}$,解得

$$\sum_{n=1}^{\infty}\frac{(-1)^{n+1}}{n^2}=\frac{\pi^2}{12}.\quad(\text{也可求}\ \frac{\pi^2}{6}=\sum_{n=1}^{\infty}\frac{(-1)^{n+1}}{2n^2}.)$$

7. 函数 $f(x)$ 作周期延拓后在 $(-\infty,+\infty)$ 上连续. $l=1$. 先展开 $|x|$. 因为 $|x|$ 为偶函数,所以

$$a_0=\frac{2}{l}\int_0^1 x\mathrm{d}x=1,$$

$$a_n=\frac{2}{l}\int_0^l x\cos\frac{n\pi}{l}x\mathrm{d}x=2\int_0^1 x\cos n\pi x\mathrm{d}x=\frac{2}{n\pi}\Big[x\sin n\pi\Big|_0^1-\int_0^1\sin n\pi x\mathrm{d}x\Big]$$

$$=\frac{-2}{n\pi}\int_0^1\sin n\pi x\mathrm{d}x=\frac{2}{n^2\pi^2}\cos n\pi\Big|_0^1=\frac{2}{n^2\pi^2}\big[(-1)^n-1\big]$$

$$=\begin{cases}\dfrac{-4}{n^2\pi^2}, & \text{当}\ n=1,3,\cdots\\[2mm] 0, & \text{当}\ n=2,4,\cdots\end{cases},$$

所以 $$f(x)=\frac{5}{2}+\sum_{n=1}^{\infty}\frac{-4}{(2n-1)^2\pi^2}\cos(2n-1)\pi x,[-1,1].$$

由 $f(0)=2$,从上式得 $2=\dfrac{5}{2}-\displaystyle\sum_{n=1}^{\infty}\dfrac{4}{(2n-1)^2\pi^2}$,解得 $\displaystyle\sum_{n=1}^{\infty}\dfrac{1}{(2n-1)^2}=\dfrac{\pi^2}{8}$. 于是

$$\sum_{n=1}^{\infty}\frac{1}{n^2}=1+\frac{1}{2^2}+\frac{1}{3^2}+\frac{1}{4^2}+\frac{1}{5^2}+\frac{1}{6^2}+\cdots=\Big(1+\frac{1}{2^2}\Big)+\Big(\frac{1}{3^2}+\frac{1}{4^2}\Big)+\Big(\frac{1}{5^2}+\frac{1}{6^2}\Big)+\cdots$$

$$=\sum_{n=1}^{\infty}\frac{1}{(2n-1)^2}+\sum_{n=1}^{\infty}\frac{1}{(2n)^2}=\frac{\pi^2}{8}+\sum_{n=1}^{\infty}\frac{1}{4n^2}=\frac{\pi^2}{8}+\frac{1}{4}\sum_{n=1}^{\infty}\frac{1}{n^2}.$$

解出 $$\sum_{n=1}^{\infty}\frac{1}{n^2}=\frac{\pi^2}{6}.$$

8. 展为正弦级数. 将 $f(x)$ 作奇延拓. $l=\dfrac{1}{2}$,傅里叶系数

$$b_n=\frac{2}{l}\int_0^l f(x)\sin\frac{n\pi}{l}x\mathrm{d}x=\frac{2}{1/2}\int_0^{1/2}(1-x^2)\sin\frac{n\pi}{1/2}x\mathrm{d}x=4\int_0^{1/2}(1-x^2)\sin 2n\pi x\mathrm{d}x$$

$$=4\int_0^{\frac{1}{2}}(1-x^2)\sin 2n\pi x\mathrm{d}x=\frac{-2}{n\pi}\Big[(1-x^2)\cos 2n\pi x\Big|_0^{\frac{1}{2}}-\int_0^{\frac{1}{2}}\cos 2n\pi x\cdot(-2x)\mathrm{d}x\Big]$$

$$=\frac{-2}{n\pi}\Big[\frac{3}{4}\cos n\pi-1+\frac{1}{n\pi}\int_0^{\frac{1}{2}}x\mathrm{d}\sin 2n\pi x\Big]$$

$$=\frac{-2}{n\pi}\Big[\frac{3}{4}\cos n\pi-1+\frac{1}{n\pi}\Big(0-\int_0^{\frac{1}{2}}\sin 2n\pi x\mathrm{d}x\Big)\Big]$$

$$= \frac{-2}{n\pi}\left[\frac{3}{4}\cos n\pi - 1 + \frac{1}{2n^2\pi^2}\cos 2n\pi x\Big|_0^{\frac{1}{2}}\right]$$

$$= \frac{-2}{n\pi}\left[\frac{3}{4}\cos n\pi - 1 + \frac{1}{2n^2\pi^2}(\cos n\pi - 1)\right]$$

$$= (-1)^{n+1}\left(\frac{3}{2n\pi} + \frac{1}{n^3\pi^3}\right) + \frac{2}{n\pi} + \frac{1}{n^3\pi^3},$$

所以 $f(x) = \sum_{n=1}^{\infty}\left[(-1)^{n+1}\left(\frac{3}{2n\pi} + \frac{1}{n^3\pi^3}\right) + \frac{2}{n\pi} + \frac{1}{n^3\pi^3}\right]\sin 2n\pi x, 0 < x < \frac{1}{2},$

在 $x=0$ 处右端级数收敛于 0.

展为余弦级数. 将 $f(x)$ 作偶延拓. $l = \frac{1}{2}$, 傅里叶系数

$$a_0 = \frac{2}{1/2}\int_0^{\frac{1}{2}} f(x)\mathrm{d}x = 4\int_0^{\frac{1}{2}}(1-x^2)\mathrm{d}x = \frac{11}{6},$$

$$a_n = \frac{2}{l}\int_0^l f(x)\cos\frac{n\pi x}{l}\mathrm{d}x = \frac{2}{1/2}\int_0^{1/2}(1-x^2)\cos\frac{n\pi x}{1/2}\mathrm{d}x = 4\int_0^{\frac{1}{2}}(1-x^2)\cos 2n\pi x\,\mathrm{d}x$$

$$= 4\int_0^{\frac{1}{2}}(1-x^2)\frac{1}{2n\pi}\mathrm{d}\sin 2n\pi x = \frac{2}{n\pi}\left[(1-x^2)\sin 2n\pi x\Big|_0^{1/2} - \int_0^{\frac{1}{2}}\sin 2n\pi x\,\mathrm{d}(1-x^2)\right]$$

$$= \frac{2}{n\pi}\left[0 + 2\int_0^{\frac{1}{2}} x\sin 2n\pi x\,\mathrm{d}x\right] = \frac{4}{n\pi}\int_0^{\frac{1}{2}} x\sin 2n\pi x\,\mathrm{d}x = \frac{-2}{n^2\pi^2}\int_0^{\frac{1}{2}} x\,\mathrm{d}\cos 2n\pi x$$

$$= \frac{-2}{n^2\pi^2}\left(x\cos 2n\pi x\Big|_0^{1/2} - \int_0^{\frac{1}{2}}\cos 2n\pi x\,\mathrm{d}x\right) = \frac{-2}{n^2\pi^2}\left(\frac{1}{2}\cos n\pi - \frac{1}{2n\pi}\sin 2n\pi x\Big|_0^{1/2}\right)$$

$$= \frac{-2}{n^2\pi^2}\left[\frac{1}{2}(-1)^n - 0\right] = \frac{(-1)^{n+1}}{n^2\pi^2}, \quad n = 1, 2, \cdots,$$

所以 $f(x) = \frac{11}{12} + \sum_{n=1}^{\infty}(-1)^{n+1}\cos 2n\pi x, \quad 0 \leqslant x < \frac{1}{2}.$

第 8 章

自 测 题 1

1. (1) 是 2 阶非线性;   (2) 是 2 阶齐次线性;

(3) 是 3 阶齐次线性;   (4) 是 1 阶非齐次线性.

2. (1) 设曲线对应的函数为 $y = f(x)$, 则所求微分方程为 $y' = 2x^3$.

(2) 设曲线对应的函数为 $y = f(x)$, 其法线斜率 $k = -\frac{1}{y}$, 由题意知法线过点 $Q(-x,$

$0)$. 由 PQ 被 y 轴平分可得法线斜率为 $k = \frac{y - 0}{x - (-x)}$, 故所求微分方程 $\frac{1}{y} = -\frac{y}{2x}$, 或 $2x +$

$yy'=0.$ 由隐函数求导法可知原方程为 $x^2+\dfrac{y^2}{2}=C$，曲线为

椭圆，如右图.

自 测 题 2

---

1. (1) 分离变量得 $\dfrac{\mathrm{d}y}{y\ln y}=\dfrac{\mathrm{d}x}{x}$，两边积分得 $\displaystyle\int\dfrac{\mathrm{d}y}{y\ln y}=$

$\displaystyle\int\dfrac{\mathrm{d}x}{x}+\ln|C|$，即

$$\ln|\ln y|=\ln|x|+\ln|C|,\quad \text{或}\quad \ln y=Cx,$$

通解为

$$y=\mathrm{e}^{Cx}.$$

(2) 分离变量得 $\dfrac{\mathrm{d}y}{\sqrt{1-y^2}}=\dfrac{\mathrm{d}x}{\sqrt{1-x^2}}$，两边积分得 $\displaystyle\int\dfrac{\mathrm{d}y}{\sqrt{1-y^2}}=\int\dfrac{\mathrm{d}x}{\sqrt{1-x^2}}+\ln C$，

通解

$$\arcsin y=\arcsin x+C,\quad \text{或}\quad y=\sin(\arcsin x+C).$$

(3) 分离变量得 $\dfrac{\sec^2 y}{\tan y}\mathrm{d}y=-\dfrac{\sec^2 x}{\tan x}\mathrm{d}x$，两边积分得 $\displaystyle\int\dfrac{\sec^2 y}{\tan y}\mathrm{d}y=\int-\dfrac{\sec^2 x}{\tan x}\mathrm{d}x+$

$\ln|C|$，通解为

$$\ln|\tan y|=-\ln|\tan x|+\ln C,\quad \text{或}\quad \tan x\tan y=C.$$

(4) 分离变量得 $3^{-y}\mathrm{d}y=3^x\mathrm{d}x$，两边积分得 $\displaystyle\int \mathrm{e}^{-y}\mathrm{d}y=\int 3^x\mathrm{d}x-\dfrac{C}{\ln 3}$，通解

$$-\dfrac{1}{\ln 3}3^{-y}=\dfrac{1}{\ln 3}3^x-\dfrac{C}{\ln 3},\quad \text{或}\quad 3^x+3^{-y}=C.$$

2. 求下列微分方程的特解

(1) 分离变量得 $-\tan y\mathrm{d}y=\dfrac{\mathrm{d}x}{1+\mathrm{e}^{-x}}$ 或 $-\tan y\mathrm{d}y=\dfrac{\mathrm{e}^x\mathrm{d}x}{\mathrm{e}^x+1}$，得通解

$$\ln|\cos y|=\ln(\mathrm{e}^x+1)+\ln|C|,\quad \text{或}\quad \cos y=C(\mathrm{e}^x+1).$$

由 $y(0)=\dfrac{\pi}{4}$ 得 $\cos\dfrac{\pi}{4}=C(\mathrm{e}^0+1)\Rightarrow C=\dfrac{\sqrt{2}}{4}$.

所求特解为 $\cos y=\dfrac{\sqrt{2}}{4}(\mathrm{e}^x+1)$.

(2) $y(1+y)\mathrm{d}y=x(1+x)\mathrm{d}x\Rightarrow\dfrac{y^2}{2}+\dfrac{y^3}{3}=\dfrac{x^2}{2}+\dfrac{x^3}{3}+\dfrac{C}{6}$，由 $y(0)=1$，得 $C=5$. 所求特

解为

$$3y^2+2y^3=3x^2+2x^3+5.$$

3. 设曲线上任一点为 $M(x,y)$，过该点之切线与两坐标轴的交点分别为 $(2x,0)$ 和

$(0,2y)$，得

$$\tan(\pi-\alpha)=\dfrac{2y}{2x},\quad \text{即}\quad -y'=\dfrac{y}{x},\text{或}\dfrac{y}{x}=-\dfrac{1}{x}.\quad \text{解得}\ln y=-\ln x+\ln C,\text{或}\ xy=C.$$

由 $y\big|_{x=2}=3$ 得 $C=6$. 所求曲线方程为 $xy=6$.

4.(1)此为齐次型方程：$\dfrac{dy}{dx}=\dfrac{y}{x}\ln\dfrac{y}{x}$，令 $u=\dfrac{y}{x}$ 得 $y=xu$，$\dfrac{dy}{dx}=u+x\dfrac{du}{dx}$，代入方程得

$$u+x\frac{du}{dx}=u\ln u, \quad 或 \quad \frac{du}{u(\ln u-1)}=\frac{dx}{x}, 积分得$$

$$\ln(\ln u-1)=\ln x+\ln C,$$

通解为 $\qquad\qquad \ln u-1=Cx, \quad 或 \quad y=xe^{Cx+1}.$

(2)此为齐次型方程：$\left(1+\dfrac{y}{x}\right)+\dfrac{dy}{dx}=0$. 令 $u=\dfrac{y}{x}$ 得 $y=xu$，$\dfrac{dy}{dx}=u+x\dfrac{du}{dx}$，代入方程得

$$(1+u)+u+x\frac{du}{dx}=0, \quad 或 \quad \frac{du}{1+2u}=-\frac{dx}{x}, 积分得$$

$$\frac{1}{2}\ln(1+2u)=-\ln x+\frac{1}{2}\ln C, \quad 或 \quad \ln(1+2u)=-2\ln x+\ln C, \quad 或 \quad 1+2u=\frac{C}{x^2},$$

即 $1+\dfrac{2y}{x}=\dfrac{C}{x^2}$，通解为 $x^2+2xy=C$.

5. 原方程可变形为 $\dfrac{dy}{dx}=\dfrac{-(x-1)+y}{(x-1)+4y}$，令 $x-1=X,y=Y$，原方程变为

$$\frac{dY}{dX}=\frac{-X+Y}{X+4Y}=\frac{-1+\dfrac{Y}{X}}{1+4\dfrac{Y}{X}},$$

再令 $u=\dfrac{Y}{X}$，则方程变为 $u+X\dfrac{du}{dX}=\dfrac{-1+u}{1+4u}$，即 $\dfrac{-dX}{X}=\dfrac{4u+1}{4u^2+1}du$，积分得

$$\int\frac{-dX}{X}=\int\frac{4u+1}{4u^2+1}du=\int\frac{4u}{4u^2+1}du+\int\frac{1}{4u^2+1}du,$$

从而 $\dfrac{1}{2}\ln(4u^2+1)+\dfrac{1}{2}\arctan(2u)=-\ln x+C$，亦即

$$\ln X^2(4u^2+1)+\arctan(2u)=C_1 \quad (C_1=2C),$$

再将 $u=\dfrac{Y}{X},x-1=X,y=Y$ 代入，得原方程的通解为

$$\ln[4y^2+(x-1)^2]+\arctan\frac{2y}{x-1}=C_1.$$

6.(1)由一阶线性微分方程求解公式得通解

$$y=e^{-\int-\tan x dx}\left[\int\sec^3 xe^{\int-\tan x dx}dx+C\right]=\sec x\left[\int\sec^3 x\cos x dx+C\right]=\sec x[\tan x+C].$$

(2)由一阶线性微分方程求解公式得通解

$$x = \mathrm{e}^{-\int -2y\mathrm{d}y}\left[\int 2y\mathrm{e}^{y^2}\mathrm{e}^{\int -2y\mathrm{d}y}\mathrm{d}y + C\right] = \mathrm{e}^{y^2}\left[\int 2y\mathrm{e}^{y^2}\mathrm{e}^{-y^2}\mathrm{d}y + C\right] = \mathrm{e}^{y^2}[y^2 + C].$$

（3）方程改写为 $\dfrac{\mathrm{d}x}{\mathrm{d}y} = \dfrac{2x-y^2}{2y}$，即 $\dfrac{\mathrm{d}x}{\mathrm{d}y} - \dfrac{x}{y} = -\dfrac{1}{2}y$，方程中 x 为未知函数，通解为

$$x = \mathrm{e}^{-\int -\frac{1}{y}\mathrm{d}y}\left(\int -\frac{1}{2}y\mathrm{e}^{\int -\frac{1}{y}\mathrm{d}y}\mathrm{d}y + C\right) = y\left(\int -\frac{1}{2}\mathrm{d}y + C\right) = -\frac{1}{2}y^2 + Cy.$$

自 测 题 3
---

1. $P = yf(x)$，$Q = 2xf(x) - x^2$，$\dfrac{\partial P}{\partial y} = f(x)$，$\dfrac{\partial Q}{\partial x} = 2f(x) + 2xf'(x) - 2x$.

由积分与路径无关的充要条件为 $\dfrac{\partial Q}{\partial x} = \dfrac{\partial P}{\partial y}$，即 $2f(x) + 2xf'(x) - 2x = f(x)$，得微分方程

$$f'(x) + \frac{1}{2x}f(x) = 1.$$

这是一个一阶线性微分方程，由特解公式得

$$f(x) = \mathrm{e}^{-\int_1^x \frac{1}{2x}\mathrm{d}x}\left(\int_1^x 1 \cdot \mathrm{e}^{\int_1^x \frac{1}{2x}\mathrm{d}x}\mathrm{d}x + 1\right)$$

$$= \mathrm{e}^{-\frac{1}{2}\ln x}\left(\int_1^x \mathrm{e}^{\frac{1}{2}\ln x}\mathrm{d}x + 1\right) = \frac{1}{\sqrt{x}}\left(\int_1^x \sqrt{x}\,\mathrm{d}x + 1\right)$$

$$= \frac{1}{\sqrt{x}}\left(\frac{2}{3}x^{\frac{3}{2}}\Big|_1^x + 1\right) = \frac{1}{\sqrt{x}}\left[\frac{2}{3}(x^{\frac{3}{2}} - 1) + 1\right]$$

$$= \frac{2}{3}x + \frac{1}{3\sqrt{x}}.$$

2.（1）以 y^2 除方程两端得 $y^{-2}\dfrac{\mathrm{d}y}{\mathrm{d}x} - 3xy^{-1} = x$，或 $-\dfrac{\mathrm{d}y^{-1}}{\mathrm{d}x} - 3xy^{-1} = x$，即 $\dfrac{\mathrm{d}y^{-1}}{\mathrm{d}x} + 3xy^{-1} = -x$. 得

$$y^{-1} = \mathrm{e}^{-\int 3x\mathrm{d}x}\left[\int(-x)\mathrm{e}^{\int 3x\mathrm{d}x}\mathrm{d}x + C'\right] = \mathrm{e}^{-\frac{3}{2}x^2}\left[-\int x\mathrm{e}^{\frac{3}{2}x^2}\mathrm{d}x + C\right] = \mathrm{e}^{-\frac{3}{2}x^2}\left[-\frac{1}{3}\mathrm{e}^{\frac{3}{2}x^2} + C'\right]$$

$$= C'\mathrm{e}^{-\frac{3}{2}x^2} - \frac{1}{3} \text{ 或 } \frac{1}{3} + \frac{1}{y} = C'\mathrm{e}^{-\frac{3}{2}x^2} \Rightarrow \mathrm{e}^{\frac{3}{2}x^2}\frac{3+y}{3y} = C' \Rightarrow \frac{3}{2}x^2 + \ln\left|\frac{y+3}{y}\right| = C.$$

（2）以 $2\sqrt{y}$ 除方程两端得 $\dfrac{1}{2\sqrt{y}}\dfrac{\mathrm{d}y}{\mathrm{d}x} + \dfrac{1}{2x}\sqrt{y} = \dfrac{1}{\sqrt{x}}$，或 $\dfrac{\mathrm{d}\sqrt{y}}{\mathrm{d}x} + \dfrac{1}{2x}\sqrt{y} = \dfrac{1}{\sqrt{x}}$，

$$\sqrt{y} = \mathrm{e}^{-\int \frac{1}{2x}\mathrm{d}x}\left[\int\frac{1}{\sqrt{x}}\mathrm{e}^{\int \frac{1}{2x}\mathrm{d}x}\mathrm{d}x + C\right] = \frac{1}{\sqrt{x}}\left[\int\frac{1}{\sqrt{x}}\sqrt{x}\,\mathrm{d}x + C\right] = \frac{1}{\sqrt{x}}[x + C] = \sqrt{x} + \frac{C}{\sqrt{x}}.$$

或 $\sqrt{xy} = x + C$.（考虑到原来方程中 x,y 的取值范围应是同号，这样写更恰当.）

3.(1)因为 $\dfrac{\partial}{\partial \theta}(1+\mathrm{e}^{2\theta})=2\mathrm{e}^{2\theta}=\dfrac{\partial}{\partial \rho}(2\rho \mathrm{e}^{2\theta})$，所以方程是全微分方程.由

$$u(\rho,\theta)=\int_0^\rho 2\mathrm{d}\rho+\int_0^\theta 2\rho \mathrm{e}^{2\theta}\mathrm{d}\theta=2\rho+\rho \mathrm{e}^{2\theta}-\rho=\rho+\rho \mathrm{e}^{2\theta},$$

给出方程的通解为 $u(x,y)=C$，即 $\rho(1+\mathrm{e}^{2\theta})=C.$

(2)因为 $\dfrac{\partial(3x\cos y)}{\partial x}=3\cos y\neq 4xy=\dfrac{\partial(2xy^2)}{\partial x}$，所以方程不是全微分方程.

4.(1) $P=(x-3y)y^2$，$Q=1-3xy^2$，$\dfrac{\partial Q}{\partial x}=-3y^2\neq 2xy-9y^2=\dfrac{\partial P}{\partial y}$.不是全微分方程.

取积分因子 $\dfrac{1}{y^2}$，方程化为

$$(x-3y)\mathrm{d}x+\left(\dfrac{1}{y^2}-3x\right)\mathrm{d}y=0\quad \text{或}\quad \mathrm{d}\left(\dfrac{x^2}{2}\right)-\mathrm{d}\left(\dfrac{1}{y}\right)-\mathrm{d}(3xy)=0,$$

通解为

$$\dfrac{x^2}{2}-\dfrac{1}{y}-3xy=C.$$

(2)取积分因子 $\dfrac{x}{y^2}$，方程化为

$$\dfrac{2xy\mathrm{d}x}{y^2}-3x^2\mathrm{d}x-\dfrac{x^2}{y^2}\mathrm{d}y=0\quad \text{或}\quad \dfrac{2xy\mathrm{d}x-x^2\mathrm{d}y}{y^2}-3x^2\mathrm{d}x=0,$$

通解为

$$\dfrac{x^2}{y}-x^3=C.$$

5.(1)令 $u=x-y$，则 $\dfrac{\mathrm{d}y}{\mathrm{d}x}=1-\dfrac{\mathrm{d}u}{\mathrm{d}x}$，代入方程得 $1-\dfrac{\mathrm{d}u}{\mathrm{d}x}=\dfrac{1}{u}+1$，即 $\mathrm{d}x=-u\mathrm{d}u.$

两边积分得 $x=-\dfrac{1}{2}u^2+C$，将 $u=x-y$ 回代得原方程的通解为

$$x+\dfrac{1}{2}(x-y)^2=C.$$

(2)令 $u=xy$，则 $y=\dfrac{1}{x}u$，$\dfrac{\mathrm{d}y}{\mathrm{d}x}=-\dfrac{1}{x^2}u+\dfrac{1}{x}\dfrac{\mathrm{d}u}{\mathrm{d}x}$，代入原方程得

$$x\left(\dfrac{1}{x}\dfrac{\mathrm{d}u}{\mathrm{d}x}-\dfrac{u}{x^2}\right)+\dfrac{u}{x}=\dfrac{u}{x}\ln u,\quad \text{即}\quad \dfrac{\mathrm{d}x}{x}=\dfrac{\mathrm{d}u}{u\ln u},$$

积分得 $\ln x+\ln C=\ln(\ln u)$，即 $u=\mathrm{e}^{Cx}$.将 $u=xy$ 代入得原方程的通解为

$$y=\dfrac{1}{x}\mathrm{e}^{Cx}.$$

(3)注意到原方程可化为 $y'=[y+(\sin x-1)]^2-\cos x$,可令 $u=y+(\sin x-1)$,则 $\dfrac{\mathrm{d}u}{\mathrm{d}x}=y'+\cos x$,即 $y'=\dfrac{\mathrm{d}u}{\mathrm{d}x}-\cos x$.代入上方程得 $\dfrac{\mathrm{d}u}{\mathrm{d}x}=u^2$,$\dfrac{\mathrm{d}u}{u^2}=\mathrm{d}x$,解得

$$-\frac{1}{u}=x+C,\quad 或\quad u=-\frac{1}{x+C},$$

即

$$y=1-\sin x-\frac{1}{x+C}$$

自 测 题 4

1. (1)$y''=\dfrac{1}{4}x^4+\sin x+C_1$,

$y'=\dfrac{1}{20}x^5-\cos x+C_1 x+C_2$,

$y=\dfrac{1}{120}x^6-\sin x+\dfrac{1}{2}C_1 x^2+C_2 x+C_3$ (C_1,C_2,C_3 为任意常数).

(2)令 $y'=p(x)$,则 $y''=\dfrac{\mathrm{d}p}{\mathrm{d}x}$,代入方程得 $\dfrac{\mathrm{d}p}{\mathrm{d}x}=p^2+p$,或 $\left(\dfrac{1}{p}-\dfrac{1}{p+1}\right)\mathrm{d}p=\mathrm{d}x$.积分得

$\ln\left|\dfrac{p}{p+1}\right|=x+\ln C_1$,或 $\dfrac{p}{p+1}=C_1\mathrm{e}^x$,解得 $p=\dfrac{C_1\mathrm{e}^x}{1-C_1\mathrm{e}^x}$,将 $y'=p(x)$代入得

$$y'=\frac{C_1\mathrm{e}^x}{1-C_1\mathrm{e}^x},$$

积分得

$$y=\int\frac{C_1\mathrm{e}^x}{1-C_1\mathrm{e}^x}\mathrm{d}x=C_2-\ln|1-C_1\mathrm{e}^x|.$$

(3)令 $y'=p$,则 $y''=\dfrac{\mathrm{d}p}{\mathrm{d}x}=\dfrac{\mathrm{d}p}{\mathrm{d}y}\dfrac{\mathrm{d}y}{\mathrm{d}x}=p\dfrac{\mathrm{d}p}{\mathrm{d}y}$,代入方程化为 $yp\dfrac{\mathrm{d}p}{\mathrm{d}y}+1=p^2$,分离变量得 $\dfrac{2p\mathrm{d}p}{p^2-1}=\dfrac{2\mathrm{d}y}{y}$,解得 $\ln(p^2-1)=2\ln y+\ln C_1$,或 $p^2-1=C_1 y^2$,即 $p^2=C_1 y^2+1$.

由 $y|_{x=0}=1$,$p|_{x=0}=y'|_{x=1}=0$,得 $0=C_1\cdot 1^2+1$,即 $C_1=-1$,与 $p=y'$一起代入方程得

$$y'^2=-y^2+1,\quad 解得\frac{\mathrm{d}y}{\mathrm{d}x}=\pm\sqrt{1-y^2},\quad 或\quad \frac{\pm\mathrm{d}y}{\sqrt{1-y^2}}=\mathrm{d}x.$$

积分得解 $\arcsin y=x+C_2$(或 $\arccos y=x+C_2$),即 $y=\sin(x+C_2)$.

由 $y|_{x=0}=1$,得 $1=\sin(0+C_2)$,即 $C_2=2k\pi+\dfrac{\pi}{2}$($k=0,\pm1,\pm2,\cdots$).故所求特解为

$$y=\cos x.$$

2. 令 $y'=p$,则 $y''=\dfrac{\mathrm{d}p}{\mathrm{d}x}$,原方程可化为 $\dfrac{\mathrm{d}p}{\mathrm{d}x}-ap^2=0$,即 $\dfrac{\mathrm{d}p}{P^2}=a\mathrm{d}x$,积分得

$$-\frac{1}{p}=ax+C_1.$$

由 $p(0)=y'(0)=-1$ 得 $C_1=1$,从而 $-\dfrac{1}{y'}=ax+1$,即 $\mathrm{d}y=-\dfrac{\mathrm{d}x}{ax+1}$,积分得

$$y = -\frac{1}{a}\ln|ax+1| + C_2.$$

再由 $y(0)=0$ 得 $C_2=0$,因此所求特解为 $y = -\frac{1}{a}\ln|ax+1|$.

自测题 5

1. 由方程解的结构理论知,$y_2-y_1=e^{2x}$,$y_3-y_1=xe^{2x}$ 为所求方程对应的齐次方程的两个无关的解,故特征根为 $r=2$(二重),特征方程为 $(r-2)^2=0$,即 $r^2-4r+4=0$,所以所求方程是的形式为 $y''-4y'+4y=f(x)$.将 $y_1=x$ 代入此方程得 $f(x)=4x-4$,因此所求非齐次线性方程及通解分别为

$$y''-4y'+4y=4x-4, \quad y=(C_1+C_2x)e^{2x}+x.$$

2. 因为 $y_1=e^{-x}$,$y_2=2xe^{-x}$,$y_3=3e^x$ 是所求方程的三个线性无关的解,所以方程的特征根为 $r_{1,2}=-1$,$r_3=1$,特征方程为 $(r+1)^2(r-1)=0$,即 $r^3+r^2-r-1=0$,故所求方程及其通解分别为

$$y'''+y''-y'-y=0, \quad y=(C_1+C_2x)e^{-x}+C_3e^x.$$

3.(1)特征方程为 $r^2+r+1=0$,特征根为 $r_{1,2}=-\frac{1}{2}\pm\frac{\sqrt{3}}{2}i$,故方程的通解为

$$y=\left(C_1\cos\frac{\sqrt{3}}{2}x+C_2\sin\frac{\sqrt{3}}{2}x\right)e^{-\frac{x}{2}}.$$

(2)特征方程 $r^4+2r^2+1=0$,即 $(r^2+1)^2=0$,特征根 $r_1=r_2=i$,$r_3=r_4=-i$,故通解
$$y=(C_1+C_2x)\cos x+(C_3+C_4x)\sin x.$$

(3)$r^4+5r^2-36=0$,即 $(r^2-4)(r^2+9)=0$,特征根为 $r_1=2$,$r_2=-2$,$r_{3,4}=\pm3i$,通解

$$y=C_1e^{2x}+C_2e^{-2x}+C_3\cos 3x+C_4\sin 3x.$$

4.(1)特征方程 $2r^2+r-1=0$,特征根 $r_1=\frac{1}{2}$,$r_2=-1$,故对应的齐次方程的通解

$$Y=C_1e^{\frac{x}{2}}+C_2e^{-x}.$$

因 $f(x)=2e^x$,$\lambda=1$ 不是特征根,故可设特解为 $y^*=Ae^x$,将其代入原方程并整理得 $2Ae^x+Ae^x-Ae^x=2e^x$,解得 $A=1$,由此得 $y^*=e^x$,因此原方程的通解为

$$y=C_1e^{\frac{x}{2}}+C_2e^{-x}+e^x.$$

(2)特征方程 $r^2+3r+2=0$,特征根 $r_1=-1$,$r_2=-2$,对应的齐次方程的通解为
$$Y=C_1e^{-x}+C_2e^{-2x}.$$

因 $f(x)=3xe^{-x}$,$\lambda=-1$ 是单特征根,故可设特解为 $y^*=xe^{-x}(Ax+B)$,代入原方程并整理得 $2Ax+(2A+B)=3x$,比较系数得 $A=\frac{3}{2}$,$B=-3$,$y^*=e^{-x}\left(\frac{3}{2}x^2-3x\right)$,通解

$$y=C_1e^{-x}+C_2e^{-2x}+e^{-x}\left(\frac{3}{2}x^2-3x\right).$$

(3)特征方程 $r^2+4=0$,特征根 $r_{1,2}=\pm2i$,故对应的齐次方程的通解为

$$Y = C_1 \cos 2x + C_2 \sin 2x.$$

因 $f(x) = x\cos x$, $\lambda \pm i\omega = i$ 不是特征根，故可设特解为

$$y^* = (Ax + B)\cos x + (Cx + D)\sin x,$$

代入原方程得 $A = \dfrac{1}{3}$, $B = 0$, $C = 0$, $D = \dfrac{2}{9}$, 特解为 $y^* = \dfrac{1}{3}x\cos x + \dfrac{2}{9}\sin x$, 通解

$$y = C_1 \cos 2x + C_2 \sin 2x + \frac{1}{3}x\cos x + \frac{2}{9}\sin x.$$

(4)特征方程 $r^2 - 1 = 0$, 特征根 $r_{1,2} = \pm 1$, 故对应的齐次方程的通解为

$$Y = C_1 e^{-x} + C_2 e^x.$$

由于方程 $y'' - y = \dfrac{1}{2}$, 有特解 $y_1^* = -\dfrac{1}{2}$.

又由于方程 $y'' - y = -\dfrac{1}{2}\cos 2x$, 有形式特解 $y_2^* = A\cos 2x + B\sin 2x$, 代入解得 $A = \dfrac{1}{10}$, $B = 0$, 即此方程有特解 $y_2^* = \dfrac{1}{10}\cos 2x$.

所以由 $f(x) = \sin^2 x = \dfrac{1}{2} - \dfrac{1}{2}\cos 2x$ 知，原方程有特解

$$y^* = y_1^* + y_2^* = -\frac{1}{2} + \frac{1}{10}\cos 2x,$$

故原方程的通解为

$$y = C_1 e^{-x} + C_2 e^x - \frac{1}{2} + \frac{1}{10}\cos 2x.$$

(5)特征方程 $r^2 - 3r + 2 = 0$, 特征根 $r_1 = 1$, $r_2 = 2$, 故对应的齐次方程的通解为

$$Y = C_1 e^x + C_2 e^{2x}.$$

易知 $y^* = \dfrac{5}{2}$ 是原方程的一个特解，由此便得原方程的通解为

$$y = C_1 e^x + C_2 e^{2x} + \frac{5}{2},$$

由初始条件得 $\begin{cases} C_1 + C_2 + \dfrac{5}{2} = 1 \\ C_1 + 2C_2 = 2 \end{cases}$, 即 $\begin{cases} C_1 = -5 \\ C_2 = \dfrac{7}{2} \end{cases}$, 因此满足初始条件的特解为

$$y = -5e^x + \frac{7}{2}e^{2x} + \frac{5}{2}.$$

5. 所给方程为全微分方程的充要条件为 $\dfrac{\partial}{\partial x}[f'(x) - \sin y] = \dfrac{\partial}{\partial y}\{[5e^{2x} - f(x)]y\}$, 即

$$f''(x) = 5e^{2x} - f'(x) \quad \text{或} \quad f''(x) + f'(x) = 5e^{2x}, \tag{1}$$

解得对应齐次方程的通解

$$Y(x) = C_1 \cos x + C_2 \sin x,$$

设(1)式的特解形式为 $y^* = Ae^{2x}$, 代入(1)解得 $A = 1$, 得(1)的通解

$$f(x)=Y(x)+y^*=C_1\cos x+C_2\sin x+\mathrm{e}^{2x}.$$

由 $f(0)=f'(0)=1$ 得：$\begin{cases}1=C_1\cos 0+C_2\sin 0+\mathrm{e}^0\\1=C_1(-\sin 0)+C_2\cos 0+2\mathrm{e}^0\end{cases}\Rightarrow\begin{cases}C_1=0\\C_2=-1\end{cases}$，从而 $f(x)=$

$\mathrm{e}^{2x}-\sin x$. 于是原方程右端的原函数

$$u(x,y)=\int_{(0,0)}^{(x,y)}[5\mathrm{e}^{2x}-f(x)]y\mathrm{d}x+[f'(x)-\sin y]\mathrm{d}y$$

$$=0+\int_0^y[2\mathrm{e}^{2x}-\cos x-\sin y]\mathrm{d}y$$

$$=[(2\mathrm{e}^{2x}-\cos x)y+\cos y]_0^y=(2\mathrm{e}^{2x}-\cos x)y+\cos y-1.$$

所求方程的通解为 $\qquad (2\mathrm{e}^{2x}-\cos x)y+\cos y=C.$

自 测 题 6

1. 原方程改写为 $\dfrac{\mathrm{d}y}{\mathrm{d}x}-\dfrac{2}{x}y=-1$. 通解 $y=\mathrm{e}^{-\int-\frac{2}{x}\mathrm{d}x}\left[\int(-1)\mathrm{e}^{\int-\frac{2}{x}\mathrm{d}x}\mathrm{d}x+C\right]=x+Cx^2$.

$V=\int_1^2\pi y^2\mathrm{d}x=\pi\int_1^2(x+Cx^2)^2\mathrm{d}x=\pi\left[\dfrac{x^3}{3}+\dfrac{C}{2}x^4+\dfrac{C^2}{5}x^5\right]_1^2=\pi\left[\dfrac{7}{3}+\dfrac{15}{2}C+\dfrac{31}{5}C^2\right],$

$V'=\pi\left[\dfrac{15}{2}+\dfrac{62}{5}C\right]$，驻点 $C_0=-\dfrac{75}{124}$.

因当 $C<C_0$ 时，$V'<0$，当 $C>C_0$ 时，$V'>0$，故所求曲线为

$$y=x-\dfrac{75}{124}x^2.$$

2. 设在时刻 t 小船航行到某点 $M(x,y)$，根据题意有 $\dfrac{\mathrm{d}x}{\mathrm{d}t}=ky(h-y)$，$\dfrac{\mathrm{d}y}{\mathrm{d}t}=a$. 两式相

除得 $\mathrm{d}x=\dfrac{k}{a}y(h-y)\mathrm{d}y$，积分得 $ax=\dfrac{kh}{2a}y^2-\dfrac{k}{3a}y^3+C$，由 $y(0)=0$ 得 $0=C$，于是航线

$$x=\dfrac{kh}{2a}y^2-\dfrac{k}{3a}y^3.$$

3. 由水力学知漏斗流速：$\dfrac{\mathrm{d}V}{\mathrm{d}t}=0.62\sqrt{2gh}S$，故在微小时段 $[t,t+\mathrm{d}t]$ 内从小孔流

出量

$$\mathrm{d}V=0.62\sqrt{2gh}S\mathrm{d}t;$$

另外，在微小时段 $[t,t+\mathrm{d}t]$ 内容器中水面由高度 h 降至 $h+\mathrm{d}h$（$\mathrm{d}h<0$）时的流量

$$\mathrm{d}V=-\pi r^2\mathrm{d}h=-\pi\left(\dfrac{\sqrt{3}}{3}h\right)^2\mathrm{d}h=-\dfrac{\pi}{3}h^2\mathrm{d}h.$$

由上两式左端相等得右端也相等，即有

$$0.5\times0.62\sqrt{2gh}\mathrm{d}t=-\dfrac{\pi}{3}h^2\mathrm{d}h,\quad\text{或}\quad0.5\times0.62\sqrt{2g}\mathrm{d}t=-\dfrac{\pi}{3}h^{\frac{3}{2}}\mathrm{d}h.$$

由分离变量法解得 $t=-\dfrac{1}{0.5\times0.62\sqrt{2g}}\dfrac{\pi}{3}\dfrac{2}{5}h^{\frac{5}{2}}+C$，代入初始条件 $h(0)=10$ 得 C，

由此得到水面的变化规律为

$$t=\frac{1}{0.5\times0.62}\frac{1}{\sqrt{2g}}\frac{2\pi}{15}(-h^{\frac{5}{2}}+10^{\frac{5}{2}}).$$

令 $h=0$ 得到水流完所需时间

$$t=\frac{1}{0.5\times0.62}\frac{1}{\sqrt{2\times9.8\times100}}\frac{2\times3.14}{15}\times10^{\frac{5}{2}}\approx9.647.$$

4. 如右图建立空间直角坐标系. 在雪堆侧面方程中令 $z=0$ 得投影域 $D:x^2+y^2\leqslant\dfrac{h^2}{2}$.

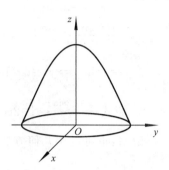

$$V=\iint_D\left(h-\frac{2(x^2+y^2)}{h}\right)d\sigma$$

$$=\int_0^{2\pi}\left[\int_0^{\frac{h}{\sqrt2}}\left(h-\frac{2r^2}{h}\right)r\,dr\right]d\theta$$

$$=2\pi\left[h\cdot\frac{r^2}{2}-\frac{2}{h}\frac{r^4}{4}\right]_0^{\frac{h}{\sqrt2}}=\frac{\pi}{4}h^3.$$

$$S=\iint_S dS=\iint_D\sqrt{1+z_x'^2+z_y'^2}\,d\sigma=\iint_D\sqrt{1+\left(-\frac{4x}{h}\right)^2+\left(-\frac{4y}{h}\right)^2}\,d\sigma$$

$$=\iint_D\sqrt{1+\frac{16(x^2+y^2)}{h^2}}\,d\sigma$$

$$=\int_0^{2\pi}\left[\int_0^{\frac{h}{\sqrt2}}\sqrt{1+\frac{16r^2}{h^2}}\,r\,dr\right]d\theta=2\pi\int_0^{\frac{h}{\sqrt2}}\sqrt{1+\frac{16r^2}{h^2}}\frac{h^2}{32}d\left(1+\frac{16r^2}{h^2}\right)$$

$$=\frac{\pi h^2}{16}\frac{2}{3}\left(1+\frac{16r^2}{h^2}\right)^{\frac{3}{2}}\Big|_0^{\frac{h}{\sqrt2}}=\frac{13\pi}{12}h^2.$$

由 $-V_t'=0.9S$ 得 $-\dfrac{\pi}{4}\cdot3h^2h'=0.9\cdot\dfrac{13\pi}{12}h^2\Rightarrow h'=-1.3$, 得

$$h=-1.3t+C,\tag{1}$$

将 $h(0)=130$ 代入 (1) 式得 $C=130$. 故有

$$h=130-1.3t,\tag{2}$$

将 $h(t_0)=0$ 代入 (2) 式得 $t_0=100$.

模拟试卷 1

一、选择题与填空题

1. A.　2. B.　3. C.　4. D.　5. A.　6. D.　7. $(2,-1)$.　8. -2.　9. $6a$.　10. 2.

二、计算题

1. 原式 $=\lim\limits_{x\to0}\dfrac{\int_0^x(\tan x-x)dx}{x^4}=\lim\limits_{x\to0}\dfrac{\tan x-x}{4x^3}=\lim\limits_{x\to0}\dfrac{\sec^2 x-1}{12x^2}$

$$= \lim_{x \to 0} \frac{2\sec x \sec x \tan x}{24x} = \frac{1}{12}.$$

2. $\begin{cases} x - 3t^2 - 2t - 3 = 0 \\ -y + e^t \sin t + 1 = 0 \end{cases} \Rightarrow \begin{cases} x = 3t^2 + 2t + 3 \\ y = e^t \sin t + 1 \end{cases} \Rightarrow \begin{cases} dx = (6t + 2)dt \\ dy = e^t(\sin t + \sin t)dt \end{cases}.$

$$dy = \frac{e^t(\sin t + \sin t)}{6t + 2}dx.$$

3. $y = x^3 \ln x \Rightarrow y' = 3x^2 \ln x + x^2 \Rightarrow y'' = 6x \ln x + 5x \Rightarrow y''' = 6\ln x + 11 \Rightarrow y^{(4)} = \frac{6}{x}.$

4. 原式 $\xlongequal{x = 2\sin\theta} \int_0^{\frac{\pi}{6}} 2\cos\theta \cdot 2\cos\theta d\theta = 2\left(\theta + \frac{\sin 2\theta}{2}\right)\Big|_0^{\frac{\pi}{6}} = \frac{\pi}{3} + \frac{\sqrt{3}}{2}.$

说明：也可以用几何方法求解.

5. $\int xf(x^2 + 1)dx = \frac{1}{2}\int f(x^2 + 1)d(x^2 + 1) = \frac{1}{2}F(x^2 + 1) + C$

$$= \frac{e^{x^2+1}}{2(x^2 + 1)^2} + C.$$

6. $\int_{-\infty}^{+\infty} xf(x)dx = 0 + \int_0^{+\infty} xf(x)dx = \int_0^{+\infty} x\lambda e^{-\lambda x}dx$

$$\xlongequal{t = -x\lambda} \frac{1}{\lambda}\int_0^{-\infty} te^t dt = \frac{1}{\lambda}(te^t - e^t)\Big|_0^{-\infty} = \frac{1}{\lambda}.$$

三、解答题

1. $f(x) = \frac{(x - 3)^2}{4(x - 1)}$，定义域为 $x \neq 1$ 的全体实数.

$f(x) = \frac{(x - 3)^2}{4(x - 1)} = \frac{x - 1}{4} - 1 + \frac{1}{x - 1}$, $f'(x) = \frac{1}{4} - \frac{1}{(x - 1)^2}$, $f''(x) = \frac{2}{(x - 1)^3}$.

$f'(x) = 0 \Rightarrow x = -1, 3$, $f''(x) \neq 0$.

列表如下：

x	$(-\infty, -1)$	-1	$(-1, 1)$	$(1, 3)$	3	$(3, +\infty)$
y'	$+$	0	$-$	$-$	0	$+$
y''	$-$	$-$	$-$	$+$	$+$	$+$
y	单增 下凹	极大值 -2	单减 下凹	单减 下凸	极小值 0	单增 下凸

2. 由对称性，面积 $A = 2\int_0^2 (e^2 - e^x)dx = 2(e^2 + 1)$；

体积 $V = 2(2 \cdot \pi(e^2)^2 - \int_0^2 \pi(e^x)^2 dx) = \pi(3e^4 + 1).$

四、证明题

(1) 由 $F(x)$ 在 $x = 0$ 处连续，得 $\lim_{x \to 0} F(x) = C.$

又 $\lim_{x\to 0}F(x)=\lim_{x\to 0}\dfrac{\displaystyle\int_0^x tf(t)\,\mathrm{d}t}{x^2}=\lim_{x\to 0}\dfrac{xf(x)}{2x}=\dfrac{1}{2}\lim_{x\to 0}f(x)=\dfrac{1}{2}f(0)=0.$

所以 $C=0$,结论得证.

(2)证明:构造函数 $F(x)=f(x)-\eta x.$

由于 $f(x)$ 在 $[a,b]$ 上可导,所以 $F(x)$ 在 $[a,b]$ 上可导,且

$$F'_+(a)=f'_+(a)-\eta,\quad F'_-(b)=f'_-(b)-\eta,$$

又 η 是介于 $f'_+(a)$ 与 $f'_-(b)$ 之间的一个数,所以

$$F'_+(a)F'_-(b)<0,$$

由达布定理知至少存在一点 $c\in(a,b)$ 使得 $F'(c)=0$,即 $f'(c)=\eta.$

模拟试卷 2

一、选择题与填空题

1. B.　2. B.　3. D.　4. D.　5. A.　6. A.　7. 2.　8. 1.　9. $\sin x^2$.　10. $f(x)=\dfrac{1}{1+x^2}+\dfrac{\pi}{4-\pi}\sqrt{1-x^2}$

二、计算题

1. $\lim_{x\to 0}\dfrac{\mathrm{e}^x-x-1}{x^2}=\lim_{x\to 0}\dfrac{\mathrm{e}^x-1}{2x}=\dfrac{1}{2}.$

2. $\lim_{x\to 0}(1-2x)^{\frac{1}{x}}=\lim_{x\to 0}[(1-2x)^{\frac{1}{-2x}}]^{-2}=\mathrm{e}^{-2}.$

3. $\lim_{x\to 0}\dfrac{\displaystyle\int_0^x \sin t^2\,\mathrm{d}t}{x\sin x^2}=\lim_{x\to 0}\dfrac{\displaystyle\int_0^x \sin t^2\,\mathrm{d}t}{x^3}=\lim_{x\to 0}\dfrac{\sin x^2}{3x^2}=\dfrac{1}{3}.$

4. $y'-\mathrm{e}^y y'+1=0\Rightarrow y'=\dfrac{1}{\mathrm{e}^y-1},\quad y''=\dfrac{-\mathrm{e}^y y'}{(\mathrm{e}^y-1)^2}=\dfrac{-\mathrm{e}^y}{(\mathrm{e}^y-1)^3}.$

5. $\dfrac{\mathrm{d}y}{\mathrm{d}x}=\dfrac{a(\cos t-\cos t+t\sin t)}{a(-\sin t+\sin t+t\cos t)}=\tan t$

   $\dfrac{\mathrm{d}^2 y}{\mathrm{d}x^2}=(\tan t)'\dfrac{1}{x'_t}=\sec^2 t\dfrac{1}{at\cos t}=\dfrac{1}{at}\sec^3 t.$

6. $\displaystyle\int_1^{\mathrm{e}}\dfrac{\mathrm{d}x}{x\sqrt{1-\ln^2 x}}=\int_1^{\mathrm{e}}\dfrac{\mathrm{d}\ln x}{\sqrt{1-\ln^2 x}}=[\arcsin(\ln x)]_1^{\mathrm{e}}=\dfrac{\pi}{2}.$

7. $\displaystyle\int(\ln x)^2\,\mathrm{d}x=x\ln^2 x-\int x\cdot 2\ln x\cdot\dfrac{1}{x}\,\mathrm{d}x=x\ln^2 x-2\int\ln x\,\mathrm{d}x$

   $=x\ln^2 x-2\left(x\ln x-\int x\cdot\dfrac{1}{x}\,\mathrm{d}x\right)=x\ln^2 x-2x\ln x+2x+C.$

8. $I_n=-\displaystyle\int_0^{+\infty}x^n\,\mathrm{d}\mathrm{e}^{-x}=-\left(x^n\mathrm{e}^{-x}\Big|_0^{+\infty}-n\int_0^{+\infty}x^{n-1}\mathrm{e}^{-x}\,\mathrm{d}x\right)=nI_{n-1}$

   $=n(n-1)I_{n-2}=n(n-1)\cdots 1I_0=n!\displaystyle\int_0^{+\infty}x^0\mathrm{e}^{-x}\,\mathrm{d}x=n!.$

三、解答题

1. $x \leqslant -1 : F(x) = \int_{-\infty}^{x} e^t dt = e^x$;

$x > -1 : F(x) = F(-1) + \int_{-1}^{x} \frac{1}{t^2 + 2t + 5} dt = e^{-1} + \int_{-1}^{x} \frac{1}{(t+1)^2 + 4} dt$

$= e^{-1} + \frac{1}{2} \arctan \frac{t+1}{2} \Big|_{-1}^{x} = e^{-1} + \frac{1}{2} \arctan \frac{x+1}{2}.$

所以 $F(x) = \begin{cases} e^x & 当 x \leqslant -1 \\ e^{-1} + \frac{1}{2} \arctan \frac{x+1}{2} & 当 x > -1 \end{cases}$.

2. (1) 设切点 (x_0, y_0)，则有 $y'(x_0) = 1$，即 $-ax_0 = 1$，另有 $\begin{cases} y_0 = x_0 + 1 \\ y_0 = \frac{1 - ax_0^2}{2} \end{cases}$，解得 $a = 1$.

(2) 由曲线 $l : y = \frac{1-x^2}{2}$ 与 x 轴交点横坐标为 ± 1，得旋转体体积

$$V = 2\int_0^1 \pi \left(\frac{1-x^2}{2}\right)^2 dx = \frac{\pi}{2} \int_0^1 (1 - 2x^2 + x^4) dx = \frac{4}{15} \pi.$$

3. (1) 记 $f(x) = x - \ln(1+x)$，则 $f(x)$ 在 $[0, +\infty)$ 上连续，且

$$f'(x) = 1 - \frac{1}{1+x} = \frac{x}{1+x} > 0 \quad (x > 0),$$

所以 $f(x)$ 在 $[0, +\infty)$ 上严格单调增加.

故当 $x > 0$ 时，$f(x) > f(0) = 0$，即 $x > \ln(1+x)$ $(x > 0)$.

(2) $I = \int_0^3 (x^2 + x) df''(x) = (x^2 + x) f''(x) \Big|_0^3 - \int_0^3 (2x+1) f''(x) dx$

$= 0 - \int_0^3 (2x+1) df'(x) = -(2x+1) f'(x) \Big|_0^3 + \int_0^3 2f'(x) dx$

$= -7 \cdot \frac{2-4}{3-2} + \frac{4-0}{2-0} + 2[f(3) - f(0)]$

$= 16 + 2(2 - 0)$

$= 20.$

模拟试卷 3

一、选择题与填空题

1. C.　2. B.　3. B.　4. e^5.　5. -1.　6. n^2.　7. C.　8. $x + e^x + C$.　9. 6.

10. $\frac{\pi}{6}$.

二、计算题

1. 原式 $= \lim_{x \to 0} \dfrac{\int_0^x (\sin x - x) dx}{x^4} = \lim_{x \to 0} \dfrac{\sin x - x}{4x^3} = \lim_{x \to 0} \dfrac{\cos x - 1}{12x^2}$

$$= \lim_{x \to 0} \frac{-\sin x}{24x} = -\frac{1}{24}.$$

2. $\begin{cases} \mathrm{d}x = 2t\cos t^2 \mathrm{d}t \\ \mathrm{d}y = \left(\sin t^2 + 2t^2 \cos t^2 - \frac{1}{2t}\sin t^2 \cdot 2t\right)\mathrm{d}t = 2t^2 \cos t^2 \mathrm{d}t \end{cases}, \frac{\mathrm{d}y}{\mathrm{d}x} = \frac{2t^2 \cos t^2 \mathrm{d}t}{2t\cos t^2 \mathrm{d}t} = t.$

3. $\displaystyle\int \frac{1+\cos x}{x+\sin x}\mathrm{d}x = \int \frac{1}{x+\sin x}\mathrm{d}(x+\sin x) = \ln|x+\sin x| + C.$

4. 原式 $= -x^2 \mathrm{e}^{-x} + \displaystyle\int 2x\mathrm{e}^{-x}\mathrm{d}x = -x^2 \mathrm{e}^{-x} - 2x\mathrm{e}^{-x} + \int \mathrm{e}^{-x}\mathrm{d}x$

$\qquad = -x^2 \mathrm{e}^{-x} - 2x\mathrm{e}^{-x} - \mathrm{e}^{-x} + C.$

5. 原式 $= \displaystyle\int_{-\frac{\pi}{2}}^{\frac{\pi}{2}} (1+\arctan x)\sqrt{2}\,|\cos x|\mathrm{d}x = \sqrt{2}\int_{-\frac{\pi}{2}}^{\frac{\pi}{2}}\cos x\mathrm{d}x + \sqrt{2}\int_{-\frac{\pi}{2}}^{\frac{\pi}{2}}\arctan x\cos x\mathrm{d}x$

$\qquad = 2\sqrt{2}\displaystyle\int_0^{\frac{\pi}{2}}\cos x\,\mathrm{d}x + 0 = 2\sqrt{2}.$

6. $\displaystyle\int_{1/4}^{3/4}\frac{\arcsin\sqrt{x}}{\sqrt{x(1-x)}}\mathrm{d}x = \int_{1/4}^{3/4}\frac{\arcsin\sqrt{x}}{\sqrt{x}\,\sqrt{1-(\sqrt{x})^2}}\mathrm{d}x = 2\int_{1/4}^{3/4}\frac{\arcsin\sqrt{x}}{\sqrt{1-(\sqrt{x})^2}}\mathrm{d}\sqrt{x}$

$\qquad = 2\displaystyle\int_{1/4}^{3/4}\arcsin\sqrt{x}\,\mathrm{d}\arcsin\sqrt{x} = (\arcsin\sqrt{x})^2\,\Big|_{1/4}^{3/4} = \frac{\pi^2}{12}.$

或令 $t = \sqrt{x}$，原式 $= \displaystyle\int_{0.5}^{\frac{\sqrt{3}}{2}}\frac{\arcsin t}{t}\frac{1}{\sqrt{1-t^2}}2t\mathrm{d}t = \int_{0.5}^{\frac{\sqrt{3}}{2}}2\arcsin t\,\mathrm{d}\arcsin t$

$\qquad = (\arcsin\sqrt{x})^2\,\Big|_{0.5}^{\frac{\sqrt{3}}{2}} = \frac{\pi^2}{12}.$

7. 定义域为 $\mathbf{R}$，$f'(x) = 1 - \frac{1}{3}(x-1)^{\frac{-2}{3}}$，$f''(x) = \frac{2}{9}(x-1)^{\frac{-5}{3}}$ $(x \neq 1)$.

无二阶导数等于零的点；

易见 $x \in (-\infty, 1)$ 时，$f''(x) < 0$，曲线为凸；$x \in (1, +\infty)$ 时，$f''(x) > 0$ 曲线为凹；拐点为 $(1,1)$.

8. $f(x) = \frac{1}{x^2 - 2x - 3} = \frac{1}{4}\left[\frac{1}{x-3} - \frac{1}{x+1}\right]$，又 $\left[\frac{1}{x+a}\right]^{(n)} = \frac{(-1)^n n!}{(x+a)^{n+1}}$，故

$$f^{(n)}(x) = \frac{1}{4}\left[\frac{(-1)^n n!}{(x-3)^{n+1}} - \frac{(-1)^n n!}{(x+1)^{n+1}}\right] = \frac{(-1)^n n!}{4}\left[\frac{1}{(x-3)^{n+1}} - \frac{1}{(x+1)^{n+1}}\right].$$

三、解答题

1.（1）由 $f(t) = -0.1t^2 + 2.8t + 50$ 可知 $f'(t) = -0.2t + 2.8$，可求得驻点 $t = 14$.

当 $0 < t < 14$ 时 $f'(t) > 0$，$t > 14$ 时 $f'(t) < 0$，因此当 $0 < t < 14$ 时，学生的接受能力随 t 增加而提高；

（2）对于最难的概念，教师应在学生接受能力最强的时候提出，即当 $f(t)$ 达到最大值时，由（1）可知 $t = 14$ 时达到最大，故而教师应在概念提出后经过 14 min 时间时讲解；

（3）因为 $t = 14$ 时学生的接受能力达到最大，最大值为 $69.4 < 70$。对于需要 70 的接受能力的新概念不适合对这组学生讲授.

2. (1) D 绕 x 轴旋转一周，所得旋转体的体积 $V_1 = \int_0^a \pi x^4 \mathrm{d}x = \frac{\pi}{5} a^5$；

(2) D 绕 y 轴旋转一周，所得旋转体的体积 $V_2 = \pi a^4 - \int_0^{a^2} \pi y \mathrm{d}y = \frac{\pi}{2} a^4$；

(3) 由 $V_1 = V_2$ 可得 $\frac{\pi}{5} a^5 = \frac{\pi}{2} a^4$，所以 $a = \frac{5}{2}$.

3. (1) 若函数 $f(x)$ 在闭区间 $[a, b]$ 上连续，在开区间 (a, b) 内可导，那么在 (a, b) 内至少有一点 ξ，使得等式 $\frac{f(b) - f(a)}{b - a} = f'(\xi)$ 成立.

(2) 令 $\varphi(x) = f(x) - \frac{f(b) - f(a)}{b - a} x$（或 $\varphi(x) = f(x) - f(a) - \frac{f(b) - f(a)}{b - a}(x - a)$）.

容易验证函数 $\varphi(x)$ 适合罗尔定理的条件：

在闭区间 $[a, b]$ 上连续，在开区间 (a, b) 内可导，$\varphi(a) = \varphi(b) = \frac{bf(a) - af(b)}{b - a}$

（或 $\varphi(a) = \varphi(b) = 0$），且 $\varphi'(x) = f'(x) - \frac{f(b) - f(a)}{b - a}$；

根据罗尔定理，可知在开区间 (a, b) 内至少有一点 ξ，使 $\varphi'(\xi) = 0$，即 $f'(\xi) - \frac{f(b) - f(a)}{b - a} = 0$.

由此得 $\frac{f(b) - f(a)}{b - a} = f'(\xi)$.

评注　如果结论写为 $f(b) - f(a) = f'(\xi)(b - a)$，则函数构造为
$$\varphi(x) = (f(b) - f(a))x - f(x)(b - a).$$

模拟试卷 4

一、选择题与填空题

1. C.　2. C.　3. C.　4. C.　5. $\ln 2$.　6. 4.　7. B.　8. B.　9. D.　10. D

二、计算题

1. 原式 $= \lim_{n \to \infty} \frac{1}{2} \left[\left(1 - \frac{1}{3}\right) + \left(\frac{1}{3} - \frac{1}{5}\right) + \cdots + \left(\frac{1}{2n-1} - \frac{1}{2n+1}\right) \right]$

$\qquad = \lim_{n \to \infty} \frac{1}{2} \left(1 - \frac{1}{2n+1}\right) = \frac{1}{2}$.

2. $\lim_{x \to 0} \dfrac{\displaystyle\int_0^x (t - \sin t)\mathrm{d}t}{x^2 \sin x \ln(1 + x)} = \lim_{x \to 0} \dfrac{\displaystyle\int_0^x (t - \sin t)\mathrm{d}t}{x^4} = \lim_{x \to 0} \dfrac{x - \sin x}{4x^3}$

$\qquad = \lim_{x \to 0} \dfrac{1 - \cos x}{12x^2} = \lim_{x \to 0} \dfrac{x^2/2}{12x^2}$

$\qquad = \dfrac{1}{24}$.

3. $y' = \arctan x + x \cdot \dfrac{1}{1 + x^2} - \dfrac{1}{2} \dfrac{2x}{1 + x^2} = \arctan x$,

$\mathrm{d}y = \arctan x \mathrm{d}x.$

4. 两边对 x 求导数,得

$$\mathrm{e}^{x+y}(1+y') + y + xy' - 1 = 0,$$

$$y' = \frac{1 - \mathrm{e}^{x+y} - y}{\mathrm{e}^{x+y} + x}, \quad y'|_{x=0} = -1.$$

5. 令 $x = \sin t \left(-\frac{\pi}{2} \leqslant t \leqslant \frac{\pi}{2} \right)$,则 $t = \arcsin x$,

$$\int \sqrt{1-x^2} \, \mathrm{d}x = \int \cos t \cdot \cos t \mathrm{d}t = \frac{t}{2} + \frac{1}{4} \sin 2t + C$$

$$= \frac{1}{2} \arcsin x + \frac{x}{2} \sqrt{1-x^2} + C.$$

6. 方法 1: $\int x^3 (x^2+1)^{\frac{1}{2}} \mathrm{d}x = \frac{1}{2} \int \left[(x^2+1)^{\frac{3}{2}} - (x^2+1)^{\frac{1}{2}} \right] \mathrm{d}(x^2+1)$

$$= \frac{1}{5} (x^2+1)^{\frac{5}{2}} - \frac{1}{3} (x^2+1)^{\frac{3}{2}} + C.$$

方法 2: 令 $x = \tan t \left(-\frac{\pi}{2} < t < \frac{\pi}{2} \right)$,则 $t = \arctan x$,

$$\int x^3 (x^2+1)^{\frac{1}{2}} \mathrm{d}x = \int \tan^3 t \cdot \sec t \sec^2 t \mathrm{d}t = \int (\sec^2 t - 1) \sec^2 t \mathrm{d}\sec t$$

$$= \frac{1}{5} \sec^5 t - \frac{1}{3} \sec^3 t + C$$

$$= \frac{1}{5} (x^2+1)^{\frac{5}{2}} - \frac{1}{3} (x^2+1)^{\frac{3}{2}} + C.$$

7. $\int_{-1}^{1} (3^x - 3^{-x} + x\cos x + x\mathrm{e}^x) \mathrm{d}x = \int_{-1}^{0} x\mathrm{e}^x \mathrm{d}x + \int_{0}^{1} x\mathrm{e}^x \mathrm{d}x$

$$= x\mathrm{e}^x \big|_{-1}^{0} - \int_{-1}^{0} \mathrm{e}^x \mathrm{d}x + x\mathrm{e}^x \big|_{0}^{1} - \int_{0}^{1} \mathrm{e}^x \mathrm{d}x$$

$$= 2\mathrm{e}^{-1}.$$

8. $\int_{-\infty}^{+\infty} \mathrm{e}^{-2|x|} \mathrm{d}x = \int_{-\infty}^{0} \mathrm{e}^{2x} \mathrm{d}x + \int_{0}^{+\infty} \mathrm{e}^{-2x} \mathrm{d}x = \frac{1}{2} \mathrm{e}^{2x} \big|_{-\infty}^{0} + \frac{1}{-2} \mathrm{e}^{-2x} \big|_{0}^{+\infty} = 1$

三、解答题

1. $A = \int_{0}^{1} (\mathrm{e}^x - \mathrm{e}^{-x}) \mathrm{d}x = \left[\mathrm{e}^x + \mathrm{e}^{-x} \right]_{0}^{1} = \mathrm{e} + \mathrm{e}^{-1} - 2$

2. $V_{外} = \pi \int_{0}^{1} (\sqrt{x})^2 \mathrm{d}x = \frac{\pi}{2}$; $V = V_{外} - V_{锥} = \frac{\pi}{2} - \frac{1}{3} \pi \cdot 1^2 \cdot 1 = \frac{\pi}{6}$.

3. 记 $f(x) = \frac{\sin x}{x}$,则其在区间 $\left(0, \frac{\pi}{2} \right]$ 上连续:

因为 $f'(x) = \frac{\cos x \cdot x - \sin x}{x^2} = \frac{\cos x}{x^2} (x - \tan x) < 0, x \in \left(0, \frac{\pi}{2} \right)$

故 $f(x) = \frac{\sin x}{x}$ 在 $\left(0, \frac{\pi}{2} \right]$ 上严格单调递减;

又由于 $f\left(\dfrac{\pi}{2}\right)=\dfrac{\sin\dfrac{\pi}{2}}{\dfrac{\pi}{2}}=\dfrac{2}{\pi}$，故有

$$\frac{\sin x}{x}\geqslant\frac{2}{\pi},x\in\left(0,\frac{\pi}{2}\right].$$

4. 记 $F(x)=\mathrm{e}^{x^3}f(x)$，则 $F(x)$ 在 $[a,b]$ 上可导，且

$$F(0)=F(1)=0,$$

故至少存在一点 $\xi\in(0,1)$，使 $F'(\xi)=0$. 即

$$\mathrm{e}^{\xi^3}\cdot 3\xi^2 f(\xi)+\mathrm{e}^{\xi^3}\cdot f'(\xi)=0,$$

从而有 $\mathrm{e}^{\xi^3}\cdot 3\xi^2 f(\xi)+\mathrm{e}^{\xi^3}\cdot f'(\xi)=0.$

模拟试卷 5

一、选择题和填空题

1. D. 2. C. 3. C. 4. C. 5. $(1,1)$ 6. $\ln x+1$. 7. A. 8. B. 9. B. 10. B.

二、计算题

1. $\lim\limits_{n\to\infty}\dfrac{1+2+\cdots+n}{n^2}=\lim\limits_{n\to\infty}\dfrac{n(n+1)/2}{n^2}=\dfrac{1}{2}.$

2. $\lim\limits_{x\to\infty}\left(1+\dfrac{2}{x}\right)^x=\lim\limits_{x\to\infty}\left[\left(1+\dfrac{2}{x}\right)^{\frac{x}{2}}\right]^2=\mathrm{e}^2.$

3. $\lim\limits_{x\to 0}\dfrac{\displaystyle\int_0^x(\mathrm{e}^x+\sin x-1)\mathrm{d}x}{x^2}=\lim\limits_{x\to 0}\dfrac{\mathrm{e}^x+\sin x-1}{2x}=\lim\limits_{x\to 0}\dfrac{\mathrm{e}^x+\cos x}{2}=1.$

4. $y^3=6x^2-x^3\Rightarrow 3y^2 y'=12x-3x^2,$

   $y'=\dfrac{x(4-x)}{y^2},$

   $y''=\dfrac{(4-2x)y^2-(4x-x^2)\cdot 2yy'}{y^4}=\dfrac{(4-2x)y^3-(4x-x^2)\cdot 2y^2 y'}{y^5}=\dfrac{-8x^2}{y^5}.$

5. $\dfrac{\mathrm{d}y}{\mathrm{d}x}=\dfrac{3a\sin^2 t\cdot\cos t}{3a\cos^2 t\cdot(-\sin t)}=-\tan t,$

   $\dfrac{\mathrm{d}^2 y}{\mathrm{d}x^2}=(-\tan t)'\dfrac{1}{x'_t}=-\sec^2 t\dfrac{1}{3a\cos^2 t\cdot(-\sin t)}>0\quad\left(0\leqslant t\leqslant\dfrac{\pi}{4}\right).$

16. $\displaystyle\int\dfrac{\mathrm{d}x}{x\ln x\cdot\ln\ln x}=\int\dfrac{\mathrm{d}(\ln x)}{\ln x\cdot\ln\ln x}=\int\dfrac{\mathrm{d}(\ln\ln x)}{\ln\ln x}+C=\ln|\ln\ln x|+C.$

17. 令 $x=\tan t$，则

   $$I=\int_0^1\frac{1}{\sqrt{1+x^2}}\mathrm{d}x=\int_0^{\frac{\pi}{4}}\frac{\sec^2 t}{\sqrt{1+\tan^2 t}}\mathrm{d}t=\int_0^{\frac{\pi}{4}}\sec t\,\mathrm{d}t=\left[\ln(\sec t+\tan t)\right]_0^{\frac{\pi}{4}}$$

   $$=\ln(\sqrt{2}+1).$$

18. $I=\displaystyle\int_0^{+\infty}x^2\mathrm{e}^{-x}\mathrm{d}x=-x^2\mathrm{e}^{-x}\Big|_0^{+\infty}+\int_0^{+\infty}2x\mathrm{e}^{-x}\mathrm{d}x$

$$= -2x\mathrm{e}^{-x}\Big|_0^{+\infty} + 2\int_0^{+\infty} \mathrm{e}^{-x}\mathrm{d}x = 2\left[-\mathrm{e}^{-x}\right]_0^{+\infty} = 2.$$

三、解答题

1. $S_1 = t^2 \cdot t - \int_0^t x^2 \mathrm{d}x = \dfrac{2t^3}{3}$,

$S_2 = \int_t^1 x^2 \mathrm{d}x - t^2(1-t) = \dfrac{1}{3} - t^2 + \dfrac{2}{3}t^3$,

$S = S_1 + S_2 = \dfrac{4}{3}t^3 - t^2 + \dfrac{1}{3}$ （$0 < t < 1$），

$S'(t) = 4t^2 - 2t$ （$0 < t < 1$），令 $s'(t) = 0$, 则 $t_0 = \dfrac{1}{2}$,

因当 $0 < t < t_0$ 时，$s'(t) < 0$；当 $t_0 < t < 1$ 时，$s'(t) > 0$,

故 S 的最小值 $S\left(\dfrac{1}{2}\right) = \dfrac{1}{4}$.

2. (1) 记 $f(x) = x^5 + 3x^3 + x - 3$，则 $f(x)$ 在 $[0,1]$ 上连续，且 $f(0) = -3$, $f(1) = 2$，故在 $(0,1)$ 内至少有一个根.

又由 $f(x) = 5x^4 + 9x^2 + 1 > 0 (x \in R)$ 知，$f(x) = 0$ 至多有一个实根.

综上，原方程仅有一个正根.

(2) 因为 $\quad F(-x) = \int_0^{-x} f(t)\mathrm{d}t = \int_0^x f(-t)\mathrm{d}(-t)$

$$= \int_0^x f(t)\mathrm{d}t = F(x),$$

所以 $F(x)$ 为偶函数.

模拟试卷 6

一、选择题与填空题

1. D.　2. B.　3. A.　4. B.　5. C.　6. C.　7. $x+y$.　8. $8\pi a^4$.　9. 收敛.　10. 1.

二、计算题

1. $\dfrac{\partial z}{\partial x} = f_1' + f_2'$, $\dfrac{\partial^2 z}{\partial x \partial y} = (f_1')_y' + (f_2')_y' = f_{11}'' + f_{12}'' \cdot (-1) + f_{21}'' + f_{22}'' \cdot (-1)$

$$= f_{11}'' - f_{22}''.$$

2. 原式 $= \iint\limits_{D} |x-y|\mathrm{d}\sigma = 2\iint\limits_{D_1}(x-y)\mathrm{d}\sigma = 2\int_0^{\frac{\pi}{4}}\left[\int_0^1 (r\cos\theta - r\sin\theta)r\mathrm{d}r\right]\mathrm{d}\theta$

$$= 2[\sin\theta + \cos\theta]_0^{\frac{\pi}{4}} \cdot \dfrac{1}{3} = 2(\sqrt{2} - 1).$$

3. 因为 $\lim\limits_{n\to\infty}\dfrac{u_{n+1}}{u_n} = \lim\limits_{n\to\infty}\dfrac{2^{n+1}}{7^{\ln(n+1)}}\dfrac{7^{\ln n}}{2^n} = 2\lim\limits_{n\to\infty}\dfrac{7^{\ln n}}{7^{\ln(n+1)}} = 2\lim\limits_{n\to\infty}7^{\ln\frac{n}{n+1}} = 2 > 1$，所以级数发散.

4. $-\tan y\mathrm{d}y = \dfrac{2x\mathrm{d}x}{1+x^2}$，$\ln|\cos y| = \ln(1+x^2) + \ln|C|$，$\cos y = C(1+x^2)$.

由 $y(0)=0$ 得：$C=1$，得解
$$\cos y=1+x^2.$$

5. 法 1 $L:\begin{cases} x=a+a\cos t \\ y=a\sin t \end{cases} t:0\to 2\pi.$

$$\int_L xy\mathrm{d}x = \int_0^\pi a(1+\cos t)a\sin t\,\mathrm{d}(a\sin t) = 0.$$

法 2 原式 $=\int_L xy\mathrm{d}y = \iint\limits_D y\mathrm{d}x\mathrm{d}y = 0.$

6. $f(x)=\dfrac{1}{(x-3)(x+1)}=\dfrac{1}{4}\left(\dfrac{1}{x-3}-\dfrac{1}{1+x}\right)=\dfrac{-1}{4}\left[\dfrac{1}{3}\dfrac{1}{1-\dfrac{x}{3}}+\dfrac{1}{1+x}\right]$

$$=\dfrac{-1}{4}\left[\dfrac{1}{3}\sum_{n=0}^{\infty}\left(\dfrac{x}{3}\right)^n+\sum_{n=0}^{\infty}(-x)^n\right]=\sum_{n=0}^{\infty}\dfrac{-1}{4}\left[\dfrac{1}{3^{n+1}}+(-1)^n\right]x^n,|x|<1.$$

三、解答题

1. 设 $P(x,y,z)$ 为抛物面 $z=x^2+y^2$ 上任一点，则
$$d=\dfrac{1}{\sqrt{6}}|x+y-2z-2|.$$

令 $F(x,y,z)=(x+y-2z-2)^2+\lambda(z-x^2-y^2),$

$$\begin{cases} F'_x=2(x+y-2z-2)-2\lambda x=0 \\ F'_y=2(x+y-2z-2)-2\lambda y=0 \\ F'_z=2(x+y-2z-2)(-2)+\lambda=0 \\ z=x^2+y^2 \end{cases}.$$

解得唯一驻点 $\left(\dfrac{1}{4},\dfrac{1}{4},\dfrac{1}{8}\right).$

根据题意，距离的最小值一定存在，且有唯一驻点，故
$$d_{\min}=\dfrac{1}{\sqrt{6}}\left|\dfrac{1}{4}+\dfrac{1}{4}-\dfrac{1}{4}-2\right|=\dfrac{7}{4\sqrt{6}}.$$

2. $P=2yf(x),Q=xf(x)-x^2,\dfrac{\partial P}{\partial y}=2f(x),\dfrac{\partial Q}{\partial x}=f(x)+xf'(x)-2x.$

由在 $x>0$ 内与路径无关的充分必要条件是在 $x>0$ 内 $\dfrac{\partial Q}{\partial x}=\dfrac{\partial P}{\partial y}$，即
$$f(x)+xf'(x)-2x=2f(x)(x>0),$$

得
$$f'(x)-\dfrac{1}{x}f(x)=2.$$

解得 $f(x)=\mathrm{e}^{-\int\frac{-1}{x}\mathrm{d}x}\left(\int 2\mathrm{e}^{\int\frac{-1}{x}\mathrm{d}x}\mathrm{d}x+C\right)=x(2\ln x+C).$

由 $f(1)=1$ 得 $C=1$，故
$$f(x)=x(2\ln x+1).$$

3. 补 $\Sigma_1:z=0(x^2+y^2\leqslant 1)$，下侧，记 Ω 为由 Σ 与 Σ_1 围成的空间闭区域，则

$$I = \Big(\iint_{\Sigma+\Sigma_1} - \iint_{\Sigma_1} \Big) x^2 \mathrm{d}y\mathrm{d}z + y^2 \mathrm{d}z\mathrm{d}x + (z^2 - 1)\mathrm{d}x\mathrm{d}y$$

$$= \iiint_{\Omega} (2x + 2y + 2z)\mathrm{d}x\mathrm{d}y\mathrm{d}z - \iint_{x^2+y^2\leqslant 1} \mathrm{d}x\mathrm{d}y$$

$$= 0 + 0 + 2\int_0^1 z\mathrm{d}z \iint_{D_z} \mathrm{d}6 - \pi = 2\int_0^1 z \cdot \pi \left(\sqrt{1-z} \right)^2 \mathrm{d}z - \pi$$

$$= \frac{\pi}{3} - \pi = -\frac{2\pi}{3}.$$

4. (1) $\mathrm{grad}\, f = 0 \Rightarrow f_x' = f_y' = 0$. 由 f 可微得 $\mathrm{d}f(x,y) = 0$,所以.

$$f(x,y) = C.$$

(2)在格林公式中取 $P = -\dfrac{\partial z}{\partial y}, Q = \dfrac{\partial z}{\partial x}$,得

$$\iint_D \Big(\frac{\partial^2 z}{\partial x^2} + \frac{\partial^2 z}{\partial y^2} \Big) \mathrm{d}x\mathrm{d}y = \int_L -\frac{\partial z}{\partial y}\mathrm{d}x + \frac{\partial z}{\partial x}\mathrm{d}y,$$

$$右边 = \int_L \Big(\frac{\partial z}{\partial x}, \frac{\partial z}{\partial y} \Big) \cdot (\mathrm{d}y, -\mathrm{d}x) = \int_L \mathrm{grad}\, z \cdot \boldsymbol{n}^0 \mathrm{d}s = \int_L \frac{\partial z}{\partial n}\mathrm{d}s = 左边$$

模拟试卷 7

一、选择题与填空题

1. B.　2. B.　3. C.　4. D.　5. D.　6. 2π.　7. 4π.　8. A.　9. A.　10. A.

二、计算题

1. $\dfrac{\partial z}{\partial x} = \mathrm{e}^{xy} \cdot y + \dfrac{1}{2}xy^2, \dfrac{\partial^2 z}{\partial x \partial y} = \mathrm{e}^{xy} \cdot xy + \mathrm{e}^{xy} + xy, \dfrac{\partial^2 z}{\partial x \partial y}\Big|_{(1,1)} = 2\mathrm{e} + 1$.

2. 记 $F(x,y,z) = \mathrm{e}^z + xyz - 1$,则

$$\frac{\partial z}{\partial x} = -\frac{F_x'}{F_z'} = -\frac{yz}{\mathrm{e}^z + xy}.$$

3. $\displaystyle\int_0^1 \mathrm{d}x \int_x^1 \mathrm{e}^{y^2}\mathrm{d}y = \int_0^1 \mathrm{d}y \int_0^y \mathrm{e}^{y^2}\mathrm{d}x = \int_0^1 y\mathrm{e}^{y^2}\mathrm{d}y = \frac{1}{2}\mathrm{e}^{y^2}\Big|_0^1 = \frac{\mathrm{e}-1}{2}$.

4. $\displaystyle\iint_D x^2\mathrm{d}x\mathrm{d}y = \frac{1}{2}\iint_D (x^2 + y^2)\mathrm{d}x\mathrm{d}y = \frac{1}{2}\int_0^{2\pi}\mathrm{d}\theta\int_0^2 r^2 \cdot r\mathrm{d}r = 4\pi$.

5. $\displaystyle\iiint_{\Omega} z^2\mathrm{d}V = \int_0^1 z^2 \Big(\iint_{D_z}\mathrm{d}\sigma\Big)\mathrm{d}z = \int_0^1 z^2 \cdot \pi \cdot 1^2\mathrm{d}z = \frac{\pi}{3}$.

或　$\displaystyle\iiint_{\Omega} z^2\mathrm{d}V = \iint_{D_z}\Big(\int_0^1 z^2\mathrm{d}z\Big)\mathrm{d}\sigma = \frac{1}{3}\iint_{D_z}\mathrm{d}\sigma = \frac{1}{3} \cdot \pi \cdot 1^2 = \frac{\pi}{3}$.

6. $\iint\limits_{\Sigma} z \, dS = \iint\limits_{x^2+y^2 \leqslant a^2} \sqrt{a^2-x^2-y^2} \cdot \dfrac{a}{\sqrt{a^2-x^2-y^2}} dx dy$

$= \iint\limits_{x^2+y^2 \leqslant a^2} a \, dx dy = \pi a^3.$

7. $f(x) = \ln(1+x) - \ln(1-x) = \sum\limits_{n=1}^{\infty} \dfrac{(-1)^{n-1}}{n} x^n - \sum\limits_{n=1}^{\infty} \dfrac{(-1)^{n-1}}{n} (-x)^n$

$= \sum\limits_{n=1}^{\infty} \dfrac{(-1)^{n-1}}{n} x^n + \sum\limits_{n=1}^{\infty} \dfrac{1}{n} x^n = \sum\limits_{k=1}^{\infty} \dfrac{2}{2k-1} x^{2k-1}, \quad |x| < 1.$

8. 令 $u = \dfrac{y}{x}, \dfrac{dy}{dx} = u + x \dfrac{du}{dx}$. 则

$$u + x \dfrac{du}{dx} = u + \tan u, \cot u \, du = \dfrac{dx}{x},$$

$$\ln |\sin u| = \ln |x| + \ln |C|, \sin u = Cx,$$

$$\sin \dfrac{y}{x} = Cx.$$

三、解答题

1. 令 $\begin{cases} f'_x(x,y) = 2x = 0 \\ f'_y(x,y) = \ln y + 1 = 0 \end{cases}$, 得 $\begin{cases} x = 0 \\ y = e^{-1} \end{cases}$. 又

$$A = f''_{xx}(0, e^{-1}) = 2, B = f''_{xy}(0, e^{-1}) = 0, C = f''_{yy}(0, e^{-1}) = e.$$

所以 $\Delta = B^2 - AC < 0$, 且 $A > 0$, 故极小值为 $f(0, e^{-1}) = -e^{-1}$.

2. 法 1 $\iint\limits_{\Sigma} \dfrac{1}{z} dx dy = \iint\limits_{D} \dfrac{1}{\sqrt{x^2+y^2}} (-dx dy)$

$$= -\int_0^{2\pi} d\theta \cdot \int_0^1 \dfrac{1}{r} \cdot r \, dr = -2\pi.$$

法 2 (用高斯公式扣 2 分, 因不符合条件)

$$\iint\limits_{\Sigma} \dfrac{1}{z} dx dy = \iint\limits_{\Sigma + \Sigma_1} \dfrac{1}{z} dx dy - \iint\limits_{\Sigma_1} \dfrac{1}{z} dx dy = \iiint\limits_{\Omega} \dfrac{-1}{z^2} dV - \iint\limits_{\Sigma_1} dx dy$$

$$= -\int_0^1 \dfrac{1}{z^2} \Big(\iint\limits_{D_z} dx dy \Big) dz - \iint\limits_{D} dx dy = -\int_0^1 \dfrac{1}{z^2} \cdot \pi z^2 \, dz - \pi = -2\pi.$$

3. 特征方程为 $r^2 - 4r + 3 = 0$, 解得 $r_1 = 1, r_2 = 3$.

对应齐次线性微分方程的通解为

$$Y = C_1 e^x + C_2 e^{3x}.$$

设非齐次线性微分方程 $y'' - 4y' + 3y = 2e^{2x}$ 的特解为

$$y^* = k e^{2x},$$

代入非齐次方程可得 $k=-2$. 故通解为
$$y=C_1 e^x + C_2 e^{3x} - 2e^{2x}.$$

模拟试卷 8

一、选择题与填空题

1. C. 2. C. 3. B. 4. B. 5. 0. 6. 4. 7. D. 8. D. 9. D. 10. D.

二、计算题

1. $z|_{y=1}=\ln(1+e^x), \dfrac{\partial z}{\partial x}=\dfrac{e^x}{1+e^x}, \dfrac{\partial z}{\partial x}\Big|_{(0,1)}=\dfrac{e^x}{1+e^x}\Big|_{x=0}=\dfrac{1}{2}$.

2. $\dfrac{\partial z}{\partial x}=f_1'+f_2'\cdot y, \dfrac{\partial^2 z}{\partial x \partial y}=f_{12}''\cdot x+f_{22}''\cdot x\cdot y+f_2'\cdot 1=xf_{12}''+xyf_{22}''+f_2'$.

3. $f(x)=\dfrac{1}{1+(x-1)}+\ln[1+(x-1)]$

$$=\sum_{n=0}^{\infty}(-1)^n(x-1)^n+\sum_{n=1}^{\infty}\dfrac{(-1)^{n-1}}{n}(x-1)^n$$

$$=1+\sum_{n=1}^{\infty}(-1)^n\left(1-\dfrac{1}{n}\right)(x-1)^n, \quad |x-1|<1.$$

4. 法 1 $V=4\iint\limits_{D_1}(x^2+y^2)\mathrm{d}x\mathrm{d}y=8\iint\limits_{D_1}x^2\mathrm{d}x\mathrm{d}y=8\int_0^1\mathrm{d}x\int_0^{1-x}x^2\mathrm{d}y$

$$=8\int_0^1 x^2(1-x)\mathrm{d}x=8\left[\dfrac{x^3}{3}-\dfrac{x^4}{4}\right]_0^1=\dfrac{2}{3}.$$

法 2 $V=4\iint\limits_{D_1}(x^2+y^2)\mathrm{d}x\mathrm{d}y=4\times 2\int_0^{\frac{1}{\sqrt{2}}}\mathrm{d}y\cdot\int_0^{\frac{1}{\sqrt{2}}}x^2\mathrm{d}x=8\dfrac{1}{\sqrt{2}}\cdot\dfrac{x^3}{3}\Big|_0^{\frac{1}{\sqrt{2}}}=\dfrac{2}{3}.$

5. 法 1 $L:\begin{cases}x=a\cos t\\ y=a\sin t\end{cases}, t:0\to 2\pi,$

原式$=\displaystyle\int_0^{2\pi}\dfrac{(a\cos t+a\sin t)(-a\sin t)+(-a\cos t+a\sin t)a\cos t}{(a\cos t)^2+(a\sin t)^2}\mathrm{d}t$

$$=\int_0^{2\pi}(-1)\mathrm{d}t=-2\pi$$

法 2 原式$=\displaystyle\int_L\dfrac{(x+y)\mathrm{d}x+(-x+y)\mathrm{d}y}{a^2}=\dfrac{1}{a^2}\int_L(x+y)\mathrm{d}x+(-x+y)\mathrm{d}y$

$$=\dfrac{1}{a^2}\iint\limits_D(-1-1)\mathrm{d}\sigma=-2\pi.$$

三、解答题

1. $\overline{OM}$: $\begin{cases} x = \xi t \\ y = \eta t, t : 0 \to 1. \\ z = \zeta t \end{cases}$

沿直线做功

$$W = \int_\Gamma yz\,\mathrm{d}x + xz\,\mathrm{d}y + xy\,\mathrm{d}z$$

$$= \int_0^1 \eta t \cdot \zeta t\,\mathrm{d}(\xi t) + \xi t \cdot \zeta t\,\mathrm{d}(\eta t) + \xi t \cdot \eta t\,\mathrm{d}(\zeta t)$$

$$= \xi\eta\zeta \int_0^1 3t^2\,\mathrm{d}t = \xi\eta\zeta.$$

约束条件：$\varphi(\xi, \eta, \zeta) = \dfrac{\xi^2}{a^2} + \dfrac{\eta^2}{b^2} + \dfrac{\zeta^2}{c^2} - 1 = 0.$

令　$L = W + \lambda\varphi(\xi, \eta, \zeta)$

$$= \xi\eta\zeta + \lambda\left(\frac{\xi^2}{a^2} + \frac{\eta^2}{b^2} + \frac{\zeta^2}{c^2} - 1\right) \quad (0 < \xi < a, 0 < \eta < b, 0 < \zeta < c),$$

及　$\begin{cases} F'_\xi = \eta\zeta + \lambda\dfrac{2\xi}{a^2} = 0 \\[2mm] F'_\eta = \xi\zeta + \lambda\dfrac{2\eta}{b^2} = 0 \\[2mm] F'_\zeta = \xi\eta + \lambda\dfrac{2\zeta}{c^2} = 0 \\[2mm] \dfrac{\xi^2}{a^2} + \dfrac{\eta^2}{b^2} + \dfrac{\zeta^2}{c^2} - 1 = 0 \end{cases} \Rightarrow \begin{cases} \dfrac{\eta^2}{b^2} = \dfrac{\xi^2}{a^2} \\[2mm] \dfrac{\zeta^2}{c^2} = \dfrac{\eta^2}{b^2} \\[2mm] \dfrac{\xi^2}{a^2} + \dfrac{\eta^2}{b^2} + \dfrac{\zeta^2}{c^2} = 1 \end{cases} \Rightarrow \begin{cases} \xi = \dfrac{a}{\sqrt{3}} \\[2mm] \eta = \dfrac{b}{\sqrt{3}}. \\[2mm] \zeta = \dfrac{c}{\sqrt{3}} \end{cases}$

由于实际问题的最大值一定存在，又驻点 $\left(\dfrac{a}{\sqrt{3}}, \dfrac{b}{\sqrt{3}}, \dfrac{c}{\sqrt{3}}\right)$ 唯一，故在处取得最大值其最大值为

$$W_{\max} = W\bigg|_{\left(\frac{a}{\sqrt{3}}, \frac{b}{\sqrt{3}}, \frac{c}{\sqrt{3}}\right)} = \frac{abc}{3\sqrt{3}}.$$

2. $\Phi = \iiint\limits_\Omega (2y\mathrm{e}^{y^2} - 2y\mathrm{e}^{y^2} + 2z)\,\mathrm{d}V$

$$= \iint\limits_D \left(\int_{\sqrt{x^2+y^2}}^{\sqrt{2-x^2-y^2}} 2z\,\mathrm{d}z\right)\mathrm{d}x\,\mathrm{d}y = \iint\limits_D [2 - x^2 - y^2 - (x^2 + y^2)]\,\mathrm{d}x\,\mathrm{d}y$$

$$= 2\int_0^{2\pi}\mathrm{d}\theta \int_0^1 (1 - r^2) \cdot r\,\mathrm{d}r = \pi.$$

3. 曲线上点 $P(x, y)$ 处的法线方程

$$Y - y = -\frac{1}{y'}(X - x),$$

令 $Y = 0$ 得 Q 点横坐标 $X_0 = yy' + x$，由线段 PQ 被 y 轴平分得

$$X_0 = -x, \quad 即 \quad yy' + x = -x,$$

即所求微分方程为

$$yy' + 2x = 0.$$

得解 $\frac{y^2}{2} + x^2 = C$，由曲线过点 $(1, 0)$ 得 $C = 1$，故所求积分曲线为

$$x^2 + \frac{y^2}{2} = 1.$$

注 因为 $k_{法} = \frac{y}{2x}$，又 $k_{法} = -\frac{1}{y'}$，故有 $\frac{y}{2x} = -\frac{1}{y'} \Rightarrow yy' + 2x = 0$。

模拟试卷 9

一、选择和填空题

1. D. 2. D. 3. C. 4. C. 5. e^{-1} 6. C. 7. C. 8. D. 9. D.

10. $(x+1)^2$.

二、计算题

1. $f(x, 1) = \ln(x^2 + 1) + \frac{\pi}{4}, f_x'(x, 1) = \frac{2x}{1 + x^2}$.

2. 投影域 D：$x^2 + y^2 \leqslant 1$,

$$V = \iint\limits_{D} [(4 - x^2 - y^2) - (3x^2 + 3y^2)] \mathrm{d}\sigma = 4\pi \cdot 1^2 - 4\int_0^{2\pi} \mathrm{d}\theta \int_0^1 r^2 \cdot r\mathrm{d}r$$

$$= 2\pi.$$

3. $D: x^2 + y^2 \leqslant 1$, $\mathrm{d}S = \sqrt{1 + z_x'^2 + z_y'^2}\mathrm{d}\sigma = \frac{\sqrt{2}}{\sqrt{2 - x^2 - y^2}}\mathrm{d}\sigma$,

$$S = \iint\limits_{D} \frac{\sqrt{2}}{\sqrt{2 - x^2 - y^2}}\mathrm{d}\sigma = \int_0^{2\pi} \mathrm{d}\theta \int_0^1 \frac{\sqrt{2}}{\sqrt{2 - r^2}} r\mathrm{d}r$$

$$= 2\pi \cdot \sqrt{2} \left[-\sqrt{2 - r^2} \right]_0^1 = 2\pi \cdot \sqrt{2}(\sqrt{2} - 1) = 4\pi - 2\sqrt{2}\pi.$$

4. $s(x) = \sum_{n=1}^{\infty} \frac{x^n}{n}$, $[-1, 1)$,

$$s'(x) = \sum_{n=1}^{\infty} x^{n-1} = \frac{1}{1-x},$$

$$s(x) = s(0) - \ln(1-x) = -\ln(1-x), \quad -1 \leqslant x < 1,$$

$$\sum_{n=1}^{\infty} \frac{1}{n \cdot 2^n} = s\left(\frac{1}{2}\right) = -\ln\frac{1}{2} = \ln 2.$$

5. $r^2 + 2r - 3 = 0$, $r_1 = -3, r_2 = 1$,

通解 $y = C_1 e^{-3x} + C_2 e^x$.

三、解答题

1. 设圆半径为 x, 正方形与三角形边长分别为 y, z, 则 $A = \pi x^2 + y^2 + \frac{\sqrt{3}}{4} z^2$,

$\varphi(x, y, z) = 2\pi x + 4y + 3z - l = 0$,

$$L = A + \lambda\varphi = \pi x^2 + y^2 + \frac{\sqrt{3}}{4} z^2 + \lambda(2\pi x + 4y + 3z - l),$$

$$\begin{cases} L'_x = 2\pi x + \lambda \cdot 2\pi = 0 \\ L'_y = 2y + \lambda \cdot 4 = 0 \\ L'_z = \frac{\sqrt{3}}{2} z + \lambda \cdot 3 = 0 \\ 2\pi x + 4y + 3z = l \end{cases} \Rightarrow \begin{cases} x = \dfrac{y}{2} \\ z = \sqrt{3} y \\ 2\pi x + 4y + 3z = l \end{cases} \Rightarrow 2\pi \cdot \dfrac{y}{2} + 4y + 3\sqrt{3} y = l \Rightarrow y = 2,$$

得驻点 $(1, 2, 2\sqrt{3})$.

由于最小面积一定存在,且驻点唯一,故在此点取得最小面积

$$A_{\min} = \pi + 4 + 3\sqrt{3}.$$

2. $I = \iint\limits_{D} (2x + 2y) \mathrm{d}x\mathrm{d}y$

$= 2\iint\limits_{D} x \mathrm{d}x\mathrm{d}y + \iint\limits_{D} 2y\mathrm{d}x\mathrm{d}y = 2 \cdot 1 \cdot \pi \cdot 1^2 + 0 = 2\pi$

3. $\Sigma_0 : z = 0 \ (x^2 + y^2 \leqslant 1)$, 取下侧,则

$$\Phi = \iiint\limits_{\Omega} (2x + 2y + 1) \mathrm{d}V - \iint\limits_{\Sigma_0} x^3 \mathrm{d}y\mathrm{d}z + (y^3 + z)\mathrm{d}z\mathrm{d}x + z\mathrm{d}x\mathrm{d}y$$

$$= \iiint\limits_{\Omega} 2x\mathrm{d}V + \iiint\limits_{\Omega} 2y\mathrm{d}V + \iiint\limits_{\Omega} \mathrm{d}V - \iint\limits_{\Sigma_0} 0\mathrm{d}x\mathrm{d}y$$

$$= 0 + 0 + \frac{1}{2} \cdot \frac{4}{3}\pi - 0 = \frac{2}{3}\pi.$$

模拟试卷 10

一、选择和填空题

1. B.　2. B.　3. A.　4. A.　5. (1,2).　6. C.　7. C.　8. D.　9. D.　10. $3x^2$

二、计算题

1. $z'_x = f' \cdot (-\cos x) + y$,　$z'_y = f' \cdot \cos y + x$,

原式 $= \dfrac{1}{\cos x}[f' \cdot (-\cos x) + y] + \dfrac{1}{\cos y}[f' \cdot \cos y + x] = \dfrac{y}{\cos x} + \dfrac{x}{\cos y}$.

2. $\dfrac{\partial z}{\partial y} = f_1' - f_2'$,

$\dfrac{\partial^2 z}{\partial y^2} = f_{11}'' + f_{12}'' \cdot (-1) - [f_{21}'' + f_{22}'' \cdot (-1)] = f_{11}'' - 2f_{12}'' + f_{22}''$.

3. $I = \iint\limits_{D} x \, d\sigma + 2 \int_0^2 dx \int_{x^2}^4 y \, dy = 0 + \int_0^2 y^2 \big|_{x^2}^4 \, dy = \int_0^2 (16 - x^4) \, dx = \dfrac{128}{5}$.

4. $S = \iint\limits_{D:x^2+y^2 \leqslant 2} \sqrt{1 + z_x'^2 + z_y'^2} \, d\sigma = \iint\limits_{D} \sqrt{1 + (-2x)^2 + (-2y)^2} \, d\sigma = \int_0^{2\pi} d\theta \cdot \int_0^{\sqrt{2}} \sqrt{1 + 4r^2} \, r \, dr$

$= 2\pi \cdot \dfrac{1}{8} \cdot \dfrac{2}{3} (1 + 4r^2)^{\frac{3}{2}} \big|_0^{\sqrt{2}} = \dfrac{13}{3}\pi$.

5. $\iint\limits_{\Sigma} z^2 \, dx \, dy = \iint\limits_{D} (1 - x^2 - y^2) \, dx \, dy \ (D: x^2 + y^2 \leqslant 1)$

$= \iint\limits_{D} dx \, dy - \iint\limits_{D} (x^2 + y^2) \, dx \, dy = \pi - \int_0^{2\pi} d\theta \int_0^1 r^2 \cdot r \, dr$

$= \pi - \dfrac{\pi}{2} = \dfrac{\pi}{2}$.

6. 分离变量：$\dfrac{2y \, dy}{y^2 + 2} = dx$,

$\ln(y^2 + 2) = x + \ln|C| \Rightarrow y^2 + 2 = Ce^x$,

$y^2 + 2 = 3e^x$, $y = \sqrt{3e^x - 2}$

三、解答题

1. $I = \iiint\limits_{\Omega} (2x + 2y + 2z) \, dV = 2\iiint\limits_{\Omega} x \, dV + 2\iiint\limits_{\Omega} y \, dV + \iiint\limits_{\Omega} 2z \, dV = 0 + 0 + 2\int_0^2 z \, dz \iint\limits_{D_z} dx \, dy$.

$= 2\int_0^2 z \cdot \pi z^2 \, dz = 8\pi$.

2. 方法 1：$f(x) = \dfrac{1}{2} \ln \dfrac{1-x}{1+x} = \dfrac{1}{2} [\ln(1-x) - \ln(1+x)]$

$= \dfrac{1}{2} \Big[\Big(-x - \dfrac{(-x)^2}{2} + \cdots + (-1)^{n-1} \dfrac{(-x)^n}{n} + \cdots \Big) -$

$\Big(x - \dfrac{x^2}{2} + \cdots + (-1)^{n-1} \dfrac{x^n}{n} + \cdots \Big) \Big]$

$= -\Big(x + \dfrac{x^3}{3} + \cdots + \dfrac{x^{2n-1}}{2n-1} + \cdots \Big) = \sum_{n=1}^{\infty} \dfrac{-1}{2n-1} x^{2n-1}, \quad |x| < 1$.

方法 2：$f'(x) = \dfrac{1}{2} \Big(\dfrac{-1}{1-x} - \dfrac{1}{1+x}\Big) = -\dfrac{1}{1-x^2} = -\sum_{n=0}^{\infty} x^{2n}$

$f(x) - f(0) = -\sum_{n=0}^{\infty} \dfrac{x^{2n+1}}{2n+1}, \ |x| < 1$.

3. $r^2-4r+3=0$，$r_1=1$，$r_2=3$，故
$$Y=C_1\mathrm{e}^x+C_2\mathrm{e}^{3x};$$
设 $y*=x(Ax+B)e^{3x}$，代入方程得
$$y^*=x(x-1)\mathrm{e}^{3x};$$
通解 $y=C_1\mathrm{e}^x+C_2\mathrm{e}^{3x}+x(x-1)\mathrm{e}^{3x}.$